Die trockene Destillation des Holzes

Von

H. M. Bunbury
M. Sc. (Bris.), B. Sc. (Lond.)
Associate of the Institute of Chemistry, Member of the American Chemical Society, Research Chemist to the British Dyestuffs Corporation

Übersetzt von

W. Elsner
Ingenieur-Chemiker
Direktor der chemisch-technologischen Abteilung der Sudenburger Maschinenfabrik und Eisengießerei Aktiengesellschaft zu Magdeburg

Mit 108 Textabbildungen
und 115 Tabellen

Berlin
Verlag von Julius Springer
1925

ISBN-13: 978-3-642-89293-6 e-ISBN-13: 978-3-642-91149-1
DOI: 10.1007/978-3-642-91149-1

Softcover reprint of the hardcover 1st edition 1925

Vorwort des Übersetzers.

Die Tatsache, daß seit Erscheinen der letzten Neuauflage des Klarschen Buches „Technologie der Holzverkohlung" kein größeres deutsches Werk geschrieben wurde, das sich mit der Weiterentwicklung der Holzverkohlungsindustrie beschäftigt, ließ mich den Gedanken fassen, eine deutsche Übersetzung des englischen Originals „The Destructive Distillation of Wood" von H. M. Bunbury vorzunehmen.

Das Studium des letztgenannten Buches zeigte mir eine Fülle von neuen und interessanten Zusammenstellungen, wie sie selten in gleicher Vollständigkeit zu finden sind.

Ein weiterer Grund für die Übertragung des Bunburyschen Werkes ins Deutsche bestand für mich darin, daß durch den Weltkrieg die Verbindung mit dem typischen Lande der Holzverkohlungsindustrie, Nordamerika, lange Zeit abgeschnitten und es nur einigen wenigen Deutschen vergönnt war, sich über die Fortschritte in bezug auf chemische Technologie zu informieren.

Wenn ich auch weiß, daß die Kenntnis der englischen Sprache immer mehr Allgemeingut des deutschen Ingenieurs und Chemikers wird, so bin ich mir andererseits doch bewußt, daß zur schnellen Orientierung ein deutsches Buch besser geeignet ist.

Eine deutsche Bearbeitung des technologischen Teiles, besonders der Nadelholzverkohlung, wäre vielleicht noch zweckmäßiger gewesen. Ich mußte aber aus Mangel an Zeit und um den Umfang des Buches nicht zu sehr anschwellen zu lassen, darauf verzichten und habe mich mit einer möglichst getreuen Übersetzung des Originalwerkes begnügt, wobei mir die Kenntnis der amerikanischen Anlagen, die ich während mehrerer Reisen nach Nordamerika studieren konnte, gute Dienste leistete.

Ich habe im allgemeinen darauf verzichtet, das englische Maß- und Gewichtssystem in das metrische umzurechnen und mich begnügt, nur ungewöhnliche Werte in die entsprechenden metrischen zu verwandeln, wie z. B. die zahlreichen Angaben

von Gewichten: lbs. pro Cubikfuß in kg pro Rm
„ Heizwerten: B. Th. U. in Kalorien.

Zum Schluß sage ich allen denen, die mir bei der Übersetzung des Buches hilfreich zur Hand gegangen sind, auch der Verlagsbuchhandlung Julius Springer für ihren fachmännischen Rat und die äußerst prompte Drucklegung, meinen verbindlichsten Dank.

Hannover, Pfingsten 1925.

Wilhelm Elsner.

Inhaltsverzeichnis.

Tabellenverzeichnis.

I. Ursprung und Entwicklung der Holzverkohlungsindustrie.

Wenngleich die Holzverkohlungsindustrie, wie sie sich uns heute darstellt, eine verhältnismäßig junge ist, so verliert sich ihr Ursprung dennoch im Dunkel der Vorzeit. Wir haben stichhaltige Gründe, anzunehmen, daß in weit zurückliegenden Tagen die Holzkohle nicht nur als Heizmittel gebraucht wurde, sondern auch bei der Herstellung von metallischem Eisen Verwendung fand. Zweifellos sind schon vorgeschichtliche Stämme mit der Herstellung der Holzkohle vertraut gewesen. In späteren historischen Perioden finden wir die Ägypter Holzverkohlungsprodukte für die Einbalsamierung der Leichen anwenden. Plinius und Theophrastus erwähnen in ihren Schriften Produkte der Holzverkohlung, und der erstere gibt an, daß Holzteer zum Kalfatern der hölzernen Schiffe gedient hat.

Um 1658 herum beschreibt Glauber in seinem Miraculum Mundi die Herstellung von rohem Holzessig. Bis zum Ende des 18. Jahrhunderts geschah die Erzeugung von Holzkohle einzig und allein durch Verkohlung des Holzes in Gruben bzw. Meilern, wobei alle wertvollen Produkte mit Ausnahme geringer Mengen Teer verloren gingen. In einsamen Waldgegenden, besonders in Skandinavien, Rußland und Indien, besteht auch heutzutage noch die Meilerverkohlung, besonders wenn es sich darum handelt, große Mengen Holzkohle für Heizzwecke zu erzeugen. Auch hier geht diese Art der Holzverarbeitung ständig zurück und hat im großen und ganzen nur noch historisches Interesse.

Erst gegen Ende des 18. Jahrhunderts wurde die Aufmerksamkeit der Chemiker auf den Verkohlungsprozeß gelenkt. Fourcroi und Vauquelin erkannten in der letzten Hälfte des genannten Jahrhunderts die Säure, die man bei der trockenen Destillation des Holzes erhielt, als Essigsäure und wiesen nach, daß diese identisch sei mit derjenigen, die die Alchimisten durch Destillation von Zucker und Gummiarten darstellten.

Schon den Römern war die Essigsäure in Form von Essig bekannt, den sie aus Wein herstellten. Sie ist somit höchstwahrscheinlich die am frühesten bekannte Säure.

Im Jahre 1793 stellte Lowitz eine verhältnismäßig reine Essigsäure aus dem rohen Holzessig dar. Um ungefähr dieselbe Zeit befaßte sich Lebon in Frankreich mit der Ausarbeitung eines Verfahrens zur Herstellung von Leucht- und Heizgas aus Holz. Er erhielt im Jahre 1799 ein Patent auf die Herstellung von Holzessigsäure und Holzgeist. Schon Boyle hatte Holzgeist um 1661 gewonnen, ohne ihn als solchen zu erkennen, und erst Taylor im Jahre 1812 gebührt das Verdienst, Methylalkohol im Holzgeist nachgewiesen zu haben.

Um die Eisenindustrie von Sheffield mit Holzkohle zu versehen, wurde 1796 in England eine Anlage errichtet, die noch heute unter der Firma Shirley, Aldred & Co. im Betriebe ist.

Eine Folge dieser günstigen Entwicklung war die Errichtung einer anderen Verkohlungsanlage zu Hausach in Baden, und jetzt erst kann man von einer eigentlichen Holzverkohlungsindustrie sprechen.

Hand in Hand mit dem Aufblühen der Holzverkohlung fand eine genauere Untersuchung der Produkte der Verkohlung statt, angeregt durch die Fortschritte in der organischen Chemie. So wurde von Dumas und Péligot im Jahre 1835 das von Lomery im 17. Jahrhundert entdeckte Aceton als ein Produkt der Holzverkohlung charakterisiert.

Mit der Erweiterung unserer Kenntnisse des Holzverkohlungsprozeßes sind manche berühmte Namen, wie Karsten, Werneck, Stoltze und Laurent verknüpft.

Reichenbach, Lebon und Pettenkofer bauten die technische Seite aus, und besonders war es Reichenbach, der den ersten Ofen aus Ziegelmauerwerk errichtete, das im Holzteer enthaltene Kreosot darstellte und seine Eigenschaften in chemischer und physikalischer Beziehung prüfte.

1819 wurden in England, wahrscheinlich Hand in Hand mit der Entwicklung der Leuchtgasindustrie, eiserne Retorten angewandt, die darauf auch in Frankreich zur Einführung kamen, Eine Folge davon war, daß Meiler und steinerne Öfen mehr und mehr durch eiserne Retorten ersetzt wurden. Durch Hessel wurden 1850 die eisernen Retorten in Deutschland und Rußland eingeführt.

Während der nächsten 20 oder 30 Jahre veränderte sich in der Holzverkohlungsindustrie wenig.

Die Steinkohlenteerindustrie, welche sich durch die Einführung des Leuchtgases durch William Murdoch im Jahre 1792 entwickelte und zuerst als ein ernsthafter Konkurrent des Holzgases auftrat, trug später in gewisser Weise zur Weiterentwicklung der Holzdestillation dadurch bei, daß bei dem außerordentlich schnellen Wachstum der Teerfarbstoffindustrie die Nachfrage nach Essigsäure und Methylalkohol immer größer wurde. Da auch die Anforderungen, die man an die Reinheit der beiden Produkte stellte, ständig wuchsen, sah man sich gezwungen, die Methoden der Herstellung und Reinigung immer weiter auszubauen, was wiederum auf die Konstruktion der Destillations- und Rektifikationsapparate von entscheidendem Einfluß war.

Die Celluloidindustrie gab den Anreiz zur Herstellung von Aceton, das zuerst um ungefähr 1880 aus Calciumacetat hergestellt wurde.

Wenngleich in der Zwischenzeit zwischen 1880 und 1900 die Holzverkohlungsindustrie sowohl in ihren Apparaten als auch in den Verfahren mit Riesenschritten voranging, nahm England hiervon im Gegensatz zu Amerika wenig Notiz und blieb bei seinen alten Methoden. 1830 soll James Ward in North Adams (Mass.) Holzessig hergestellt haben, ohne daß über sein Verfahren und das Produkt etwas Genaues bekannt geworden ist.

Die Turnbulls aus Glasgow errichteten die erste eigentliche Holzdestillationsanlage im Jahre 1849 zu Milburn, New York, heute Conklins Station. Sie brachten ihre eigenen Apparate und Arbeiter von Schottland mit und ihr Werk war unter dem Namen „Scotch Works" bekannt und wird auch heute noch mit diesem Namen bezeichnet.

Diese Anlage diente für viele Jahre nachher als Muster und wurde bis in alle Einzelheiten kopiert. Die Retorten bestanden aus gußeisernen Zylindern von 42 Zoll Durchmesser und 9 Fuß Länge, die zu zweien in einen gemeinsamen Ofen gesetzt wurden und deren jede ungefähr 1 ¼ Cord Holz hielt. Das Holz wurde in 7 Fuß langen Scheiten verwendet und die Dauer der Verkohlung betrug 12 Stunden. Sechs Tage in der Woche wurde gearbeitet. Blasen und Eindampfpfannen wurden durch direktes Feuer geheizt. Als Brennmaterial diente die erzeugte Holzkohle im Gemisch mit Holzteer. Der ersten Anlage folgten im Jahre 1865 ungefähr ein Dutzend andere in schnellster Folge.

Der Übergang von den alten Meilern zu den Meileröfen (Kilns) geschah schon recht früh. Jedoch erst im Jahre 1876, nachdem das Retortensystem schon recht gut ausgebaut war, nutzte H. M. Pierce die Nebenprodukte der Kilns in Michigan aus, wo enorme Mengen Holzkohle für den Betrieb der Hochöfen erzeugt wurden.

Methylalkohol zu raffinieren, wurde zuerst von Pollock versucht. Nach kurzer Zeit setzte die ständig wachsende Nachfrage für dieses Produkt ein.

In den 70er Jahren gelangten die sog. Pfannenapparate für die Rektifikation des Methylalkohols zur Einführung, um die großen Verluste, welche die älteren Raffinierungsmethoden der früheren Zeit mit sich brachten, einzuschränken.

Diese Pfannenapparate bestanden aus kupfernen Behältern, die oberhalb der Blase angeordnet waren. Das aus der Blase kommende Gemisch von Methylalkohol und Wasserdampf war gezwungen, gegen den oberen Teil der Behälter zu prallen, der mit fließendem Wasser gekühlt war. Auf diese Weise wurde, ähnlich wie beim Pistoriusapparat, eine Trennung von Wasser und Methylalkohol und damit eine Konzentration des letzteren erreicht.

Die größeren Ausbeuten an Methylalkohol hatten die Errichtung einer Zentralraffinerie zu Binghamton, N. Y., zur Folge, bekannt als Burcey Refining Co., und hier wurde an Stelle von direktem Feuer Dampf zur Beheizung der Blasen benutzt.

Während das Turnbullwerk nur 4 Paar Retorten besaß, die zusammen 5 Cords pro Charge oder 10 Cords pro Tag leisteten, findet man heute Anlagen, die mehr als 160 Cords pro Tag verarbeiten. Selbst heute noch wird von einigen amerikanischen Werken das alte Retortensystem angewandt; nur daß die gußeisernen durch Stahlretorten ersetzt sind.

Der Grund für den Wechsel des Materials ist interessant. Um die Leistung der Anlage zu erhöhen, verkohlte man das Holz bei weit höheren Temperaturen als jetzt und erreichte so einen schnelleren Abtrieb der Charge. Das Holz war billig und die Ausbeute an wertvollen Produkten nicht so wichtig wie heutzutage. Bei diesem forcierten Betriebe erwies sich nur Gußeisen als genügend haltbar. Später jedoch, als das Holz teurer wurde und man erkannte, daß niederere Temperaturen erhöhte Ausbeuten ergaben, ging man zu Stahlretorten über, auch deshalb, weil sie leichter waren als gußeiserne und ein leichteres Drehen der Retorten in der Ofenmauerung erlaubten, wenn der dem Feuer ausgesetzte Teil durch die starke Hitze ausgebeult und abgenutzt war.

Als Kühler wurde zuerst der sog. Schlangenkühler benutzt. Es zeigte sich jedoch, daß dieser sich leicht verstopfte, und er wurde ersetzt durch den Holzkühler, in den eine Anzahl gerader Kupferrohre eingebaut waren, deren Durchmesser von oben nach unten sich verengte und die in einem Winkel von 45° in große Holzbottiche gesetzt waren, durch welche kaltes Wasser floß. Dieser Typ wurde benutzt bis zur Einführung des vertikalen Röhrenkühlers, der auch heutzutage noch angewandt wird.

Einer der größten Übelstände bei der Retortenverkohlung war die Notwendigkeit, die Retorte abzukühlen, bevor sie entleert werden konnte. Sie hatte nur an einer Seite eine Tür und die Holzkohle mußte mit der Hand herausgezogen werden. Durch die Kühlung und durch die Entleerung ging viel Zeit verloren. Außerdem war der Brennmaterialverbrauch sehr hoch, da der gekühlte Apparat stets wieder auf die Verkohlungstemperatur aufgeheizt werden mußte. — Dadurch, daß man die abgetriebene Retorte aus dem Ofen herausnahm und sie durch eine frisch gefüllte sofort ersetzte, wurden die Schwierigkeiten behoben. Die Auswechselung fand mit Hilfe eines Laufkranes statt; die Retorte bestand aus einem gußeisernen Zylinder.

Während dies Verfahren in Frankreich viel Anhänger hat und auch heute noch dort ausgeführt wird, arbeitet in Amerika nur eine einzige Anlage danach und es dürfte sich hier überlebt haben.

Der Meiler- oder Bienenkorbofen, in Amerika „Kiln" genannt, war in erster Linie bestimmt, große Mengen Holzkohle für den Hochofenprozeß zu liefern. Die Nebenprodukte, die man nur zum Teil gewann, waren von geringerer Bedeutung. Man baute die Öfen aus Ziegeln und verkohlte bis zu 80 Cords Holz pro Charge. Sie finden sich hauptsächlich im Staate Michigan, werden aber auch dort in ständig wachsendem Maße durch moderne Anlagen ersetzt.

Die Anwendung von Koks zum Betriebe der Hochöfen an Stelle von Holzkohle ist ein weiterer Grund, daß die Kilns mehr und mehr verschwinden.

Der Übergang von der Kleinraum- zur Großraumretorte soll angeblich zuerst in den 90er Jahren in Straight-Creek, Pa., U.S.A., stattgefunden haben. — Die Großraumretorte besteht aus einer langen, rechteckigen Stahlkammer. Das Holz wird in Wagen gepackt und mittels Schienen, die sich auch im Innern der Retorte fortsetzen, in dieselbe eingeführt. An beiden Seiten der Retorte befinden sich Türen. Dieser Verkohlungsapparat wird heutzutage fast ausschließlich angewandt und wird im Kapitel XI näher beschrieben werden.

Auch die Art der Beheizung der Retorten ist ständig verbessert worden. Während nach dem alten System der Boden direkt von den Feuergasen bestrichen wurde, ein Verfahren, das eine schnelle Verbeulung zur Folge hatte und die Lebensdauer der Retorte verkürzte, sucht man heutzutage durch Einbau von Kanälen, Schiebern usw. jede Stichflammenwirkung zu vermeiden und hat zugleich den Vorteil einer gleichmäßigen Beheizung und einer leichten Regulierbarkeit der Temperatur.

Im Gegensatz zu der schnellen Entwicklung der eigentlichen Verkohlungsapparate wurde die Aufbereitungsanlage bis in die neuere Zeit recht stiefmütterlich behandelt. Einfache, mit direktem Feuer beheizte Blasen, ausgestattet mit Schlangenkühlern, bildeten lange Zeit die Destillationsapparate. Erst als die Nachfrage nach immer reinerem Methylalkohol sich steigerte, begann man, auch hier Wandel zu schaffen. Von ungefähr 1895 an verschwanden die alten Blasen und die offenen, feuerbeheizten Pfannen für die Eindampfung der Acetatlösung und wurden durch moderne Apparate ersetzt. Heutzutage sind fast alle Werke mit äußerst wirksamen Destillations- und Rektifikationsapparaten sowie Vakuumverdampfern versehen. Die Einführung dieser modernen Apparate und die mehr wirtschaftlichen Methoden haben nicht nur eine größere Ausbeute der herzustellenden Produkte und eine bessere Rentabilität bewirkt, sondern haben es auch ermöglicht, neue Produkte abzuscheiden, die früher mit den Rückständen usw. verloren gingen.

In neuester Zeit finden wir die Aufbereitungsanlagen mit Apparaten versehen, die, was Leistungsfähigkeit und Wirtschaftlichkeit anbetrifft, den höchsten Anforderungen Genüge leisten. Zahlreiche Konstruktionen sind geschaffen, um teerfreie Produkte zu erzielen, so von den Firmen F. H. Meyer, Hannover-Hainholz, jetzt Sudenburger Maschinenfabrik und Eisengießerei A. G., Magdeburg-Sudenburg, und Barbet, Paris. Vakuumverdampfer (Double-, Triple- und Multipleeffets) von Scott und der Buffalo Foundry and Engineering Co., sowie Schnellverdampfer von Kestner werden angewandt sowohl für die Destillation des Rohholzessigs als auch für die Konzentration der Calciumacetatlösung.

Groß ist ferner die Zahl der Apparate und Verfahren, die darauf hinzielen, die Herstellung des Calciumacetates zu verbessern und zu vereinfachen, wie die direkte Neutralisation der Kalkmilch, die kontinuierliche Trocknung der eingedampften Calciumacetatlösung usw. Es kommen hier in Frage die Apparate und Verfahren der Sudenburger Maschinenfabrik, von Barbet, Poore, Gendreau, Strobach und andere.

Die kontinuierlich arbeitenden Apparate zur Rektifikation von Methylalkohol und Aceton sind soweit ausgebildet, daß es ein leichtes ist, aus den Rohkonzentraten in einer Operation absolut reine Feinprodukte herzustellen.

Im vorstehenden haben wir die Holzdestillation in ihren Hauptzügen dargestellt. In neuester Zeit ist jedoch noch ein anderes Problem hinzugekommen, nämlich die Nutzbarmachung des Abfallholzes und besonders der kleineren Holzabfälle, wie Hack-, Hobel- und Sägespäne. Der größte Teil stellt ein fast wertloses Material dar, welches bei der Zubereitung der Nutzhölzer abfällt und das auf jährlich 150 Millionen Tonnen geschätzt wird.

Wenn auch zahlreiche Versuche vorgenommen sind, dieses Abfallholz nutzbar zu machen, so findet doch nur ein geringer Teil eine wirkliche Verwertung.

Trotz aller aufgewendeten Mühe und trotzdem es gelingt, nach dem Seaman-, Poore- und Sawtelle-Prozeß auch Abfallholz zu verkohlen, ist die vollständige Lösung dieses Problems doch noch nicht erreicht.

Die stärkste Entwicklung der Holzdestillation zeigte sich in den Vereinigten Staaten. Die letzten im Wettbewerb, marschieren die Amerikaner jetzt an der Spitze und erzeugen die Hälfte der Weltproduktion an Holzdestillationserzeugnissen. Diese Vorzugsstellung verdanken sie hauptsächlich dem ungeheueren Reichtum an Rohmaterial, wie ihn die dortigen Wälder darbieten. Allein die Zahl der Holzverkohlungsanlagen, die Laubholz verarbeiten, stieg von 17 im Jahre 1880 auf 117 im Jahre 1910. Auch in Canada erreichte diese Industrie bedeutenden Umfang. Schweden, Frankreich, England, Deutschland, Österreich und Ungarn besitzen ebenfalls bedeutende Anlagen, wohlausgerüstet mit den modernsten Apparten, die den Technikern der einzelnen Länder das beste Zeugnis ausstellen. Italien besitzt nur einige kleinere Werke, während Japan und Argentinien erst kürzlich mit der Einführung der Holzverkohlungsindustrie begonnen haben. Auch Australien und Indien beginnen diese Industrie zu entwickeln angesichts der gewaltigen natürlichen Quellen, die ihnen bei ihrem Holzreichtum zu Gebote stehen. Es ist daher begründete Aussicht vorhanden, daß die Holzverkohlung in der nahen Zukunft noch bedeutend größere Ausbreitung erfahren wird.

II. Zur Verwendung kommende Holzarten.

Obgleich es eine sehr große Menge verschiedener Hölzer gibt, die als Holzverkohlungsrohmaterial dienen könnten, ist die Zahl der wirklich verwendbaren bzw. verwendeten tatsächlich sehr beschränkt.

In erster Linie können natürlich nur solche Hölzer verarbeitet werden, die in genügend großer Menge erhältlich sind, d. h. waldbildende Arten. In zweiter Linie wählt man solche, die möglichst hohe Ausbeuten an Destillationsprodukten geben. Es gibt eine ganze Menge Holzarten, die, obwohl sie im Überfluß vorhanden sind, doch nicht für die Verkohlung benutzt werden, weil entweder die Ausbeuten gering sind oder die Qualität der erhaltenen Produkte zu wünschen übrig läßt. Ein dritter und nicht unwichtiger Faktor liegt in den Kosten für die Heranschaffung des Holzes an den Ort der Verkohlung. Besonders bei den heutigen hohen Frachtkosten spielt die Entfernung, über die das Holz transportiert werden muß, eine gewaltige Rolle. Infolgedessen befinden sich die meisten Verkohlungen wenn nicht mitten im Walde, so doch mindestens in der Nähe desselben.

Glücklicherweise finden sich die ersten beiden Voraussetzungen, wie Vorkommen in genügender Menge und Eignung für die Verkohlung, in weitem Maße bei demselben Holz vereinigt, und es erklärt sich dadurch die Tatsache, daß nur einige wenige Arten, seien es Laub- oder Nadelhölzer, für den Prozeß in Betracht kommen.

Wenn auch in erster Linie der Wald für die Beschaffung des Rohmaterials in Frage kommt, so bieten sich dem Verkohler doch auch noch andere Quellen dar, die ihn in bestimmten Fällen mit ganz bedeutenden Holzmengen versehen. Hauptsächlich wird das sog. Cordholz benutzt, das beim Fällen der Bäume und Herrichtung derselben zu Nutzholz direkt im Walde anfällt und das größtenteils aus den Ästen und den kürzeren Teilen des unteren Stammes besteht. Bei dem Zurichten der Holzstämme in den Sägewerken ergeben sich weitere Mengen verkohlungswürdigen Holzes in Gestalt von Schwarten, Zöpfen usw. Eine dritte Quelle bildet das Abfallholz, das die Holzverarbeitungsindustrien liefern, aber da dieses hauptsächlich in Form von Kleinholz wie Schnittspänen, Hobelspänen, Latten und Sägemehl vorliegt, erfordert es besonders eingerichtete Apparaturen. Cocosnußschalen, Fruchtkerne, Hülsen usw. stellen das Material für einen besonderen Zweig der eigentlichen Verkohlung dar.

Holzgewächse.

Charakterisierung.

Die Holzgewächse gehören zu den Spermaphyten oder samentragenden Pflanzen. Man teilt sie in zwei Hauptklassen, die Angiospermen und die Gymnospermen. Zu den Angiospermen gehören die Laubhölzer mit abfallenden breiten Blättern, zu den Gymnospermen die Coniferen (Weichhölzer) mit nadelförmigen Blättern von meist mehrjähriger Dauer. Beide Klassen sind exogen, d. h. ihr Stamm besteht aus unterschiedlichen Schichten, den sog. Jahresringen, bei denen jede Schicht bzw. jeder Ring das Wachstumsergebnis eines Jahres darstellt. Hierdurch unterscheiden sie sich von den Palmen, Yuccas, Bambus usw., die überhaupt nicht oder nur andeutungsweise solche Schichten zeigen.

Die Charakterisierung der Angiospermen als Harthölzer mit breiten, abfallenden Blättern und der Gymnospermen als Weichhölzer mit nadelförmigen Blättern ist nicht vollkommen zutreffend. Nicht alle Bäume mit breiten Blättern wechseln ihre Belaubung jedes Jahr, so z. B. die immergrüne Eiche *(Quercus virens)*. Außerdem ist das Holz einiger Arten weicher als das sog. Weichhölzer. Als Beispiel sei die Pappel erwähnt. Auf der anderen Seite behalten nicht alle Nadelhölzer ihre Belaubung, wie z. B. die Lärche, die jeden Herbst ihre Nadeln abwirft. Auch gibt es Nadelhölzer, deren Holz ebenso hart ist wie das der typischen Harthölzer.

Wenn also auch die vorstehende Charakterisierung der verschiedenen Hölzer nicht als wissenschaftlich genau angesprochen werden kann, so erfüllt sie, vom praktischen Standpunkt aus betrachtet, doch vollkommen ihren Zweck.

Das Holz der Nadelbäume.

Beim Betrachten des Querschnittes eines typischen Kiefernstammes fallen uns drei scharf getrennte, ringförmige Flächen auf: nach außen der Rindenteil, im Innern ein dünner Markzylinder und zwischen beiden die Hauptmasse des Holzes, zahlreiche konzentrische Ringe bildend. Die Dicke der Rinde, 1—2 Zoll am unteren Stammende, nimmt nach oben hin ab bis zu Bruchteilen eines Zolles am Ende des Stammes. Bezogen auf das Gesamtvolumen des Stammes macht die Rinde etwa 10—12% desselben aus.

Anschließend an die Rinde findet sich eine Zone, die im allgemeinen heller gefärbt ist als der Rest des Holzes und die Splint genannt wird. Zwischen Rinde und Splint befindet sich eine Cambium genannte Zone, die aus zartwandigem, teilungsfähigem Gewebe besteht und das Dickenwachstum des Stammes bewirkt. Auch der Splint bzw. Bast enthält lebende Zellen, die jedoch mit dem zunehmenden Alter des Baumes ihre Funktionen einstellen, verholzen und allmählich in totes Kernholz übergehen. Der Anteil des Splintholzes beträgt bis zu 40% des Stammes, ja bei jungen Bäumen noch mehr.

Wie schon oben bemerkt, beruht die Verdickung des Stammes auf der Tätigkeit der Cambialzellen. Durch die klimatischen Verhältnisse, wie z. B. den Wechsel der Jahreszeiten, macht sich eine Periodizität geltend, die ihren Ausdruck in der Bildung von Jahresringen findet. Diese Ringe sind gewöhnlich am weitesten gegen den Kern, am engsten gegen die Rinde zu. Bei näherer Betrachtung zeigt sich, daß sie aus zwei verschiedenen Teilen zusammengesetzt sind: einer heller gefärbten Zone, dem Frühholz (Frühlingsholz), und einer dunkleren an der Außenseite, dem Spätholz (Herbstholz). Besonders die Kiefer zeigt die beiden Regionen in voller Schärfe. — Neben den Jahresringen sind noch die Markstrahlen bemerkenswert, bandförmige, radial vom Markzylinder zur Rinde verlaufende Gewebestreifen. Im allgemeinen sind die Markstrahlen der Nadelhölzer enger, dichter gedrängt und nicht so ins Auge fallend wie die der Laubhölzer; mit Ausnahme von Pappel, Weide und Buchsbaum.

Wenn auch im allgemeinen die Nadelhölzer ein deutlich ausgeprägtes Kernholz erkennen lassen, so ist dies bei einigen Arten nicht der Fall, wie z. B. bei der Fichte und Weißtanne.

Das Holz der Laubbäume.

Der Querschnitt des Laubholzstammes zeigt zwar im allgemeinen dieselbe Unterteilung in Rinde, Splintholz, Kernholz und Markzylinder wie der eines Nadelholzstammes, einige Unterschiede sind jedoch zu erwähnen: die Markstrahlen sind meistens breiter und stärker ins Auge fallend. Ausnahmen: Pappel, Weide, Buchsbaum. Von einigen Arten abgesehen, sind die Jahresringe weniger gut zu unterscheiden, so daß bei gewissen Hölzern, wie Buche, Birke, Ahorn, Früh- und Spätholz nur wenig differieren.

Die für die Verkohlung in Betracht kommenden Holzarten.

Wie schon im vorhergehenden erwähnt, geben nur verhältnismäßig wenige Holzarten dem Verkohler das Rohmaterial für seine Zwecke. Von den Laubhölzern kommen in erster Linie Buche, Eiche, Birke und Ahorn, von den Nadelhölzern Weißkiefer, Sumpfkiefer, Pechkiefer *(Pin. resinosa)* in Frage. Daneben finden jedoch noch eine ganze Reihe andere Arten ihren Weg in die Holzverkohlung, besonders in Form von Abfällen der Sägewerke und der Holzverarbeitungsindustrie.

Im folgenden sind die Hauptmerkmale der Hölzer aufgezählt, welche in größerer oder geringerer Menge das Verkohlungsmaterial darstellen.

Laubhölzer.

Eiche.

Ziemlich 300 Arten dieses Baumes sind bekannt, der eines der härtesten, zähesten und schwersten Hölzer liefert.

1. Stiel- oder Sommereiche *(Quercus pedunculata, Quercus robur)*. Häufiger Baum in Nord- und Zentraleuropa, 30, ja oft bis 50 m hoch werdend, bei einem Durchmesser bis zu 2 m. Kernholz hellbraun.

1a. Wintereiche *(Quercus sessiliflora)*. Steineiche. Charakteristica wie *Quercus pedunculata*.

2. Amerikanische Eichen.

a) Weißeiche *(Quercus alba)*. Nordamerika, Höhe 27—30 m, Durchmesser 1—2 m, Rinde grau, braunes Kernholz, hellbrauner Splint.

b) Immergrüne Eiche *(Quercus virens, virginiana, agrifolia)*. Californische Lebenseiche *(Quercus chrysolepis)*. Besonders häufig in den Südatlantikstaaten, 17—20 m hoch, bei einem Durchmesser von 1—2 m. Der Baum hat gewisse Ähnlichkeit mit einem Apfelbaum. Immergrüne Belaubung, hellbraunes Kernholz, fast weißer Splint, sehr dichte Faser.

c) Roteiche *(Quercus rubra)*. Ähnlich der *Quercus alba*, jedoch ist die Rinde braun und das Kernholz mehr rot. Ausgezeichnet durch schnelles Wachstum.

3. Zerreiche, österr. Eiche *(Quercus cerris)*. Hauptsächlich in Rußland, Kroatien und Slawonien vorkommend.

4. Japanische Eiche *(Quercus dentata, glandulifera, crispula, grosseserrata)*. Der einheimische Name für die erste ist kashiwa, für die zweite konara, während die beiden letzten ohnara genannt werden.

Buche.

1. Rotbuche *(Fagus sylvatica)*. Nord- und Mittelamerika, Höhe 20—23 m, Durchmesser 60—120 cm, Kernholz gelblich-weiß, seidenartig glänzende, sich kräftig abhebende Markstrahlen.

2. **Amerikanische Buche** *(Fagus atropunicea, Fagus ferruginea)*, Höhe 20—27 m, Durchmesser 60—120 cm, Kernholz rötlichweiß, Splint fast weiß, Markstrahlen stark ausgeprägt. Unter dem Namen Eisenholz wird das Holz der sog. Blaubuche *(Carpinus caroliniana)* verstanden. Dieser Baum erreicht eine Höhe bis zu 17 m und einen Durchmesser bis zu 1,20 m, Kernholz hellbraun, Splint weiß.

Birke.

1. **Weißbirke** *(Betula alba)*. Im Norden von Europa und Asien, waldbildend, Höhe 10—13 m, Durchmesser bis zu 50 cm, kein deutlich erkennbares Kernholz, silberweiße Rinde, Holz rötlich-weiß. Dichtes Gefüge, Jahresringe deutlich hervortretend.

2. **Amerikanische Birken.** Von den 24 verschiedenen Birkenarten kommen 9 in Nordamerika vor, die sich vor den europäischen durch bedeutend größere Höhe und dickeren Stamm auszeichnen.

a) Gelbbirke *(Betula lutea)*, Höhe 20—27 m, Durchmesser 60 bis 120 cm, silbergraue Rinde, hellgelbes Kernholz, Splint fast weiß, dichte, feste Faser.

b) Wohlriechende Birke *(Betula lenta)*, Höhe und Durchmesser wie vorige, Rinde dunkelrot, Kern braun.

Sowohl *Betula lutea* als auch *Betula lenta* kommen zahlreich in Nordamerika vor. Das Fluidextrakt der Blätter des letzteren Baumes findet arzneiliche Verwendung und enthält Methylsalicylat.

Ahorn.

1. **Amerikanische Arten.**

a) Zuckerahorn *(Acer saccharum)*, einer der bekanntesten Bäume von Nordamerika und Canada und der Hauptrepräsentant der ungefähr 70 bekannte Arten umfassenden Familie der Aceraceen, die zu den am häufigsten vorkommenden Laubbäumen Nordamerikas gehören, Höhe 25—30 m, Stammdurchmesser 60—120 cm, Kernholz braun mit dichter und fester Faser.

b) Roter Ahorn *(Acer rubrum)*, Höhe 20—27 m, Durchmesser 60—120 cm, bräunlich-rotes Kernholz, dichtes Gefüge.

c) Eschenahorn *(Acer negundo)*, erreicht eine Höhe von 17 bis 23 m bei einem Durchmesser von 30—100 cm. Kernholz sowohl wie Splint beide weiß, dichtes Gefüge.

2. **Europäische Arten.**

a) *Acer pseudoplatanus*, Höhe 10—20 m, Kernholz weißlich-gelb, sehr dichtes Gefüge.

b) Feldahorn *(Acer campestre)*, Kernholz gelb-weiß, sehr dichtes, festes Gefüge.

Platane.

a) *Platanus occidentalis*, bis über 30 m hoch, mit einem Durchmesser von 2—4 m. Kernholz rötlich-braun, dicht und fest, Oberfläche des Holzes atlasglänzend, Markstrahlen deutlich hervortretend, hauptsächlich in den östlichen Staaten Amerikas vorkommend.

b) *Platanus racemosa*, Californische Platane, geringer an Höhe und Dicke, sonst wie vorige.

c) *Platanus vulgaris*, gemeine Platane, im Orient einheimisch *(Platanus orientalis)*, weit verbreitet in ganz Europa.

Ulme.

1. **Europäische Arten.**

a) *Ulmus campestris*, Höhe 20—33 m bei einem Durchmesser von 1—2 m, dunkel-rotbraunes Kernholz.

2. **Amerikanische Arten.**

a) Weiße Ulme *(Ulmus americana)*, Höhe und Durchmesser wie die europäische Art, Kernholz hellbraun, grobfaserig.

b) Rote Ulme *(Ulmus fulva, Ulmus pubescens)*, Höhe 13—20 m, Durchmesser 60—120 cm, Kernholz dunkelbraun.

Erle *(Alnus glutinosa)*.

Beheimatet in Europa, Amerika, Nordafrika und Asien, Höhe 13—20 m, Kernholz wenig hervortretend, rötlich-weiß, breite Markstrahlen.

Esche.

1. **Europäische Arten.**

a) Gemeine Esche *(Fraxinus excelsior)*, Höhe 17—30 m, Durchmesser 60—100 cm, Kernholz gelblich bis hellbraun, grobfaserig.

2. **Amerikanische Arten.**

a) Weiße Esche *(Fraxinus americana)*, Durchmesser 1—1,3 m, Kernholz braun gefleckt, Splint weiß, grobes und dichtes Gefüge.

b) Schwarzesche *(Fraxinus nigra, Fraxinus Sambucifolia)*, Höhe 23—27 m, Durchmesser 60—120 cm, Kernholz braun, grobfaserig dicht.

Pappel.

1. **Europäische Arten.**

a) Weißpappel *(Populus alba)*.

b) Schwarzpappel *(Populus nigra, Populus canadensis)*.

c) Graupappel *(Populus canescens)*, Höhe 13—27 m, Kernholz gelb bis braun, Splint weiß, dichtes Gefüge.

2. **Amerikanische Arten,** in den Vereinigten Staaten unter dem Namen *cotton wood* bekannt.

a) Großzähnige Espe *(Populus grandidentata)*, Höhe 20—27 m, Durchmesser von 60 cm an aufwärts, Kernholz braun, feinfaserig dichtes Gefüge.

b) *Populus deltoides, Populus monilifera (cotton wood)* 30—33 m hoch, Durchmesser 1—2 m, Kernholz dünn, dunkelbraun, dichtes Gefüge.

c) *Populus trichocarpa.* Erreicht eine Höhe bis zu 50 m und einen Durchmesser bis zu 2 m, Kernholz hellbraun, die Markstrahlen sind bei den Pappeln dem unbewaffneten Auge kaum sichtbar.

Linde.

1. Europäische Arten.

a) *Tilia cordata, grandifolia* usw. Kernholz wenig deutlich, rötlichweiß bis weiß, Holzgewebe weich.

2. Amerikanische Arten. Die verschiedenen amerikanischen Lindenarten werden mit dem Sammelnamen Basswood bezeichnet, z. B.:

Tilia americana, Höhe 20—27 m, der Durchmesser 60—120 cm, Kernholz hellbraun, Splint sehr dick.

Hainbuche *(Carpinus betulus)*.

Verbreitet in Mitteleuropa, Großbritannien und Mittelamerika. Kernholz undeutlich, gelblich-weiß, Markstrahlen wenig hervortretend, Gefüge dicht und zähe.

Tulpenbaum *(Liriodendron tulipifera)*.

Beheimatet in Nordamerika, wird er hier oft als weiße oder gelbe Pappel bezeichnet. In Großbritannien ist er bekannt unter dem Namen Canarywood bzw. Whitewood. Einer der größten Bäume Amerikas, erreicht oft eine Höhe von 50 m bei sehr großer Dicke, Kernholz hellgelb, Splint weiß und dünn, Gefüge dicht und fest.

Kastanie *(Castanea vulgaris, Castanea vesca)*.

1. Europäische Arten.

a) Edelkastanie. Der Baum erreicht eine Höhe bis zu 33 m und einen Durchmesser bis zu 4 m, Kernholz hellbraun, die Markstrahlen sind kaum sichtbar, im übrigen ähnelt das Holz dem Eichenholz.

2. Amerikanische Arten.

a) *Castanea dentata* ähnelt der europäischen Art sehr, während *Castanea pumila*, unter dem indianischen Namen Chinquapin bekannt, bedeutend kleiner ist, mit dunklem Kernholz und grobfaserigem Gefüge.

Roßkastanie *(Aesculus hippocastanum)*.

Hauptsächlich in Europa vorkommend, in Nordamerika kultiviert als *A. octendra, Pavia flava*, bis 25 m hoch, Kernholz sich wenig vom Splint abhebend, Markstrahlen dem bloßen Auge nicht sichtbar, Holz weiß, Faser dicht und fest.

Weide *(Salix alba)*.

In zahlreichen Arten überall in Europa vorkommend, erreicht eine Höhe bis 15 m und einen Durchmesser von 1 m und darüber, Kern rötlich-braun, Splint fast weiß, Markstrahlen nur dem bewaffneten Auge erkennbar.

Als *Salix nigra* (Schwarzweide) in Nordamerika weit verbreitet, höher und stärker als die europäischen Arten.

Akazie.

Unter den hierhin gehörenden Gewächsen ist die sog. falsche Akazie *(Robinia pseudacacia)* die bekannteste. Von den 6 Spezies sind 4 in Nordamerika beheimatet und werden hier *black locust* (Heuschreckenbaum) genannt. Höhe bis 20 m, Durchmesser bis zu 1 m, Kernholz braun, Splint fahl-grün. — Zwei andere Bäume gehören hierher, die ebenfalls in Nordamerika vorkommen; der Mesquite *(Prosopis juliflora)* mit rötlich-braunem Kernholz und hellgelbem Splint und gut sichtbaren Markstrahlen und die Gleditschia *(Gleditsia triacanthos, Honey locust)*, die eine Höhe bis zu 75 m erreicht bei einem Durchmesser von über 1 m, mit leuchtend rötlich-braunem Kernholz; Markstrahlen und Jahresringe stark ausgeprägt.

Hickory.

Charakterbaum der östlichen Staaten Nordamerikas, 9 Arten bekannt, der Hauptvertreter *Hicoria ovata, Carya alba,* erreicht eine Höhe von 30 m und einen Durchmesser von 1 m, Kern hellbraun, Splint weiß. Das Gefüge des Holzes ist sehr dicht und besonders das Splintholz zeichnet sich durch Härte, Zähigkeit, Elastizität und Dauerhaftigkeit aus.

Nadelhölzer.

Meist Gewächse der gemäßigten Zone, gehören sie zu den am weitesten gegen den Pol vordringenden Baumformen und bilden in Nordamerika, Skandinavien und Rußland Wälder von gewaltiger Ausdehnung. Den Holzverkohler interessieren in erster Linie die

Pinusarten.

1. Weißkiefer *(Pinus silvestris)*. Neben *Pinus austriaca* (Schwarzkiefer) und *Pinus maritima* (Strandkiefer) die bekannteste Pinusart Europas. Sie erreicht eine Höhe bis zu 30 m, ja vereinzelt bis zu 40 m, Kernholz rötlich, Harzgänge wie Jahresringe breit und hervortretend, Markstrahlen dem unbewaffneten Auge nicht sichtbar.

2. Sumpfkiefer *(Pinus Palustris)*. Langnadelige gelbe oder Georgiakiefer, für den amerikanischen Holzverkohler hauptsächlich in Betracht kommende Nadelholzart, die ausgedehnte Wälder bildet. Kernholz deutlich vom Splint sich abhebend, hell bis dunkelorange, zahlreiche Harzgänge, festes Holzgefüge.

3. Weymouthkiefer *(Pinus strobus)*. In Nordamerika und Ostasien waldbildend, bei uns in Anlagen und Wäldern angepflanzt, bis 40 m hoch, Kernholz weiß bis rötlich-weiß. Das Gefüge des Holzes ist weit lockerer als das der vorhergehenden, obgleich immer noch fester als das der bei uns kultivierten, das sehr wenig bruchfest ist.

4. Weihrauchkiefer *(Pinus taeda)*. Das Holz ist der Sumpfkiefer *(Pinus palustris)* ähnlich, jedoch leichter und im Gefüge gröber, Splintholz überwiegt.

5. Cubakiefer *(Pinus cubensis)*. Wie vorige, Anteil des Splintholzes noch größer. Textur des Holzes noch gröber.

6. Stachelkiefer *(Pinus echinata)*. Verbreitungsgebiet von Nordkarolina bis Texas, ähnelt *Pinus Taeda*.

Von anderen Pinusarten sind noch erwähnenswert *Pinus resinosa*, norwegische Kiefer; *Pinus ponderosa*, eine Varietät der Sumpfkiefer; *Pinus virginiana*, virginianische Kiefer, deren hauptsächlichstes Verbreitungsgebiet Nordamerika ist, sowie die europäischen Arten *Pinus austriaca*, Schwarzkiefer; *Pinus laricio*, corsicanische Kiefer; *Pinus pinaster*, Seestrandskiefer.

Tannen.

In vielen Beziehungen den Kiefern, Lärchen und Fichten ähnlich, unterscheiden sie sich von ihnen durch das Fehlen der Harzgänge.

1. Abies grandis. Heimisch in Europa und Nordamerika, ähnlich der Fichte, aber ohne Harzgänge, Holz gelblich-weiß.

2. Abies pectinata. Charakteristica wie vorhergehend.

Fichten.

Heimat Europa, Nordamerika. Die Hauptvertreter sind folgende:

1. *Picea excelsa.*
2. *Picea sitchensis.*
3. *Picea nigra.*
4. *Picea alba.*
5. *Pseudotsuga douglasii* } Douglasfichte.
   Pseudotsuga taxifolia }

Die gewöhnliche Fichte ähnelt der Tanne, jedoch sind Harzgänge vorhanden, wenn auch nur in geringer Zahl.

Die Weißfichte sowie die Schwarzfichte treten waldbildend in Nordamerika auf.

Die Douglasfichte kommt ebenfalls als Waldbaum, besonders in den Cordilleren N. A. vor und wird neuerdings in steigendem Maße in Europa angepflanzt, zeichnet sich durch dichte, blaugrüne Benadelung aus und hat orangerotes Kern- und gelbliches Splintholz. Harzgänge klein und wenig zahlreich.

Lärchen.

Vorkommen sporadisch in Coniferenbeständen Europas und Nordamerikas, zeichnen sich dadurch vor den übrigen Nadelhölzern aus, daß sie ihre Nadeln im Herbst verlieren.

1. **Gewöhnliche Lärche** *(Larix europaea, Larix decidua)*. Rötlichbraunes Kernholz, gelblich-brauner Splint, Harzgänge schmal und wenig zahlreich.

2. **Amerikanische Lärche** *(Larix americana, Larix occidentalis)*. Braun-rotes Kernholz, bräunlich-gelber Splint, Harzgänge wie vorige.

Außer den aufgezählten Holzarten kommen natürlich noch zahlreiche andere in Betracht, die gelegentlich verkohlt werden. In den folgenden Kapiteln sollen sowohl diese als auch solche, die aus rein wissenschaftlichem Interesse in Versuchsapparaturen der trockenen Destillation unterworfen sind, noch besonders erwähnt werden.

III. Die physikalischen Eigenschaften des Holzes.

Die beiden wichtigsten Eigenschaften des Holzes in bezug auf seine Verwendung für die trockene Destillation sind Dichte und Wasseraufnahmefähigkeit. Wenngleich sie keineswegs in einem strengen Abhängigkeitsverhältnis voneinander stehen, so zeigen sie doch eine mehr oder minder ausgeprägte Verwandtschaft. Einzeln betrachtet, schwanken die Kennzahlen ziemlich um einen Mittelwert und hängen von den Umständen ab, unter denen sie bestimmt sind.

Dichte.

Betrachten wir zunächst die Dichte, d. h. das spezifische Gewicht des eigentlichen Holzkörpers, so finden wir sie zu 1,46—1,56, und zwar lassen sich praktisch alle Holzarten innerhalb dieses Zahlenbereiches einordnen. Dunlap[1]) fand bei seinen Untersuchungen des Holzes von *P. palustris, Pseudotsuga taxifolia, Hicoria alba, Fagus atropunicea, Quercus rubra* und *Acer saccharum* einen Durchschnittswert von 1,54. Trotzdem schwimmen die meisten Hölzer auf dem Wasser, müssen also ein spez. Gewicht haben, das geringer ist als 1, ein ganz natürlicher Vorgang, wenn wir die zahlreichen, mit Luft gefüllten Hohlräume in Betracht ziehen, welche die kompakte Holzmasse durchsetzen. Während,

---

[1]) J. Agric. Research. Bd. 3, S. 43. 1914.

wie wir oben gesehen haben, das spez. Gewicht des eigentlichen Holzkörpers, also ohne die luftführenden Zwischenräume, nur innerhalb geringer Grenzen schwankt, zeigt das spez. Gewicht des Holzes als solches bedeutend größere Schwankungen und ist abhängig von der Holzart, dem Alter, dem Feuchtigkeitsgehalt und dem Teil des Baumes, dem es entstammt. Das Verhältnis zwischen Kernholz und Splint, der Gehalt an Harzen, Klima, Bodenbeschaffenheit sind ebenfalls von Einfluß. Die bedeutenden Unterschiede in den spez. Gewichten sind also ohne weiteres erklärlich, und zwar finden diese nicht nur zwischen Holz verschiedener Arten statt, sondern die einzelnen Teile ein und desselben Baumes verhalten sich abweichend, daher denn eine einzelne Bestimmung des spez. Gewichtes eines Holzes ohne Kenntnis der anderen Umstände nur problematischen Wert besitzt.

Tabelle 1 auf Seite 17 gibt die spez. Gewichte der wichtigsten Holzarten nach Schübler und Wernek für frisch geschlagenes, lufttrockenes und künstlich getrocknetes Holz, wobei unter lufttrockenem ein Holz zu verstehen ist mit 15—20%, unter trockenem oder ofentrockenem ein solches von 2—8% Feuchtigkeit[1]).

Wie aus den Zahlen der Tabelle hervorgeht, sinkt die Dichte des Holzes beim vollständigen Trocknen auf ungefähr die Hälfte des frisch geschlagenen. Die Unterschiede in den Dichten sind besonders bei den lufttrockenen Hölzern groß und schwanken zwischen 0,368 für Pappel und 0,708 für Eichenholz.

Tabelle 1.

Spez. Gewichte verschiedener Hölzer (Schübler und Wernek).

Holzart	Spez. Gewicht			Wassergehalt des frisch gefällten Holzes in Prozenten
	Frisch gefällt	Lufttrocken	Absolut trocken	
Eiche	1,075	0,708	0,640	34,7
Buche	0,982	0,591	0,540	39,7
Birke	0,901	0,627	0,570	30,8
Ahorn	0,904	0,659	0,580	27,0
Ulme	0,950	0,550	0,510	35,4
Esche	0,904	0,670	0,610	28,7
Linde	0,820	0,439	0,420	47,1
Pappel	0,760	0,368	0,350	38,8
Erle	0,856	0,500	0,440	41,0
Weide	0,986	0,487	0.450	26,0
Kiefer	0,874	0,472	0,380	38,2
Schott. Kiefer	0,916	0,550	0,420	39,7
Weißtanne	0,896	0,552	0,480	37,1
Lärche	0,925	0,470	0,410	41,6

[1]) U. S. Dept. of Agric., Forest Service Bulletin 552.

Die folgenden Zahlen sind den von Karmarsch gefundenen Werten entnommen.

Tabelle 2. Spez. Gewichte verschiedener Hölzer (Karmarsch).

Holzart	Spez. Gewicht					
	Frisch gefällt			Lufttrocken		
	Max.	Min.	Mittel	Max.	Min.	Mittel
Eiche	1,062	0,885	0,974	0,920	0,650	0,785
Buche	1,109	0,852	0,981	0,852	0,590	0,721
Birke	0,987	0,851	0,919	0,738	0,591	0,665
Esche	0,927	0,778	0,853	0,845	0,540	0,693
Pappel	0,956	0,758	0,857	0,591	0,353	0,472
Weißbuche	1,138	0,939	1,039	0,790	0,728	0,759
Linde	0,878	0,710	0,794	0,604	0,439	0,522
Erle	0,994	0,809	0,902	0,680	0,423	0,552
Schott. Kiefer	1,005	0,811	0,908	0,763	0,463	0,613
Weißtanne	0,894	0,689	0,791	0,746	0,455	0,601
Fichte	0,993	0,794	0,894	0,481	0,376	0,429
Lärche	0,924	0,694	0,809	0,565	0,473	0,519

Tabelle 3. Durchschnittliche spez. Gewichte amerikanischer Hölzer.

Holzart	Spez. Gewicht		
	Ofentrocken ca. 8% H_2O	Lufttrocken 12—15% H_2O	Frisch
Acer rubrum, roter Ahorn	0,58	0,59	0,83
Acer saccharinum, Floridaahorn	0,51	0,54	0,74
Acer saccharum, Zuckerahorn	0,67	0,70	0,90
Aesculus octandra, Roßkastanie	0,38	0,40	0,78
Alnus oregona, Oregonerle	0,43	0,45	0,74
Betula lenta, zähe Birke	0,72	0,75	0,94
Betula lutea, gelbe Birke	0,69	0,70	0,91
Castanea dentata, Kastanie	0,46	0,48	0,86
Castanopsis chrysophylla, Zwergkastanie	0,50	0,51	0,98
Fagus atropunicea, Buche	0,67	0,70	0,88
Fraxinus americana, amerik. Esche	0,66	0,67	0,75
Fraxinus nigra, Schwarzesche	0,54	0,58	0,85
Gleditsia triacanthos, Gleditschie	0,78	0,82	1,04
Hicoria alba } Hickorybaum	0,80	0,83	1,02
Hicoria laciniosa } Hickorybaum	0,82	0,85	1,02
Hicoria ovata } Hickorybaum	0,77	0,80	1,02
Ilex opaca, Stechpalme	0,62	0,64	0,91
Liriodendron tulipifera, Tulpenbaum	0,43	0,45	0,61
Ostrya virginiana, amer. Hopfenbuche	0,56	0,58	0,96
Platanus occidentalis, Platane	0,56	0,58	0,85
Populus deltoides, canadische Pappel	0,37	0,38	0,74
Quercus alba, Weißeiche	0,74	0,77	1,01
Quercus californica, californ. Eiche	0,59	0,61	1,02
Quercus macrocarpa, großfrüchtige Eiche	0,69	0,72	0,98

Tabelle 3 (Fortsetzung).

Holzart	Spez. Gewicht Ofentrocken ca. 8% H_2O	Spez. Gewicht Lufttrocken 12—15% H_2O	Spez. Gewicht Frisch
Quercus rubra, Roteiche	0,69	0,72	1,04
Robinia pseudacacia, Robinie	0,77	0,78	0,93
Salix nigra, Weide	0,40	0,42	0,82
Tilia americana, Schwarzlinde	0,40	0,42	0,66
Ulmus americana, amerik. Ulme	0,53	0,54	0,77
Ulmus pubescens, gelbknospige Ulme	0,62	0,64	0,88
Ulmus racemosa, Korkulme	0,69	0,70	0,85
Abies balsamea, Balsamtanne	0,38	0,40	0,72
Abies concolor, Weißtanne	0,40	0,42	0,90
Abies grandis, Riesentanne	0,45	0,46	0,59
Larix laricina, amerik. Lärche	0,59	0,61	0,75
Larix occidentalis, Lärche	0,56	0,58	0,75
Picea canadensis, canadische Fichte	0,43	0,45	0,50
Picea rubeus, Rotfichte	0,43	0,45	0,54
Pinus echinata, kurznadlige Kiefer	0,56	0,58	0,72
Pinus palustris, Sumpfkiefer	0,64	0,67	0,78
Pinus ponderosa, Kiefer	0,42	0,45	0,77
Pinus resinosa, nordische Kiefer	0,51	0,54	0,67
Pinus rigida, Weihrauchkiefer	0,56	0,58	0,86
Pinus strobus, Weymouthkiefer	0,42	0,43	0,62
Pinus taeda, Weihrauchkiefer	0,59	0,62	0,86
Pseudotsuga taxifolia, Douglasfichte	0,53	0,56	0,61
Tsuga canadensis, Schirlingstanne	0,45	0,46	0,74
Tsuga heterophylla	0,48	0,50	0,74

Wenn auch die Zahlen der vorstehenden Tabelle keineswegs identisch sind mit denen der Tabelle 1, so herrscht doch im allgemeinen eine ziemlich gute Übereinstimmung zwischen den Werten für die frisch geschlagenen Hölzer, was unter der Voraussetzung, daß die Faktoren, welche den Wassergehalt im frisch geschlagenen Holz, d. h. im lebenden Stamme, bestimmen, ziemlich konstant sind, verständlich ist.

Auf der anderen Seite dürfte es schwierig sein, die Trocknung des Holzes an der Luft bei verschiedenen Temperaturen und zu verschiedener Zeit in genau gleicher Weise auszuführen. Beide Tabellen 1 und 2 beziehen sich auf europäische Holzsorten. Die korrespondierenden amerikanischen differieren ihrerseits wieder mit denen der Tabellen 1 und 2, wenn auch bei einigen Werten praktisch eine Übereinstimmung vorhanden ist. In Tabelle 3 sind die durchschnittlichen spez. Gewichte einer großen Zahl amerikanischer Holzarten angegeben, und zwar sowohl für frisch geschlagenes wie für lufttrockenes (12—15% Feuchtigkeit) und ofentrockenes Holz (ca. 8% Feuchtigkeit); sie beziehen sich auf reifes, ausgewachsenes Holz und dürften bis auf eine Schwankung von ca. 5% nach oben oder unten genau sein. Größer würden die Unterschiede werden, wollte man frisch geschlagenes Jungholz, z. B. Kiefer, in Vergleich stellen. Man würde unter Umständen ein Gewicht, das bis 20% höher wäre, finden, infolge des größeren Wassergehaltes.

Tabelle 4 zeigt die Raummetergewichte der wichtigsten europäischen und amerikanischen Laubhölzer nach der Zusammenstellung des U. S. Forest Service.

Tabelle 4. Kubikmetergewichte der hauptsächlichsten Laubhölzer.

Holzart	Heimat	kg pro m³
Acer dasycarpum, Silberahorn	N.-Amerika	512
Acer negundo, eschenblättriger Ahorn	N.-Amerika	416
Acer pseudoplatanus, Waldahorn	Europa	640
Acer rubrum, roter Ahorn	N.-Amerika	608
Acer saccharum, Zuckerahorn	N.-Amerika	688
Aesculus glabra } Kastanie	N.-Amerika	448
Aesculus hippocastanum } Kastanie	Europa	576
Aesculus octandra } Kastanie	N.-Amerika	432
Alnus glutinosa, gemeine Erle	N.-Amerika	416—656
Betula alba, Weißbirke	Europa	650
Betula lenta, zähe Birke	N.-Amerika	752
Betula lutea, gelbe Birke	N.-Amerika	640
Betula nigra, schwarze Birke	N.-Amerika	560
Betula papyrifera, Papierbirke	N.-Amerika	592
Betula populifolia, pappelblättrige Birke	N.-Amerika	560
Carpinus betulus, Hainbuche	Europa u. N.-Amerika	832
Carpinus caroliniana, Blaubuche	N.-Amerika	720
Castanea dentata, *C. vesca*, *C. vulgaris* } Kastanie	Europa u. N.-Amerika	448
Castanea pumila } Kastanie	N.-Amerika	576
Catalpa catalpa } Catalpe	Europa u. N.-Amerika	432
Catalpa speciosa } Catalpe	N.-Amerika	400
Fagus atropunicea, *F. ferruginea*, Buche	N.-Amerika	672
Fagus sylvatica, Rotbuche	Europa	710
Fraxinus americana, amerik. Esche	N.-Amerika	624—640
Fraxinus excelsior, Esche	Europa	752
Fraxinus nigra, *F. sambucifolia*, Schwarzesche	N.-Amerika	624
Gleditsia triacanthos, Gleditschie	N.-Amerika	672
Hicoria ovata, *Carya alba* } Hickorybaum	N.-Amerika	816—832
Hicoria pecan } Hickorybaum	N.-Amerika	704—784
Liriodendron tulipifera, Tulpenbaum	N.-Amerika	416
Ostrya virginiana, amerik. Hopfenbuche	N.-Amerika	816
Platanus occidentalis } Platane	N.-Amerika	560
Platanus racemosa } Platane	N.-Amerika	480
Populus deltoides, *P. monilifera*, canadische Pappel	N.-Amerika	384
Populus grandidentata, amerik. Pappel	N.-Amerika	448
Populus nigra, *P. alba*, Schwarzpappel, Weißpappel	Europa	560
Populus trichocarpa, Schwarzpappel	N.-Amerika	368
Prosopis juliflora, Mesquite	N.-Amerika	752
Quercus alba, Weißeiche	N.-Amerika	736—800

Tabelle 4 (Fortsetzung).

Holzart	Heimat	kg pro m³
Quercus pedunculata, Q. sessiliflora, Q. robur Eiche	Europa	816
Quercus rubra Eiche	N.-Amerika	640—720
Quercus virginiana, Q. virens Eiche	N.-Amerika	944
Robinia pseudacacia, Robinie	Europa u. N.-Amerika	720
Salix alba, Weißweide	Europa	384
Salix nigra, Schwarzweide	N.-Amerika	432
Tilia americana, Schwarzlinde	N.-Amerika	448
Tilia cordata, Linde	Europa	576
Ulmus americana, amerik. Ulme (Rüster)	N.-Amerika	544—640
Ulmus campestris, Feldrüster	Europa	576
Ulmus pubescens, U. fulva, gelbknospige Ulme	N.-Amerika	688

Die Ausdrücke trocken und ofentrocken sind sinnverwandt. Sind sie dem Gewicht eines bestimmten Volumens Holz beigefügt, so soll damit gesagt werden, daß das Holz bei 100° C bis zur Gewichtskonstanz in einem Ofen getrocknet ist. Theoretisch sollte der Wassergehalt dann 0% betragen, in Wirklichkeit bleiben jedoch immer noch 1—2% Feuchtigkeit zurück. Selbstverständlich sind im Gewichtsverlust alle die Substanzen einbegriffen, die bei 100° C flüchtig sind.

Kilntrocken bedeutet, daß das Holz einer künstlichen Trocknung durch Abhitze usw. unterworfen ist, während unter lufttrockenem Holz ein solches verstanden wird, dessen Wassergehalt durch mehrmonatliches Lagern an der Luft auf 15—20% zurückgegangen ist.

Die Dichte des frisch geschlagenen Splintholzes ist immer ziemlich hoch, ganz gleich, ob das Holz im Winter oder im Sommer gefällt ist, und beruht auf seinem höheren Gehalt an Wasser und an organischen Salzen. Das Raummetergewicht beträgt 720—880 kg und oft sogar noch mehr.

Bei älterem Holz findet man eine geringe Abnahme der Dichte vom unteren Teil des Stammes nach dem Wipfel zu. Bei Kiefernholz steigt die Dichte vom Mark nach der Rinde zu bis ungefähr zur Hälfte des Stammradius, wo das Holz die Maximaldichte hat. Sie nimmt dann wieder ab, bis das Splintholz erreicht ist. Laubhölzer, wie z. B. Eiche, zeigen eine beständige Abnahme der Dichte vom Mark zur Rinde.

Was die verschiedenen Teile des Baumes anbetrifft, so ist das Holz der Zweige und Äste im allgemeinen leichter als das des Stammes, während das Wurzelholz am leichtesten ist. Diese Regel gilt jedoch nicht für jeden Fall.

Wassergehalt.

Eine der hauptsächlichsten Eigenschaften des Holzes — und vom Gesichtspunkt des Holzverkohlers betrachtet eine der wichtigsten —

ist seine Wasseraufnahmefähigkeit. Der Feuchtigkeitsgehalt des Holzes ist kein Zufallsprodukt, sondern es besteht ein ausgeprägtes Gleichgewicht zwischen dem Wassergehalt des Holzes und dem der Atmosphäre. In Erscheinung tritt das Wasser im Holz

1. als Hauptbestandteil des Saftes,
2. absorbiert in den Zellwandungen,
3. die Zellräume ganz oder teilweise ausfüllend.

In allen 3 Formen findet sich das Wasser im Splintholz der Kiefern, während es im Kernholz nur absorbiert in den Zellwänden vorkommt.

Ungefähr 35% der Feuchtigkeit des Splintholzes enthalten die Zellwandungen, 5% die Zellräume der lebenden Zellen und 60% die Fasern als sog. Saft, aus dem Erdboden stammend. Er enthält die anorganischen Salze, Eiweißstoffe, Zucker und andere Substanzen, welche der Baum für sein Wachstum nötig hat.

Die Gesamtfeuchtigkeit ist nicht gleichmäßig in der Holzmasse verteilt, so zwar, daß das Splintholz, also das Holz, welches der Rinde am nächsten liegt, den Höchstgehalt aufweist.

In den Fällen, in welchen der Baum kein Kernholz bildet, schreitet die Abnahme des Wassergehaltes vom Splintholz zum Mark ziemlich gleichmäßig fort. So z. B. würde sich bei der Sumpfkiefer der Wassergehalt des äußeren Holzteiles auf etwa 50% stellen, der des benachbarten vielleicht auf 35 und der des Kernholzes auf ca. 20%. Der Gesamtgehalt an Feuchtigkeit in einem bestimmten Baumteile schwankt daher mit dem Gehalt des Teiles an Splintholz und ist deshalb größer im oberen als im unteren Teile. Zweige und Äste enthalten mehr Wasser als der Stamm, am höchsten ist der Wassergehalt in den Wurzeln.

Was den Wassergehalt des wachsenden Baumes betrifft — das oben erwähnte Gleichgewicht bezieht sich natürlich nur auf Holz nach dem Fällen —, so schwankt dieser je nach der Spezies, dem Boden, dem Klima, dem Standort und der Jahreszeit.

Die folgenden Zahlen nach Schübler zeigen die Abhängigkeit des Feuchtigkeitsgehaltes des lebenden Baumes von der Jahreszeit.

Holzart	Jahreszeit	
	Ende Januar	Anfang April
Tanne	52,7%	61,0%
Roßkastanie	40,2%	47,1%
Ahorn	33,6%	40,3%
Eiche	28,8%	38,5%

Die Tabelle zeigt, daß, um von Anfang an ein Holz mit möglichst wenig Wasser zu gewinnen, das Schlagen der Bäume in die kalte Jahreszeit zu verlegen ist.

Während junge Bäume durch ihren hohen Gehalt an Zellsaft für die Holzverkohlung nicht in Frage kommen, geben auf der anderen Seite außergewöhnlich alte Bäume wegen der langen Holzfasern eine Holzkohle, die leicht bricht und so zu Verlusten beim Verladen und dem Transport führt.

Holz-Wasser-Gleichgewicht.

Bei dem geschlagenen Holz, wie es dem Verkohlungswerk in Form von Scheiten, Schwarten, Ästen zugeführt wird, ist die Frage des Wassergehaltes einfacher und gleichzusetzen mit dem technischen Problem der Holztrocknung. Hierfür stehen zwei Wege zu Gebote, entweder die natürliche Trocknung durch die Luft oder die künstliche Trocknung.

Die ältere und am meisten angewendete ist die natürliche Trocknung. In neuerer Zeit sind jedoch zahlreiche Versuche gemacht worden, die alte Art durch das Trocknen in zweckmäßig gebauten Trockenkammern unter Verwendung der Abhitze der Retortenrauchgase zu ersetzen. Diese Methode soll später besprochen werden.

Zwei Faktoren sind es, von denen die Trocknung des frisch gefällten Holzes in erster Linie abhängt, das ist die Feuchtigkeit der das Holz umgebenden Luft und seine Temperatur. Bei unter allen Umständen mit Feuchtigkeit gesättigter Luft ist die Feuchtigkeit eine Funktion der Temperatur, und die beiden Faktoren fallen zusammen. In dem Falle jedoch, in welchem die Luft unterhalb ihres Sättigungsgrades sich befindet, müssen die Feuchtigkeit und die Temperatur besonders betrachtet werden.

Die Menge des Wasserdampfes in der Luft ist unter bestimmten Bedingungen eine wohldefinierte Größe und kann ausgedrückt werden auf zweierlei Weise.

Die absolute Feuchtigkeit ist die Gewichtsmenge Wasserdampf in einem gegebenen Volumen Luft, z. B. in Gramm pro cbm. Die relative Feuchtigkeit hingegen ist das Verhältnis der wirklich vorhandenen Wassermenge zu derjenigen, bei welcher die Luft mit Wasser gesättigt sein würde. Einer jeden Temperatur entspricht eine ganz bestimmte Menge Wasserdampf, welchen die Luft im Maximum aufnehmen kann. Wird die Temperatur der mit Wasserdampf gesättigten Luft erniedrigt, so tritt Kondensation ein in Form von Wassertröpfchen.

Eine bequeme Methode, den Wassergehalt darzustellen, ist, ihn als Feuchtigkeitsgrad in Prozenten der Sättigung auszudrücken. Er wird gemessen durch das sog. Psychrometer. Ein solches Instrument besteht aus 2 unter sich übereinstimmenden Thermometern, von welchem die Quecksilberkugel des einen mit einem Mullstreifen umgeben ist, der in ein untergestelltes Gefäß mit Wasser taucht, während die Quecksilberkugel des anderen Thermometers trocken bleibt. Ist die Luft mit

Feuchtigkeit gesättigt, so zeigen beide Thermometer dieselbe Temperatur. Kann die Luft jedoch noch Feuchtigkeit aufnehmen, so wird von dem Mullstreifen Wasser verdampft, bis die Luft in der Nähe dieses Thermometers gesättigt ist. Die Verdampfung erfordert Wärme und die Quecksilbersäule des feucht gehaltenen Thermometers sinkt. Die Differenz in der Temperaturanzeige der beiden Thermometer wird so zu einem Maß des Feuchtigkeitsgehaltes der Luft.

Zur direkten Ablesung des relativen Feuchtigkeitsverhältnisses sind Tabellen aufgestellt, von denen im folgenden eine nach Landolt-Börnstein in gekürzter Form wiedergegeben ist.

Tabelle 5. Psychrometertafel.

Differenz zwischen der Anzeige des trockenen und des feuchten Thermometers.

Temperatur des trockenen Thermometers + °C	0° r%[1]	1° r%	2° r%	3° r%	4° r%	5° r%	6° r%	7° r%	8° r%	9° r%	10° r%	11° r%
10	100	88	76	65	54	44	34	24	14	5	—	—
11	100	88	77	66	56	46	36	26	17	8	—	—
12	100	89	78	68	57	48	38	29	20	11	—	—
13	100	89	79	69	59	49	40	31	23	14	6	—
14	100	89	79	70	60	51	42	34	25	17	9	—
15	100	90	80	71	61	52	44	36	27	20	12	5
16	100	90	81	71	62	54	46	37	30	22	15	8
17	100	90	81	72	64	55	47	39	32	24	17	10
18	100	91	82	73	65	56	49	41	34	27	20	13
19	100	91	82	74	65	58	50	43	35	29	22	15
20	100	91	83	74	66	59	51	44	37	30	24	18
21	100	91	83	75	67	60	52	46	39	32	26	20
22	100	92	83	76	68	61	54	47	40	34	28	22
23	100	92	84	76	69	61	55	48	42	36	30	24
24	100	92	84	77	69	62	56	49	43	37	31	26
25	100	92	84	77	70	63	57	50	44	38	33	27
26	100	92	85	78	71	64	58	51	46	40	34	29
27	100	92	85	78	71	65	59	52	47	41	36	30
28	100	93	85	78	72	65	59	53	48	42	37	32
29	100	93	86	79	72	66	60	54	49	43	38	33
30	100	93	86	79	73	67	61	55	50	44	39	34

Den Gehalt in Wasserdampf in Gramm pro cbm bei verschiedener Temperatur (absolute Feuchtigkeit) zeigt Tabelle 6.

Tabelle 6. Absolute Feuchtigkeit der Luft.

Temperatur °C	Absolute Feuchtigkeit g/m³	Temperatur °C	Absolute Feuchtigkeit g/m³
— 6,67	2,86	+ 60	131,68
+ 4,4	6,64	+ 71,11	206,10
+ 15,55	13,28	+ 82,22	320,60
+ 26,67	23,82	+ 93,33	485,50
+ 37,78	45,80	+ 100	709,90
+ 48,89	79,00		

[1]) r = relative Feuchtigkeit.

Wird ein Stück Holz der Luft ausgesetzt, so trocknet es bis zu einem bestimmten Feuchtigkeitsgehalt aus und behält diesen, solange die Temperatur und die Feuchtigkeit der Luft sich nicht ändern. Es hat sich also ein Gleichgewichtszustand zwischen dem Feuchtigkeitsgehalt des Holzes und der Luft bei einer bestimmten Temperatur herausgebildet.

In Abb. 1 sind diese Gleichgewichtsverhältnisse in Form eines Schaubildes dargestellt[1]). Auf der Ordinate ist der Prozentgehalt der Feuchtigkeit des Holzes im Gleichgewichtszustand, d. h. lufttrocken[2]) — die Originalkurven zeigen die Feuchtigkeit als Prozente des Trockengewichtes. Sie sind in der folgenden Abbildung umgerechnet —, eingetragen, während die Abszisse die relative Feuchtigkeit angibt. Kurve I bezeichnet das Gleichgewicht bei 70 ° F = 21 ° C, Kurve III das Gleichgewicht bei 212° F = 100° C, während Kurve II das Verhältnis bei 141 ° F = 61 ° C angibt und durch Interpolation gefunden ist. Ebenfalls interpoliert sind die Kurven unterhalb einer relativen Feuchtigkeit von 20 % und bei Kurve III auch die relativen Feuchtigkeiten über 82 %. Man erkennt leicht, daß zwischen den relativen Feuchtigkeiten von 20 und 50 % die Kurven praktisch gradlinig verlaufen, d. h. der Wassergehalt des Holzes ist innerhalb dieser Grenzen eine Linearfunktion der relativen Feuchtigkeit der Luft.

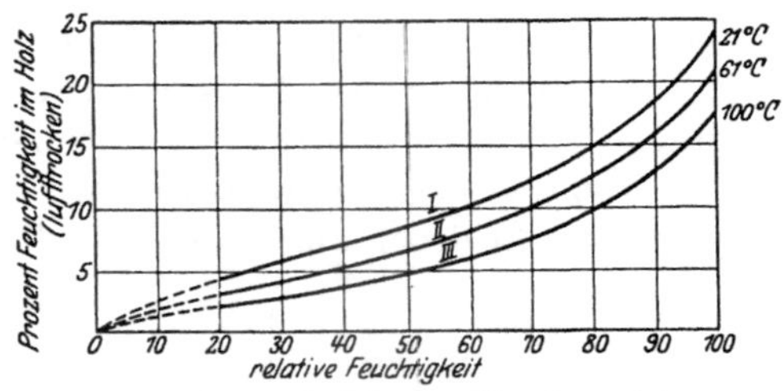

Abb. 1. Holz-Wasser-Gleichgewicht.

Bezogen auf eine Temperatur von 21° C wächst der Wassergehalt des Holzes um ungefähr 0,18% (Kurve I), für eine Temperatur von 61° C um ungefähr 0,13% und für 100° C um ungefähr 0,09% für jedes Prozent Zunahme der relativen Luftfeuchtigkeit.

Oberhalb einer relativen Feuchtigkeit von 50% wird die Kurve steiler und die Funktion, welche Wassergehalt und relative Feuchtigkeit verbindet, wird komplizierter, d. h. mit dem Wachsen der relativen Feuchtigkeit steigt jetzt der Koeffizient des Feuchtigkeitsgehaltes des Holzes schneller; mit anderen Worten: bei einer Luftfeuchtigkeit von 50% und darüber, also unter Bedingungen, die hauptsächlich in Frage kommen, bewirkt ein geringes Steigen oder Fallen des Feuchtigkeitsgehaltes der Luft ein relativ bedeutendes Steigen oder Fallen des Wassergehaltes im Holz. Der Temperatureffekt ist weniger ins Auge fallend.

[1]) Koehler: Relation of Moisture Content and Drying Rate of Wood to Humidity of Atmosphere. U. S. Forest Service.

[2]) Die Originalkurven geben den Feuchtigkeitsgehalt in Prozenten, bezogen auf das Trockengewicht, an; sie sind umgerechnet.

Wie man sieht, vergrößert sich der vertikale Zwischenraum zwischen den Kurven beim Fortschreiten zu höherer Luftfeuchtigkeit. Für eine Temperaturdifferenz von 79° C (Kurve I und III) beträgt die Differenz im Feuchtigkeitsgehalt des Holzes nur ungefähr 2,2%. Diese Differenz steigt gleichmäßig an bis zu 100% Feuchtigkeit. Ein Steigen der Temperatur bei konstantem Feuchtigkeitsgehalt hat weniger als $^1/_{10}$ der Wirkung, die beim Steigen der Feuchtigkeit und Konstanthalten der Temperatur erreicht wird. Die relative Feuchtigkeit zeigt ganz bedeutende Schwankungen je nach der Jahreszeit und den örtlichen Verhältnissen, liegt aber im allgemeinen zwischen 70 und 85% im Jahresdurchschnitt.

Verlauf der Trocknung.

Die Geschwindigkeit, mit welcher frisch geschlagenes Holz Feuchtigkeit verliert, um schließlich den Gleichgewichtszustand zu erreichen, hängt sowohl von der Art, der Abmessung und der Form der einzelnen Holzstücke, als auch von der Jahreszeit und der Methode der Stapelung ab. Die Abb. 2—9 zeigen graphisch dargestellt den Verlauf der Trocknung von verschiedenen amerikanischen Hölzern an der Luft[1]).

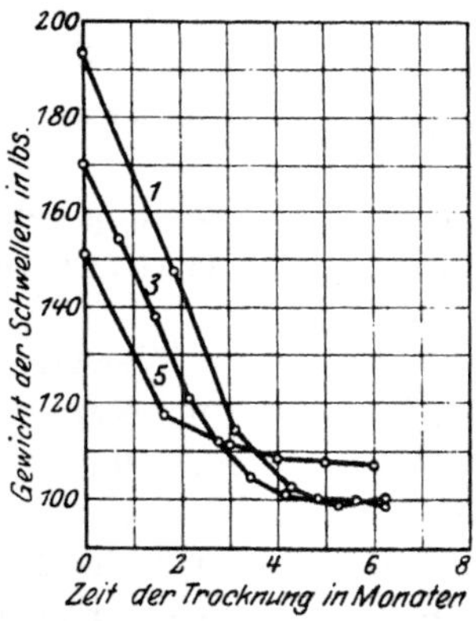

Abb. 2. Trocknung von Schwellen in Pecos (N.-Mex.).

1 Schwarzkiefer, *3* Rotkiefer, *5* Douglasfichte.

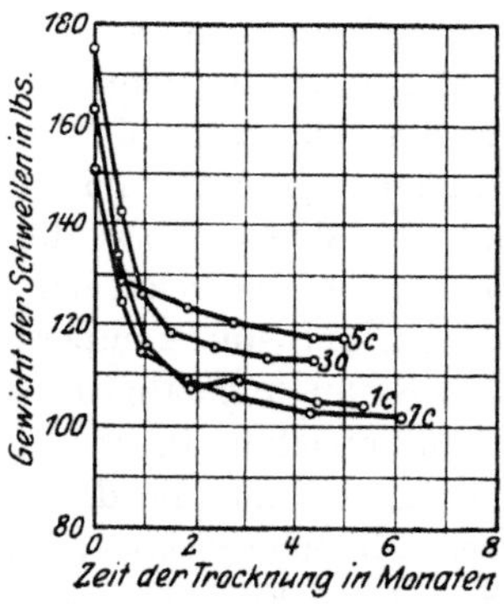

Abb. 3. Trocknung von Schwellen in Pecos (N.-Mex.).

1c Schwarzkiefer, *3c* Rotkiefer, *5c* Douglasfichte, *7c* Weißtanne.

Abb. 2 gibt die Daten für Schwarzkiefer, Rotkiefer und Douglasfichte, die im Januar und Februar geschlagen sind und in Neu-Mexiko getrocknet wurden. Ein Blick auf die Tabelle zeigt, daß Lufttrockenheit nach 6 Monaten erreicht ist.

Abb. 3 zeigt den Verlauf der Trocknung für dieselben Hölzer an demselben Platze wie Abb. 2 unter Hinzufügung der Weißtanne, je-

[1]) ‚The Seasoning of Wood', U. S. Forest Service Bulletin 552.

doch handelt es sich dieses Mal um Bäume, die im Herbst (August bis Oktober) gefällt sind. Auffällig ist besonders die rapide Abnahme des Wassergehaltes im ersten Monat.

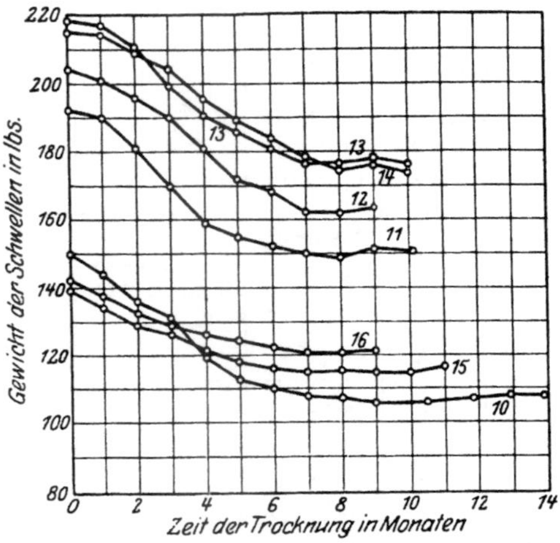

Abb. 4. In den nördlichen Staaten getrocknete Schwellen.

10 Stangenkiefer, *11* Douglasfichte, *12* Douglasfichte, geschält, *13* Lärche, entrindet, *14* Lärche, nicht entrindet, *15* Douglasfichte, *16* Douglasfichte.

Die Hölzer der Abb. 4 sind alle im Winter geschlagen und wurden in den nördlichen Staaten getrocknet, so z. B. die Stangenkiefer in Montana, wo die mittlere relative Feuchtigkeit der Luft 67% beträgt, die Douglasfichte in Idaho (Kurve 11 und 12) bzw. in Washington (Kurve 15 und 16), wo der mittlere jährliche Feuchtigkeitsgehalt der Luft 64 beträgt, und die Lärche in Idaho. Der Einfluß des Klimas ist sehr stark ausgeprägt, die Trocknung geht viel langsamer vor sich in den nördlicheren und feuchteren Gebieten im Gegensatz zu Neu-Mexiko (Abb. 2).

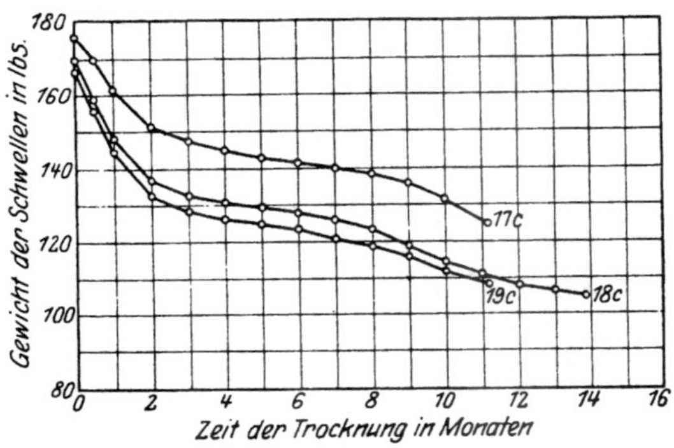

Abb. 5. Trocknung von Schwellen aus Hemlock (Schirlingstanne) zu Escanaba (Mich.).

17 c Schirlingstanne, nicht entrindet, *18c* Schirlingstanne, entrindet, *19c* Schirlingstanne, entrindet.

In Abb. 5 ist der Verlauf der Trocknung für Hemlock dargestellt. Die Trocknung fand in Michigan statt, die Bäume waren im frühen Herbst gefällt.

Abb. 6 gibt die Daten für Weihrauchkiefer und Stachelkiefer wieder,

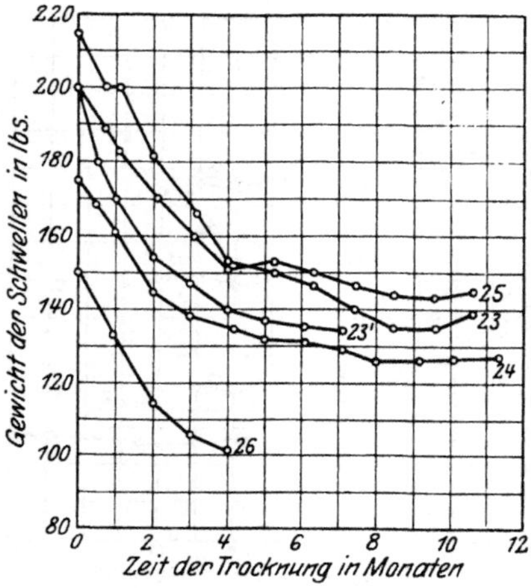

Abb. 6. Trocknung von Schwellen in Silsbee, Tex., und Ackerman, Miss.

23 Weihrauchkiefer, Texas, *23'* Weihrauchkiefer, Texas, *24* Stachelkiefer, *25* Sumpfkiefer, *26* Weihrauchkiefer, Missouri.

die im Winter geschlagen sind. Wieder zeigt sich die Verschiedenheit in der relativen Luftfeuchtigkeit zwischen Texas und Missouri in augenfälliger Weise.

Aus Abb. 7 ersieht man den Trocknungsverlauf von Roteiche, amerikanischer Eiche, Eucalyptus und Buche in den südlichen Staaten von Arkansas und Tennessee; die Hölzer sind im Herbst gefällt. Im Gegensatz zu den Coniferen geht die Trocknung viel langsamer vor sich.

Abb. 8 zeigt den Trocknungsverlauf des im Herbst geschlagenen Kastanienholzes, in Pennsylvanien getrocknet. Die Ordinate gibt das Gewicht des Holzes per Rm wieder. Auch hier ist die Zeit zur Erreichung der Lufttrockenheit bedeutend länger als die für die Trocknung von Coniferen erforderliche.

Abb. 9 gibt den Trocknungsverlauf für Bohlen aus Sumpfkiefer in Wisconsin an, wo die jährliche durchschnittliche relative Feuchtigkeit der Luft 74% beträgt. Die Trocknung geht viel langsamer als in Texas (Abb. 6) vor sich.

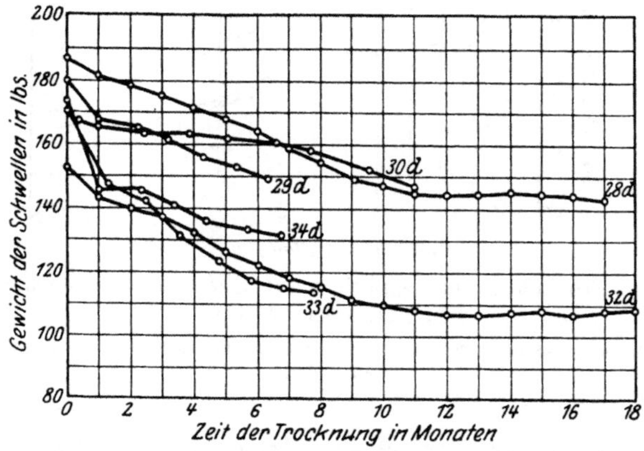

Abb. 7. Trocknung von Schwellen aus Rotbuche, amerikanischer Eiche, Eucalyptus und Buche.

28d Roteiche, Ark., *29d* Roteiche, Tenn., *30d* amerik. Eiche, *32d* Eucalyptus, Ark., *33d* Eucacalyptus, Tenn., *34d* Buche.

Man muß sich stets vor Augen halten, daß für einen genauen Vergleich der Trocknungskurven zweier verschiedener Hölzer vor allen Dingen die Dimensionen der Hölzer die gleichen sein müssen, ferner muß Schnittrichtung und Baumteil übereinstimmen, da die Geschwindigkeit der Wasserverdampfung verschieden ist je nach der Richtung, nach welcher sie stattfindet. — Das Wasser, welches sich in den Intercellularräumen

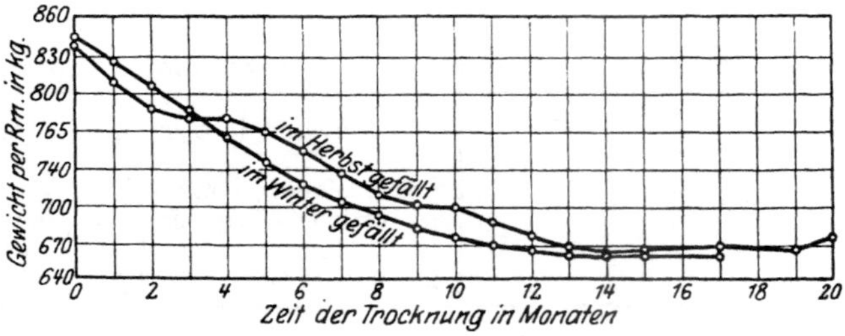

Abb. 8. Trocknung von Kastanienholz, das im Herbst und Winter in Pennsylvanien geschlagen ist.

befindet, verdampft zuerst und verursacht in den Kurvenbildern den steilen Abfall in der ersten Phase der Trocknung. Während dieser Periode findet eine Verminderung der Menge des Wassers, das in den Zellwandungen absorbiert ist, nicht statt. Erst nach Abgabe des gesamten, „in freiem Zustande" befindlichen Wassers beginnt das Wasser

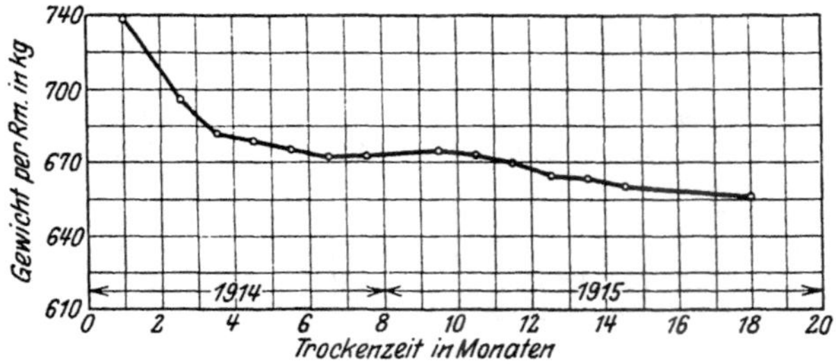

Abb. 9. Trocknung von Bohlen aus Sumpfkiefer, gefällt im Herbst und Winter in Wisconsin.

der Zellwandungen zu verdampfen, und zwar weit langsamer, entsprechend dem flachen, zentralen Teile der Trocknungskurve.

Da einige Bestandteile des Zellsaftes hygroskopisch sind, tritt durch diese eine weitere Verzögerung der Wasserabgabe ein. Die Verdampfung findet hauptsächlich statt in der Richtung parallel der Längsachse der Holzfaser. In anderer Richtung ist sie viel geringer, besonders bei der gewöhnlichen Art der Trocknung. Daher kommt es, daß ein Stück feuchtes Eichen- oder Kiefernholz viermal mehr Wasser in der Stunde vom Querschnitt aus verliert als vom Radialschnitt.

Ein sehr wichtiges Ergebnis, das mit der Trocknung Hand in Hand geht, ist der Schwund des Volumens. Nachdem das Wasser aus den Intercellularräumen verschwunden ist, tritt ein Schwinden des Holzes ein. Tabelle 7 bringt eine Zusammenstellung des beim Trocknen der hauptsächlichsten Vertreter der Laub- und Nadelhölzer[1]) eintretenden Schwundes des Volumens vom frisch gefällten bis zum absolut trockenen Holze.

Tabelle 7. Schwund verschiedener Holzarten beim Trocknen.

Holzart	Schwund in Volumprozenten		
	Von frischem zu lufttrocknem Holz 12–15 % H_2O	Von frischem zu ofentrocknem Holz 8 % H_2O	Von frischem zu abs. trocknem Holz 0 % H_2O
Ahorn, roter *(Acer rubrum)*	6,2	9,3	12,5
Ahorn, Florida- *(A. saccharinum)*	6,0	9,0	12,0
Ahorn, Zucker- *(A. saccharum)*	7,2	10,8	14,5
Akazie *(Robinia pseudacacia)*	4,9	7,4	9,8
Birke, gelbe *(Betula lutea)*	8,4	12,6	16,8
Birke, zähe *(B. lenta)*	7,5	11,3	15,0
Bitternuß *(Hicoria alba)*	8,8	13,2	17,7
Buche *(Fagus sylvatica)*	8,0	12,0	16,1
Eiche, großfrüchtige *(Quercus macrocarpa)*	6,3	9,5	12,7
Eiche, Rot- *(Q. rubra)*	7,0	10,5	14,0
Eiche, Schwarz- *(Q. nigra)*	6,8	10,2	13,6
Eiche, Weiß- *(Q. alba)*	7,8	11,7	15,7
Erle, gemeine *(Alnus glutinosa)*	6,3	9,5	12,6
Esche *(Fraxinus nigra)*	7,6	11,4	15,2
Esche, amerik. *(F. americana)*	6,3	9,5	12,6
Gleditschia *(Gleditsia triacanthos)*	4,3	6,5	8,6
Hickorybaum *(Hicoria laciniosa)*	9,6	14,4	19,2
Hickorybaum *(H. ovata)*	8,2	12,3	16,3
Kastanie *(Castanea dentata)*	7,2	10,8	14,4
Roßkastanie *(Aesculus octandra)*	6,0	9,0	12,0
Kastanie, Zwerg- *(Castanopsis chrysophylla)*	6,6	9,9	13,2
Linde, Schwarz- *(T lia americana)*	7,7	11,5	15,5
Pappel, canadische *(Populus deltoides*	6,2	9,3	12,4
Platane *(Platanus occidentalis)*	7,1	10,7	14,2
Stechpalme *(Ilex opaca)*	8,1	12,2	16,2
Tulpenbaum, gemeiner *(Liriodendron tulipifera)*	5,7	8,6	11,4
Ulme, amerik. *(Ulmus americana)*	7,2	10,8	14,4
Ulme, gelbknospige *(U. pubescens)*	7,2	10,8	14,4
Ulme, Kork- *(U. suberosa)*	7,0	10,5	14,1
Weide *(Salix nigra)*	6,7	10,1	13,3
Fichte *(Pinus picea)*	5,6	8,4	11,2
Fichte, rote *(P. rubeus)*	5,9	8,9	11,8
Fichte, canadische *(P. canadensis)*	7,4	11,1	14,8

[1]) Nach ‚Seasoning of Wood', U. S. Forest Service Bulletin 552.

Tabelle 7 (Fortsetzung).

Holzart	Schwund in Volumprozenten		
	Von frischem zu lufttrocknem Holz 12—15% H_2O	Von frischem zu ofentrocknem Holz 8% H_2O	Von frischem zu abs. trocknem Holz 0% H_2O
Fichte, Douglas- od. Blau-F. *(Pseudotsuga taxifolia)*	6,1	9,2	12,1
Tanne, Balsam- *(Abies balsamea)*	5,4	8,1	10,8
Tanne, große *(A. grandis)*	5,5	8,2	10,9
Tanne, weiße *(A. concoler)*	5,1	7,7	10,2
Kiefer *(Pinus palustris)*	6,1	9,2	12,2
Kiefer, nordische *(P. resinosa)*	5,8	8,7	11,5
Kiefer *(P. rigida)*	5,9	8,8	11,7
Kiefer, Weymouth- *(P. strobus)*	3,9	5,9	7,8
Kiefer, kurznadlige *(P. echinata)*	5,0	7,5	10,0
Kiefer, Weihrauch- *(P. taeda)*	6,3	9,5	12,6
Lärche *(Larix occidentalis)*	6,6	9,9	13,2
Lärche, amerik. *(L. laricina)*	6,8	10,2	13,6
Schirlingstanne *(Tsuga canadensis)*	5,2	7,8	10,4

Es wurde schon oben erwähnt, daß die verhältnismäßig schnelle Trocknung des Holzes in der ersten Phase auf der Verdampfung des sich in den Intercellularräumen befindlichen Wassers beruht. Nun hat aber praktisch die Verdampfung dieses Wassers keinen Einfluß auf das Volumen des Holzes, denn der Schwund wird hervorgerufen durch die Kontraktion der Zellwandungen, und diese tritt erst ein, wenn das in den Wandungen absorbierte Wasser ausgetrieben ist.

Die Volumabnahme bis zur Erreichung der Lufttrockenheit beträgt ungefähr 50% des Gesamtschwundes.

Um den Einfluß zu erkennen, den der Wassergehalt am Schwund bis zur Lufttrockenheit ausübt, vergleicht man am besten die Zahlen der Tabelle 8, welche die Werte für den Wassergehalt des Holzes in den verschiedenen Phasen der Trocknung nach Chevandier wiedergibt. Die Daten beziehen sich auf europäische Holzarten und lassen durch-

Tabelle 8. Abnahme des Feuchtigkeitsgehaltes während des Trocknens an der Luft.

Holzart	Stamm				Äste				Zweige			
	Monate nach dem Fällen											
	6	12	18	24	6	12	18	24	6	12	18	24
Birke	23,28	18,10	15,98	17,17	37,34	28,99	24,12	21,78	39,72	29,01	22,73	19,52
Buche	23,24	19,34	17,40	17,74	33,48	24,00	19,80	20,32	30,44	23,46	18,60	19,95
Buche, amer. Hopfenb.	24,08	20,18	18,77	17,94	31,38	25,89	22,33	19,30	27,19	23,08	20,60	18,59
Eiche	29,63	23,75	20,74	19,16	31,20	26,90	24,55	21,09	32,71	26,74	23,35	20,28
Fichte	29,31	28,54	15,81	17,76	35,30	17,59	15,72	17,39	41,49	18,67	15,63	17,42
Tanne	28,56	16,65	14,78	17,22	28,29	17,41	15,09	18,66	33,78	16,87	15,21	18,09

weg einen höheren Wassergehalt des lufttrockenen Holzes erkennen als die der in Tabelle 7 aufgeführten und in Amerika getrockneten Hölzer. Ein Wassergehalt von 15—20% im lufttrockenen Holz ist die Regel für europäische Verhältnisse, während man in Amerika mit einem solchen von 12—15% rechnen kann.

Der Wassergehalt des frisch geschlagenen Holzes bewegt sich in weiten Grenzen, beträgt im allgemeinen 40—50% des Gesamtgewichtes des Holzes und liegt selten unter 30%.

Kehren wir wieder zur Tabelle 7 zurück, so sehen wir, daß eine Abnahme des Feuchtigkeitsgehaltes vom frischen Holz bis zur Lufttrockene, d. h. ungefähr 20—25% Differenz, einen Schwund bewirkt von etwa 6—8% im Volumen, während die weitere Abnahme der Feuchtigkeit bis zur Kilntrockene oder eine Differenz von ca. 7%, einen weiteren Schwund von ungefähr 3—4% verursacht. Ebenfalls 3—4% beträgt der Rückgang im Volumen bis zur absoluten Trockene[1]).

Da die letzteren Schwundzahlen in keinem Verhältnis zu der korrespondierenden Abnahme des Feuchtigkeitsgehaltes stehen, ist der Einfluß des sog. frei vorhandenen Wassers im Vergleich zu dem von den Zellwandungen absorbierten klar ersichtlich.

Wenn auch die physikalischen Eigenschaften des Holzes in enger Beziehung zu der Trocknung stehen, so kann sich der Holzverkohler glücklicherweise mit den durch die Trocknung hervorgerufenen Änderungen leichten Herzens abfinden. Ob das Holz sich geworfen hat und rissig geworden ist, spielt für ihn keine Rolle.

Da jedoch die wertvollen Holzprodukte nur durch die Zersetzung des Holzkörpers entstehen, so ist es von großer Wichtigkeit, vor der eigentlichen trockenen Destillation möglichst viel Wasser aus dem Holz zu entfernen, soweit sich dieses mit einem wirtschaftlichen Arbeiten verträgt, denn es ist zu bedenken, daß im Holz zurückbleibendes Wasser einerseits mehr Brennmaterial beim Verkohlen benötigt, andererseits die erhaltenen Produkte unnötigerweise verdünnt und aus ihnen bei dem Aufbereitungsprozeß wieder entfernt werden muß. Dieses kostet natürlich eine neue Menge Brennmaterial, ganz abgesehen davon, daß auch die Verdampfungsapparate größer genommen werden müssen.

Schließlich führt auch die Kenntnis des Wassergehaltes des Holzes zu einer genaueren Feststellung der zu erhaltenden Ausbeuten.

Zugleich mit der Wasserverdampfung, die beim Trocknen des Holzes eintritt, zeigen sich, besonders in Verbindung mit den Saftbestandteilen, einige Veränderungen; diese sind jedoch für den eigentlichen Verkohlungsprozeß unwesentlich.

Die Menge Feuerungsmaterial, die nötig ist, um aus einer Gewichts-

[1]) Bis zur Gewichtskonstanz (bei 100°) getrocknetes Holz enthält im allgemeinen 1—2% Wasser.

einheit Holz das Wasser zu verdampfen, ist größer als die, welche zur Verdampfung des freien Wassers erforderlich sein würde. Der Grund liegt in dem kolloidalen Zustand der Holzsubstanz. Der Mehrbedarf an Wärme wird bedingt durch die Trennung des Wassers vom Hydrogel. Versuche haben gezeigt, daß die Wärmemenge, welche nötig ist, um das Wasser restlos aus lufttrockenem Holz zu verdampfen, 250—300 Cal. per kg Holz beträgt, und zwar bei den typischen Harthölzern, wie Eiche, Buche und Ahorn.

Bis jetzt haben wir die Daten auf das Holz in Stücken bezogen. In der Praxis gilt als Einheit ein gewisses Raummaß des aufgeschichteten Holzes. In England und Amerika ist diese Einheit das Cord mit den Ausmaßen 8 × 4 × 4′ oder 128 Kubikfuß. Die Länder des Kontinents benutzen das Kubikmeter als Einheit, welches in Frankreich „stère" und in Deutschland, Österreich, Ungarn und Skandinavien „Raummeter" genannt wird. Rußland rechnet nach Saschinen = 9,71 Raummeter. 1 Raummeter = 35,3145 Kubikfuß oder 0,2759 Cord. 1 Cord ist demgemäß = 3,6246 Raummeter.

Es ist nicht gerade ein glücklicher Gedanke gewesen, diese Einheiten als Unterlage für die Berechnung der Ausbeute zu wählen, denn, wie wir weiter unten sehen werden, variiert die Menge des eigentlichen Holzkörpers in diesen Einheiten nicht nur mit dem Gewicht und dem Feuchtigkeitsgehalt des Holzes, sondern auch je nach den Abmessungen der einzelnen Holzstücke und der Methode, nach welcher dieselben gepackt sind. So kommt es, daß das Gewicht eines Cords Holz zwischen 1 und 3 Tonnen wechselt. Die folgende kleine Tabelle[1]) zeigt die Verschiedenheiten des eigentlichen Holzkörpervolumens in einem Cord bei verschiedener Stärke der einzelnen Holzstücke.

Tabelle 9. Volumschwankungen des Holzes in 1 Cord.

Länge in engl. Fuß	Durchmesser am schmäleren Ende					
	1—2,5 Zoll		2,5—5,5 Zoll		über 5,5 Zoll	
	cb-Fuß	%	cb-Fuß	%	cb-Fuß	%
2	65	51	84	66	91	71
4	64	50	82	64	89	70
8	59	46	77	60	84	66

Andere Quellen geben von diesen etwas verschiedene Zahlen. Es sind zwar weitläufige Tabellen errechnet, die das Cordgewicht für verschiedene Hölzer angeben; sie haben jedoch nur geringen praktischen Wert, da selten die Bedingungen, unter welchen die Tabelle errechnet ist, in praxi zutreffen. Immerhin ist es ganz interessant zu sehen, in welcher Weise das Holzgewicht im Cord differiert.

[1]) Zon. U. S. Forest Quarterly. Vol. 1, No. 4. 1903.

Die folgende Tabelle gibt die ungefähren Grenzzahlen für die Schwankung des Cordgewichtes unter den verschiedenen Bedingungen an. Die Zahlen sind berechnet von den Maximum- und Minimumwerten für spezifische Gewichte von frischem und lufttrockenem Holz, wie sie in der Tabelle 2 angegeben sind. So gibt die erste Spalte der Tabelle das Maximalgewicht des Cords für frisch geschlagenes Holz unter Annahme des höchsten Wertes für das spez. Gewicht und das Volumen, Spalte 3 hingegen das Cordgewicht unter Berücksichtigung des niedrigsten Wertes für diese beiden Größen. Das gleiche gilt auch für das lufttrockene Holz. Die Zahlen lassen deutlich die weiten Grenzen erkennen, zwischen denen das Gewicht eines Cords bzw. eines Raummeters wechselt. Für Buche z. B. betragen die Grenzzahlen 2,97—0,95 Tonnen pro Cord.

Tabelle 10. Ungefähre Grenzzahlen der Cord- und Rm-Gewichte verschiedener Hölzer.

Holzart	Frisch gefällt				Lufttrocken			
	Max.		Min.		Max.		Min.	
	lbs/cord	kg/Rm	lbs/cord	kg/Rm	lbs/cord	kg/Rm	lbs/cord	kg/Rm
Birke	5922	740	3064	382	4428	553	2128	267
Buche	6654	832	3067	383	5112	639	2124	266
Buche, amerik. Hopfenb.	6828	853	3380	422	4740	592	2621	328
Eiche	6372	797	3186	398	5520	690	2340	293
Erle	5964	745	2912	364	4080	508	1523	190
Esche	5562	695	2801	350	5070	634	1944	243
Linde	5268	659	2556	320	3624	453	1580	198
Pappel	5736	717	2729	341	3546	443	1271	159
Fichte	5958	745	2858	357	2886	361	1354	169
Kiefer, schottische	6030	754	2920	365	4578	572	1667	208
Lärche	5544	693	2498	312	3390	424	1703	213
Weißtanne	5364	670	2480	310	4476	559	1638	205

Trocknung.

Es wurde schon verschiedentlich darauf hingewiesen, wie wichtig es ist, den großen Wasserüberschuß, welchen frisch geschlagenes Holz enthält, möglichst zu verringern, bevor das Holz der trockenen Destillation unterworfen wird, um einerseits an Brennmaterial zu sparen, andererseits eine unnötige Verdünnung der Destillationsprodukte zu vermeiden.

Der billigste Weg, dieses Wasser zu entfernen, ist die Stapelung des Holzes im Freien, und zwar in solcher Weise, daß die Luft möglichst guten Zutritt zu dem Holze hat. Wie in den Beispielen Abb. 2—9 eingehend erläutert ist, hängt der Verlauf der Trocknung im weitesten Maße von den örtlichen atmosphärischen Verhältnissen ab, so daß die Länge der Zeit, die für die Trocknung erforderlich ist, für jede Holzverkohlungsanlage eine Sache der Erfahrung bildet. Im allgemeinen hält man einen Zeitraum von mindestens 12 Monaten für erforderlich.

In Europa beträgt der Wassergehalt des lufttrockenen Holzes meistens 15—20 %, in Amerika ist er etwas geringer. Wenn es irgend geht, sollte die Fällung des Holzes im Winterhalbjahr vorgenommen werden, da in dieser Jahreszeit das Holz am saftärmsten ist. Frühling und Sommer bringen eine Zunahme des Wassergehaltes (vgl. Tabelle nach Schübler auf S. 22). Naturgemäß benötigt im Frühling und Sommer gefälltes Holz auch längere Zeit für das Trocknen als das im Winter gefällte (siehe Abb. 8). Wenn auch vom Standpunkt des Holzverkohlers nicht so sehr wichtig, sollte doch das Trocknen des Holzes möglichst sofort nach der Fällung vorgenommen werden, um Schädigungen durch Insektenlarven usw. zu vermeiden, die wieder Anstoß geben zu mehr oder minder schnell eintretender Fäulnis. Häufig wird das Holz schon im Walde aufgesetzt und einer Vortrocknung bis zu 6 Monaten Dauer unterworfen, bevor es an die Verarbeitungsstätte gelangt. Praktische Einzelheiten über Stapelung und Trocknung sollen in einem der folgenden Kapitel beschrieben werden.

IV. Die Chemie des Holzes.

Von allen Rohmaterialien, die in die Hände des Verarbeiters gelangen, zeichnet sich besonders das Holz durch eine sehr komplizierte Zusammensetzung aus. Bis vor ungefähr einem Jahrzehnt war über seinen chemischen Aufbau recht wenig bekannt, obwohl die elementare Zusammensetzung ziemlich feststand. Es war die Entwicklung der Zellstoffindustrie, die besonders die Wichtigkeit einer genauen Kenntnis der chemischen Zusammensetzung des Holzes zur Voraussetzung hatte. Trotz zahlreicher mühevoller und eingehender Untersuchungen ist auch heute noch die genaue Konstitution des Holzes unbekannt. Bevor die Konstitutionsformel eines der Hauptbestandteile aller Hölzer, der Cellulose, nicht feststeht, bleibt auch das Problem der Zusammensetzung des Holzes ein ungelöstes. — Eine weitere Schwierigkeit liegt in der Tatsache, daß die verschiedenen Hölzer keineswegs in gleicher Weise zusammengesetzt sind. So ist z. B. die Holzsubstanz der Fichte nicht identisch mit der der Buche, und gleiche Behandlung der beiden Holzarten erzeugt verschiedene Produkte. Es muß ferner erst noch bewiesen werden, daß das Holz zweier Bäume derselben Spezies auch wirklich identisch ist, wenn es auch nach den Versuchen scheint, als ob dieses der Fall sei.

Eine einfache Lösung des Problems kann daher kaum erwartet werden. Zeigen auch Hölzer der verschiedenen Spezies bemerkenswerte Ähnlichkeiten bezüglich Eigenschaften und chemischer Zusammensetzung, so werden vielleicht auch noch Unterschiede in der chemischen

Konstitution entdeckt werden, die gestatten, die einzelnen Arten voneinander zu trennen.

Das Vorhandensein von Harzgängen charakterisiert in erster Linie die Nadelhölzer, ist jedoch nicht unter allen Umständen typisch. Ohne den Aufbau des Holzkörpers entscheidend zu beeinflussen, sind diese Harzkanäle jedoch für das chemische Verhalten des Holzes bestimmend, was sich besonders bei der trockenen Destillation zeigt. Abgesehen hiervon sind alle Hölzer in chemischer Beziehung nahe verwandt, nur daß die Bestandteile des Zellsaftes wie Eiweiß, Zucker, Stärke, Farb- und Gerbstoffe, anorganische Salze quantitativ und qualitativ wechseln.

Die chemische Zusammensetzung des Holzes.

Elementare Zusammensetzung.

So ausgeprägte Unterschiede in mancher Beziehung die verschiedenen Hölzer aufweisen, so merkwürdig übereinstimmend ist ihre elementare Zusammensetzung, welche die Literatur uns in einer großen Zahl von Analysen übermittelt. Die folgende Tabelle läßt diese Gleichmäßigkeit in der Elementarzusammensetzung auf den ersten Blick erkennen. Bemerkt soll werden, daß die Zahlen für Sauerstoff diejenigen für Stickstoff einschließen, und zwar beträgt der Stickstoffgehalt im allgemeinen 1%. Nach der Tabelle ergibt sich für Kohlenstoff eine Schwankung von 48,5—50,2%, für Wasserstoff eine solche von 6,1 bis 6,9%. Unter Berücksichtigung aller Faktoren und Umstände sind die Unterschiede nur gering.

Tabelle 11. Elementare Zusammensetzung verschiedener Hölzer.

Holzart	Kohlenstoff %	Wasserstoff %	Sauerstoff %
Ahorn	49,8	6,3	43,9
Birke	48,6	6,4	45,0
Buche	48,5	6,3	45,2
Eiche	49,4	6,1	44,5
Esche	49,4	6,1	44,5
Linde	49,4	6,9	43,7
Pappel	49,7	6,3	44,0
Ulme	50,2	6,4	43,4
Fichte	49,6	6,4	44,0
Kiefer, schottische	49,9	6,3	43,8
Lärche	50,1	6,3	43,6
Weißtanne	50,0	6,4	43,6

Noch unbedeutender werden die Schwankungen, vergleichen wir die Zusammensetzung der einzelnen Teile desselben Baumes, die uns Tabelle 12 übermittelt.

Tabelle 12.
Elementare Zusammensetzung der verschiedenen Teile des Baumes.

Holzart	Stamm				Äste				Zweige			
	C	H	O	N	C	H	O	N	C	H	O	N
Birke . .	50,61	6,23	42,04	1,12	—	—	—	—	51,93	6,31	40,69	1,07
Buche . .	50,89	6,07	42,11	0,93	—	—	—	—	50,08	6,23	42,61	1,08
Eiche . .	50,64	6,23	41,85	1,28	—	—	—	—	50,89	6,16	41,94	1,01
Espe . .	50,31	6,32	42,39	0,98	—	—	—	—	51,02	6,28	41,65	1,05
Weide . .	51,75	6,19	41,08	0,98	—	—	—	—	54,03	6,56	37,93	1,48
Kiefer . .	—	—	—	—	52,15	6,18	41,09	0,58	—	—	—	—
Tanne . .	51,39	6,11	41,56	0,94	52,04	6,07	40,77	1,12	—	—	—	—

Sie ist zusammengestellt auf Grund der Zahlen, welche Lange für den Prozentgehalt an Kohlenstoff, Wasserstoff, Sauerstoff und Stickstoff des Stammes, der Äste und Zweige verschiedener Hölzer gibt. Die Hauptunterschiede liegen in der Erhöhung des Kohlenstoffgehaltes der Zweige und der des Stickstoffgehaltes in drei von fünf Fällen; der letztere zweifelsohne bedingt durch hohen Saftgehalt entsprechend einer größeren Menge stickstoffhaltiger Körper.

Tabelle 13. Elementare Zusammensetzung verschiedener Teile eines Birnbaumes.

Baumteil	C %	H %	O (+N) %	Asche %
Blätter	45,015	6,971	40,910	7,118
Oberer Teil der Äste				
Rinde	52,496	7,312	36,737	3,454
Holz	48,359	6,605	44,730	0,304
Mittlerer Teil der Äste				
Rinde	48,855	6,342	41,121	3,682
Holz	49,902	6,607	43,356	0,134
Unterer Teil der Äste				
Rinde	46,871	5,570	44,656	2,903
Holz	48,003	6,472	45,170	0,354
Stamm				
Rinde	46,267	5,930	44,755	2,657
Holz	48,925	6,460	44,319	0,296
Oberer Teil der Wurzel				
Rinde	49,085	6,024	44,761	1,129
Holz	49,324	6,286	44,108	0,231
Mittlerer Teil der Wurzel				
Rinde	50,367	6,069	41,920	1,643
Holz	47,390	6,259	46,126	0,223
Unterer Teil der Wurzel	45,063	5,036	43,503	5,007

Tabelle 13 enthält die Zusammensetzung der verschiedenen Teile eines 30 Jahre alten Birnbaumes nach Violette.

Die Blätter zeigen einen sehr hohen Gehalt an mineralischen Bestandteilen, wie auch die Rinde gegenüber dem eigentlichen Holz sich durch ein Plus an anorganischen Stoffen auszeichnet; ebenso der untere Teil der Wurzel, die für den Assimilationsprozeß eine wichtige Rolle spielt, den Baum mit anorganischer Materie, aus dem Erdboden stammend, versieht. Durch die Saftzirkulation in den äußeren Cambialschichten gelangt sie in die Blätter, die Laboratorien der Pflanze, in denen aus der Kohlensäure der Luft, aus Wasser und den Nährsalzen des Bodens die organischen Baustoffe hergestellt werden.

Asche.

Die Menge und Zusammensetzung der Asche, die bei dem Verbrennen des Holzes zurückbleibt, ist insofern von Wichtigkeit, als sich die aschebildenden Bestandteile in der Holzkohle angereichert haben und bei den verschiedenen Verwendungszwecken, denen die Holzkohle unterliegt, von Einfluß sein könnten. Da die Blätter überhaupt nicht und die Wurzeln nur in ganz beschränktem Maße verkohlt werden, genügt es, die Asche des Stamm- und Astholzes in Betracht zu ziehen.

Die Zahlen der Tabelle 13 zeigen, daß die Hauptmenge der anorganischen Bestandteile sich in der Rinde finden und es ist daher erforderlich, diese vor der Verkohlung zu entfernen, wenn man auf besonders reine Holzkohle Wert legt. Da nun ferner die nicht wässerigen Bestandteile des Saftes sich auf ungefähr 4% des Holzgewichtes beziffern und hauptsächlich aus anorganischen Stoffen bestehen, so ist es erklärlich, daß der Aschengehalt des Holzes abhängig ist von der Jahreszeit, in welcher der Baum gefällt wurde. Baumart und Bodenart machen ebenfalls ihren Einfluß geltend. Eine große Zahl Aschenbestimmungen, deren Resultate unter sich bedeutende Abweichungen erkennen lassen, zeigen, daß sich selbst bei Bäumen derselben Art keine Übereinstimmung findet. Die Zahlen variieren von 0,75—5%, der Durchschnitt beträgt 0,5—1,5%.

Was die Zusammensetzung der Holzasche betrifft, so fand Berthier[1]) die folgenden Daten:

		Kiefer	Tanne	Linde	Birke
Säuren und Basen in Form löslicher Salze	Kohlensäure	2,80	7,76	2,96	2,72
	Schwefelsäure	1,67	0,80	0,81	0,37
	Salzsäure	0,92	0,08	0,19	0,03
	Kieselsäure	0,18	0,20	0,17	0,16
	Kalium	4,41	16,80 (Kalium + Natrium)	6,55 (Kalium + Natrium)	12,72 (Kalium + Natrium)
	Natrium	3,53			
	Summe	13,51	25,14	10,68	16,72
Säuren und Basen in Form unlöslicher Salze	Kohlensäure	32,77	17,17	35,75	26,04
	Phosphorsäure	0,91	3,14	2,51	3,61
	Kieselsäure	4,19	5,97	1,80	4,62
	Calcium	38,51	29,72	46,53	43,85
	Magnesium	9,50	3,28	1,97	2,52
	Eisen	0,09	10,53	0,09	0,42
	Mangan	0,36	4,48	0,54	2,94
	Summe	86,39	74,29	89,19	84,00

[1]) Dingler Bd. 22, S. 150. Ebenso siehe Bradley: Chem. Metallurg. Engg. Bd. 13, S. 841. 1915.

Die Holzsubstanz.

Die Grundsubstanz des Holzes, ungefähr 50% seines Gewichtes ausmachend, ist die Cellulose. Sie befindet sich nicht frei im Holz, sondern in Verbindung mit einer anderen, sehr kompliziert zusammengesetzten Substanz, dem Lignin. Beide zusammen bilden die sog. Lignocellulose. Außerdem finden sich noch andere Körper in größerer oder geringerer Menge, hauptsächlich Kohlenhydrate, wie Zuckerarten, Holzgummi und speziell im Nadelholz Harz.

Betrachten wir zunächst die

Cellulose.

Reine Cellulose, wie sie z. B. in der Baumwollfaser vorliegt, besitzt die Elementarzusammensetzung:

44,2 % Kohlenstoff,
6,3 % Wasserstoff,
49,5 % Sauerstoff.

Ihre empirische Formel ist $C_6H_{10}O_5$. Sie stellt eine gesättigte Verbindung dar, deren Molekulargröße nicht bekannt ist. Unlöslich in allen gebräuchlichen Lösungsmitteln, ist sie ziemlich widerstandsfähig gegenüber chemischen Reagentien und besitzt kolloidale Eigenschaften.

Der Ausdruck Cellulose bezeichnet eine Klasse von Körpern, deren Glieder Baumwollcellulose, Jutecellulose und Holzcellulose sind. Von diesen allen zeichnet sich die Baumwollcellulose durch stets gleiche Zusammensetzung und durch genau bestimmte Eigenschaften aus, so daß sie als chemisches Einzelwesen betrachtet wird. Sie enthält weder Carbonyl noch Methoxylgruppen, noch gibt sie bei der Hydrolyse Furfurol, dagegen unter zweckmäßig gewählten Bedingungen fast quantitativ Dextrose $C_6H_{12}O_6$ und zeigt die größte Widerstandsfähigkeit gegenüber der Einwirkung chemischer Reagentien.

Die anderen Cellulosesorten sind bei weitem nicht so gut charakterisiert; sie bilden bei der Hydrolyse häufig Furfurol und einige enthalten Methoxylgruppen, sie sind empfindlicher gegenüber chemischen Einwirkungen und daher weniger stabil als die Baumwollcellulose. Aus diesem Grunde spricht man die letztere als typische Reincellulose an unter dem Namen α-Cellulose. Diese α-Cellulose unterscheidet sich besonders durch ihre Eigenschaft, mit Natriumhydroxyd eine wohldefinierte Verbindung, die Alkalicellulose, zu bilden, aus welcher sich beim Verdünnen und Auswaschen mit Wasser die Cellulose regenerieren läßt. Die anderen Cellulosen bleiben gelöst. Wird die alkalische Lösung mit Essigsäure neutralisiert, so fällt ein Teil der Cellulose aus, die β-Cellulose. Die in Lösung bleibende bezeichnet man als γ-Cellulose. Beide sind sehr wenig widerstandsfähig und werden von einigen Forschern als

Oxycellulosen betrachtet, während Schwalbe und Becker[1]) sie für Mischungen von Cellulose und ihren Abbauprodukten halten. Solche Abbauprodukte finden sich stets in dem aus Holz hergestellten Zellstoff.

Zahlreiche Formeln sind aufgestellt, um die Konstitution des α-Cellulosemoleküls zu erklären[2]). Nach der neuesten Arbeit Irvings[3]) und seiner Mitarbeiter scheint es jedoch, als ob diese Formeln nicht aufrecht zu erhalten seien. Durch erschöpfende Methylierung gelang es ihm, 89% 2—3—6-Trimethylglucose aus α-Cellulose zu erhalten, während keine isomere Trimethylglucose, noch höher oder niedriger methylierte entstanden waren. Hieraus geht hervor, daß sämtliche Glucosereste in der Cellulose identisch und die 2—3—6-Hydroxyle unsubstituiert sind. Irving schlägt folgende Strukturformel vor:

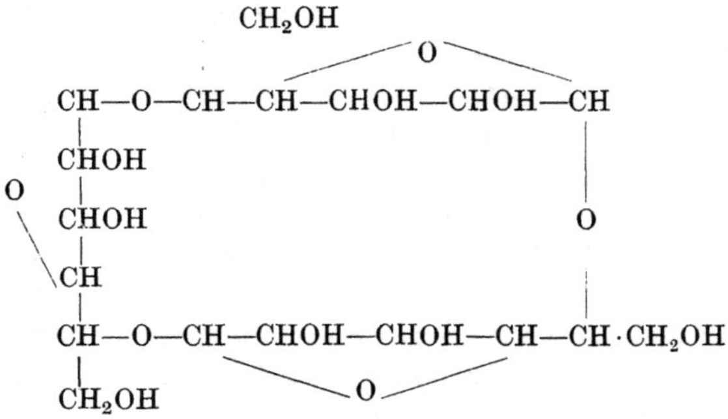

I.

oder

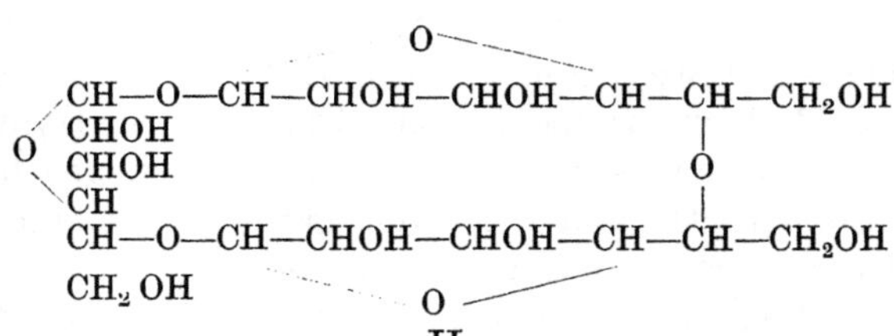

II.

Auch die von Hibbert aufgestellte Formel[4])

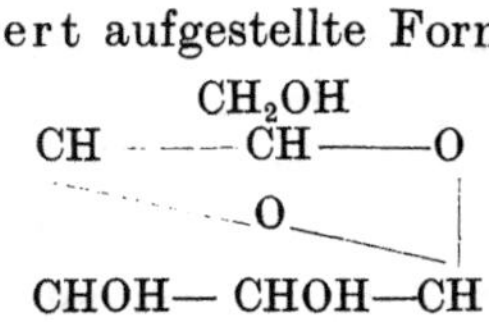

[1]) J. pr. Chem. Bd. 11, S. 100, 19. 1919.

[2]) Cross und Bevan: J. C. S. Bd. 79, S. 366. 1901; Vignon: Bull. Soc. Chim. Bd. [3] 21, S. 599. 1899; Green: J. C. S. Bd. 81, S. 811. 1906; Heß: Z. angew. Chem. Bd. 34, S. 49. 1921; und Karrer: Helv. Chim. Acta Bd. 5, S. 187. 1922.

[3]) British Association meeting, Hull, Sept. 1922. Presidential address to Chemistry section. Ebenso J. Soc. Chem. Ind. Bd. 41. S. 362 R. 1922.

[4]) Chem. Metallurg. Engg. Bd. 22, S. 838. 1920.

genügt den Forderungen der Irvingschen Resultate. Sie stellt jedoch nur den Kern der Konfiguration dar, wobei es der Mutmaßung überlassen bleibt, in welcher Weise sich die Kerne zu dem Molekül zusammenfügen.

Lignin.

Wie bereits erwähnt, findet sich die Cellulose nie im freien Zustande im Holz, sondern ist immer verbunden mit anderen Assimilationsprodukten, hauptsächlich Lignin, den sog. Inkrusten und den Hemicellulosen, kondensierten oder polymerisierten Hexosen und Pentosen. Der wichtigste dieser Körper, besonders von dem Gesichtspunkt der trockenen Destillation aus betrachtet, ist das Lignin. Leider ist es nicht so eingehend studiert wie die Cellulose und seine chemische Konstitution steht noch nicht fest. Ebensowenig ist mit Sicherheit anzugeben, ob Cellulose und Lignin chemisch verbunden oder nur mechanisch gemischt im Holze vorhanden sind. Nach neuerer Annahme handelt es sich um das Resultat einer gegenseitigen Durchdringung zweier kolloidaler Systeme.

Zwei Formeln sind für das Lignin aufgestellt. Croß und Bevan[1]) geben ihm die folgende:

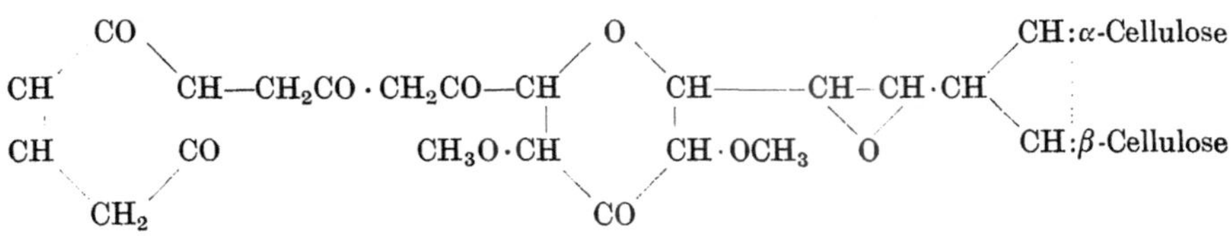

während Klason[2]) als Resultat seiner ausgedehnten Untersuchungen über das Lignin des Kiefernholzes ihm die untenstehenden zuschreibt:

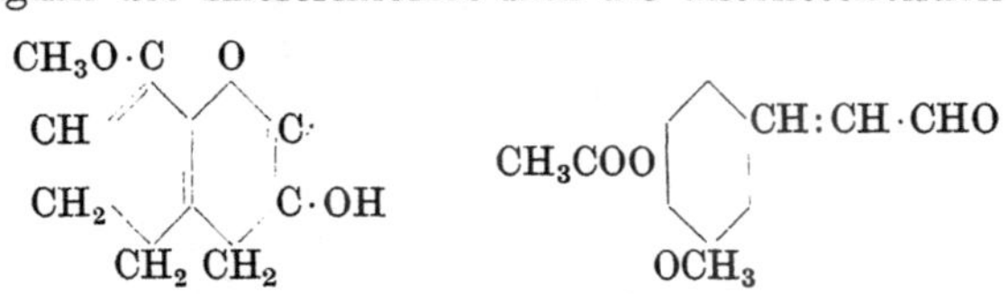

oder

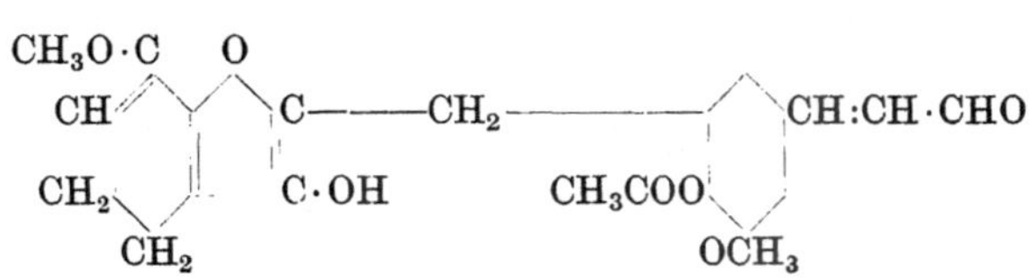

Vor der Besprechung dieser Formeln scheint es zweckmäßig, sich mit den analytischen Daten zu befassen, die dazu gedient haben, Licht

[1]) J. Soc. Dyers and Colourists Bd. 32, S. 135. 1916; ebenso Dorée and Cunningham: J. C. S. Bd. 103, S. 677. 1913.

[2]) Ber. Bd. 53, S. 1864. 1920 und Ber. Bd. 55, S. 448. 1922.

auf die Konstitution der Lignocellulose zu werfen. In der Hauptsache handelt es sich bei den Analysen um die Bestimmung der drei wichtigsten Bestandteile des Holzes, der Cellulose, des Lignins und den Hemicellulosen (Pentosane und Hexosane).

Analyse des Holzes.

Müller findet folgende Zahlen:

Tabelle 14.

Holzart	Wasser	Cellulose	Wässerig. Extrakt	Harz	Nicht-Cellulose
Birke . . .	12,48	55,52	2,65	1,14	28,21
Buche . . .	12,57	45,47	2,41	0,41	39,14
Eiche . . .	13,12	39,47	12,20	0,91	34,30
Erle	10,70	54,62	2,48	0,87	31,33
Kastanie . .	12,03	52,64	5,41	1,10	28,82
Linde. . . .	10,10	53,09	3,56	3,92	29,33
Pappel . . .	12,10	62,77	2,88	1,37	20,88
Weide . . .	11,66	55,72	2,65	1,23	28,74

während Schulze den Prozentgehalt der Cellulose in verschiedenen Hölzern, sowie die Zusammensetzung der isolierten Cellulose angibt.

Tabelle 15.

Holzart	Cellulose %	Zusammensetzung der Cellulose	
		C %	H %
Akazie	52,94	44,29	6,09
Buche	48,41	47,71	6,05
Eiche.	45,87	44,51	6,00
Erle	47,97	43,96	5,95

Schorger[1]) hat eine Reihe sehr ausführlicher Analysen amerikanischer Hölzer ausgeführt, deren Resultate in Tabelle 16 zusammengestellt sind. Die Zahlen sind berechnet auf trockenes Holz und stellen den Durchschnitt verschiedener Bestimmungen dar.

Der Gehalt an Cellulose im Holz, wie er von verschiedenen Forschern angegeben wird, zeigt geringe Schwankungen. Die Differenzen werden hervorgerufen durch die angewandte Methode. Im Zusammenhang mit dieser wird die Cellulose definiert als der Rückstand, der bleibt nach einer gewissen Behandlung des Holzes, die den Zweck hat, Lignin, Pentosane, Hexosane, Harze usw. zu entfernen. Die unter diesen Bedingungen hergestellte Rohcellulose ist jedoch nicht reine α-Cellulose,

[1]) J. Ind. Engg. Chem. Bd. 9, S. 560. 1917.

sondern enthält auch noch gewisse Mengen weniger widerstandsfähiger Celluloseformen und Pentosane.

Bei der Anwendung dreier verschiedener Methoden erhielt Dore[1]) für die Gesamt- und α-Cellulose aus Rotholz *(Sequoia sempervirens)* die folgenden Ziffern:

Methode nach	Gesamtcellulose	α-Cellulose	Verhältnis
Renker	54,89	41,46	0,76
Croß und Bevan	51,86	40,06	0,77
Johnsen u. Hovey	50,07	39,20	0,78

und zwar in Prozenten, bezogen auf trockenes Holz. Die Resultate sind niedriger als diejenigen, welche Schorger erhielt, allerdings beziehen sich die Angaben des letzteren nicht auf das gleiche Holz.

König und Becker[2]) haben über den Ligningehalt des Holzes ausführliche Untersuchungen angestellt. Diese Forscher arbeiteten nach vier verschiedenen Methoden, und zwar:

1. Behandlung des Holzes mit 1% Salzsäure 6 bis 7 Stunden unter atm. Druck.

Tabelle 16. Analyse verschiedener Holzarten.

Holzart	Asche	Löslichkeit in Kaltwasser	Löslichkeit in Heißwasser	Löslichkeit in Äther	Löslichkeit in 1 proz. NaOH-Lauge	Löslichkeit in Essigsäure (saure Hydrolyse)	Methylgruppen	Pentosan	Methylpentosan	Cellulose	Asche i. d. Cellulose	Aschefreie Cellulose	Pentosan i. d. Cellulose	Methylpentosan i. d. Cellulose	Flüchtiges Öl
Ahorn, Zucker-A., *Acer saccharum*	0,44	2,65	4,36	0,25	17,64	4,46	7,25	21,71	2,39	60,78	0,28	60,50	24,48	0,96	—
Birke, gelbe, *Betula lutea*	0,52	2,67	3,97	0,60	19,85	4,30	6,07	24,63	2,69	61,31	0,13	61,18	28,30	1,16	—
Linde, Schwarzl., *Tilia americana*	0,86	2,12	4,07	1,96	23,76	5,79	6,00	19,93	3,73	61,24	0,19	61,05	24,28	1,54	—
Fichte, Douglas-F., *Pseudotsuga taxifolia*	0,38	3,54	6,50	1,02	16,11	1,04	4,95	6,02	4,41	61,47	0,16	61,31	5,34	1,20	—
Fichte, canadische, *Picea canadensis*	0,31	1,12	2,14	1,36	11,57	1,59	5,30	10,39	3,55	61,85	0,30	61,55	9,63	0,72	—
Kiefer, *Pinus palustris*	0,37	6,20	7,15	6,32	22,36	0,76	5,05	7,46	3,60	58,48	0,32	58,16	7,71	1,16	1,30
Lärche, *Larix occidentalis*	0,23	10,61	12,59	0,81	22,14	0,71	5,03	10,80	2,81	57,80	0,29	57,51	8,94	1,19	—

[1]) J. Ind. Engg. Chem. Bd. 12, S. 267. 1920.

[2]) Z. angew. Chem. Bd. 32, S. 155. 1919.

2. Behandlung des Holzes mit 72%iger Schwefelsäure bei gewöhnlicher Temperatur[1]).

3. Behandlung des Holzes mit 42%iger rauchender Salzsäure (spez. Gew. 1,21)[2]).

4. Behandlung des Holzes mit gasförmigem Chlorwasserstoff (Krull).

Die Ergebnisse sind folgende:

Tabelle 17. Ligningehalt einiger Hölzer.

Holzart	1% HCl	Gasförmiger HCl	72% H_2SO_4	42% HCl
Birke (H)	23,54	22,55	20,96	23,27
Birke (A)	27,28	26,36	26,75	26,38
Buche	22,07	22,90	23,99	22,69
Erle	25,95	23,04	23,05	24,57
Esche	26,71	25,90	19,59	26,01
Pappel (H)	22,14	22,36	22,06	22,45
Pappel (A)	21,00	21,06	21,91	20,75
Weide	25,06	25,97	24,54	24,70
Föhre (H)	29,94	28,81	29,36	29,17
Föhre (A)	28,91	28,10	28,04	27,98
Kiefer	29,52	29,56	31,33	29,16

H und A sind Muster derselben Holzart, aus verschiedenen Quellen stammend.

Mit Ausnahme von ein oder zwei Fällen geben die vier Methoden sehr gut übereinstimmende Resultate.

Die folgende Tabelle 18 gibt eine Übersicht über die Befunde an Wasser, Asche, Stickstoff, Harzen, Lignin, Cellulose und Hemicellulose nach König und Becker[3]), während Tabelle 19a und 19b die von

Tabelle 18. Analyse verschiedener Holzarten.

Holzart	Protein (N × 6,25)	Harz u. Wachs	Asche	Gesamtpentosan	Hemicellulose		Lignin	Cellulose	
					Hexosane	Pentosane		Ges.-Cell. + Unlösl. Pentosan	Rein, pentosanfrei
Birke (A)	2,29	1,88	0,46	24,01	5,00	21,48	26,38	42,50	39,97
Birke (H)	1,29	2,47	0,68	25,86	4,61	23,20	23,27	44,52	41,85
Buche	1,58	0,70	0,96	24,30	4,36	17,79	22,69	51,93	45,41
Erle	1,89	2,83	0,49	22,94	3,65	15,90	24,57	50,69	43,64
Esche	1,30	2,24	0,83	23,68	5,70	19,29	26,01	44,64	40,24
Pappel (H)	1,39	2,66	0,84	22,71	2,60	15,36	22,45	54,71	47,36
Pappel (A)	1,14	2,32	1,21	21,88	3,43	15,10	20,75	56,06	49,27
Weide	1,17	2,04	0,83	23,31	5,05	16,75	24,70	49,46	42,91
Tanne (H)	1,21	2,83	1,10	11,48	13,58	8,67	29,17	43,44	40,63
Tanne (A)	1,21	1,71	0,42	11,63	13,00	9,74	27,98	45,95	44,06
Kiefer	1,27	3,17	0,53	10,80	12,78	8,70	29,52	44,01	41,93

[1]) Ost und Wilkening: Chem.-Zg. Bd. 34, S. 461. 1913.

[2]) Willstätter und Zechmeister: Ber. Bd. 46, S. 4201. 1913.

[3]) Papierfabr. Bd. 17, S. 981. 1913.

Schwalbe und Becker[1]) gefundenen Daten für einige deutsche Hölzer wiedergeben. Einen Vergleich der Zahlen nach Schorger, König und Schwalbe für die Hauptbestandteile des Holzes, und zwar für Kiefer und Birke, ersieht man aus Tabelle 20.

Tabelle 19a. Zusammensetzung verschiedener Hölzer, berechnet in Prozenten des Trockengewichtes.

	Fichte (*Picea excelsa*)	Kiefer (*Pinus silvestris*)	Buche (*Fagus silvatica*)	Birke (*Betula verrucosa*)	Pappel (*Populus tremula*)
Asche	0,77	0,39	1,17	0,39	0,32
Harz, Wachs u. Fett					
a) Ätherauszug	0,78	1,92	0,31	0,71	1,08
b) Alkoholauszug	1,52	1,53	1,74	1,09	2,08
c) Summe von a u. b	2,30	3,45	1,78	1,80	3,16
d) Alkohol-Benzolauszug	2,34	3,32	1,20	1,68	2,87
Methylzahl	2,36	2,20	2,96	2,77	2,57
Essigsäure (saure Hydrolyse)	1,44	1,40	2,34	4,65	4,17
Stickstoff	0,11	0,13	0,17	0,12	0,10
Protein ($N \times 6{,}25$)	0,69	0,80	1,05	0,74	0,63
Furfurol	7,49	7,04	14,90	16,08	12,64
Pentosan	11,30	11,02	24,86	27,07	23,75
Methylpentosan	3,00	2,23	1,02	0,84	0,72
Gesamtpentosan	14,30	13,25	25,88	27,91	24,47
Cellulose nach *Croß*	63,95	60,54	67,09	64,16	62,89
Cellulose (pentosanfrei)	57,84	54,25	53,46	45,30	47,11
Lignin	28,29	26,35	22,46	19,56	18,24

Tabelle 19b. Zusammensetzung verschiedener Hölzer, berechnet in Prozenten des wasserhaltigen Holzes.

	Fichte (*Picea excelsa*)	Kiefer (*Pinus silvestris*)	Buche (*Fagus silvatica*)	Birke (*Betula verrucosa*)	Pappel (*Populus tremula*)
Asche	0,69	0,37	1,04	0,36	0,30
Wasser	10,76	5,63	10,82	6,82	4,08
Harz, Wachs u. Fett					
a) Ätherauszug	0,70	1,81	0,28	0,66	1,01
b) Alkoholauszug	1,36	1,44	1,31	1,02	1,94
c) Summe von a u. b	2,06	3,25	1,59	1,68	2,95
d) Alkohol-Benzolauszug	2,09	3,13	1,07	1,57	2,68
Methylzahl	2,10	2,08	2,64	2,59	2,40
Essigsäure (saure Hydrolyse)	1,29	1,32	2,09	4,35	3,90
Stickstoff	0,10	0,12	0,15	0,11	0,091
Protein ($N \times 6{,}25$)	0,63	0,75	0,94	0,69	0,57
Furfurol	6,69	6,64	13,30	14,97	11,81
Pentosan	10,09	10,40	22,20	25,21	22,20
Methylpentosan	2,68	2,10	0,91	0,78	0,68
Gesamtpentosan	12,77	12,50	23,11	25,99	22,88
Cellulose nach *Croß*	57,10	57,68	59,90	59,74	58,78
Cellulose (pentosanfrei)	51,65	51,18	47,71	42,18	44,03
Lignin	25,26	24,86	20,05	18,21	17,05

[1]) Z. angew. Chem. Bd. 32, S. 229. 1919.

Tabelle 20. Vergleichende Übersicht der Analysenresultate nach Schorger, König und Schwalbe.

	Kiefer			Birke		
	Schorger	König	Schwalbe	Schorger	König	Schwalbe
Gesamtcellulose	58,16	44,01	60,54	61,18	44,52	64,16
Pentosanfreie Cellulose .	53,00	41,93	54,25	43,16	41,85	45,30
Lignin	—	29,52	26,35	—	23,27	19,56
Gesamtpentosan	11,06	10,80	13,25	27,32	25,86	27,91
Pentosan in der Cellulose.	5,16	3,08	6,29	18,02	2,67	18,86
Hemicellulose	8,06	8,70	6,96	16,31	23,20	9,05

Die Vergleichsresultate sind sehr interessant. Soweit Kiefernholz in Frage kommt, stimmen die für gesamte und reine Cellulose von Schorger und Schwalbe gefundenen Zahlen ziemlich gut überein, während die von König gefundenen sehr viel niedriger sind und sicherlich auf der Anwendung verschiedener analytischer Methoden beruhen. Königs Wert für Reincellulose stimmt dafür besser überein mit dem von Dore gefundenen; ziemlich nahe kommen sich auch die Zahlen für Lignin.

Der Wert für Pentosane ist berechnet aus der Ausbeute an Furfurol, und es ist dabei angenommen, daß das Furfurol nur aus den Pentosanen und nicht aus den Oxycellulosen stammt. Schorger und Königs Zahlen stimmen ferner recht gut bezüglich Pentosan und Hemicellulosen überein, trotzdem König die Hauptmenge der Pentosane oder furfurolbildenden Gruppen durch eine fast drastisch zu nennende Methode von der erhaltenen Cellulose trennt.

Beim Birkenholz hingegen befinden sich die Angaben aller drei Forscher für Reincellulose in recht guter Übereinstimmung. Das gleiche ist der Fall für Gesamtpentosan, jedoch treten auch hier wieder Unterschiede für Gesamtcellulose und für den Pentosangehalt in dieser auf, wie sie beim Kiefernholz schon festgestellt wurden.

Die Analysenergebnisse lassen einige ausgeprägte Unterschiede zwischen Nadel- und Laubholz erkennen. Der Gesamtpentosangehalt der Coniferen ist viel geringer als der des Laubholzes, denn er beträgt nur 10—13% des Trockengewichtes des Holzes, während Laubholz 21—27% enthält. Auf der anderen Seite steht einem Ligningehalt von 26—29% der Nadelhölzer ein solcher von 19—26% der Laubhölzer gegenüber. Die letzteren haben wieder einen etwas höheren Gehalt an Hemicellulosen, hauptsächlich aus Pentosanen bestehend, während die Hemicellulosen der Nadelhölzer einen großen Gehalt an Hexosanen zeigen.

König und Becker untersuchten die Zuckerarten, die bei der Hydrolyse der Hemicellulosen entstehen, und kommen zu folgenden Ergebnissen:

Tabelle 21. Ausbeuten an Zuckerarten, erhalten bei der Hydrolyse von Hemicellulose.

Zuckerart	Nadelhölzer		Laubhölzer	
	Fichte	Kiefer	Birke	Buche
Xylose	26,0	24,8	61,1	73,9
Glucose	23,4	21,4	14,4	20,1
Galaktose	3,4	4,2	3,5	0,1
Mannose	24,6	43,4	7,1	3,3

Die Zahlen bedeuten den Prozentgehalt der entsprechenden Zuckerarten in der Hemicellulose.

Schorger[1]) untersuchte verschiedene Holzarten auf den Gehalt an Mannan, welches bei der Hydrolyse Mannose ergibt, und entdeckte in 22 verschiedenen Coniferenarten einen wechselnden Gehalt von 1,44 bis 9,22%, und zwar stets mehr im Splint- als im Kernholz. Hingegen fand sich kein Mannan in Eschen-, Birken-, Ahorn- und Espenholz. Der Gehalt nimmt ab vom Fuße des Baumes an gerechnet aufwärts, ist aber ziemlich konstant in verschiedenen Querschnitten des Kernholzes.

Schwalbe und Becker[2]) haben neuerdings den Einfluß des Alters eines Holzes auf seine chemische Zusammensetzung erforscht und zu diesem Zweck 7, 14 und 70 Jahre altes Erlenholz (*Alnus glutinosa*) analysiert, und zwar kamen zur Untersuchung

a) ein Stück des Stammes einer 7jährigen Erle mit einem Durchmesser von etwa 4 cm. Kern und Splint waren nicht zu unterscheiden, das Holz wurde entrindet;

b) ein Stammstück einer 14jährigen Erle, die etwa 7 cm dick war, der Kern war nur wenig zu erkennen, ein Kreis von etwa $2^1/_2$ cm Durchmesser wurde als solcher angenommen, als Splint wurde der äußere 2 cm breite Streifen angesehen, auch diesmal wurde die Rinde entfernt;

c) ein Stück des unteren Stammes einer 70jährigen Erle, die einen Durchmesser von etwa 21 cm hatte. Bei dieser war der rötlich gefärbte Kern deutlich zu erkennen. Er wurde nach dem Entrinden des Holzes von dem Splint getrennt, wobei zur Vorsicht die Übergangsschichten, etwa 1 cm breit, verworfen wurden.

Die unter Anwendung der von Schwalbe[3]) beschriebenen Methode erhaltenen Resultate sind in Tabelle 22 zusammengestellt.

[1]) J. Ind. Engg. Chem. Bd. 9, S. 748. 1917.
[2]) Z. angew. Chem. Bd. 33, I, S. 14. 1920.
[3]) Z. angew. Chem. Bd. 32, S. 125. 1919.

Tabelle 22.
Chemische Zusammensetzung von Erlenholz verschiedenen Alters.

	7 jähriger Stamm	14 jährig Mittlere Schichten	14 jährig Äußere Schichten	70 jährig Kern	70 jährig Splint
Wasser	15,12	15,20	15,01	9,31	7,97
		Prozente der Trockensubstanz			
Asche	0,50	0,48	0,51	0,64	0,53
Harz, Wachs u. Fett					
a) Ätherauszug	0,71	0,78	0,64	0,78	1,40
b) Alkoholauszug	3,73	4,89	1,59	0,77	1,89
c) a u. b zusammen	4,44	5,67	2,23	1,55	3,28
d) Alkohol-Benzolauszug	3,94	5,61	3,54	1,92	4,05
Methylzahl	2,92	2,83	2,90	2,91	2,85
Methylalkohol nach v. Fellenberg	0,231	0,300	0,181	0,165	0,164
Pektin daraus nach v. Fellenberg	2,31	3,00	1,81	1,65	1,67
Saure Hydrolyse nach Schorger					
berechnet auf Essigsäure	4,52	3,81	3,89	3,23	3,43
tatsächliche Essigsäure	4,20	3,59	3,63	2,89	3,24
Ameisensäure	0,24	0,17	0,20	0,17	0,15
Stickstoff	0,30	0,26	0,30	0,24	0,29
Protein ($N \times 6,25$)	1,88	1,63	1,87	1,50	1,81
Furfurol	14,76	14,06	14,04	13,55	11,04
Pentosan	25,15	23,98	23,95	23,10	18,85
Methylpentosan	0	0	0	0	0
Cellulose nach Croß	56,22	58,00	61,58	58,35	59,75
Cellulose, pentosanfrei	39,63	42,19	44,45	44,48	46,45
Lignin	22,97	23,93	22,60	25,75	24,27

Einige der Zahlen sind recht bemerkenswert. Der Stickstoffgehalt ist höher im Splint als im Kern, wegen des größeren Gehaltes an stickstoffhaltigen Körpern im Saft. Die Asche zeigt unregelmäßige Schwankungen, die sich jedoch in engen Grenzen halten. Junges Holz gibt weniger Ätherextrakt als altes, dieses wieder weniger aus dem Kern- als aus dem Splintholz. Da Alkohol kein gutes Lösungsmittel für Wachse und Fette darstellt, haben die entsprechenden Zahlen für die Alkoholextrakte weniger Bedeutung.

Die Bestimmungen der Methoxylgruppen (in der Tabelle als Methyl CH_3 angeführt) erweisen, daß diese Gruppen überraschend gleichmäßig im Holz jeden Alters verteilt sind.

Wie wir später sehen werden, finden sich die Methoxylgruppen fast ausschließlich im Lignin, und da dieses im gleichen Prozentsatz im Splint- wie im Kernholz vorkommt, sind auch Unterschiede im Methoxylgehalt kaum zu erwarten. Die Zahlen für die Hydrolyse in Gegenwart von Säuren scheinen eine Anomalie zu enthalten insofern, als die Menge der bei der Hydrolyse mit H_2SO_4 gefundenen Essigsäure umgekehrt proportional ist dem Ligningehalte, während doch Pringsheim und Magnus[1]) bei Verwendung von konzentrierter Natronlauge unter Anwendung von Druck gefunden haben, daß die Essigsäure fast ausschließlich aus dem Lignin gebildet wird. Da jedoch die letztere Arbeitsweise als reichlich drastisch angesehen werden muß und in gewisser Hinsicht der trockenen Destillation ähnelt, sind die beiden Resultate nicht vergleichbar. Dabei soll jedoch nicht unerwähnt bleiben, daß gerade die reinste Cellulose, wie sie in Form von Baumwolle und Filtrierpapier vorliegt, bei der Hydrolyse mit verdünnter Schwefelsäure nur Spuren von Essigsäure gibt.

Die gebildete Ameisensäure betrug nur ungefähr ein Zwanzigstel der Gesamtsäure. Ihre Bestimmung geschah nach Riesser[2]), der Gehalt an Pentosanen ist etwas höher in jüngerem als in älterem Holz, und in letzterem finden sie sich in größerer Menge im Kern. Methylpentosane waren nicht nachzuweisen im Gegensatz zu den Resultaten früherer Untersuchungen (siehe Tabelle 16 und 19). Schwalbe und Becker bemängeln die angewandten Bestimmungsmethoden (Extraktion des Furfurolphloroglucids mit Alkohol), doch mag es immerhin sein, daß das Erlenholz frei von Methylpentosan war.

Der Methylalkohol, der bei der Hydrolyse mit verdünnten Säuren bzw. Alkali entsteht und aus dem von Fellenberg den Gehalt an Pektin berechnet (1 Methylalkohol = 10 Pektin), ist größer im jungen als im alten Holz; da die Schwankungen im Methylalkoholgehalt denen der Methoxylgruppen nicht parallel laufen, können diese letzteren nicht in allen Holzteilen in den gleichen Verbindungsformen vorliegen.

Methoxylgruppen in den Lignocellulosen.

Prüft man irgendwelche Hölzer auf das Vorhandensein von Methoxylgruppen, so findet man stets positive Resultate. Tabelle 16 und 19 zeigen die Werte für verschiedene Holzarten, Tabelle 19 als Methyl. Bei Berücksichtigung aller Faktoren findet man eine gute Übereinstimmung. So enthält (Tabelle 16) die amerikanische Sumpfkiefer (*Pinus palustris*) 5,05%, die deutsche Weißkiefer (*Pinus silvestris*) 4,55% Methyloxyl, OCH_3, die canadische Fichte *(Picea canadensis)* 5,30%, die deutsche Rotfichte *(Picea excelsa)* 4,88%. Schorger findet für die amerikanische Birke *(Betula lutea)* 6,07, Schwalbe und Becker 5,72% für eine deutsche Birke *(Betula verrucosa)*.

Benedikt und Bamberger[3]) untersuchten eine große Zahl Holzarten auf ihren Methoxylgehalt in den verschiedenen Teilen des Baumes und finden folgende Zahlen:

[1]) Z. angew. Chem. Bd. 33, I, S. 56. 1920.
[2]) Z. physiol. Chem. Bd. 96, S. 357. 1916.
[3]) Monatshefte Bd. 11, S. 260.

Tabelle 23. Methoxylgehalt verschiedener Hölzer.

Holzart	Baumteil	OCH_3 %
Birke, *Betula alba*	Zweige	5,32
Buche, *Fagus sylvatica*	Stamm	6,25
„ „	„	5,42
Eiche, *Quercus pedunculata*	„	5,92
„ „ „	„	5,44
Erle, *Alnus glutinosa*	„	5,98
Esche, *Fraxinus excelsior*	„	5,61
„ „ „	Späne vom Stamm	5,57
„ „ „	Späne v. d. Zweigen	6,25
Linde, *Tilia parvifolia*	Stamm	5,29
Pappel, *Populus alba*	„	5,36
Robinie, *Robinia pseudacacia*	Zweige	4,90
Ulme, *Ulmus campestris*	Stamm	6,04
Waldahorn, *Acer pseudoplatanus*	„	6,33
Weide, *Salix alba*	„	4,78
Kiefer, *Pinus sylvestris*	„	4,66
„ „ *laricis*	„	4,24
„ „ „	„	4,39
Tanne, *Abies excelsa*	„	4,45
„ „ „	„	4,66
„ „ „	„	4,95
„ „ „	Kernholz	5,36
„ „ „	Splintholz	4,80
Lärche, *Larix europaea*	Stamm	4,12
„ „ „	„	5,55

In Anbetracht der großen Zahl der zur Untersuchung gelangten Hölzer sind die Resultate sehr gleichmäßig und berechtigen fast dazu, in der Methoxylzahl eine dem Holz eigentümliche Konstante zu sehen. Die Extraktion des Holzes mit Wasser, Alkohol und Äther beeinträchtigt den Gehalt an Methoxyl überhaupt nicht. Die OCH_3-Gruppen finden sich fast ausschließlich in den Lignocellulosen. Die oben erwähnten Forscher stellten ferner eine geringe Zunahme des OCH_3-Gehaltes mit dem Alter des Baumes fest, im Gegensatz zu den Befunden von Schwalbe und Becker bei Erlenholz (siehe oben). Sie fanden ferner, daß Astholz reicher an OCH_3 ist als Stammholz.

Die Hemicellulosen und Furfurol bildenden Substanzen.

Aus früher angeführten analytischen Daten ergibt sich, daß sowohl Laub- wie Nadelhölzer beträchtliche Mengen Hemicellulose enthalten, d. h. Polyosen der Pentose- und Hexosereihe.

Die Hemicellulosen der Pentosereihe oder Pentosane werden bei der Destillation mit 12%iger Salzsäure quantitativ in Furfurol übergeführt und auch so bestimmt. Auch die isolierten Rohcellulosen enthalten Pentosegruppen, die ebenfalls Furfurol geben. Es steht nicht fest, ob diese Gruppen echte Pentosane sind, die sich von der Cellulose nicht trennen lassen und als solche bereits vorhanden waren oder ob sie in gewissen Abbau- bzw. Oxydationsprodukten der Cellulose selbst sich finden. Die Hauptquelle des Furfurols ist jedenfalls das freie Pentosan, und da die Nadelhölzer ärmer an Pentosan sind als die Laubhölzer, geben sie auch weniger Furfurol. Tollens fand bei Buche eine Ausbeute von 12,6, bei Eiche 10,7 und bei Birke 13,7 % Furfurol, während sie bei Kiefer nur 5% erreichte. De Chalmot[1]) untersuchte eine große Zahl Hölzer in bezug auf Furfurolausbeute. Seine Resultate für einige der typischen Holzarten sind in der folgenden Tabelle zusammengestellt:

Tabelle 24. Furfurolausbeuten verschiedener Hölzer.

Holzart	Furfurol %
Ahorn, Florida, *Acer dasycarpum* . .	11,0
Birke, *Betula sp.*	11,7
Buche, *Fagus ferruginea*	10,5
Eiche, *Quercus alba*	10,2
„ *Q. nigra*	10,7
„ *Q. rubra*	10,8
Esche, *Fraxinus americana*	8,7
Hickorybaum, *Carya alba*	10,6
Platane, *Platanus occidentalis* . . .	10,8
Tulpenbaum, *Liriodendron tulipifera* .	9,5
Ulme, *Ulmus americana*	8,7
Weide, *Salix sp.*	10,5
Kiefer, *Pinus strobus*	3,7

Man erkennt, daß die Furfurolzahl fast bei allen Laubhölzern die gleiche ist und demgemäß die furfurolbildenden Gruppen auch praktisch in gleicher Menge im Holz enthalten sein müssen. Das Holz der Coniferen hingegen zeigt nur rund $^1/_3$ von der des Laubholzes.

Die furfurolbildenden Gruppen unterliegen keiner großen Schwankung mit dem Alter des Baumes. De Chalmot fand sowohl geringe Vermehrung als geringe Abnahme ihrer Menge. Die hauptsächlichsten im Holz vorkommenden Hemicellulosen sind Xylan, Araban, Galaktan und Mannan. Xylan oder Holzgummi kommt in ziemlich bedeutenden Mengen im Laubholz vor, und zwar bis zu 20 % vom Gewicht desselben. Es besteht hauptsächlich aus dem Anhydrid der Xylose und wurde zuerst isoliert und untersucht von Thomsen[2]) und von Poumarède und Figuer[3]). Seine alkalische Lösung dreht die Ebene des polarisierten Lichtstrahles stark nach links, ($[\alpha]_D = -69{,}6°$). Durch Hydrolyse entsteht hauptsächlich Xylose (siehe Tabelle 21). Xylan enthält gewöhnlich eine geringe Menge Methoxyl (2—3%). Die Hemicellulosen der Hexosereihe fehlen entweder vollständig im Laubholz oder sind

[1]) Amer. Chem. Journ. Bd. 16, S. 224.
[2]) J. pr. Chem. Bd. 2, S. 19, 146.
[3]) Ann. Physik Bd. 64, S. 388.

nur in geringen Mengen vorhanden im Gegensatz zum Nadelholz, wo sie den Hauptanteil der Hemicellulosen darstellen. Sie bestehen hauptsächlich aus Glucosan, Galaktan und Mannan und geben bei der Hydrolyse die korrespondierenden Zuckerarten, jedoch keineswegs in quantitativer Ausbeute (Tabelle 21).

Faulholz.

Rose und Lisse[1]) analysierten und verglichen gesundes, angefaultes und vollständig verrottetes Holz der Douglasfichte. Tabelle 25 enthält die Zusammenstellung, aus der hervorgeht, daß die Bildung von alkalilöslichen Produkten auf Kosten der Cellulose geschieht, während das Lignin der Fäulnis mehr Widerstand leistet.

Tabelle 25. Unterschiede in der Zusammensetzung von gesundem, angefaulten und verrottetem Holze der Douglasfichte.

	Lösl. in kaltem H_2O	Lösl. in heißem H_2O	Lösl. in Natronlauge 1%	Cellulose	Essigsäure durch saure Hydrolyse	Pentosan	Methylpentosan	Methoxyl	Feuchtigkeit 40 Masch.-Sieb	Feuchtigkeit Sägemehl	Äther-extrakt	Asche
Gesund. Kernholz	4,03	2,23	10,61	58,9	0,71	7,16	2,64	3,94	9,81	10,22	2,71	0,1[illegible]
Angefault . . .	1,79	4,19	38,10	41,66	0,28	6,79	3,56	5,16	10,63	9,09	2,05	0,1[illegible]
Vollst. verrottet.	1,16	7,77	65,31	8,47	0,17	2,96	6,06	7,80	9,09	8,97	2,72	0,6[illegible]

Nachdem wir die Versuchsergebnisse kennengelernt haben, wird es von Interesse sein, die einzelnen Ansichten bezüglich der Konstitution der Holzsubstanz zu besprechen.

Die Konstitution der Holzsubstanz.

Klason[2]) gibt als Resultat seiner Untersuchungen dem Kiefernholzlignin die Bruttoformel $(C_{40}H_{42}O_{11})n$. Dieses Lignin zeigt die Farbreaktion des Coniferylalkohols, dessen Konstitutionsformel die folgende ist:

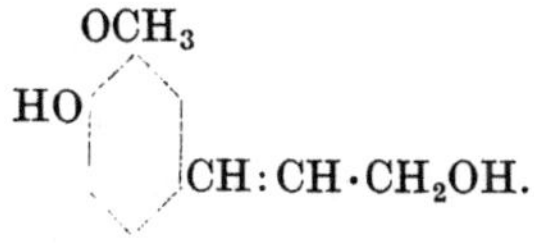

Für die Formel mit 40 C-Atomen berechnet, enthält Kiefernholzlignin 4 OCH_3-Gruppen und 4 CH-Gruppen. Später gibt Klason[3]) die Formel für Kiefernholzlignin zu $(C_{40}H_{42}O_{12})n$ an und läßt es sich bilden durch die Kondensation von 1 Mol. Coniferylalkohol mit 3 Mol.

[1]) J. Ind. Engg. Chem. Bd. 9, S. 284. 1917.
[2]) Arkiv. Kem. Min. Geol. Bd. 3, Nr. 5, 1. 1908.
[3]) Arkiv. Kem. Min. Geol. Bd. 6, Nr. 15, 1. 1917.

Hydroxy-Coniferylalkohol unter Abspaltung von 3 Mol. Wasser. Er isolierte außerdem noch ein anderes Lignin, dem er die Formel $C_{29}H_{26}O_8$ gab. Falls das gesamte Lignin aus gleichen Molekülen dieser beiden besonderen Lignine besteht, würde es die Formel $C_{69}H_{68}O_{20}$ haben und 6 OCH_3-Gruppen (= 15,3% OCH_3) enthalten. Diese Zahlen stimmen mit dem analytischen Befund überein[1]). Es kann angenommen werden, daß die Kondensation zwischen dem OH der Allylalkoholgruppe des einen Moleküls und dem OH der Phenolgruppe des anderen Moleküls usw. stattfindet.

Klason nimmt an, daß das Lignin seinen Ursprung in den Pentosanen hat, die demgemäß der Bildung des Lignins vorausgehen müssen. Diese Annahme hat sich jedoch durch das Experiment nicht bestätigt und steht im Gegensatz zu der Ansicht anderer Forscher.

Nach Klason geht die Bildung wie folgt vor sich:

$$2\,C_5H_{10}O_5 = C_9H_{10}O_3 + 5\,H_2O + CO_2$$

Pentose = Dihydroxy-cinnamyl-alkohol + Wasser + Kohlendioxyd

Eine gewisse Stütze findet diese Ansicht durch die Arbeiten Eulers[2]) über Fichtennadeln. Euler schließt, daß Zuckerarten, einschließlich Pentosanen, in den Nadeln gebildet werden und bei Wasser- und Kohlendioxydverlust zu Coniferylalkohol und seinen Abkömmlingen kondensieren. Diese werden zu Aldehyden oxydiert und kondensieren mit unangegriffenen Alkoholen der Cinnamylgruppe; derartige Kondensationsprodukte konnten in dem aus den Nadeln extrahierten Harze nachgewiesen werden.

Die Verbindungen des Coniferylalkohols wandern in den Stamm und gehen durch Oxydation und Kondensation in Gerbsäure bzw. deren Aldehyde über. Die Säure wird schließlich in der Rinde deponiert als Gerbstoff, während der Aldehyd in das Holz des Stammes tritt und Lignin bildet.

Nach einer anderen Ansicht kommt die Methylisierung einer der OH-Gruppen mit Hilfe von Formaldehyd zustande:

$$R \cdot OH + H \cdot CHO = R \cdot OCH_3 + O,$$

wobei der in Freiheit gesetzte Sauerstoff

$$R \cdot H \text{ zu } R \cdot OH$$

und die Allylalkoholgruppen zu den entsprechenden Aldehyden und Säuren oxydieren, so die im Lignin vorhandenen Gruppen bildend.

Neuerdings gibt Klason[3]) [4]) an, daß ungefähr $^2/_3$ des Kiefernholzlignins aus einer gleichmäßig zusammengesetzten Substanz bestehen, deren Formel er $(C_{22}H_{22}O_7)n$ schreibt. Er nennt es Acrolein- oder

---

1) Melander (Cellulosechemie Bd. 2, S. 41 u. 69. 1921) gibt die Formeln $C_{31}H_{34}O_{10}$ bis $C_{34}H_{44}O_{11}$ für Lignin und bestätigt die Gegenwart von Acetylgruppen.

2) Svensk. Pappers-Tid. Bd. 24, S. 191. 1921.

3) Ber. Bd. 53, S. 1864. 1920.

4) Ebenda Bd. 55, S. 448. 1922.

α-Lignin. Es enthält eine Acetylgruppe. Dem übrigen Lignin gibt er die Formel $(C_{20}H_{20}O_6)n$. Natürliches Lignin besitzt eine Aldehydgruppe und 2 OH-Gruppen, von denen nur eine methyliert werden kann. Die eine ist daher an einen aromatischen, die andere an einen aliphatischen Kern (oder Gruppe) gebunden. Aus diesem Gedankengang heraus kommt Klason zu der auf Seite 41 abgebildeten Formel für Kiefernholzlignin.

Um festzustellen, ob die Lignocellulosen im Holz mit den Hemicellulosen in Form von glukosidartigen Körpern verbunden seien, untersuchten Klason und Fagerlind[1]) die bei der Behandlung von Kiefernholz mit kochendem Wasser bzw. mit kochendem Wasser und Alkohol abwechselnd erhaltenen Extrakte. Kochendes Wasser löst ungefähr 12% des Trockengewichtes des Holzes; das erhaltene Extrakt enthält ungefähr 10% Holzgummi und 2% ligninähnliche Substanzen. Das Holzgummi war nur wenig löslich in Alkali, enthielt

25% Xylose
6% Mannose
Spuren von Galaktose
und andere, nicht bestimmte Zuckerarten.

Die 2% ligninähnliche Substanz bestand zum Teil aus Coniferylalkohol und einem Dimeren des Hydroxy-Coniferylalkohols. Es kann also geschlossen werden, daß die Gummicellulosen im Holz nicht mit der Lignocellulose verbunden sind.

Freie Acetylgruppen im Lignin sind nachgewiesen von Pringsheim und Magnus[2])[3]). Sie fanden 37,8% Acetyl im Lignin aus Buchenholz, jedoch nur 19,85 in solchem aus Kiefernholz.

Die von Cross und Bevan angegebene Formel für das Lignin der Lignocellulose (s. S. 41) stellt das Ergebnis der Studien dieses Körpers und sein Verhalten gegenüber gewissen Reagentien von hydrolysierender und oxydierender Wirkung dar. Sie unterscheidet sich merklich von der Klasons durch einen weniger aromatischen Aufbau und enthält mehr offene Ketten. Sie erklärt weder die Bildung von Phenol und seiner Abkömmlinge bei der trockenen Destillation, noch genügt sie in anderer Hinsicht. Die wirkliche molekulare Größe der Lignocellulose ist unbekannt und sie muß als ein sehr verwickelt zusammengesetztes Kondensationsprodukt aufgefaßt werden.

Die weit auseinandergehenden Versuchsresultate der verschiedenen Forscher machen es außerordentlich schwer, wenn nicht unmöglich, irgendwelche sicheren Schlüsse bezüglich der Struktur der Lignocellulose zu ziehen. Die neuesten Arbeiten auf diesem Gebiete scheinen die Ansicht zu bestätigen, daß es mehrere Arten der Lignocellulosen gibt

[1]) Arkiv. Kem. Min. Geol. Bd. 3, Nr. 6, 1. 1908.
[2]) Z. physiol. Chem. Bd. 105, S. 179. 1919.
[3]) Z. angew. Chem. Bd. 33, I, S. 56. 1920.

und daß die der Nadelhölzer verschieden sind von denen der Laubhölzer. Es ist jetzt festgestellt, daß die zusammengesetzten Kohlenhydrate, welche man in den Pflanzen antrifft, sich in erster Linie vom Formaldehyd ableiten[1][2]), welches durch Photosynthese aus Kohlendioxyd und Wasser in den Blättern entsteht. Durch die Polymerisation des Formaldehyds entstehen die zahlreichen Kohlenhydrate in Pflanzengeweben. Durch diese Kondensation bzw. Polymerisation entstehen schließlich Verbindungen mit 6 Kohlenstoffatomen; durch Bildung eines Furanringes mit nachfolgender Oxydation und Abspaltung von Kohlendioxyd könnten die Hexosen in Pentosen übergeführt werden. Aus letzteren entstehen durch weitere Polymerisation dann die Hemicellulosen (Pentosane). Schließlich ist es nicht ganz unmöglich, daß die so entstandenen Pentosen den Ausgangspunkt bilden für die Erzeugung aller oder doch ziemlich aller anderen Verbindungen, welche im Baum gefunden werden.

Wir haben bereits gesehen, daß Klason den Ursprung des Lignins von den Pentosanen ableitet, und ähnliche Ableitungen können gelten für die Terpene, Harze, Gerbstoffe usw. In diesem Sinne kann Cellulose als das Endresultat der Kondensation und Polymerisation der ursprünglich gebildeten Hexosen aufgefaßt werden.

Heuser und Bödecker[3]) halten dafür, daß alle Pflanzencellulosen identisch sind. Wislicenus und Kleinstuck[4]) zeigten, daß beim Schütteln des Zellsaftes verschiedener Bäume mit Cellulose die Bestandteile des Saftes absorbiert wurden. Sie schließen daraus, daß bei der Bildung des Holzes die Cellulose zuerst entsteht und daß sodann die Bestandteile des Cambialsaftes durch die ein kolloidales System bildende Cellulose absorbiert werden.

V. Die bei der trockenen Destillation des Holzes erhaltenen Handelsprodukte.

Wenn Holz unter Verhinderung des Luftzutrittes auf eine genügend hohe Temperatur erhitzt wird, findet eine vollständige Zersetzung der Holzbestandteile statt unter Bildung von festen, flüssigen und gasförmigen Produkten.

Wie wir im letzten Kapitel gesehen haben, ist Holz eine sehr kompliziert zusammengesetzte Substanz, und es kann ohne weiteres erwartet werden, daß bei der trockenen Destillation zahlreiche Verbindungen

[1]) Baly und Heilbron: J. Soc. Chem. Ind. Bd. 40, S. 277 R. 1921.
[2]) Heilbron: J. Soc. Chem. Ind. Bd. 41, S. 89 R. 1922.
[3]) Z. angew. Chem. Bd. 34, S. 461. 1921.
[4]) Z. chem. Ind. Koll. Bd. 6, S. 17 u. 87. 1910.

sowohl von einfachem als auch von recht verwickeltem Aufbau entstehen. Das ist in der Tat der Fall.

Wie auch bei anderen chemischen Reaktionen sind die Bedingungen, unter welchen die Zersetzung vor sich geht, von entschiedenem Einfluß auf die Natur und die Menge der erzeugten Produkte, aber auch die Beschaffenheit des Holzes wirkt bestimmend auf das Resultat. Demgemäß sind die bei der trockenen Destillation des Holzes erhaltenen Produkte, je nachdem sie bei hohen oder niederen Temperaturen erzeugt sind, verschieden, und Nadelhölzer geben andere als Laubhölzer. Die Hauptfaktoren, von denen die Bildung der Destillationsprodukte abhängt, sind: Temperatur, Druck, Destillationsgeschwindigkeit, Gegenwart oder Abwesenheit von Extraktivstoffen, Wassergehalt und Holzart. Ein jeder dieser Faktoren ist bei Bewertung des Destillationsproduktes in Rechnung zu ziehen.

Bevor wir jedoch im einzelnen zu ihrer Besprechung schreiten, soll vorerst eine Übersicht über die Resultate von Versuchsverkohlungen in bezug auf Ausbeute der einzelnen Verkohlungsprodukte der verschiedenen Hölzer gegeben werden.

Die für den Handel wichtigen Produkte, soweit Laubholz verkohlt wird, sind Holzkohle, Calciumacetat bzw. essigsaurer Kalk und Methylalkohol; der Laubholzteer hat geringere Bedeutung. Alle vier werden direkt in den Holzverkohlungsanlagen hergestellt, aber während das Calciumacetat bzw. die Essigsäure und der Methylalkohol einfache chemische Verbindungen sind, stellen Holzkohle und Teer komplizierte Gebilde dar, und besonders der letztere bildet ein Gemisch zahlreicher Körper, deren Isolierung bis heute noch nicht gelungen ist. Es entstehen bei der trockenen Destillation auch noch andere Produkte, die Handelswert besitzen, jedoch ist entweder ihre Menge so gering oder ihre Reindarstellung so schwierig, daß sie besser auf anderem Wege dargestellt werden, wie z. B. Aceton, Formaldehyd und Ameisensäure. Stickstoffhaltige Verbindungen finden sich nur in geringer Menge in den Destillationsprodukten.

Das zur Verkohlung kommende Holz enthält im allgemeinen immer eine gewisse Menge Wasser, das bei der trockenen Destillation zuerst erscheint, worauf das sog. Zersetzungswasser folgt, das Essigsäure, Methylalkohol, Aceton, Methylacetat, Ameisensäure und eine große Zahl anderer Verbindungen, sowie teerige Produkte enthält, letztere sowohl in Suspension als auch in Lösung.

Gleichzeitig werden in beträchtlicher Menge Gase erzeugt, die hauptsächlich aus Kohlendioxyd, Kohlenmonoxyd, Methan und ungesättigten Kohlenwasserstoffen bestehen.

Eine große Zahl Hölzer der verschiedensten Arten wurde im Laboratorium untersucht, um festzustellen, ob die erhaltenen Ausbeuten eine gewinnbringende Verarbeitung im Großbetrieb rechtfertigen würden.

Chorley und Ramsay[1]) untersuchten die Destillationsprodukte der Eiche, Buche und Erle. Tabelle 26 gibt die bei der Verkohlung von Eichenholz erhaltenen Resultate wieder.

Tabelle 26. Trockene Destillation von Eichenholz.

	1	2	3	4	5	6	7	8
Gewicht d. Holzes in Gramm	158,0	160,0	160,0	160,0	181,5	181,0	180,0	167,0
Holzkohle in %	32,9	30,0	29,69	31,25	30,58	33,7	25,00	24,55
Gesamtdestillat in % . .	55,7	58,1	60,56	58,75	59,87	56,35	59,44	58,69
Kohlendioxyd in % . . .	6,43	3,9[2])	6,75	7,50	6,50	6,40	8,05	9,58
Restgas aus d. Diff. in %	4,97	8,0	3,00	2,50	3,05	3,49	7,51	7,18
Gasvolumen nach Absorption des CO_2 in cm^3 . .	4010	6000	4350	4650	4300	4000	7500	7000
Zusammensetzung d. CO_2-freien Gases:								
Kohlendioxyd	63,35	76,2	83,03	81,79	91,82	92,25	71,01	70,77
Sauerstoff	5,5	1,5	2,91	1,72	—	—	—	—
Äthylen	—	—	—	—	—	—	}17,44	1,11
Methan	}29,15	}22,23	0,67	2,61	1,73	2,96		14,90
Stickstoff aus d. Diff. . .			13,39	13,88	6,25	4,89	11,55	13,32
Teer im Destillat in % des Holzes	7,72	8,12	7,93	8,12	8,09	7,69	10,00	9,58
Essigsäure in % d. Holzes	5,6	5,95	5,58	5,58	5,58	5,58	5,76	6,18
Methylalkohol in % d. Holz.	2,02	1,5	1,78	1,4	1,22	1,32	0,86	1,36
Maximaltemperatur °C . .	345	360	356,5	334	345	344	500	500

Acht Muster des Holzes, das 13,58 % Wasser enthielt, wurden geprüft. Die Ausbeuten, ausgedrückt in Prozenten des angewandten Holzes, betragen für Holzkohle ungefähr 30, für Essigsäure im Durchschnitt 5,6, für Methylalkohol 1,6, für Teer ca. 8 und für die Gase 9—11 % bei einer Höchsttemperatur von ungefähr 350° C. Bei Steigerung der Höchsttemperatur auf 500° C nahm die Ausbeute an Holzkohle ab, während die Teermenge und besonders die Gasmenge sich bedeutend vermehrte. Es wurde langsam geheizt, bis die Destillation begann, und der ganze Prozeß in 2—3 Stunden zu Ende geführt. Die bei der Verkohlung von Buche und Erle erhaltenen Daten sind in Tabelle 27 zusammengestellt.

Tabelle 27. Trockene Destillation von Buchen- und Erlenholz.

	Buche				Erle			
	1	2	3	4	1	2	3	4
Gewicht d. Holzes in Gramm	187	180	180	180	150	150	150	134
Holzkohle in %	34,22	33,33	27,77	26,66	34,66	34,66	25,33	25,37
Gesamtdestillat in % . .	53,47	58,33	59,44	59,33	54,66	54,00	60,00	59,70
Kohlendioxyd in % . . .	7,49	6,66	8,88	9,23	7,33	8,00	10,66	9,70
Restgas aus d. Diff. in %	4,82	1,68	3,91	4,78	3,35	3,34	4,01	5,23

[1]) J. Soc. Chem. Ind. Bd. 11, S. 395. 1892.

[2]) CO_2 nicht vollständig absorbiert.

Tabelle 27 (Fortsetzung).

	Buche				Erle			
	1	2	3	4	1	2	3	4
Gasvolumen nach Absorption des CO_2 in cm^3	5000	4500	6000	7200	4500	4000	7500	6000
Zusammensetzung des CO_2-freien Gases:								
Kohlendioxyd	87,36	88,88	79,13	73,14	77,35	84,61	64,01	73,47
Sauerstoff	1,11	1,24	0,43	1,02	2,87	1,65	2,15	1,52
Äthylen	—	keins	—	1,49	—	keins	—	1,59
Methan	4,15	9,39	10,93	18,71	4,77	4,32	8,72	20,11
Stickstoff aus d. Diff.	7,38	6,49	9,51	5,64	15,01	9,42	25,12	4,31
Teer im Destillat in % des Holzes	7,49	7,22	—	11,11	12,66	11,33	13,33	15,67
Essigsäure in % d. Holzes	6,02	5,37	6,05	6,54	5,71	5,76	6,29	5,90
Maximaltemperatur °C.	380	330	500 langsam	500 schnell	367	343	500	500

Das Buchenholz enthielt 11,6, das Erlenholz 11,64% Wasser. Die Ausbeute an Holzkohle ist für beide Hölzer etwas höher als die für Eiche, die an Essigsäure und Gasen ungefähr dieselbe.

Die Menge des Teeres aus Erle ist etwas höher als die aus Eiche und Buche erhaltene. Da die Methylalkoholzahlen nach einer Oxydationsmethode[1]) bestimmt wurden, die gegenüber der allgemein angewandten unwahrscheinlich hohe Werte ergab, sind sie in der Tabelle fortgelassen.

Hawley und Palmer[2]) und Palmer[3]) haben umfangreiche und interessante Versuche mit amerikanischen Laubhölzern angestellt, und zwar benutzten sie eine kleine zylindrische, eiserne Retorte, die sich in einem Ölbad, gefüllt mit Zylinderöl von hohem Entflammungspunkt, befand.

Abb. 10 gibt 2 Schnittzeichnungen des Apparates wieder. An den mit 1, 2, 3, 4 und 5 bezeichneten Punkten befanden sich Pyrometer. Die Erhitzung des Öles geschah durch eine Reihe Gasbrenner, deren Flammen hauptsächlich die eine Zylinderseite bestrichen und dadurch eine gute Zirkulation des Öles bewirkten. Verkohlt wurde Holz in seinen verschiedensten Formen, wie Kernholz, Schwarten, Äste usw. Da diese im Großbetriebe in stets wechselnden Verhältnissen für die Zusammenstellung einer Charge benutzt werden, ist es unmöglich, im Kleinen Zahlen zu erhalten, die denen des Großbetriebes entsprechen. Die Ausbeuten für die verschiedenen Formen des Holzes sind daher einzeln aufgeführt, so daß die Ausbeute für eine Charge, wenn man die einzelnen Mengen der verschiedenen Holzformen, aus denen sie zusammengestellt ist, kennt, leicht berechnet werden kann. Als Grundlage für einen Vergleich ist das Durchschnittsresultat für Kernholz als mittlerer Wert für jede Baumart genommen.

[1]) Kapitel XVII. [2]) U. S. Forest Service Bull. 129.
[3]) U. S. Forest Service Bull. 508.

Das Holz wurde quer zur Faser in Stücke von 6—8 Quadratzoll Stärke und 18 Zoll Länge geschnitten. Für die Wasserbestimmung dienten 6 einzöllige Abschnitte, jeder von einem anderen Stück genommen.

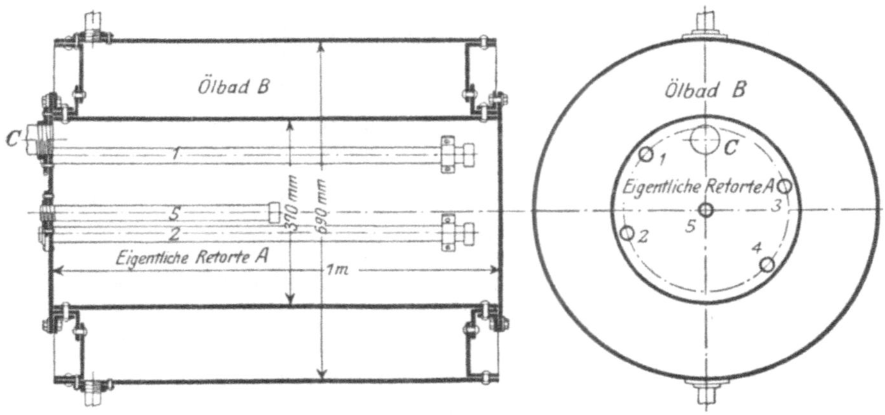

Abb. 10. Versuchsretorte.

Es wurde gefunden, daß das Pyrometer Nr. 1 die höchste, Pyrometer Nr. 5 die niedrigste Temperatur zeigte. Die Höchsttemperatur schwankte zwischen 327 und 415° C. Sie wurde unterhalb 260° C gehalten, bis das hygroskopische Wasser fast vollkommen ausgetrieben und die Temperatur in der Mitte der Retorte ungefähr auf 190° gestiegen war. Hierdurch wurde eine langsame Trocknung des Holzes erzielt, so daß alle Chargen bei Eintritt der eigentlichen trockenen Destillation denselben Wassergehalt besaßen. Zeit und Temperatur wurden nach jedem Liter bzw. halben Liter erhaltenem Destillat notiert; das Gesamtdestillat wurde analysiert. Die Wägung der Holzkohle fand statt, nachdem sie in der Retorte die Nacht über abgekühlt und vom verkokten Teer getrennt war. Die Menge des Gases wurde berechnet aus der Differenz, das Gas selbst nicht analysiert. Ein typisches Abtriebsbild zeigt Tabelle 28.

Tabelle 28. Verkohlung von Birkenschwarten mit 10—14% Rinde in einer Versuchsretorte.
Wirkliches Gewicht der Charge 69,86 lbs.
Trockengewicht der Charge 63,10 lbs.

Zeit	Temperatur Rohr Nr. 1 °C	Temperatur Rohr Nr. 5 °C	Gesamtdestillat cm³	Bemerkungen
13. Januar 4,30 nachmittags	—	20	—	Retorte beschickt, Heizgas halb angestellt
14. Januar 8,20 vormittags	234	180	3,200	Heizgas voll angestellt
10,00 „	280	220	4,200	

Tabelle 28 (Fortsetzung).

Zeit	Temperatur Rohr Nr. 1 °C	Temperatur Rohr Nr. 5 °C	Gesamt-destillat cm³	Bemerkungen
10,50 vormittags	303	246	5,700	
11,06 „	312	263	6,700	
11,16 „	317	278	7,700	
11,22 „	322	291	8,700	
11,27 „	329	305	9,700	
11,33 „	336	318	10,700	
11,40 „	342	325	11,700	Heizgas abgestellt
11,51 „	342	351	12,700	
12,00 mittags	344	370	13,200	
12,06 nachmittags	341	378	13,500	
12,11 „	339	379	—	Maximaltemperatur
12,15 „	337	376	—	
1,50 „	282	284	14,000	
15. Januar				
8,00 vormittags	—	50	14,200	

Gesamtdestillat = 32,83 lbs.

Tabelle 29. Ausbeuten an Methylalkohol und Essigsäure in Prozenten des ofentrockenen Verkohlungsmaterials.

Ausbeuten an Holzgeist (100%).

Art	Heimat	Kernholz %	Splintholz %	Durchschnitt Kern- u. Splintholz %	Andere Formen %
Buche	Indiana	1,95	1,79	1,87	Rinde 1,25 Splint 1,97
„	Pennsylvanien	2,23	2,09	2,16	
Birke	Wisconsin	1,45	1,55	1,50	
„	Pennsylvanien	1,62	1,59	1,605	
Ahorn	Wisconsin	1,94	1,91	1,93	Rinde 1,88
„	Pennsylvanien	1,94	1,78	1,86	
Eucalyptus. . .	Missouri	1,76	1,73	1,75	
Kastanie. . . .	New Jersey	0,90	0,87	0,89	Zweige 0,96
Hickorybaum. .	Indiana	—	—	—	
Weißeiche . . .	„	1,34	1,33	1,33	
„ . . .	Arkansas	1,33	1,46	1,39	
Tupelobaum . .	Missouri	1,56	1,86	1,86[1])	Zweige[1]) 1,64

Ausbeuten an Essigsäure (100%).

Art	Heimat	Kernholz %	Splintholz %	Durchschnitt Kern- u. Splintholz %	Andere Formen %
Buche	Indiana	5,56	6,18	5,87	Rinde 2,98 Splint 6,67
„	Pennsylvanien	5,77	6,21	5,99	
Birke	Wisconsin	6,71	6,88	6,80	
„	Pennsylvanien	6,19	6,10	6,15	
Ahorn	Wisconsin	5,42	5,11	5,24	Rinde 3,15
„	Pennsylvanien	5,66	5,44	5,55	

[1]) Kernholz ist nicht eingeschlossen in den Durchschnitt, da nur eine Destillation mit diesem Material gemacht ist.

Tabelle 29 (Fortsetzung).

Art	Heimat	Kern-holz %	Splint-holz %	Durch-schnitt Kern- u. Splintholz %	Andere Formen %
Eucalyptus. . .	Missouri	5,70	5,23	5,46	
Kastanie. . . .	New Jersey	5,50	5,26	5,38	Zweige 6,42
Hickorybaum. .	Indiana	—	—	—	
Weißeiche . . .	„	4,97	4,77	4,87	
„ . . .	Arkansas	4,23	4,35	4,29	
Tupelobaum . .	Missouri	4,49	5,19	5,19[1])	Zweige[1]) 5,64

Tabelle 29 gibt eine Übersicht der Ausbeuten an Rohmethyl (Methylalkohol, durch Spindelung bestimmt), Aceton und andere flüchtige Unreinigkeiten enthaltend (siehe Kapitel XVII), und Essigsäure für 8 verschiedene amerikanische Laubhölzer. Hiernach gibt Kastanie die geringste Ausbeute an Methylalkohol und Buche die höchste; Birke die höchste an Essigsäure und Eiche die niedrigste. Ahorn zeigt einen guten Durchschnitt für beide Werte. — Überraschend sind die Unterschiede in der Ausbeute zwischen Hölzern derselben Art, aber von verschiedenen Standorten. Hawley und Palmer fanden, daß die Ausbeute an Methylalkohol und Essigsäure aus Schwarten mit ungefähr 25% Rinde in den meisten Fällen nur wenig niedriger, in einigen Fällen aber sogar höher war als die aus Kernholz erhaltene.

Die Destillation von Buchenrinde erwies, daß die höheren Ausbeuten an Essigsäure aus Buchenschwarten nicht auf dem Gehalt an Rinde, sondern auf dem des Splintholzes beruhten. Diese sind hoch genug, um die geringeren Ausbeuten der Rinde auszugleichen. So kommt es, daß Buchenschwarten mit 13% Rinde mehr Essigsäure lieferten als das Kernholz. Dieselben oder höhere Ausbeuten an Essigsäure wurden aus Birken und Tupeloschwarten *(Nyssa tomentosa)*, sowie aus Kastanien- und Tupeloästen, im Vergleich zu Kernholz, erhalten, wahrscheinlich aus gleicher Ursache. An Holzgeist liefert die Rinde der Birke bedeutend weniger als Kern und Splint. Ebenso verhalten sich Buchenschwarten. Anders liegen die Verhältnisse bei dem Ahorn, aus dessen Rinde sich ungefähr ebensoviel Holzgeist gewinnen läßt wie aus dem Kernholz, daher denn auch Ahornschwarten verhältnismäßig hohe Ausbeuten geben. Das Ausbringen an Methylalkohol, Gesamtteer und Holzkohle für die in Tabelle 29 aufgezählten Holzarten zeigt Tabelle 30.

Wie man sieht, liefert Kastanie den höchsten Prozentgehalt an Holzkohle, jedoch den niedrigsten an Methylalkohol und Teer. Bei Hickory liegen die Verhältnisse umgekehrt.

[1]) Kernholz ist nicht eingeschlossen in den Durchschnitt, da nur eine Destillation mit diesem Material gemacht ist.

Tabelle 30. Durchschnittsausbeuten an Methylalkohol, Gesamtteer und Holzkohle aus dem Kernholz verschiedener Holzarten in Gewichtsprozenten des absolut trockenen Verkohlungsmaterials.

Holzart	Methylalkohol %	Ges.-Teer %	Holzkohle %	Holzart	Methylalkohol %	Ges.-Teer %	Holzkohle %
Hickory . .	2,08	13,0	37,7	Tupelobaum	1,56	10,6	44,1
Buche . . .	2,08	9,4	41,9	Birke. . . .	1,53	12,0	40,6
Ahorn . . .	1,94	12,8	40,6	Eiche . . .	1,34	7,8	45,7
Eucalyptus.	1,76	11,7	38,6	Kastanie. .	0,90	4,6	47,6

In Tabelle 31 sind die Resultate für 11 Arten amerikanischer Laubhölzer zusammengestellt, wobei bemerkt werden soll, daß die Sumpfeiche (Louisiana) ein Gemisch der verschiedensten Eichen darstellte, wie sie in den dortigen Sümpfen vergesellschaftet vorkommen. Zum Vergleich sind die Resultate der drei amerikanischen Normalarten: Buche, Birke und Ahorn herangezogen.

Die Ausbeuten an Methylalkohol aus Floridaahorn (*Acer saccharinum*), gelbknospiger Ulme (*Ulmus pubescens*), amerikanischer Ulme (*Ulmus americana*) und Schwarzesche (*Fraxinus nigra*) sind ungefähr die gleichen wie die der Buche und des Ahorns, während die Ausbeuten an Essigsäure aus Gerbereiche (*Quercus pedunculata*), amerikanischer Ulme (*Ulmus americana*), Floridaahorn (*Acer sacharinum*, Kernholz) und californischer Eiche (*Quercus california*, Äste) mit denen der Birke übereinstimmen und größer sind als die des Ahorn und der Buche. Das Kernholz der Ulme, des Floridaahorns, der grünen, blauen und gelben Esche sowie der Sumpfeiche lieferte mehr Methylalkohol als die Schwarten. Umgekehrt verhielt sich die Schwarzesche, Kastanieneiche und Eucalyptus. — Die Tatsache, daß Splintholz mehr Essigsäure ergibt als Kernholz, wurde wieder beobachtet bei der Kastanieneiche, bei der amerikanischen Ulme und dem Eucalyptus bei der trockenen Destillation ihrer Schwarten. Besonders das Holz der californischen Eiche, das fast nur aus Splintholz bestand, zeigte einen außerordentlich hohen Wert. Floridaahorn hingegen ließ mehr Essigsäure aus dem Kern als aus dem Splint gewinnen.

Interessant sind die Versuche von Sudborough und seinen Mitarbeitern[1]) mit indischen Hölzern. Die Arbeiten wurden unternommen in der Absicht, die indischen Waldbäume hinsichtlich ihrer Verwendbarkeit als Rohmaterial für die trockene Destillation zu klassifizieren. Indien mit seinem natürlichen Reichtum an Pflanzen sollte in der Lage sein, seinen eigenen Bedarf an Holzdestillationsprodukten zu decken, wobei auch hier das Problem der Verwertung der Holzabfälle wie in anderen Ländern noch seiner Lösung zugeführt werden muß.

[1]) J. Ind. Inst. Sci. Bd. 2, S. 107; Bd. 3, S. 281.

Tabelle 31. Ausbeuten an Methylalkohol und Essigsäure in Gewichtsprozenten des ofentrockenen Verkohlungsmaterials.

Holzart	Heimat	Rohholzgeist 100 %			Gesamt-Essigsäure		
		Kernholz %	Splintholz %	Durchschnitt Kern- und Splintholz %	Kernholz %	Splintholz %	Durchschnitt Kern- und Splintholz %
Buche	Indiana	1,95	1,79	1,87	5,56	6,18	5,87
Birke	Wisconsin	1,45	1,55	1,50	6,71	6,88	6,80
Ahorn	,,	1,94	1,91	1,93	5,42	5,11	5,26
Ulme, amerik. .	Pennsylvan.	2,12	1,68	1,90	6,39	6,61[1])	6,50
,, gelbknosp.	Wisconsin	2,03	1,79	1,91	5,77	5,53	5,65
Floridaahorn . .	,,	1,89	1,77	1,83	6,30	5,31	5,81
Grüne, blaue u. gelbe Esche .	Tennessee u. Missouri	1,91	1,43	1,67	4,64	4,14	4,39
Schwarzesche . .	Wisconsin	1,79	2,04	1,91	5,65	5,16	5,40
Grünesche . . .	Missouri	—	—	2,02[2])	—	—	4,51[2])
Kastanieneiche[3])	Tennessee	1,22	1,30	1,27	4,88	4,91	4,90
Gerbereiche . .	Californien	1,72	—	—	6,89	—	—
Schwarzeiche . .	,,	—	1,53	1,66[2])	—	6,01	6,76[2])
Sumpfeiche. . .	Louisiana	1,50	1,31	1,40	4,90	5,43	5,16
Eucalyptus. . .	Californien	1,33	1,68	1,50	4,58	5,31	4,94

Tabelle 32a gibt eine Übersicht über die Untersuchungsresultate von 46 indischen Hölzern, hauptsächlich aus dem Mysorestaat, Tabelle 32b für 8 Arten Holz aus Baroda. Alle Zahlen beziehen sich auf Holz mit einem Wassergehalt von 15%.

Tabelle 32a. Ausbeuten, erhalten bei der trockenen Destillation einiger indischer Hölzer.

Botanischer Name	Einheimischer Name	H_2O-Gehalt	Gesamtdestillat	Kohle	Gas	Essigsäure	Methylalkohol	Teer
1. *Acacia catechu*	Tari	21,8	34,5	38,8	26,7	2,32	1,10	5,0
2. *Adina cordifolia*	Zettiga . . .	19,1	50,9	30,5	18,7	2,67	1,46	8,4
3. *Albizzia amara*.	Chujjlu . . .	8,7	43,7	27,8	28,5	2,06	1,09	6,7
4. *Anogeissus latifolia* . . .	Dindiga . .	16,8	46,6	34,4	18,9	3,60	1,28	8,2
5. *Anthocephalus cadamba* .	Kadvala . .	16,2	43,2	36,2	23,6	2,57	1,50	7,0
6. *Bassia latifolia*.	Hippe . . .	9,3	47,2	31,4	21,4	2,59	0,96	6,3
7. *B. malabarica*	Huli Nelli .	36,0	47,3	34,3	8,4	2,59	1,77	7,0
8. *Bauhinia racemosa* . . .	Kanchavala .	11,0	48,6	37,6	13,8	3,19	1,08	8,5
9. *Bridelia retusa*	Goji	10,7	47,0	35,8	16,9	2,65	1,02	5,6
10. *Buchanania latifolia* . .	Murki . . .	10,0	44,1	34,8	21,2	3,01	1,22	8,9
11. *Careya arborea*	Kawalu . .	13,0	46,6	36,0	17,4	2,84	1,21	6,8
12. *Cassia fistula*	Kakke . . .	11,0	45,1	37,0	17,9	2,88	1,33	9,3
13. *Casuarina equisetifolia* (alt) .	Casuarina .	24,0	44,6	31,3	24,0	4,12	1,29	6,9
14. ,, ,, (jung)	,, .	32,4	43,6	32,9	23,4	3,35	1,42	7,7
15. *Chloroxylon swietenia* .	Huragalu . .	6,3	45,2	31,6	23,0	2,22	1,12	10,2

[1]) $^1/_3$ des Musters bestand aus entrindetem Splint.

[2]) Zweige oder Äste.

[3]) In diesem Falle ist der Durchschnitt nicht gleich dem Mittel, da mehr Chargen Schwarten als Kernholz verkohlt wurden.

Tabelle 32a (Fortsetzung).

Botanischer Name	Einheimischer Name	H_2O Gehalt	Gesamtdestillat	Kohle	Gas	Essigsäure	Methylalkohol	Teer
16. *Dalbergia latifolia* . . .	Beete . . .	16,1	47,3	34,5	18,1	2,56	1,88	11,1
17. *Dillenia pentagyna* . . .	Kanagal . .	16,8	46,2	35,6	18,2	3,18	1,26	7,0
18. *Diospyros tupru*	Thumare . .	15,8	41,0	35,7	23,3	2,52	1,30	5,8
19. *Elaeodendron glaucum* .	Mukarthy . .	4,1	50,3	31,7	18,1	3,80	1,22	8,4
20. *Eucalyptus globulus*. . .		18,1	47,3	27,2	25,5	3,36	1,39	5,4
21. *Eugenia jambolana* . . .	Nerlu . . .	21,4	41,1	34,7	24,2	2,70	1,01	5,8
22. *Garuga pinnata*	Godda . . .	32,0	44,0	36,0	20,0	4,20	1,94	7,1
23. *Gmelina arborea*	Shiwane . .	11,0	50,7	30,0	19,3	2,71	1,04	7,3
24. *Grewia tiliaefolia*	Thadasal . .	17,5	47,7	33,3	19,1	2,72	1,61	7,2
25. *Holarrhena antidysentrica*	Kodasiga . .	10,4	47,7	31,7	20,6	2,11	1,07	4,8
26. *Holoptelia integrifolia* .	Thapasi . .	6,4	42,8	33,6	23,5	2,33	1,05	7,0
27. *Ixora parviflora*	Gorvi . . .	10,3	45,4	32,3	22,3	2,93	1,07	7,3
28. *Lagerstroemia lanceolata* .	Nandi . . .	22,0	42,4	39,2	18,4	2,69	1,18	6,3
29. *L. parviflora*.	Channangi .	10,5	48,7	31,9	19,4	2,22	0,72	6,8
30. *Mangifera indica* . . .	Mavu . . .	8,8	45,2	32,7	22,1	2,34	1,42	7,5
31. *Phyllanthus emblica* . .	Nelli	17,0	48,0	34,3	17,7	3,00	1,29	5,8
32. *Pongamia glabra*	Honge . . .	5,8	49,2	30,5	20,3	3,48	1,27	7,8
33. *Pterocarpus marsupium* .	Honne . . .	26,1	39,3	35,3	25,3	2,76	1,44	6,3
34. *Saccopetalum tomentosum*	Oobaloo . .	7,0	46,6	27,2	26,2	2,19	1,01	5,7
35. *Schleichera trijuga* . . .	Kendala . .	16,5	48,8	34,0	17,2	2,56	1,61	8,1
36. *Shorea talura*	Jalari . . .	18,1	50,1	38,0	11,9	3,05	1,18	6,2
37. *Stereospermum suaveolens*	Padri . . .	15,0	49,8	30,9	19,3	3,06	1,84	10,0
38. *Tamarindus indica* . . .	Hunse . . .	13,4	46,3	31,9	21,9	3,36	1,61	10,8
39. *Tectona grandis*	Teak	19,5	51,5	33,0	15,4	2,99	1,42	9,4
40. *Terminalia belerica* . .	Tari	12,4	47,5	28,1	24,3	2,62	1,51	6,6
41. *T. paniculata*	Honnal . . .	16,1	44,8	38,3	17,9	2,50	0,91	5,9
42. *T. tomentosa*	Matti . . .	20,8	39,2	38,8	28,1	2,23	1,13	4,9
43. *Vitex altissima*	Navaladi . .	8,0	43,4	34,2	22,4	2,37	1,12	8,4
44. *Xylia dolabriformis* . .	Jambe . . .	11,2	42,6	40,2	17,2	2,35	1,12	4,7
45. *Zizyphus xylopyrus*. . .	Chetta . . .	13,9	44,8	36,5	18,7	2,97	1,15	7,8
46. ,, ,, . . .	,, . . .	7,8	50,4	33,2	16,4	3,14	1,12	8,6

Ganz allgemein kann man sagen, daß die indischen Hölzer den besten europäischen und amerikanischen Laubhölzern in bezug auf Essigsäure-

Tabelle 32b. Ausbeuten, erhalten bei der trockenen Destillation einiger indischer Hölzer.

Botanischer Name	Einheimischer Name	H_2O-Gehalt	Gesamtdestillat	Kohle	Gas	Essigsäure	Methylalkohol	Teer
1. *Anogeissus latifolia*. .	Dhando .	13,7	47,3	36,4	16,3	2,80	1,28	6,7
2. *Acacia ferruginea* . .		12,5	49,5	34,0	17,5	2,52	1,21	4,3
3. *Adina cordifolia* . . .	Haladnan	20,0	47,5	31,6	20,9	2,72	1,46	6,4
4. *Terminalia tomentosa* .	Sadedo .	11,4	43,6	33,9	22,5	2,45	1,07	4,6
5. *Dalbergia latifolia* . .	Sisam . .	11,4	48,2	38,4	13,4	2,23	1,40	10,1
6. *Stephegyne parvifolia* .	Kalan . .	12,2	43,4	30,6	26,0	2,21	1,27	11,5
7. *Tectona grandis* . . .	Sag . . .	12,0	40,3	29,3	30,4	2,19	0,90	7,3
8. *Acacia catechu*. . . .	Khair . .	13,6	44,1	39,0	16,9	2,08	1,03	5,9

und Methylalkoholausbeuten nachstehen mit Ausnahme von einem, Godda *(Garuga pinnata)* genannt, das mit 1,94% Methyl und 4,2% Essigsäure den besten Laubhölzern gleichwertig ist.

Von ebenso großem Interesse sind die Resultate, welche Sudborough bei der Verkohlung verschiedener Abfallprodukte Indiens erhielt, unter anderen Cocosnußschalen, Wattle-Holzabfällen, Myrobalanen und Bambus. Ausgedehnte Wälder der *Acacia decurrens*, dem sog. Wattleholz, im Nilgiri werden zwecks Gewinnung von Gerberrinde ausgebeutet und man schätzt das zurückbleibende Holz auf ungefähr 200000 Tonnen pro Jahr. Wir werden sehen, daß die Ausbeuten denen der normalen Laubhölzer ähneln und es könnte das Holz bei den großen Mengen, die zur Verfügung stehen, sehr wohl für die trockene Destillation ausgenutzt werden.

Tabelle 32c. Ausbeuten, erhalten bei der trockenen Destillation einiger indischer Abfall- und Pflanzenprodukte.

Botanischer Name	Einheimischer Name	H_2O-Gehalt	Gesamtdestillat	Kohle	Gas	Essigsäure	Methylalkohol	Teer
Pinus longifolia	Chir	6,8	61,5	24,3	14,2	1,45	0,34	30,4
Cocos nucifera	Cocosnußschalen	7,6	46,4	35,2	18,4	5,79	1,12	5,8
Acacia decurrens	Wattle	27,1	44,0	33,5	22,5	4,99	1,68	6,2
,, ,,	,,	7,7	53,3	29,5	17,2	5,13	1,21	9,0
Phragmites	Schilf	8,5	40,0	36,2	23,8	3,55	0,55	5,2
Terminalia chebula	Myrobalanen	10,6	44,7	38,7	16,6	4,03	0,76	6,6
Poinciana regia		9,0	40,2	36,4	23,4	3,79	1,02	6,0
	Bambus	12,8	44,9	35,1	20,0	3,69	1,40	6,7

Ein anderes wichtiges Abfallmaterial stellen die Cocosnußschalen dar. Sie bilden ein Nebenprodukt der Kopraindustrie und stehen hauptsächlich in Südwestindien in gewaltiger Menge zur Verfügung, wo sie meist als Brennmaterial benutzt werden. Ihre Menge beläuft sich schätzungsweise auf ungefähr 25000 Tonnen pro Jahr. Leider ist die Kopraindustrie über ausgedehnte Landflächen verstreut, so daß das Zusammenbringen und der Transport genügender Massen ein ziemlich schwieriges Problem ist. Nach Tabelle 32c sind die Ausbeuten sehr ermutigend, besonders ist die der Essigsäure bemerkenswert. Zu gleich günstigem Resultat gelangt Wells[1]), der folgende Zahlen findet, berechnet auf absolut trockene Cocosnußschalen:

Gesamtdestillat	41,3%	Höchsttemperatur bei der Verkohlung 550°
Absatzteer	6,9%	
Gelöster Teer	3,2%	
Gase	16,2%	
Holzkohle	32,5%	
Essigsäure	6,31%	
Methylalkohol	1,0%	

[1]) Phil. J. Sci. A. Bd. 12, S. 117. 1917.

Auch große Mengen Bambus stehen in Indien zur Verfügung, jedoch sind die Verkohlungsresultate nicht so gut wie die von Wattleholz. Das gleiche gilt von Myrobalanen.

Auf verschiedenen Cocos- und Kautschukplantagen Ceylons sind kleine Verkohlungsanlagen in Betrieb, welche aus den Cocosnußschalen Essigsäure herstellen, die in ausgedehntem Maße zur Koagulation des Latex[1]) gebraucht wird. Das aus dem Teer erhaltene Rohkreosot wird ebenfalls zur Herstellung des Kautschuks verwendet.

Ein anderes Erzeugnis des indischen Waldes, das erfolgreiche Anwendung in der Kautschukindustrie gefunden hat, ist Vera- oder Veraiholz *(Hemicyclia sepiaria)*, ein kleiner Baum oder Strauch, der in den trockenen Wäldern des Nordens und des nördlichen Zentrums von Ceylon in ungeheueren Mengen vorkommt und in manchen Bezirken mehr als 60% der Wälder ausmacht[2]). Der bei der Verkohlung gewonnene Holzessig enthält ungefähr 4—5% Essigsäure und wird zur Herstellung von gewöhnlichen, dunkel gefärbten Kautschuksorten benutzt, der destillierte Essig hingegen findet für die Crêpesorten Verwendung.

Tabelle 33a.
Ausbeuten, erhalten bei der trockenen Destillation von Wattleholz.

	I		II		III		Durchschnitt aus I und II	
Dauer der Verkohlung Gewicht des Holzes .	4 Stunden 4 lbs.		$4^1/_2$ Stunden 4 lbs.		7 Stunden 4 lbs.			
Produkte	Gew. %	Holz %	Gew. %	Holz %	Gew. %	Holz %	Gew. %	Holz %
Holzkohle	—	28,8	—	25,8	—	28,1	—	27,3
Roher Holzessig . . .	—	48,6	—	47,9	—	46,5	—	48,3
Im rohen Holzessig: Essigsäure .	9,8	4,8	9,5	4,6	8,9	4,1	9,7	4,7
Im rohen Holzessig: Methylalkohol . .	2,56	1,26	2,45	1,17	2,60	1,21	2,52	1,21
Im rohen Holzessig: Aceton . .	0,50	0,24	0,49	0,24	0,62	0,29	0,50	0,24
Im rohen Holzessig: gelöster Teer . . .	11,6	5,7	11,7	5,6	10,9	5,1	11,7	5,7
Absatzteer	—	5,8	—	6,2	—	5,2	—	6,0
Essigsäure im Absatzteer	6,0	0,35	5,8	0,36	6,0	0,31	5,9	0,36
Gesamtteer	—	11,5	—	11,8	—	10,3	—	11,7
Gesamtessigsäure . .	—	5,2	—	5,0	—	4,4	—	5,1

Mit schwarzem Wattle- und Olivenholz wurden vom Imperial-Institut des Britischen Ostafrikanischen Protektorates[3]) im kleinen Maßstabe Versuche angestellt, deren Ergebnis sich in den Tabellen 33a und 33b findet.

[1]) Siehe E. P. 11615. 1915.
[2]) Bull. Imp. Inst. Bd. 14, 4, S. 569.
[3]) Ebenda S. 571.

Tabelle 33b.
Ausbeuten, erhalten bei der trockenen Destillation von Olivenholz.

Dauer d. Verkohlung / Gewicht des Holzes	I 4 1/2 Stunde 6 lbs.		II 5 3/4 Stunde 6 lbs.		III 7 Stunden 4 lbs.		IV 5 1/2 Stunde 6 lbs.		Durchschnitt	
Produkte	Gew. %	Holz %	Gew. %	Holz %	Gew. %	Holz %	Gew. %	Holz %	Gew. %	Holz %
Holzkohle	—	28,6	—	30,7	—	27,0	—	28,1	—	28,6
Roher Holzessig	—	46,4	—	46,1	—	47,2	—	46,4	—	46,5
Im rohen Holzessig: Essigsäure	6,6	3,0	6,7	3,1	5,9	2,8	6,2	2,9	6,4	3,0
Im rohen Holzessig: Methylalkohol	3,52	1,63	3,56	1,64	—	—	—	—	3,54	1,64
Im rohen Holzessig: Aceton	0,39	0,18	0,47	0,22	—	—	—	—	0,43	0,20
Im rohen Holzessig: gelöster Teer	8,5	4,0	7,4	3,4	8,4	3,9	6,8	3,2	7,8	3,6
Absatzteer	—	7,8	—	7,4	—	7,2	—	7,2	—	7,4
Essigsäure im Absatzteer	4,2	0,33	4,5	0,33	—	—	—	—	4,4	0,33
Gesamtteer	—	11,8	—	10,8	—	11,1	—	10,4	—	11,0
Gesamtessigsäure	—	3,3	—	3,4	—	—	—	—	—	3,4

Wassergehalt des Holzes 13,8%.

Tabelle 33c. Ausbeuten, erhalten bei der trockenen Destillation von Eichen- und Kiefernholz.

Dauer der Verkohlung / Gewicht des Holzes	Eiche I 4 Stunden 4 lbs.		Eiche II 3 Stunden 3 lbs.		Eiche Durchschnitt		Kiefer 3 1/2 Stunden 3 lbs.	
Produkte	Gew. %	Holz %	Gew. %	Holz %	Gew. %	Holz %	Gew. %	Holz %
Holzkohle	—	25,0	—	25,0	—	25,0	—	29,2
Roher Holzessig	—	53,4	—	54,4	—	53,9	—	40,1
Im rohen Holzessig: Essigsäure	8,1	4,3	8,3	4,5	8,2	4,4	5,5	2,2
Im rohen Holzessig: Methylalkohol	1,94	1,04	2,00	1,08	1,97	1,06	1,57	0,63
Im rohen Holzessig: Aceton	0,45	0,24	0,45	0,25	0,45	0,25	0,67	0,27
Im rohen Holzessig: gelöster Teer	10,3	5,5	11,0	6,0	10,7	5.8	12,7	5,1
Absatzteer	—	5,8	—	7,0	—	6,4	—	12,9
Essigsäure im Absatzteer	4,9	0,29	5,5	0,39	5,2	0,35	2,3	0,30
Gesamtteer	—	11,3	—	13,0	—	12,2	—	18,0
Gesamtessigsäure	—	4,6	—	4,9	—	4,8	—	2,5

Die Tabellen 33c und 33d enthalten dagegen die Vergleichszahlen für Eiche und Kiefer.

Wie zu erwarten war, erwiesen sich Wattle- und Olivenholz als typische Harthölzer, ja es zeigte sich, daß Wattleholz zwar der Eiche überlegen ist, aber ebenso wie Olivenholz nicht mit Buche, Birke und Ahorn konkurrieren kann (vgl. Tabellen 29, 30 und 31).

Tabelle 33d. Vergleichende Zusammenstellung der Ausbeuten aus Eichen-, Kiefern-, Wattle- und Olivenholz.

	Eiche %	Kiefer %	Wattle %	Olive %
Holzkohle	25	29	27	29
Essigsäure	4,4	2,2	4,7	3,0
Methylalkohol	1,1	0,6	1,2	1,2
Absatzteer	6,4	12,9	6,0	7,4

Was die Ausnutzung des Ostafrikanischen Wattleholzes betrifft, so gilt dasselbe, was vorher über die indischen Verhältnisse gesagt wurde.

Tabelle 34. Durchschnittsausbeuten in engl. lbs. an Holzessig, Holzkohle und Teer bezogen auf 1 Cord verschiedener Hölzer.

Holzessig abzüglich des H_2O-Gehaltes des Holzes.

Holzart	Heimat	Kernholz lbs.	Schwarten lbs.	Durchschnitt v. K. u. Schwart. lbs.	andere Holzteile lbs.
Buche	Indiana	1062	1165	1113	Splintholz 1149
„	Pennsylvanien	1180	1158	1169	
Birke	Wisconsin	1152	1159	1156	
„	Pennsylvanien	1249	1135	1192	
Ahorn	Wisconsin	1120	1061	1145	
„	Pennsylvanien	1125	1164	1145	
Eucalyptus	Missouri	1098	917	1005	
Kastanie	New Jersey	790	644	716	Äste 714
Hickorybaum	Indiana	—	—	—	
Weißeiche	„	1230	1170	1200	
„	Arkansas	1155	1120	1135	
Tupelobaum	Missouri	1081	1065	1073	Äste 1049
		Holzkohle			
Buche	Indiana	1417	1297	1357	Splintholz 1470
„	Pennsylvanien	1335	1383	1359	
Birke	Wisconsin	1315	1284	1300	
„	Pennsylvanien	1228	1300	1265	
Ahorn	Wisconsin	1341	1515	1344	
„	Pennsylvanien	1352	1268	1310	
Eucalyptus	Missouri	1058	1360	1210	
Kastanie	New Jersey	1041	1160	1102	Äste 1061
Hickorybaum	Indiana	—	—	—	
Weißeiche	„	1858	1892	1875	
„	Arkansas	1580	1734	1654	
Tupelobaum	Missouri	1400	1405	1402	Äste 1320
		Gesamtteer			
Buche	Indiana	319	349	332	Splintholz 250
„	Pennsylvanien	299	359	329	
Birke	Wisconsin	325	285	307	
„	Pennsylvanien	426	347	385	
Ahorn	Wisconsin	418	310	450	
„	Pennsylvanien	422	416	418	

Tabelle 34 (Fortsetzung).

Holzart	Heimat	Kernholz lbs.	Schwarten lbs.	Durchschnitt v. K. u. Schwart. lbs.	andere Holzteile lbs.	
		Gesamtteer				
Eucalyptus .	Missouri . . .	336	215	276		
Kastanie . .	New Jersey .	102	80	91	Äste	173
Hickory . .	Indiana . . .	—	—	—		
Weißeiche .	,, . . .	237	173	203		
,, .	Arkansas. . .	349	327	338		
Tupelobaum .	Missouri . . .	348	370	364	Äste	447

Hawley und Palmer haben ihre in Laboratoriumsversuchen gefundenen Zahlen auf die Verhältnisse des Großbetriebes umgerechnet unter Benutzung des Cords als Einheit. Die erhaltenen Produkte sind nicht als Essigsäure und Methylalkohol angegeben, sondern als Graukalk, d. i, als Calciumacetat, welches 80% reines Salz enthält, und als 82%iger roher Holzgeist, wie er besonders in Amerika gehandelt wird. Für die Zwecke der Umrechnung der in den Tabellen 29, 30 und 31 enthaltenen Werte auf Pfunde 80%igen Graukalks und Gallonen 82%igen rohen Holzgeistes pro Cord wurde das letztere gleichgesetzt mit 90 Kubikfuß[1]) solidem Holzkörper mit der Dichte (Durchschnittsgewicht pro Kubikfuß), wie sie von Snow: „The Principal Species of Wood", angegeben wird.

Aus Gründen, wie sie schon im Kapitel III ausführlich dargelegt sind, ist es natürlich nicht möglich, dergleichen Umrechnungen so exakt vorzunehmen, daß die Zahlen mit den im Großbetriebe erhaltenen in jeder Hinsicht übereinstimmen. Trotzdem sind sie von Wert, wenn es sich darum handelt, die untersuchten Holzarten unter sich zu vergleichen.

Aus Tabelle 34 können die Durchschnittsausbeuten pro Cord an Rohholzessig (abzüglich des Wassergehaltes des Holzes), Holzkohle und Teer für Buche, Birke, Ahorn, Eucalyptus, Kastanie, Hickory, amerikanische Eiche und Tupelo entnommen werden, aus Tabelle 35 diese für amerikanische Ulme, Rotulme, Floridaahorn, grüne, blaue, gelbe und schwarze Esche, Kastanieneiche, Gerbereiche, Schwarzeiche, Sumpfeiche und Eucalyptus. Die Ausbeuten für Buche, Birke und Ahorn sind des Vergleichs wegen nochmals aufgeführt.

Tabelle 36 gibt die Ausbeuten an 82%igem Rohholzgeist[2]) und 80%igem Kalkacetat für die Buche- Tupelo- und Tabelle 37 diejenigen für die amerikanische Ulme-Eucalyptus-Serie.

[1]) Eine Angabe, die entschieden zu hoch ist (siehe Kapitel III).

[2]) U. S.-Gallone = 0,833 Imperial-Gallone = 3,785 Liter.

Tabelle 35. Durchschnittliche Ausbeuten an

Holzart	Heimat	Rohholzessig (berechnet auf ofentrockenes Holz) Kernholz lbs.	Schwarten lbs.	Durchschnitt von Kernholz und Schwarten lbs.
Buche	Indiana	1062	1165	1113,5
Birke	Wisconsin	1152	1159	1155,5
Ahorn	„	1120	1061	1090,5
Ulme, amerik.	Pennsylvanien	946	997	971,5
„ gelbknospige	Wisconsin	984	913	948,5
Floridaahorn	„	920	809	864,5
Grüne, blaue u. gelbe Esche	Tennessee und Missouri	1162	990	1076
Schwarzesche	Wisconsin	1070	1040	1055
Grünesche	Missouri	—	—	1045[1])
Kastanieneiche	Tennessee	1280	1072	1176
Gerbereiche	Californien	1315	—	—
Schwarzeiche	„	—	1125	1420[1])
Sumpfeiche	Louisiana	1089	1024	1056,5
Eucalyptus	Californien	1405	1500	1452,5

Interessant sind die Vergleichszahlen, die man erhält, wenn man die Durchschnittsausbeuten von Buche, Birke und Ahorn = 316 lbs. Acetat und 10,63 galls pro Cord als 100% setzt und die Ausbeuten der übrigen Hölzer der oben erwähnten Serie in ein entsprechendes Verhält-

Tabelle 36. Ausbeuten an handelsüblichem Methylalkohol und essigsaurem Kalk aus verschiedenen Holzarten pro Cord.

Ausbeute an Methylalkohol (82%).

Holzart	Heimat	Kernholz Gals.	Schwarten Gals.	Durchschnitt Kern und Schwarten Gals.	Andere Holzteile
Buche	Indiana	11,8	10,9	11,4	Splintholz 11,9
„	Pennsylvan.	13,5	12,6	13,15	
Birke	Wisconsin	8,3	8,9	8,6	
„	Pennsylvan.	9,3	9,1	9,2	
Ahorn	Wisconsin	11,8	11,6	11,7	
„	Pennsylvan.	11,85	10,7	11,3	
Eucalyptus	Missouri	9,4	9,2	9,3	
Kastanie	New Jersey	3,7	3,6	3,6	Äste 3,9
Hickory	Indiana	—	—	—	
Weißeiche	„	9,2	9,2	9,2	
„	Arkansas	9,2	10,1	9,65	
Tupelobaum	Missouri	8,75[2])	10,4	9,1	Äste 9,2

[1]) Zweige und Äste. [2]) Einzelne unkontrollierte Bestimmung.

Rohholzessig, Teer und Holzkohle im Cord.

Holzkohle			Teer			Gewicht des Cords
Kernholz lbs.	Schwarten lbs.	Durchschnitt von Kernholz und Schwarten lbs.	Kernholz lbs.	Schwarten lbs.	Durchschnitt von Kernholz und Schwarten lbs.	lbs.
1417	1297	1357	319	349	334	3785
1315	1284	1299,5	325	285	305	3875
1341	1515	1428	418	310	364	3600
1065	1055	1060	322	295	309	3060
1180	1275	1228	279	205	242	3330
1030	1115	1072	302	201	252	2880
1410	1575	1492	390	270	330	3960
1162	1234	1198	348	276	312	3510
—	—	1388[1])	—	346[1])	—	3960
1425	1685	1555	368	316	342	4140
1330	—	—	318	—	—	4068
—	1389	1640[1])	—	333	413[1])	3800 4650[1])
1598	1630	1614	251	307	279	3960
2065	1900	1982	166	377	271	4950

nis bringt. Die Tabellen 38 und 39 enthalten eine solche Zusammenstellung.

Bei ihrer Betrachtung fällt auf, daß die so in Abhängigkeit von einer fiktiven Standardausbeute gebrachten Holzarten ganz andere Verhält-

Tabelle 36. Ausbeuten an handelsüblichem Methylalkohol und essigsaurem Kalk aus verschiedenen Holzarten pro Cord.

Ausbeute an essigsaurem Kalk (80 $^0/_0$).

Holzart	Heimat	Kernholz lbs.	Schwarten lbs.	Durchschnitt Kern u. Schwarten lbs.	Andere Holzteile	Gew. pro Cord 15 $^0/_0$ Wassergehalt lbs.
Buche	Indiana	301	335	318	Splintholz 361	3785
,, ...	Pennsylvan.	313	337	325		3785
Birke	Wisconsin	346	355	350		3600
,, ...	Pennsylvan.	319	314	316		3600
Ahorn	Wisconsin	301	284	293		3875
,, ...	Pennsylvan.	314	302	308		3875
Eucalyptus . .	Missouri	269	247	258		3300
Kastanie . . .	New Jersey	198	190	194	Äste 232	2520
Hickory . . .	Indiana	—	—	—		4590
Weißeiche . .	,,	308	295	301		4320
,, . .	Arkansas	262	269	265		4320
Tupelobaum. .	Missouri	226	260	243	Äste 283	3510

[1]) Einzelne, unkontrollierte Bestimmung.

Tabelle 37. Ausbeuten an handelsüblichem Methylalkohol und essigsaurem Kalk pro Cord.

Holzart	Heimat	Alkoholausbeute (82%)			Ausbeute an essigsaurem Kalk (80%)			
		Kernholz Gals.	Schwarten Gals.	Durchschnitt Kern u. Schwarten Gals.	Kernholz Pds.	Schwarten Pds.	Durchschnitt Kern u. Schwarten Pds.	Gew. pro Cord 15% Wassergehalt Pds.
Buche	Indiana	11,8	10,9	11,4	301	335	318	3785
Birke	Wisconsin	8,3	8,9	8,6	346	355	351	3600
Ahorn	,,	11,8	11,6	11,7	301	284	293	3875
Ulme, amerik. .	Pennsylvanien	10,2	8,3	9,3	280	290	285	3060
,, gelbknosp.	Wisconsin	10,7	9,5	10,1	276	263	270	3330
Floridaahorn . .	,,	8,5	8,2	8,4	260	219	240	2880
Grüne, blaue und gelbe Esche .	Tennessee und Missouri	12,1	9,1	10,6	262	235	249	3960
Schwarzesche . .	Wisconsin	10,1	11,5	10,8	284	260	272	3510
Grünesche . . .	Missouri	—	12,8[1])	—	—[1])	257	—	3960
Kastanieneiche[2])	Tennessee	8,1	8,8	8,5	287	291	290	4140
Gerbereiche . .	Californien	11,4	—	—	397	—	—	4068
Schwarzeiche . .	,,	—	9,4	12,4[1])	—	327	451[1])	3800 4650[1])
Sumpfeiche . .	Louisiana	9,5	8,3	8,9	278	309	294	3960
Eucalyptus . . .	Californien	10,5	13,2	11,9	325	377	351	4950

Tabelle 38. Relative Ausbeuten an handelsüblichem Methylalkohol und essigsaurem Kalk pro Cord (Durchschnittsausbeute vom Kernholz der Buche, Birke und des Ahorns aus Indiana und Wisconsin = 100%; essigsaurer Kalk = 316 Pounds; Alkohol = 10,63 Gallons).

Holzart	Heimat	Alkohol		Essigsaurer Kalk	
		Kernholz	Schwarten	Kernholz	Schwarten
Buche	Indiana	111,0	102,6	95,3	106,0
,, ...	Pennsylvanien	127,2	118,6	99,1	106,7
Birke	Wisconsin	78,2	83,7	109,5	112,4
,, ...	Pennsylvanien	87,6	85,7	101,0	99,4
Ahorn	Wisconsin	111,0	109,3	95,3	89,9
,, ...	Pennsylvanien	111,6	100,8	99,4	95,4
Eucalyptus	Missouri	88,4	86,7	85,2	78,2
Kastanie	New Jersey	34,8	33,9	62,7	60,2
Hickory.	Indiana	144,2	—	—	—
Weißeiche.	,,	86,7	86,7	97,7	93,4
,, ...	Arkansas	86,7	95,2	83,0	85,2
Tupelobaum. . . .	Missouri	82,4	98,0	71,6	82,4

[1]) Zweige und Äste.

[2]) In diesem Falle ist der Durchschnitt nicht gleich dem Mittel, da mehr Chargen Schwarten als Kernholz verkohlt wurden.

Tabelle 39. Relative Ausbeuten an handelsüblichem Methylalkohol und essigsaurem Kalk pro Cord (Durchschnittsausbeute vom Kernholz der Buche, Birke und des Ahorns aus Indiana und Wisconsin = $100^0/_0$; essigsaurer Kalk = 316 Pounds; Alkohol = 10,63 Gallons).

Holzart	Heimat	Alkohol		Essigsaurer Kalk	
		Kernholz	Schwarten	Kernholz	Schwarten
Ulme, amerik. . .	Pennsylvanien	96,0	78,1	88,6	91,8
,, gelbknospige	Wisconsin	100,7	89,3	87,3	83,2
Floridaahorn . . .	,,	80,0	77,2	82,3	69,3
Grüne, blaue und gelbe Esche . .	Tennessee u. Missouri	113,7	85,6	82,9	74,4
Schwarzesche . . .	Wisconsin	94,7	108,6	89,9	82,3
Grünesche	Missouri	120,7[1]		81,3[1]	
Kastanieneiche . .	Tennessee	76,6	82,5	90,8	92,1
Gerbereiche . . .	Californien	106,7	—	125,6	—
Schwarzeiche . . .	,,	116,3[1]	88,3	142,7[1]	103,5
Sumpfeiche. . . .	Louisiana	89,2	78,4	88,0	97,8
Eucalyptus. . . .	Californien	99,0	124,1	102,8	119,3

niszahlen ergeben als jene, die man erhält, wenn man die Ausbeuten derselben Hölzer in Prozenten der Gewichtseinheit angibt. Der Grund liegt in der bedeutenden Schwankung des Gewichtes eines Cords der verschiedenen Hölzer (Kapitel III). Die schweren Hölzer ergeben naturgemäß auch ein höheres Cordgewicht. So erhält man z. B. aus amerikanischen Ulmen 6,5% und aus Ahorn 5,26% des Trockengewichtes an Essigsäure, aber da das Cord Ahornholz 3875 lbs., das des Ulmenholzes jedoch nur 3060 lbs. wiegt, so gibt Ahorn, auf Calciumacetat berechnet, mehr Essigsäure pro Cord (293 lbs.) als Ulme (285 lbs.). Man muß sich diese Verhältnisse stets vor Augen halten, wenn man die im Großbetriebe erhaltenen und auf 1 Cord als Einheit bezogenen Ausbeuten betrachtet. Es ist nicht zu leugnen, daß durch die Wahl einer solchen Einheit viele an sich wertvolle Daten über Ausbeuten ihres Wertes in praktischer Hinsicht entkleidet werden. Die Zahlen für Essigsäure, die man im Laboratorium erhält, sind im übrigen immer höher als die, welche man in der Praxis erhält, wahrscheinlich ist die leichtere Regulierbarkeit der Temperatur und des Vorlaufs der Destillation, sowie die Vermeidung von Verlustquellen die Ursache. Bei Untersuchung des Temperatureinflusses bei der Verkohlung soll dieser Punkt noch ausführlich zur Besprechung kommen.

Die Tabellen 40 und 41 enthalten eine Zusammenstellung der bei der Verkohlung von Neu-Südwales-Hölzern erhaltenen Resultate bei Anwendung von je 1 Tonne Holz pro Charge nach der Veröffentlichung der Australian Forestry Commission vom Jahre 1918 und 1919[2]), stellen jedoch nicht das Maximum der zu erzielenden Ausbeuten dar.

[1]) Zweige und Äste.

[2]) Commonwealth of Australia. Inst. Sci. Ind. Bull. Bd. 19.

Tabelle 40. Ausbeuten, erhalten bei der trockenen Destillation von Hölzern aus Neu-Südwales.

Holzart	Teer Gallonen pro ton.	Holzkohle Cwts. pro ton.	Holzessig Gallonen pro ton.	Zusammensetzung des Holzessigs	
				Methyl-alkohol Vol.-%	Essig-säure %
Eucalyptus capitellata . .	3	$6^1/_2$	70	0,97	5,49
Angophora lanceolata . . .	4	6	68	1,79	6,84
Eucalyptus corymbosa . .	$3^1/_2$	7	74	1,34	5,28
Eucalyptus haemastoma . .	4	6	64	1,66	5,55
Eucalpytus pilularis . . .	$3^1/_2$	$6^1/_4$	80	1,16	3,03
Eucalyptus eugenioides . .	$4^1/_2$	$6^1/_2$	71	1,3	5,49
Quercus torulosa	5	$5^3/_4$	61	1,16	4,56
Eucalyptus robusta	3	$6^1/_4$	76	1,68	4,26
Eucalyptus acmenioides . .	$3^1/_2$	$6^1/_2$	68	1,45	4,68
Eucalyptus microcorys . .	$4^1/_2$	$6^1/_4$	80	1,34	6,33
Eucalyptus saligna var. . .	$5^1/_2$	$6^1/_4$	69	1,58	4,20
Melaleuca leucadendron . .	$4^3/_4$	$5^1/_2$	70	1,94	5,10
Quercus glauca	$5^1/_4$	$6^1/_2$	78	1,36	3,84
Eucalyptus longifolia . . .	3	6	71	0,27	2,16
Eucalyptus saligna . . .	$2^1/_2$	$5^3/_4$	62	0,39	4,14
Tristania conferta	3	4	64	1,30	4,8
Syncarpia laurifolia . . .	3	$5^1/_2$	64	0,9	3,99
Eucalyptus punctata . . .	$2^1/_2$	$5^1/_2$	62	0,83	3,78
Eucalyptus siderophloia . .	3	$6^1/_2$	70	1,09	5,55
Eucalyptus maculata . . .	$2^1/_4$	5	61	1,1	6,0
Eucalyptus hemiphloia . .	2	$5^1/_4$	64	1,23	6,72
Eucalyptus resinifera . .	$2^1/_2$	$6^1/_4$	68	0,7	5,97
Eucalyptus paniculata . .	$3^1/_4$	6	70	0,5	6,27
Eucalyptus paniculata . .	3	$6^1/_4$	74	0,3	5,79
Melaleuca styphelioides . .	$4^1/_2$	$5^3/_4$	72	0,9	5,22

Tabelle 41. Ausbeuten, erhalten bei der trockenen Destillation von Hölzern aus Neu-Südwales.

Holzart	Holzkohle Cwts. pro ton.	Teer Gals. pro ton.	Holzessig Gals. pro ton.	Zusammensetzung des Holzessigs	
				Essig-säure %	Methyl-alkohol %
Callitris calcarata	$4^1/_2$	8	71	3,56	1,2
Cedrela Australis	$4^3/_4$	2	63	4,22	1,2
Dysoxylon Fraserianum .	5	3	68	4,37	1,1
Ceratopetalum apetalum .	$4^1/_2$	$2^1/_2$	66	4,02	1,2
Gmelina Leichhardtii . . .	$5^1/_4$	3	68	4,80	1,78
Callitris robusta, nur Rinde	$3^1/_2$	3	74	—	—
Callitris robusta, Holz . .	5	9	84	—	—
C. calcarata	$6^1/_4$	13	81	—	—
Eucalyptus rostrata . . .	$6^1/_2$	nichts	76	—	—

Versuche mit je 100 lbs. anderer australischer Hölzer — Jarrah und Karri (sog. blaue Eucalyptushölzer) — sind ebenfalls ausgeführt (Tabelle 42).

Das Jarrahholz hatte einen Wassergehalt von 16,25% und wog pro Cord 5720 lbs., das Karriholz enthielt 14,38% Wasser und das Cord wog 6359 lbs. Wie man sieht, handelt es sich um außergewöhnlich schweres und wahrscheinlich auch sehr altes Holz, trotzdem sind die Ausbeuten überraschend niedrig, besonders wenn man sie auf die Gewichtseinheit bezieht.

Tabelle 42. Ausbeuten, erhalten bei der trockenen Destillation von Jarrah- und Karriholz.

	Jarrahholz				Karriholz					
	I		II		I		II		III	
	%	lbs. pro Cord	%	lbs. pro Cord	%	lbs. pro Cord	%	lbs. pro Cord	%	lbs. pro Cord
Holzkohle . .	35,3	1918	34,14	1953	31,38	1995	54,2	2175	30,58	1945
Holzessig . .	39,86	2280	39,61	2266	40,58	2580	40,08	2549	40,88	2599
Teer	5,04	288	4,92	281	4,87	310	4,15	264	5,7	362
80proz. essigsaurer Kalk	2,58	147,58	4,92	148,72	4,2	267	4,14	263	4,48	285
80proz. Rohalkohol . .	1,67	95,52 (11,1 Gals.)	1,70	97,24 (11,3 Gals.)	1,75	111,28 (12,84 Gals.)	1,86	118,28 (13,61 Gals.)	1,89	120,18 (13,86 Gals.)

Soweit haben wir hauptsächlich die Produkte der trockenen Destillation des Laubholzes betrachtet; die des Nadelholzes sind ziemlich die gleichen mit Ausnahme des Teeres und der Öle, die sich sowohl bezüglich Menge als auch Zusammensetzung stark abweichend verhalten. Während Teer und Öle der Laubhölzer kaum von größerer Bedeutung für den Handel sind, werden die entsprechenden Produkte der Nadelhölzer in Form von Holzterpentinöl, Kienöl, Kienteer usw. hoch bewertet. Essigsäure, Methylalkohol und Holzkohle sind zwar ebenfalls Erzeugnisse der Nadelholzverkohlung, jedoch werden die beiden ersteren in weit geringerer Ausbeute erhalten. Diese Tatsache in Verbindung mit dem Anfall völlig anders gearteter Öl- und Teerprodukte lassen einen Vergleich der beiden Hauptklassen der Hölzer nicht zu. — In Anbetracht des umfangreichen Zahlenmaterials, das über die Laubholzverkohlung vorliegt, finden sich über die Nadelholzverkohlung, entsprechend ihrer weit geringeren Verbreitung, nur verhältnismäßig wenige Angaben.

Benson und Darrin[1]) untersuchten das Abfallholz einiger Coniferenarten der westlichen Staaten der Union. Die Resultate sind in Tabelle 43 zusammengestellt. Da die von ihnen benutzte Retorte

[1]) J. Ind. Engg. Chem. Bd. 7, S. 916. 1915; siehe auch Kapitel XV.

Tabelle 43. Ausbeuten, erhalten bei der trockenen Destillation von Holzabfällen von amerikanischen Coniferen.

Material	Gew. pro Cord lbs.	Terpentin- u. Leicht-Öl U.S.gals.	Teer U.S.gals.	Methylalkohol U.S.gals.	Essigsaurer Kalk lbs.	Holzkohle lbs.
Douglasfichte, Abfälle von Sägemehl	3330	3,40	27,80	3,90	75,0	977
Douglasfichte, harzhaltige Abfälle	4250	10,86	46,37	3,71	74,3	900
Douglasfichte, Stockholz	3260	5,59	19,88	2,60	55,8	675
Kiefer, Abfälle von Sägemehl	2840	4,91	24,80	3,25	73,4	478
Kiefer, Stockholz	2620	6,06	23,05	1,83	60,8	520
Schierlingstanne, Abfälle von Sägemehl	3270	2,76	21,60	5,00	94,0	938

ungefähr $^1/_2$ Cord Holz aufnehmen konnte, fallen ihre Arbeiten nicht mehr unter die Laboratoriumsversuche. Die Zahlen für Holzgeist beziehen sich auf einen rohen 80%igen mit ungefähr 15% Aceton. Adams und Hilton[1]) verkohlten einige Nadelhölzer aus den Waldgebieten der Sierra Nevada, und zwar in einer durch ein Ölbad geheizten Retorte, die eine gute Regulierung der Temperaturverhältnisse erlaubte. Der Einsatz betrug jedesmal 25 kg Holz; die Ergebnisse finden sich in Tabelle 44.

Tabelle 44. Ausbeuten, erhalten bei der trockenen Destillation von Nadelhölzern aus der Sierra Nevada.

Holzart jedesmal 25 kg	Rohholzessig Vol.	Holzgeist im Rohholzessig %	Essigsäure i. Rohholzessig %	Holzkohle kg	Teer im Ltr. Vol.	Zusammensetzung des Teers % Terpentinöl	Kreosot	Gesamtschweröl	Pech	Wasser
Zuckerkiefer	9,8	0,52	2,6	3,64	1,26	8,5	9,0	15,7	56,1	10,2
Sumpfkiefer	12,4	0,55	2,2	4,32	2,09	10,6	6,2	20,2	46,9	6,5
Kiefernstubben	10,9	0,57	2,4	4,09	3,50	18,1	9,0	20,4	50,4	2,4
Rottanne	11,1	0,48	1,8	5,03	1,78	16,1	7,8	18,4	47,1	11,2
Weißtanne	10,1	0,51	2,1	4,77	1,23	11,2	11,0	18,4	53,1	8,4
Sägereiabfall	9,6	0,61	2,7	4,53	1,81	9,2	8,1	20,7	48,8	11,8
Sadebaum	9,4	3,54	11,53	7,8	1,94	—	16,2	14,7	15,6	48,0

Abfallholz von Schiffswerften wurde von Paterson und Forbester[2]) bezüglich seiner Ausbeuten untersucht, und zwar das Pitchpineholz, nachdem es bei 60° bis zu einem Gewichtsverlust von 10% getrocknet war. Die anderen Chargen aus Abfallholz von den Bearbeitungsmaschi-

[1]) J. Ind. Engg. Chem. Bd. 6, S. 378. 1915.

[2]) J. Soc. Chem. Ind. S. 1053. 1913.

nen wurden soweit getrocknet, daß der Gewichtsverlust 18% betrug. Die benutzte Retorte war ein eiserner Zylinder, 6 Fuß lang und 14 Zoll im Durchmesser, in Ziegelsteinmauerwerk eingebaut und durch Heißluft erhitzt. Das Gewicht einer Charge betrug ungefähr 50 kg. Die Temperatur wurde zuerst und zwar während einer Periode von 10—15 Stunden von 120—200°, sodann bis zu 400° gesteigert und die Destillate der beiden Perioden besonders aufgefangen und weiterverarbeitet.

Tabelle 45 gibt eine Übersicht der gefundenen Daten, berechnet auf eine Tonne angewandtes Holz.

Tabelle 45.
Ausbeuten, erhalten bei der trockenen Destillation von Kiefernholz.

Produkt pro ton. des destillierten Holzes	Pechkiefer	Gemischte Kiefer
Terpentinöl	14 gals.	8 gals.
Teer	97 gals.	49 gals.
Essigsaurer Kalk	30 lbs.	50 lbs.
Methylalkohol	$1^1/_2$ gals.	2 gals.
Holzkohle	500 lbs.	370 lbs.

Koch[1]) erhielt bei der Destillation von frischen Kiefernstubben aus 100 kg Ausgangsmehl 5 kg Terpentinöl bzw. Kienöl, 1 kg Rohholzgeist, 8 kg Teer und 22 kg Holzkohlen.

Die Destillation wurde so ausgeführt, daß die ersten Anteile des Destillates das gesamte Terpentinöl enthielten. Durch Steigerung der Temperatur wurde darauf die eigentliche Verkohlung eingeleitet und unter Gewinnung von Methylalkohol, Essigsäure und Kolzkohle zu Ende geführt. Unter Benutzung desselben Materials erhielt Link[2]) aus 1 rm Holz im Gewichte von 372 kg und mit einem Feuchtigkeitsgehalt von 15—18% 9,25 kg Kienöl Ia und 0,86 kg Kienöl IIa, 61,3 kg Kienteer, 10 kg Calciumacetat von 80%, 1,25 kg Rohholzgeist und 72,6 kg Holzkohle[3]).

Zwei Probleme sind es, die mit der Verkohlung von Nadelholz eng verbunden sind: Die Herstellung des echten Terpentinöls, die nicht durch Verkohlung des Holzes stattfindet, sondern durch Anzapfung des lebenden Baumes, und die Destillation des ausfließenden Balsams. Diese Quelle wird aber in nicht ferner Zeit zum Versiegen kommen. Auf der anderen Seite werden jährlich ungeheure Mengen Nadelholzabfälle beim Schlagen der Bäume und bei der Verarbeitung in Sägewerken erzeugt, und zahlreich sind die Versuche, aus diesem Material ein dem echten Terpentinöl gleichwertiges Produkt zu gewinnen. Man hat auch

[1]) Chem.-Zg. Bd. 87, S. 699. 1921.
[2]) Chem.-Zg. Bd. 102, S. 820. 1921.
[3]) Siehe auch Kapitel XV über die Destillation von Holzabfällen.

versucht, durch Verkohlung das Ziel zu erreichen, jedoch ist allen diesen Versuchen noch kein voller Erfolg beschieden.

Während der Destillationsprozeß, soweit Laubholz in Frage kommt, bis ins kleinste ausgearbeitet ist und die Produkte einfacher in ihrer Zusammensetzung sind und infolgedessen mit absoluter Reinheit gewonnen werden können, treffen beide Voraussetzungen bezüglich der Nadelholzdestillation nicht zu, ganz abgesehen von den weitaus geringeren Ausbeuten an Essigsäure und Methylalkohol.

Bis jetzt haben wir nur die Frage der Ausbeute an marktfähigen Produkten betrachtet ohne Rücksicht auf die zahlreichen und wichtigen Faktoren, von denen sie abhängen. Eine Menge Versuche sind unternommen zu dem Zwecke, den Einfluß dieser Faktoren auf die Zusammensetzung und die Ausbeute der Hauptprodukte zu studieren und wir werden sie im nächsten Kapitel kurz besprechen.

VI. Faktoren, welche die trockene Destillation des Holzes beeinflussen.

Das Ziel des Holzverkohlers ist, eine möglichst hohe Ausbeute an seinen Produkten zu erhalten unter denkbar bester Ausnutzung aller Bedingungen, die den wirtschaftlichen Betrieb seiner Anlage gewährleisten. — Das Studium der verschiedenen Faktoren, welche diese Ausbeuten beeinflussen, ist daher von größter Wichtigkeit. Auf der einen Seite muß die Operation so gehandhabt werden, daß die größtmöglichste Menge an wertvollen Stoffen erhalten wird — es handelt sich hier hauptsächlich um Essigsäure und Methylalkohol —, und zwar gleich von vornherein in einer solchen Form, daß die nachfolgende Reinigung in denkbar kürzester Zeit und unter möglichst geringem Aufwand an Brennmaterial und Arbeit erfolgen kann. Auf der anderen Seite jedoch müssen alle Arbeiten in der zur Verfügung stehenden Zeit beendet sein.

Es ist begreiflich, daß diese Forderungen mit einem Großbetriebe, der chemische Reaktionen einschließt, unvereinbar erscheinen. Wir werden sehen, bis zu welchen Ausmaßen dies in der Holzverkohlung der Fall ist, wenn die Resultate der mit wissenschaftlicher Gründlichkeit angestellten Versuche mit den in bestgeleiteten Anlagen erzielten verglichen werden.

Die Temperatur- und Zeitfaktoren sind die wichtigsten und bestimmen die Reaktionsgeschwindigkeit. Der Einfluß des Druckes ist zwar ebenfalls untersucht, findet aber trotz der erhaltenen interessanten und wichtigen Aufklärung wenig oder gar keine Beachtung in der Industrie.

Von bedeutendem Interesse für den Großbetrieb ist auch die Frage, wie weit der Einfluß des Wassergehaltes im Holz in bezug auf Zusammensetzung und Ausbeute der einzelnen Produkte reicht. — Eine andere Frage, die besonders in letzter Zeit in den Vordergrund getreten ist, beschäftigt sich mit der Möglichkeit, die Menge Essigsäure und Methylalkohol dadurch zu vermehren, daß das Holz während der Destillation der Wirkung verschiedener Chemikalien unterworfen wird. Es ist durch das Experiment erwiesen, daß alle oben genannten Variabeln bestimmte spezifische Resultate gezeitigt haben, die jetzt im einzelnen besprochen werden sollen.

Der allgemeine Verlauf der Destillation.

Wird Holz, das ja, wie wir gesehen haben, kein einzelnes chemisches Individuum ist, sondern im Gegenteil ein Agglomerat höchst verwickelt zusammengesetzter organischer Verbindungen darstellt, der Einwirkung von Wärme ausgesetzt, so treten eine Reihe von Reaktionen auf, von denen jede bestimmte Wirkungen hervorruft. Eine ganz charakteristische Erscheinung, bedingt durch die Summierung der Einzelwirkungen, besteht in dem Freiwerden von Wärme. Es ist sehr schwer, genau anzugeben, bei welcher Temperatur die Zersetzung beginnt, da jeder der einzelnen Bestandteile des Holzes natürlich seine eigene Zersetzungstemperatur hat. Schon der Begriff „Zersetzung“ deckt den Vorgang nicht vollkommen. So ist es zum Beispiel bei Nadelholz möglich, einen Teil der Terpene unzersetzt aus dem Holz abzudestillieren, bevor die eigentliche Zersetzung der Hauptbestandteile eintritt. Es hat sich bei der Untersuchung der meisten Hölzer herausgestellt, daß schon bei Temperaturen von etwas über 100° eine Zersetzung beginnt, doch ist die Reaktion zwischen 100 und 200° C sehr träge und hat praktisch gar keine Bedeutung. Merkbar wird sie erst von 200° C an aufwärts, um bei ungefähr 275° C voll zur Wirkung zu gelangen unter Entbindung beträchtlicher Wärmemengen, und kann beim Zusammentreffen mehrerer, der Reaktion günstiger Umstände bis zur Explosion sich steigern. Diese exothermische Periode dauert jedoch nicht sehr lange und die Menge der Destillationsprodukte nimmt bald ab. — Diese kurze Schilderung des Destillationsverlaufes gilt für den Normalfall, in welchem die Operation bei atmosphärischem Druck unter den üblichen Vorsichtsmaßregeln ausgeführt ist.

Die Tabellen 26 und 27 geben die Resultate wieder, die von Ramsay und Chorley bei der Verkohlung von Eiche und Esche erhalten sind. Der Reaktionsverlauf ist graphisch in den Abb. 11 und 12 wiedergegeben.

Die beiden Kurven in jeder Abbildung stellen den Temperaturverlauf sowohl in dem Ölbad als auch innerhalb des Verkohlungsgefäßes dar.

Der exothermische Punkt ist in jedem Falle deutlich ausgeprägt durch Steigen der Innentemperatur von ungefähr 30—40° über die Temperatur des Ölbades. Klason und seine Mitarbeiter[1]) haben eine sehr eingehende Untersuchungen angestellt über den Reaktionsverlauf bei der Ver-

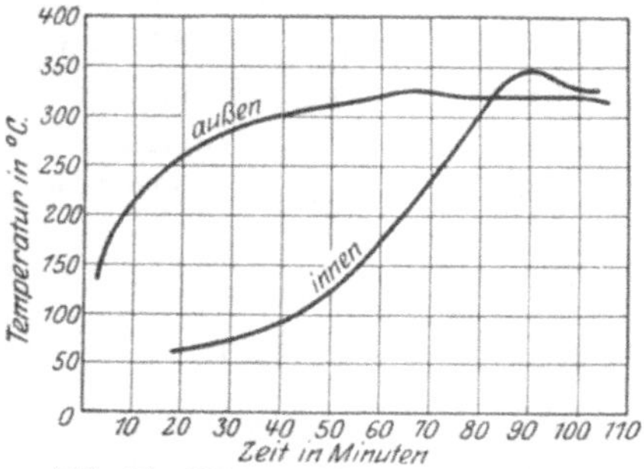

Abb. 11. Zeit- und Temperaturkurven (Verkohlung von Eichenholz).

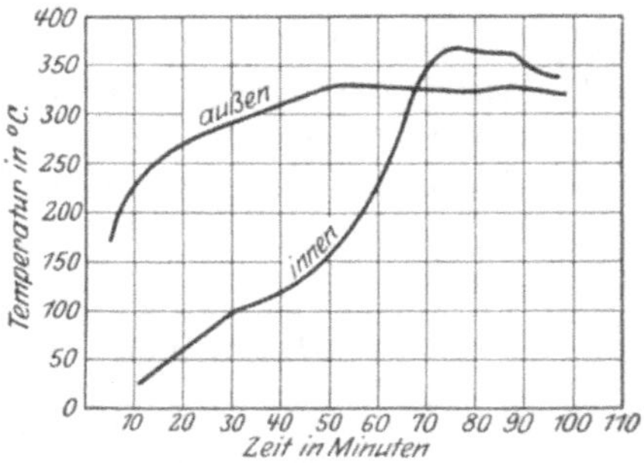

Abb. 12. Zeit- und Temperaturkurven (Verkohlung von Erlenholz).

kohlung von Buchen-, Birken-, Kiefern- und Fichtenholz. Es wurde zuerst der Wasser- und Aschengehalt bestimmt und darauf die Verkohlung in geeigneten Apparaten unter guter Kontrolle durchgeführt; die

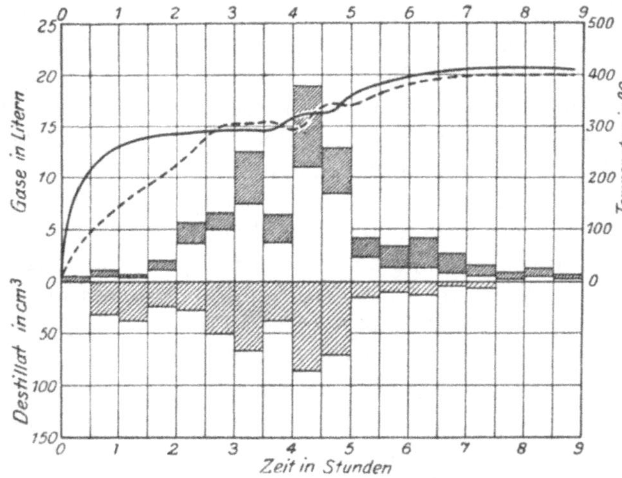

Abb. 13. Diagramm der Verkohlung des Kiefernholzes.

Produkte wurden darauf sorgfältig analysiert. Die Resultate wurden in Tabelle 46 zusammengestellt, die außer den prozentualen Ausbeuten der verschiedenen Produkte deren Elementarzusammensetzung enthält.

Am Fuße der Tabelle finden sich die Gesamtzahlen für Kohlenstoff, Wasserstoff und Sauerstoff (+ Stickstoff); theoretisch sollten diese mit

[1]) Z. angew. Chem. Bd. 23, S. 1252. 1910.

denen des angewandten Holzes übereinstimmen, und tatsächlich findet diese Übereinstimmung in vollem Maße statt, besonders wenn man die

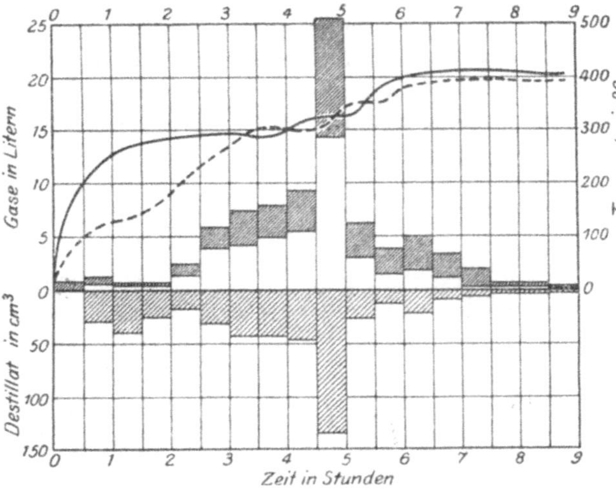

Abb. 14. Diagramm der Verkohlung des Fichtenholzes.

zahlreichen Produkte betrachtet, die zu analysieren waren und die Schwierigkeit der Analyse als solche. Die beiden Nadelhölzer mit ihrem nur um wenig höheren Kohlenstoffgehalt geben bedeutend höhere Ausbeuten an Holzkohlen als die Laubhölzer bei fast gleicher Zusammensetzung der Holzkohle; die Ausbeuten an Methylalkohol und Essigsäure betragen hingegen nur ungefähr die Hälfte von denen der Laubhölzer. Die Zahlen für Aceton sind praktisch für alle vier untersuchten Hölzer gleich. Die Essigsäure wurde mit Soda an Stelle von Kalk neutralisiert und enthielt demgemäß den in dem Holzessig gelösten Teer. Es

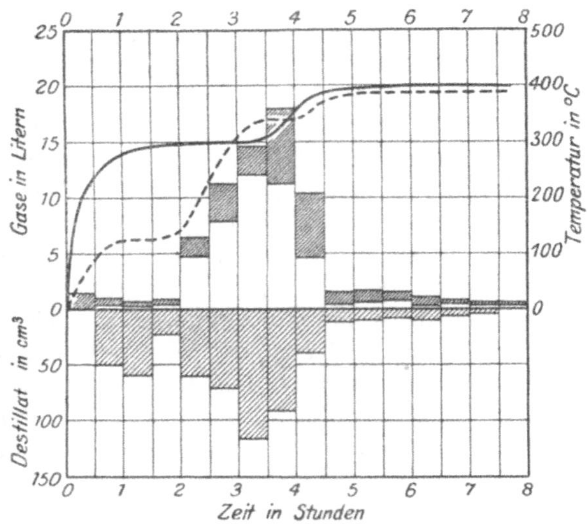

Abb. 15. Diagramm der Verkohlung des Birkenholzes.

entspricht also die organische Materie im Natriumacetat dem gelösten Teer der Analysen des vorigen Kapitels.

Abb. 13, 14, 15 und 16 veranschaulichen, graphisch dargestellt, den Destillationsverlauf von Kiefer, Fichte, Birke und Buche.

Die unter der Abzisse stehenden Zahlen geben die Zeit in Stunden bzw. in $^1/_2$ Stunden an; an den unteren Ordinaten sind links die cm³-Destillate, an den oberen die Liter entwickelter Gase eingetragen. Rechts befindet sich die Temperaturskala. Soweit die oberen Rechtecke schraffiert gezeichnet sind, entsprechen sie den Volummengen der brennbaren Gase, die je in allen halben Stunden erhalten sind. Die weiß gelassenen Felder bedeuten Kohlendioxyd. Die unterhalb der Nulliniegezeichneten schraffierten Rechtecke geben das Volumen der Destillate in cm³ an, die pro $^1/_2$ Stunde erhalten werden.

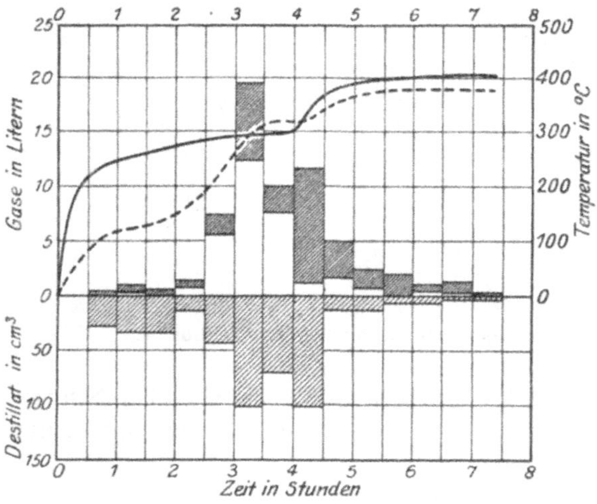

Abb. 16. Diagramm der Verkohlung des Buchenholzes.

Die ausgezogenen Kurven zeigen die Temperatur außerhalb der Retorte, die gestrichelten die im Zentrum derselben herrschende. Jede der Destillationen wurde in ungefähr 8 Stunden zu Ende geführt.

Wenn auch im einzelnen etwas verschieden, zeigen doch alle Kurven ziemlich das gleiche Bild und können als typische Darstellung einer normal verlaufenden Verkohlung mit guter Temperaturkontrolle angesehen werden. Während der ersten 2 oder 3 Stunden nähert sich die Innentemperatur der Retorte mehr und mehr der außerhalb der Retorte herrschenden. Die Mengen Destillate, die jetzt aufgefangen werden, bestehen hauptsächlich aus dem im Holz enthaltenen Wasser, zugleich aber findet eine geringe Entwicklung von Gasen statt, die gewisse Mengen Kohlendioxyd enthalten. Dann kommt ein kurzes Steigen der Innentemperatur, und nachdem 275° erreicht sind, erhebt sich die innere über die äußere Temperatur, da die exothermische Reaktion einsetzt, und bleibt einige Zeit (d. h. zwischen $^1/_2$ und $1^1/_2$ Stunden) 20—30° über ihr. Während dieser Zeit nimmt die Menge des Destillates bedeutend zu, ebenso die Entwicklung von Gasen, die hauptsächlich aus Kohlendioxyd

Tabelle 46. Ausbeuten, erhalten bei der trockenen Destillation von Kiefern-, Fichten-, Birken- und Buchenholz.

Produkte	Kiefernholz				Fichtenholz				Birkenholz				Buchenholz			
	%	C	H	O+N	%	C	H	O+N	%	C	H	O+N	%	C	H	O+N
Zusammensetzung des Verkohlungsmaterials:																
Wasser	7,52	—	—	—	9,27	—	—	—	8,79	—	—	—	7,11	—	—	—
Asche	0,21	—	—	—	0,22	—	—	—	0,38	—	—	—	0,43	—	—	—
Organ. Substanz	92,27	—	—	—	90,51	—	—	—	90,83	—	—	—	92,46	—	—	—
Elementarzusammensetzg.:																
Verkohlungsmaterial	—	50,9	6,1	43,0	—	50,2	6,1	43,7	—	48,9	6,1	45,0	—	48,7	5,9	45,4
Holzkohle	—	82,5	4,0	13,5	—	82,5	4,1	13,4	—	82,2	3,8	14,0	—	82,1	4,1	13,8
Organ. Substanz in $NaOCOCH_3$	—	52,1	5,7	42,2	—	59,7	5,9	34,4	—	51,7	6,0	42,3	—	56,4	5,1	38,5
Teer	—	68,4	6,9	24,7	—	66,1	7,2	26,7	—	65,2	7,0	27,8	—	61,8	6,5	31,7
Gewichts-% d. Verkohlgs.-Produkte u. deren Elementarbestandteile:																
Holzkohle	37,83	31,20	1,52	5,11	37,81	31,19	1,55	5,07	31,80	26,14	1,21	4,45	34,97	28,71	1,43	4,83
Gase CO_2	10,13	2,76	—	7,37	10,30	2,81	—	7,49	9,96	2,72	—	7,24	10,90	2,97	—	7,93
C_2H_4	0,23	0,20	0,03	—	0,20	0,17	0,03	—	0,19	0,16	0,03	—	0,20	0,17	0,03	—
CO	3,74	1,60	—	2,14	3,76	1,62	—	2,14	3,32	1,42	—	1,90	4,22	1,81	—	2,41
CH_4	0,59	0,44	0,15	—	0,62	0,47	0,15	—	0,54	0,41	0,13	—	0,47	0,35	0,12	—
Methylalkohol	0,88	0,33	0,11	0,44	0,96	0,36	0,12	0,48	1,60	0,60	0,20	0,80	2,07	0,78	0,26	1,03
Aceton	0,18	0,11	0,02	0,05	0,20	0,12	0,02	0,06	0,19	0,12	0,02	0,05	0,20	0,12	0,02	0,06
Methylacetat	0,01	0,005	0,001	0,004	0,02	0,01	0,002	0,008	0,02	0,01	0,002	0,008	0,03	0,015	0,003	0,012
Essigsäure	3,50	1,75	0,35	1,40	3,19	1,27	0,22	1,70	7,08	2,83	0,47	3,78	6,04	2,42	0,40	3,22
Organ. Substanz in $NaOCOCH_3$	8,03	4,18	0,46	3,39	7,75	4,64	0,46	2,65	8,15	4,21	0,49	3,45	5,89	3,32	0,30	2,27
Teer	11,79	8,06	0,82	2,91	8,08	5,34	0,58	2,16	7,93	5,17		2,20	8,11	5,01	0,53	2,57
Wasser	22,27	—	2,48	19,79	25,70	—	2,86	22,84	27,81	—	3	24,72	26,58	—	2,95	23,63
Verlust	0,82	—	—	—	1,41	—	—	—	1,41	—	—	—	0,32	—	—	—
Gesamtsumme	100,00	50,635	5,941	42,604	100,00	48,00	5,992	44,598	100,00	43,790	6,202	48,598	100,00	45,675	6,043	47,962

bestehen. — Wird die Außenbeheizung fortgesetzt, so steigt jetzt wieder die Außentemperatur, und zwar durch die Strahlung der erhitzten Wandungen, und wird, wie die Kurvenbilder für Kiefern und Fichten zeigen, für eine kurze Periode höher als die Innentemperatur. Nach Beendigung der exothermischen Reaktion beginnt die innere Temperatur zu fallen, während die äußere durch verstärktes Heizen auf ungefähr 400° C gesteigert wird, um die Verkohlung zu Ende zu führen.

Tabelle 47 gibt die Resultate einer Versuchsverkohlung der Sumpfkiefer wieder, bei der ebenfalls eine Retorte mit Ölbadheizung verwendet wurde. Die Temperatur wurde gleichmäßig gesteigert und die Destillate wurden fraktionsweise alle $1^1/_2$ Stunden aufgefangen.

Tabelle 47. Die trockene Destillation der Kiefer *(Pinus ponderosa)*.

Fraktion	Temperatur °C	Rohholzessig Ltr.	Spez. Gew. des Rohholzessigs	Rohholzgeist im Holzessig %	Essigsäure im Holzessig %	Teer Ltr.	Spez. Gew. des Teers	Destillierter Teer %: unter 180°	180—240°	240—320°	Pechrückstand %	Wasser im Teer %
1	160—200	1,275	1,002	0,49	0,64	0,835	0,885	83,5	3,0	2,1	9,6	1,8
2	200—240	0,560	1,013	0,91	1,13	0,280	0,884	62,5	4,2	5,0	27,2	2,1
3	240—270	0,885	1,041	1,43	4,01	0,590	0,930	39,6	12,8	14,6	31,1	1,9
4	270—280	0,675	1,053	1,65	5,06	0,420	0,953	25,2	16,9	19,2	35,8	2,9
5	280—290	1,045	1,061	2,15	5,48	0,925	0,993	13,9	12,5	16,3	44,7	2,8
6	290—300	0,975	1,070	3,68	4,54	1,000	1,025	10,1	12,2	14,3	61,4	2,0
7	300—360	0,920	1,073	2,67	2,65	0,960	1,032	7,4	11,2	13,8	65,3	2,3
Gesamtsumme	—	6,335	—	—	—	5,010	—	—	—	—	—	—

Die Charge bestand aus 22 kg, berechnet auf absolut trockenes Holz, das 7,8 kg Holzkohle ergab. Die ziemlich bedeutende Menge Destillat der ersten Fraktion (160—200° C) erklärt sich aus dem hohen Feuchtigkeitsgehalt des zur Untersuchung gelangten Holzes. Der Prozentsatz Methylalkohol und Essigsäure in diesem Destillat ist jedoch noch sehr gering, doch ist die Ausbeute an flüchtigem Öl, hauptsächlich aus Terpenen bestehend, wie man aus der Angabe ersieht, daß 83% der erhaltenen Öle, in der Tabelle „Teer“ genannt, unter 180° C sieden, ziemlich hoch. Bis zum Eintritt der exothermischen Periode fällt dann die Menge des Holzessigs sowie des Teeres, um darauf wieder schnell zu steigen. Die Konzentration der Essigsäure und des Methylalkohols im Holzessig steigt, die Zusammensetzung des Teeres bzw. der Teeröle ändert sich, indem jetzt die höher siedenden Anteile stärker auftreten und auch der Gehalt an Pech ständig größer wird. Die Gesamtausbeuten an Rohholzessig und Teer stimmen im übrigen sehr gut mit den von Klason gefundenen Resultaten (siehe Tabelle 46) überein.

Die bis jetzt besprochenen Verhältnisse bezogen sich auf sog. normale Destillationen in dem Sinne, daß durch Kontrolle der in Betracht kommenden Faktoren ungewöhnliche Temperaturen und Drucke vermieden und die Destillationen weder zu schnell noch zu langsam ausgeführt wurden. Es ist aus der Praxis bekannt, daß bei Außerachtlassung dieser Hauptpunkte die Ausbeuten ganz empfindlich zurückgehen.

Temperatureffekt und Geschwindigkeit der Destillation.

Die Temperatur, bis zu welcher Holz unter Luftabschluß erhitzt wird, hat natürlich einen ganz bedeutenden Einfluß auf die Zusammensetzung und die Menge der erhaltenen Produkte, die in weiten Grenzen schwanken je nach der angewandten Temperatur. Von letzterer ist auch die Geschwindigkeit der Destillation in gewisser Weise abhängig. Man kann bei dieser verschiedene Phasen unterscheiden. Die erste zeigt sich in der Verdampfung des im Holz enthaltenen Wassers, wobei größere oder geringere Mengen flüchtiger Produkte zugleich mit den Wasserdämpfen übergehen. Das Temperaturintervall zwischen 200 und 250° umfaßt die Teilzersetzung der weniger stabilen Verbindungen des Holzes. Dann folgt die dritte und wichtigste, die der eigentlichen Zersetzung, in welcher die Lignocellulosen exothermisch gespalten werden; schließlich als Endphase die vierte, bei der die Temperatur durch Außenheizung auf ungefähr 400° gebracht wird, um völlige Zersetzung zu erreichen und eine möglichst teerfreie Holzkohle zu gewinnen.

Man hat es natürlich in der Hand, jeden dieser einzelnen Abschnitte langsam oder schnell vor sich gehen zu lassen. Am schwierigsten zu beeinflussen ist selbstverständlich die dritte oder exothermische Phase. Im ganzen betrachtet kann die Verkohlung langsam oder schnell geführt werden, je nachdem die Heizung gehandhabt wird. Es ist besonders die exothermische Phase, mit der wir es hauptsächlich zu tun haben, und die Geschwindigkeit der Destillation kann als proportional dem Zeitintervall angenommen werden, welches zwischen der Erreichung von 250° und dem Ende der Destillation liegt.

Wird die Heizung bei Eintritt der Hauptreaktion nicht vermindert, so kann die Zersetzung so rapide vor sich gehen, daß sie durch das plötzliche Freiwerden von gewaltigen Wärmemengen fast explosiven Charakter annimmt. Wird jedoch zur richtigen Zeit, d. h. beim Herannahen der stürmischen Periode, das Feuer vermindert, so verläuft die Hauptreaktion ziemlich ruhig und ohne außergewöhnliche Temperaturerhöhung und die Zeitdauer bis zur völligen Beendigung des Prozesses kann wesentlich verlängert werden.

Den Einfluß einer genauen Temperaturregelung hat Palmer[1]) in anschaulicher Weise dargestellt und durch seine Versuche die Wirkung

[1]) J. Ind. Engg. Chem. Bd. 7, S. 663. 1915.

einer genauen Temperaturkontrolle gezeigt; er benutzte die in Abb. 10 dargestellte Retorte. Die Temperaturen wurden an drei Stellen innerhalb der Retorte gemessen, und zwar (1) und (2) nahe der Seitenwand oben und unten und (3) in der Mitte (Pos. 5 in der Zeichnung). Die Füllungen bestanden aus Ahorn-, Buchen- und Birkenholz mit einem Wassergehalt von 12—15% im Gewichte von je 80 lbs. und in Stücken von $18 \times 2^1/_2 \times 1$ Zoll. Zum Vergleich wurden sog. unkontrollierte Versuche angestellt, derart, daß die Temperatur im Ölbad so hoch gehalten wurde, daß das Pyrometer im Zentrum der Retorte 175° C zeigte. Verstärkte Heizung brachte die Ölbadtemperatur auf 350° und diese wurde bis zur Beendigung der Destillation gehalten. Das Pyrometer im Zentrum zeigte gewöhnlich 30—50° C höher als das des Ölbades, nachdem die Temperatur des letzteren zu sinken begonnen hatte. Palmer nennt einen kontrollierten Versuch einen solchen, bei welchem der möglichst größte Teil der Verkohlung bei möglichst niedriger Temperatur vor sich geht und die Temperatursteigerung während der exothermischen Periode möglichst gering ist. Bei den kontrollierten Versuchen ließ er die Temperatur des Ölbades nicht höher als 275—300 °C steigen, bis die Innentemperatur und der Destillationsverlauf ein Nachlassen der Reaktion anzeigten. Die Anzeige des Pyrometers im Zentrum erreichte gewöhnlich 275°—300°, wenn die Temperatur des Öles zu fallen begann. Sie wurde dann schnell auf 350° gesteigert und die Verkohlung zu Ende geführt. Tabelle 48 gibt die Resultate.

Tabelle 48. Wirkung der Temperaturkontrolle auf die Ausbeuten an Holzgeist und Essigsäure aus Ahorn, Buche und Birke.

Angewandtes Holz	Ausbeute an Holzgeist				Ausbeute an Essigsäure			
	unkontrolliert		kontrolliert		unkontrolliert		kontrolliert	
	% des trockenen Holzes	U.S. gals. v. 95% pro Cord	% des trockenen Holzes	U.S. gals. v. 95% pro Cord	% des trockenen Holzes	lbs. Säure von 80% pro Cord	% des trockenen Holzes	lbs. Säure von 80% pro Cord
Ahorn	1,56	7,4	2,16	10,2	5,29	240	6,30	290
	1,59	7,5	2,36	11,15	5,74	267	5,45	251
	1,62	7,6	2,41	11,25	5,91	275	5,52	256
Durchschnitt	1,59	7,5(a)	2,31	10,90	5,65	261(b)	5,76	266
Buche	2,01	9,2	2,15	9,80	5,70	259	6,28	285
	2,03	9,28	—	—	5,78	262	—	—
	2,07	9,45	—	—	5,85	266	—	—
Durchschnitt	2,04	9,31	2,15	9,80	5,77	262	6,28	285
Birke	1,59	6,95	1,73	7,6	6,58	284	6,96	301
	1,67	7,32	1,76	7,7	6,50	281	6,78	292
Durchschnitt	1,63	7,15	1,75	7,65	6,54	282	6,87	296

Bei der Verkohlung von Ahornholz ergab sich eine 45% höhere Ausbeute an Holzgeist gegenüber dem unkontrollierten Versuch. Die entsprechende Erhöhung der Essigsäureausbeute, auf Calciumacetat von 80% berechnet, ergab 2%. — Für Buche sind die entsprechenden Zahlen 5% für den Holzgeist und 9% für die Essigsäure, für Birke 7 bzw. 5%. In Abb. 17 ist der Verlauf der Verkohlung graphisch dargestellt.

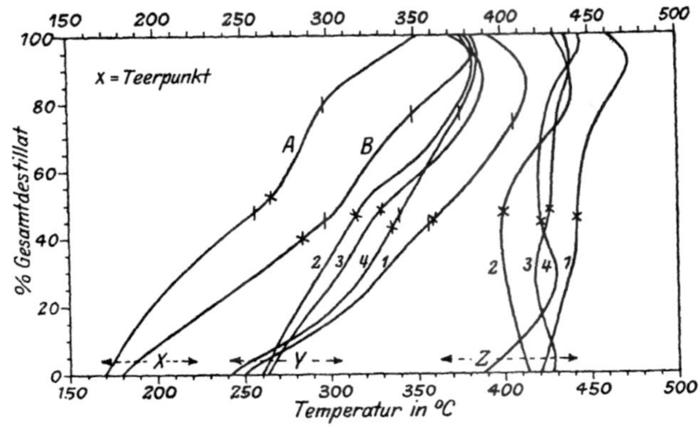

Abb. 17. Diagramm, welches die Wirkung der Temperaturkontrolle bei der Verkohlung zeigt.

Charakteristisch ist das Erscheinen von Teertröpfchen im Destillat kurz vor Eintritt der exothermischen Periode. Die Temperatur, bei welcher der Teer auftrat, wurde Teerpunkt genannt. Die beiden Kurven *Y* und *Z* beziehen sich auf Versuche im großen Maßstabe und sollen bei Besprechung des Retortenbetriebes (Kapitel XI) erläutert werden. Kurve *A* zeigt den Verlauf der kontrollierten und Kurve *B* den der unkontrollierten Verkohlung von Ahornholz. Die Temperaturen stellen das Mittel aus den Ablesungen der Pyrometer 1 und 2 dar. Der Kurventeil dicht unterhalb und unmittelbar oberhalb des sog. Teerpunktes wird als die kritische Phase betrachtet. Die eigentliche Reaktionstemperatur ist bei *A* 20—50° niedriger als bei *B*, und der Destillationsverlauf ist langsamer bei *A*. Kurve *B* gilt für einen extremen Fall eines unkontrollierten Versuches. Mehr den wirklichen Verhältnissen entsprechende Kurven würden also zwischen *A* und *B* liegen. Merkwürdigerweise zeigen zwei unkontrollierte Versuche mit Ahornholz eine höhere Ausbeute an Acetat als die entsprechenden kontrollierten, ein Zeichen, daß der Einfluß des Temperaturfaktors im Kleinversuch nicht so ausgeprägt ist wie im Großbetrieb.

Borghesani[1]) bestimmte die Ausbeuten aus Kastanienholz bei langsamer und schneller Verkohlung. Die erstere wurde so geleitet, daß pro Stunde 0,05 kg Destillat erzielt wurde, während die Menge bei der letzteren 1 kg betrug. Sie verlief also 20mal schneller als die erstere.

[1]) Chem.-Zg. Bd. 34, S. 609. 1910.

Zur Untersuchung gelangten Stamm-, Ast- und Wurzelholz. Das Stammholz enthielt 33,17% Feuchtigkeit und 5,45% Rinde, das Astholz 17,37% Feuchtigkeit und 20% Rinde, die Wurzel 31,14% und 20,1%. Der hohe Wasser- und Rindengehalt muß also beim Vergleich mit anderen Hölzern berücksichtigt werden. Auch die Endtemperatur von 500° war höher als üblich.

Nach Beendigung des Versuches wurde die Holzkohle sofort gewogen und nochmals, nachdem sie 15 Minuten der Luft ausgesetzt war. Die Gasmenge ist berechnet aus der Differenz zwischen dem Gewicht des Holzes und der Summe der Gewichte für Holzkohle und Destillate, unter Abzug von 1% für Verluste. Die Resultate finden sich in Tabelle 49.

Tabelle 49. Ausbeuten, erhalten bei schneller und langsamer Destillation von Kastanienholz.

Holz von	Verlauf der Destillation	Holzkohle, gewogen: in der Retorte %	Holzkohle, gewogen: an der Luft %	Gesamtdestillat	Teer %	Holzessig %	Holzessig: Gehalt an Essigsäure %	Essigsäure %	Methylalkohol %	Aceton %	Holzgas %
Stamm	langsam (0,05 kg/Std.)	27,31	30,09	59,46	3,96	55,50	4,87	2,70	0,68	0,07	13,20
	schnell (1 kg/Std.)	22,76	25,74	54,05	3,30	50,75	4,10	2,25	0,56	0,06	23,19
Ästen	langsam	21,00	22,84	60,00	4,32	55,68	8,38	4,65	1,16	0,12	19,00
	schnell	17,50	19,54	54,54	3,60	50,84	7,00	3,90	0,97	0,11	27,96
Wurzel	langsam	23,75	26,25	58,75	4,06	54,69	5,85	3,30	0,83	0,08	17,50
	schnell	20,00	22,74	53,41	3,38	50,03	4,90	2,75	0,69	0,07	26,59

Die schnelle Verkohlung, die ohne irgendwelche Temperaturkontrolle stattfand, bewirkte eine Verminderung der Ausbeuten an Holzkohle, Essigsäure und Methylalkohol auf der einen und eine bedeutende Steigerung der Ausbeuten an Gasen auf der anderen Seite. Nur die Ausbeute an Aceton blieb praktisch konstant.

Einfluß des Druckes.

Sehr eingehend hat sich Klason[1]) mit der Verkohlung von Birkenholz beschäftigt. Die erzielten Resultate sind in Tabelle 50 zusammengestellt und zeigen den Einfluß der Verkohlungsdauer und des verminderten Druckes auf die Ausbeuten. Die Versuche erstreckten sich über Drucke von Kathodenlichtvakuum bis zum atmosphärischen Druck einerseits und auf Destillationszeiten von 3 Stunden bis zu 14 Tagen andererseits. Außer den Hauptprodukten wurden noch Ameisensäure und Formaldehyd im Destillat bestimmt. Je länger die Verkohlungszeit,

[1]) J. pr. Chem. Bd. 90, S. 413. 1914.

desto geringer die Ausbeute an Teer und desto höher die an Holzkohle, Kohlendioxyd und Teerölen. Ziemlich unabhängig von der Geschwindigkeit ist die Menge der Essigsäure bei gewöhnlichem Druck; Anwendung von hohem Vakuum bewirkt jedoch eine Steigerung. Ähnlich verhält sich Methylalkohol, dessen Menge jedoch unter Vakuum abnimmt.

Praktisch kein Aceton wird beim Versuch im Vakuum erhalten, seine Ausbeute steigt jedoch um ein Geringes mit wechselnder Verkohlungsdauer. Wie wir später sehen werden, ist Aceton ein sekundäres Produkt, herrührend aus der Zersetzung der Essigsäure. Die Menge der Ameisensäure nimmt ab bei Verlängerung der Verkohlungsdauer und steigt rapide bei Anwendung von Vakuum. Ganz ähnlich verhält sich Formaldehyd, nur daß die Zunahme bei den unter Luftleere ausgeführten Versuchen nicht so ausgeprägt ist.

Bei der Verkohlung von Kiefern zwecks Herstellung von Terpentinöl (Kienöl) sind die Ausbeuten an letzterem nicht sehr zufriedenstellend, weil die Zersetzung des Holzes schon beginnt, bevor die wertvollen Terpene abgetrieben sind. Es ist daher nicht zu verwundern, daß sich dem Destillat schwere Öle und Teer beimischen.

Nach dem Gesetz vom Minorsiedepunkt sieden zwei Flüssigkeiten, die sich nicht miteinander mischen, bei einer Temperatur, die unterhalb der der niedrigst siedenden Komponente liegt. Terpentin und Wasser bilden ein solches Gemisch und müssen daher zusammen destilliert einen Siedepunkt zeigen, der unterhalb desjenigen des Wassers liegt. In der Tat zeigt die Temperatur des Dampfes bei Normaldruck 91° C und das Destillat setzt sich zusammen aus 100 Teilen Wasser und 80 Gewichtsteilen Terpentinöl. Dieses Verhältnis verschiebt sich bei Druckverminderung und beträgt bei 38 mm 14,7 Teile Wasser und 24,4 Teile Terpentinöl. Danach sollte die trockene Destillation von Kiefernholz unter vermindertem Druck bessere Ausbeuten ergeben, da dem niederen Druck auch eine niedrige Temperatur entspricht, bei der eine Zersetzung des Holzes noch nicht stattfindet.

Tabelle 50. Einfluß von Zeit und Druck auf die Ausbeuten der Produkte von Birkenholz.

Druck	Destillationsdauer	Holzkohle %	Teer %	Essigsäure %	Ameisensäure %	Holzgeist %	Methylalkohol %	Aceton	Formaldehyd
Kathoden-Licht-Vak. (0,01 mm)	—	19,38	43,66	7,05	2,40	—	—	—	1,27
5 mm	—	19,54	37,18	7,05	2,30	1,23	1,20	0,03	1,20
Atmosphärischer	3 Std.	25,51	18,00	6,50	0,71	1,65	1,49	0,16	1,00
„	8 „	30,85	16,94	6,77	0,61	1,67	1,47	0,20	0,90
„	16 „	33,18	10,1	6,58	0,55	1,72	1,50	0,22	—
„	14 Tage	39,44	1,8	6,48	0,33	1,76	1,41	0,35	0,80

Adams und Hilton[1]) haben die Probe auf das Exempel gemacht. Sie unterwarfen die westliche Sumpfkiefer *(Pinus ponderosa)* einmal bei atmosphärischem, ein andermal bei einem Druck von 38 mm der Destillation. Tabelle 51 gibt eine Zusammenstellung der Resultate. Bei atmosphärischem Druck begann Wasser und Terpentinöl bei 94° zu destillieren. Zersetzung trat ein bei 220°. Bei einem Druck von 38 mm hingegen war eine große Menge Terpentinöl schon unterhalb 94° abdestilliert. Die Versuche wurden in größerem Maßstabe wiederholt unter Verwendung der auf Seite 76 und 84 erwähnten Retorte. Zum Vergleich wurde auch eine Verkohlung in einer direkt geheizten Retorte ausgeführt, ohne daß die Destillate in Fraktionen getrennt wurden. Dieser Versuch ergab 1606 cm³ Kienteer, aus denen 424 cm³ eines hellbraunen, schlecht riechenden, unter 170° siedenden Terpentinöls erhalten wurden. Kontrollierte Versuche bei gewöhnlichem Druck und bei solchem von 80 mm ergaben folgende Resultate:

Fraktion	Destillations-temperatur	Atm. Druck		80 mm	
		Terpentinöl (Kienöl)	Gereinigtes Terpentinöl (Kienöl)	Terpentinöl (Kienöl)	Gereinigtes Terpentinöl (Kienöl)
	°C	ccm	ccm	ccm	ccm
1	bis 220	570	501	920	722
2	220/250	220	176	320	182

In derselben Weise wurden zwei andere Kiefernarten: *Pinus monophylla* und *Pinus Jefryii* verglichen.

	Fraktion	Temperatur °C	Destillation in Stdn.	Gereinigtes Terpentinöl	
				Atm. Druck ccm	80 mm ccm
Pinus monophylla	1	bis 220	1,5	180	250
„ „	2	220—250	1,0	108	150
Pinus Jefryii	1	bis 200	1,5	100	150
„ „	2	200—220	1,0	95	105
„ „	3	220—250	1,0	80	75

Die Destillation unter vermindertem Druck ergibt also bei dem Kiefernholz eine ziemlich bedeutende Erhöhung der Ausbeuten an Terpentinöl (Kienöl). Schon aus theoretischen Überlegungen heraus war ein solches Resultat zu erwarten, denn da im Anfangsstadium der Verkohlung, besonders bei Nadelholz, noch keinerlei Zersetzungserscheinungen auftreten, haben wir es hier mit einer einfachen Wasserdampfdestillation zu tun, duch welche die flüchtigen, im Holz bereits vorge-

[1]) J. Ind. Engg. Chem. Bd. 6, S. 378. 1915.

bildeten Terpene abgetrieben werden. Tatsächlich verliert die Destillation unter vermindertem Druck viel von ihrem Wert, wenn das zur Verwendung kommende Holz sehr feucht ist, also genügend Wasserdampf entwickelt, um die Terpene größtenteils auszutreiben.

Tabelle 51. Trockene Destillation von Kiefernholz (*Pinus ponderosa*) unter vermindertem Druck.

Fraktion	Temperatur im Ölbad °C	Temperatur im Kolben °C	Atmosphärischer Druck		38 mm	
			Terpentinöl, Vol. ccm	Wasser Vol. ccm	Terpentinöl, Vol. ccm	Wasser Vol. ccm
1	100—150	40—94	0,0	0,0	7,2	3,1
2	150—190	94—120	5,3	4,2	2,8	2,2
3	190—200	120—140	4,3	3,2	2,5	1,9
4	200—220	140—160	1,4	0,6	1,1	1,5
5	220—270	160—180	1,8	1,6	2,1	3,0
6	270—300	180—200	2,3	4,0	4,6	3,2
7	300—330	200—220	3,1	6,1	6,4	4,1

Wir werden bei der Besprechung der Theorie der Holzzersetzung (Kapitel VIII) nochmals auf die Verkohlung unter vermindertem Druck zurückkommen. Bis jetzt ist sie übrigens im Großbetriebe noch nicht eingeführt. Wahrscheinlich werden auch die Resultate den Aufwand für die kostspielige Apparatur und den komplizierten Betrieb nicht rechtfertigen, denn nicht nur müßten die Verkohlungsapparate viel sorgfältiger ausgeführt werden, es würde sich auch ein besonderes Kondensationssystem notwendig machen, wie überhaupt der ganze Betrieb viel umständlicher werden würde im Gegensatz zu den verhältnismäßig einfachen, unter gewöhnlichem Druck arbeitenden Anlagen.

Den Einfluß des Arbeitens mit größerem als atmosphärischem Druck studierte Palmer[1]). Sein Apparat bestand aus einem eisernen Autoklaven mit 1 Zoll dicker Wandung und war ausgerüstet mit einem Thermometer, Manometer und Rührer. Er wurde erhitzt durch ein Bad von schmelzendem Natrium- und Kaliumnitrat. Die Operation wurde als beendet angesehen, wenn die Maximumtemperatur unter ständigem Rühren 10 Minuten gehalten war, und zwar betrug diese ungefähr 335°. Als Rohmaterial diente Sägemehl von Ahorn und Birke bzw. Birke von den Abmessungen $1 \times {}^1/_8 \times {}^1/_8$ Zoll.

Zum Vergleich wurden Verkohlungen unter gewöhnlichem Druck und unter Bedingungen ausgeführt, die denen des Großbetriebes ähnelten. Der Druck wurde bis zu rund 10 kg pro qcm gesteigert. Sobald Wasser in genügender Menge überdestilliert war und alle Luft verdrängt hatte, wurde die Übersteigleitung geschlossen und blieb es, bis der ge-

[1]) J. Ind. Engg. Chem. Bd. 6, S. 890. 1914.

wünschte Druck erreicht war. Dann wurde soweit geöffnet, daß während der nachfolgenden Verkohlung der Druck der gleiche blieb. Die folgende Tabelle enthält ein typisches Abtriebsbild.

Tabelle 52. Trockene Destillation des Holzes unter erhöhtem Druck — Birkenspäne.

Gewicht der Charge. 2903 g. Gewicht trocken: 2621 g.

Zeit	Temperatur °C im Autoklaven	Temperatur °C im Ölbad	Druck in kg pro qcm	Gesamtdestillat ccm	Bemerkungen
Vormittag					
8.30	—	—	—	—	Beginn der Heizung
9.39	116	363	—	—	Beginn der Destillation
9.51	155	400	4,2	—	
9.57	179	415	4,2	100	
10.02	194	425	4,2	200	Teer erscheint
10.06	209	429	4,2	300	Ständig gerührt (10.06–10.23)
10.09	225	435	4,2	400	
10.11	242	440	4,2	500	
10.13	250	442	4,2	600	
10.15	272	442	4,2	700	
10.16	286	443	4,2	800	
10.17	298	444	4,2	900	
10.18	311	447	4,2	1000	
10.23	325	450	4,2	1100	
10.27	331	452	4,2	1130	Heizung abgestellt
10.30	335	452	4,2	1155	Weiter gerührt (10.30–12.20)
10.33	338	445	4,2	1162	
10.37	338	—	4,2	1166	
10.40	337	—	4,2	1168	
Nachmittag					
12.20	220	—	0	1197	
				Gesamtsumme 1229	

Die einzelnen Ergebnisse sind in Tabelle 53 und die entsprechenden Kurven in den Abb. 18 und 19 dargestellt, und zwar geben die Zahlen der Tabelle das Mittel aus mindestens drei Einzelversuchen an. — Die Ausbeute an Methylalkohol ist bei den Spänen höher als bei Sägemehl. Auch die Destillation einer Charge im Gewichte von 80 lbs. desselben Birkenholzes, von welchem die Späne genommen waren (in Stücke von $18 \times 3 \times 3$ Zoll zerkleinert), gab eine Methylalkoholausbeute von 1,54%. Es scheint sich demnach die Tatsache zu bestätigen, daß im allgemeinen fein zerkleinertes Holz weniger Methylalkohol gibt als großstückiges. Die Wirkung der Druckerhöhung zeigt sich in geringerer Ausbeute an Essigsäure, und zwar werden bei einem Überdruck von 8,4 Atm. ungefähr 25% weniger gewonnen. Die Menge des Methylalkohols hingegen wird um ein Geringes erhöht, und zwar um 8% bei demselben Druck. Keinen Unterschied zeigt Ahorn bei einem Überdruck von 10,5 Atm. gegenüber der Anwendung von atmosphärischem Druck. Die Menge der Holzkohle wächst mit dem Druck, und zwar um 8% bei 4,2 und 11% bei 8,4 Atm. Die Menge des Gesamtdestillates abzüglich der im Holz vorhandenen Feuchtigkeit nimmt um 20% bei einem Druck von 4,2 Atm. ab. Bei Anwendung höheren Druckes ist die Verminderung unwesentlich.

Tabelle 53. Wirkung des verstärkten Druckes auf die Ausbeuten bei der Destillation von Birke und Ahorn.

Holz	Druck in Atmosphären	Essigsäure %	Holzgeist %	Holzkohle %	Teer % Gelöst	Teer % Gesamtteer	Gehalt des Destillats an gelöstem Teer %	Holzessig, abzüglich Holzfeuchtigkeit %	Gas %	Gas, Teer u. Holzkohle %	Teer und Holzkohle %
Ahorn-Sägemehl	0	5,59	1,09	38,93	3,74	8,04	9,05	35,0	25,2	72,17	46,97
	4,2	4,81	1,18	41,49	1,33	3,23	3,49	28,8	30,3	75,02	44,72
	10,5	4,10	1,08	42,46	0,97	2,67	2,72	27,66	29,36	74,49	45,13
Birken-Sägemehl	0	6,76	1,15	37,2	5,28	11,98	8,53	36,37	19,70	68,98	49,18
	4,2	5,34	1,23	40,38	1,40	4,25	2,93	29,95	25,10	69,73	44,63
	8,4	5,20	1,25	42,07	1,12	3,86	2,71	29,84	25,55	71,48	45,93
Birken-späne	0	6,32	1,42	36,61	12,55	16,96	24,4	42,64	16,03	69,60	53,57
	4,2	5,61	1,50	39,5	6,29	11,70	12,1	34,23	20,13	71,33	51,20
	8,4	5,44	1,53	40,48	5,64	9,08	8,75	32,90	21,21	70,77	49,56

Die Gasmenge steigt um ungefähr 25% bei 4,2 Atm., ohne bei höheren Drucken weiter zuzunehmen. Am größten ist der Einfluß des Druckes bei dem Teer. Bei 4,2 Atm. nimmt die Ausbeute um 60% ab, fällt weiter mit Erhöhung des Druckes, und der Einfluß des Druckes wird besonders deutlich, wenn man den im Destillat gelösten Teer für sich betrachtet. Die Ergebnisse stimmen mit den von Klason erhaltenen (siehe Tabelle 50) überein.

Vergleicht man Tabelle 50 und 53, so kann man aus ihnen die Ausbeuteverhältnisse für verschiedene Produkte zwischen den Drucken von 0,01 mm bis 8,4 Atm. ableiten. Es ergibt sich so für Teer eine kontinuierliche Abnahme von 43,66%, bei 0,01 mm bis zu 3,86% bei 8,4 Atm. Die Zunahme der Holzkohle beträgt von 19,38% bei 0,01 mm bis zu 42,07% bei 8,4 Atm.; die Abnahme der Essigsäure von 7,05 bis zu 5,2% für das gleiche Intervall. Palmer versuchte sogar, mit dem Druck bis ungefähr 30 Atm. zu gehen, war aber gezwungen, die Experimente abzubrechen, da die exothermische Periode zu heftig wurde.

Abb. 18 gibt die Beziehungen zwischen Zeit und Temperatur, Abb. 19 jene zwischen Temperatur und Menge der erhaltenen Destillate graphisch wieder. Die Temperaturen, bei welchen der Teer zuerst erscheint, d. h. die stürmische Periode beginnt, liegen, wie man sieht, sehr weit

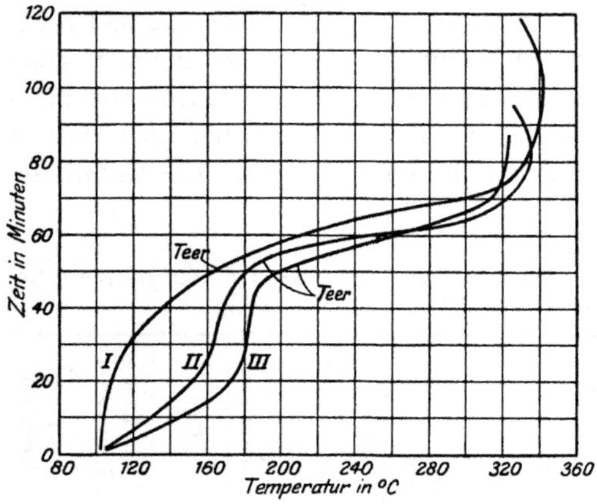

Abb. 18. Zeit-Temperaturkurve für die Destillation eines Holzes unter erhöhtem Druck.
I Gewöhnlicher Druck; *II* 4,2 Atm.; *III* 8,4 Atm.

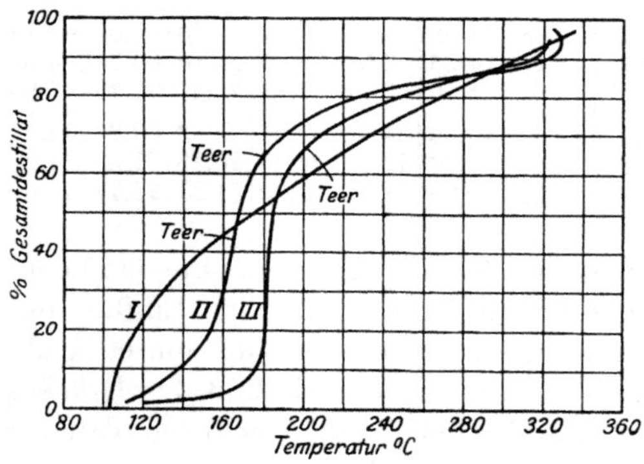

Abb. 19. Temperatur-Destillat-Kurve für die Destillation eines Holzes unter erhöhtem Druck.

unter dem eigentlichen exothermischen Punkt, nämlich 275°, können also unmöglich den wirklichen Bedingungen entsprechen und zeigen höchstens den ungefähren Verlauf derTemperatursteigerung innerhalb des Autoklavens an. Aus Abb. 18 ersieht man, daß der Teer auf allen 3 Kurven nach ungefähr derselben Zeit zu erscheinen beginnt, jedoch unter atmosphärischem Druck bei 160°, unter einem solchen von 4,2 Atm. bei 180 und unter 8,4 Atm. bei 210°.

Je höher der Druck, desto größer ist die Menge Destillat, die vor dem Auftreten des Teeres erhalten wird, eine Tatsache, die durch den Feuchtigkeitsgehalt des Holzes nicht erklärt wird. Palmer nimmt an, daß die Verschiedenheit in den 3 Kurven möglicherweise in der Erhöhung des Siedepunktes des Wassers ihren Grund hat, der unter einem Druck von 4,2 Atm. 155° C und bei 8,4 Atm. 176° beträgt. Die Abflachung der Kurven tritt ungefähr bei diesen Punkten ein.

Der Einfluß der Feuchtigkeit.

Die Gegenwart größerer Wassermengen im Holz ist in zweierlei Beziehung von Wichtigkeit. Erstlich ruft sie eine übermäßige Verdünnung der Destillate hervor, eine Tatsache, die ganz selbstverständlich erscheint, und zweitens könnte sie bestimmten Einfluß auf die Ausbeute an wertvollen Produkten ausüben. Über den letzten Punkt herrscht unter den Verkohlern keinerlei Übereinstimmung. Die einen sind der Ansicht, daß ein außergewöhnlich hoher Feuchtigkeitsgehalt die Ausbeute vermindert, während die anderen dieses nicht bestätigt finden. Palmer und Cloukey[1]) haben Versuche in dieser Beziehung angestellt, die, wenn sie auch nicht ausschlaggebend sind, doch gezeigt haben, daß der Feuchtigkeitsgehalt ein Faktor ist, mit dem unbedingt gerechnet werden muß.

Tabelle 54. Ausbeuten an Destillationsprodukten von Buche, Birke und Ahorn bei verschiedenem Feuchtigkeitsgehalt und unter verschiedenen Bedingungen.

Holz	Bedingungen	Feuchtigkeit	Holzkohle	Teer			Gesamtsäure	Essigsäure	Ameisensäure	Holzgeist
				Absatzteer	Gelöster Teer	Gesamtteer				
Buche	Trocken, nicht kontrolliert	24,90	39,45	5,21	4,91	10,15	5,52	4,62	0,69	1,74
	Trocken, kontrolliert	22,25	42,00	4,93	4,89	9,82	5,04	4,12	0,73	1,78
	Naß, nicht kontrolliert	31,80	38,72	5,45	5,03	10,48	6,23	4,98	1,03	1,80
	Naß, kontrolliert	32,27	39,85	5,01	5,64	10,65	6,25	5,63	0,54	1,91
Birke	Trocken, nicht kontrolliert	20,82	38,88	5,96	5,64	11,60	5,02	4,28	0,59	1,62
	Trocken, kontrolliert	21,10	42,30	5,04	4,62	9,66	5,42	4,83	0,48	1,73
	Naß, nicht kontrolliert	30,70	40,25	5,93	4,26	10,19	5,62	4,97	0,52	1,58
	Naß, kontrolliert	26,78	42,30	5,52	5,28	10,80	5,52	4,92	0,44	1,41
Ahorn	Trocken, nicht kontrolliert	21,32	38,66	5,80	6,98	12,78	5,43	4,92	0,38	1,77
	Trocken, kontrolliert	22,80	42,35	5,16	4,77	10,13	5,49	4,61	0,68	1,92
	Naß, nicht kontrolliert	32,80	39,20	6,12	5,05	11,17	5,37	4,54	0,66	1,88
	Naß, kontrolliert	27,03	38,92	4,87	4,91	9,78	5,59	5,17	0,33	1,83
Durchschnitt	Trocken, nicht kontrolliert	22,31	38,98	5,66	5,84	11,50	5,32	4,54	0,55	1,71
	Trocken, kontrolliert	22,05	42,20	5,04	4,83	9,87	5,32	4,52	0,63	1,81
	Naß, nicht kontrolliert	31,59	39,39	5,83	4,78	10,61	5,74	4,83	0,74	1,75
	Naß, kontrolliert	28,69	40,36	5,13	5,28	10,41	5,78	5,24	0,44	1,72

Die Ausbeuten sind in $^0/_0$ des Trockengewichtes der Hölzer gegeben. Die Durchschnittszahlen gelten für ein Gemisch aus gleichen Gewichtsmengen Buche, Birke und Ahorn.

Als Rohmaterial diente ihnen das Holz der amerikanischen Buche, der Birke und des Ahorns, und zwar gewöhnliches Verkohlungsholz aus dem Großbetriebe. Ein Teil des Holzes war 18 Monate lang an der Luft getrocknet, ein anderer 6 Monate. Als Verkohlungsapparat wurde wieder der von Palmer bei seinen Untersuchungen über die Ausbeute verschiedener Laubhölzer (siehe Abb. 10) benutzte verwendet. Sowohl kontrollierte wie unkontrollierte Verkohlungsversuche wurden angestellt in der Art der früher beschriebenen (s. S. 86). In Tabelle 54 sind die Resultate zusammengestellt. Sie enthält außerdem noch Durchschnittsausbeuten aus allen drei Hölzern zusammengenommen.

Dieselben Daten sind in Tabelle 55 enthalten, doch des Vergleichs wegen so umgerechnet, daß die höchste Zahl für jedes Produkt als 100%

[1]) J. Ind. Engg. Chem. Bd. 10, S. 262. 1918.

eingesetzt ist. Man kann mit einem Blick übersehen, daß Feuchtigkeitsgehalt und Temperaturkontrolle die drei verschiedenen Holzarten nicht in derselben Weise beeinflussen. So zeigt Buche die höchste Ausbeute an Essigsäure und Methylalkohol bei der kontrollierten Destillation des nassesten Holzes, Birke hingegen bei der unkontrollierten Destillation des nassesten Holzes die höchste Ausbeute an Essigsäure, bei der kontrollierten des trockenen Holzes jedoch wieder die höchste Ausbeute an Holzgeist. Bei Ahorn liegen die Verhältnisse so, daß die kontrollierte Destillation des trockeneren Holzes die höchste Ausbeute an Methylalkohol gibt, die an Essigsäure aber bei der kontrollierten des nassesten Holzes erhalten wurde. Die Zahlen für die gemischten Hölzer sind dieselben wie die für Ahorn allein.

Tabelle 55. Relative Ausbeuten an Destillationsprodukten von Buche, Birke und Ahorn bei verschiedenem Feuchtigkeitsgehalt und unter verschiedenen Bedingungen.

Holz	Bedingungen	Feuchtigkeit	Holzkohle	Teer: Absatzteer	Teer: Gelöster Teer	Teer: Gesamtteer	Gesamtsäure	Essigsäure	Ameisensäure	Holzgeist
Buche	Trocken, nicht kontroll.	74,8	94,0	95,7	87,1	95,4	88,4	82,1	67,0	91,1
	Trocken, kontrolliert	69,0	100,0	90,5	86,7	92,2	80,7	73,2	70,9	93,2
	Naß, nicht kontrolliert	98,3	92,2	100,0	89,2	98,5	99,6	88,5	100,0	94,2
	Naß, kontrolliert	100,0	94,9	92,0	100,0	100,0	100,0	100,0	52,4	100,0
Birke	Trocken, nicht kontroll.	69,0	92,0	100,0	100,0	100,0	89,3	86,1	100,0	93,7
	Trocken kontrolliert	69,9	100,0	84,6	81,9	83,3	96,5	97,2	81,4	100,0
	Naß, nicht kontrolliert	100,0	95,2	99,5	75,5	87,9	100,0	100,0	88,2	91,3
	Naß, kontrolliert	88,8	100,0	92,6	93,6	93,2	98,2	99,0	74,6	81,6
Ahorn	Trocken, nicht kontroll.	65,0	91,3	94,8	100,0	100,0	97,2	95,2	54,6	92,2
	Trocken, kontrolliert	69,0	100,0	84,3	88,4	78,3	98,2	89,2	100,0	100,0
	Naß, nicht kontrolliert	100,0	92,8	100,0	72,4	87,4	96,9	87,8	97,1	97,7
	Naß, kontrolliert	82,4	91,9	79,6	70,3	76,5	100,0	100,0	48,5	95,4
Durchschnitt	Trocken, nicht kontroll.	70,7	92,4	97,1	100,0	100,0	92,1	86,7	74,4	94,5
	Trocken, kontrolliert	69,7	100,0	86,5	82,7	85,9	92,1	86,3	85,1	100,0
	Naß, nicht kontrolliert	100,0	93,3	100,0	82,0	92,3	99,3	92,2	100,0	96,7
	Naß, kontrolliert	90,8	95,7	88,0	90,4	90,5	100,0	100,0	59,4	95,0

In jedem einzelnen Fall sind die Gewichtshöchstausbeuten als 100% gerechnet. Die Durchschnittszahlen gelten für Gemische aus gleichen Gewichtsmengen Buche, Birke und Ahorn.

Auf jeden Fall gab das nassere Holz niedrigere Ausbeuten an Holzkohle, nur Birkenholz dieselben für die kontrollierten Destillationen, ganz gleich, ob feuchteres oder trockeneres Holz angewendet wurde.

Mit Ausnahme der Buche erhielt man aus allen trockenen Hölzern mehr Teer. Dagegen sind alle Teerzahlen für Buche höher als solche für Ahorn und Birke.

Kurz zusammengefaßt ergibt sich:

Ahorn. Um die Maximalausbeute an Essigsäure zu erhalten, darf das Holz nicht zu lange getrocknet werden und die Verkohlung muß unter guter Kontrolle vor sich gehen. Die letztere Bedingung muß auch erfüllt werden, wenn die größtmöglichsten Ausbeuten an Methylalkohol erreicht werden sollen, jedoch kann in diesem Falle das Holz länger getrocknet sein.

Buche. Für die Erzielung der höchsten Ausbeuten sowohl an Essigsäure als auch Methylalkohol ist es zweckmäßig, ein feuchteres Holz anzuwenden unter genauer Temperaturkontrolle.

Birke. Vorausgesetzt, daß die Verkohlung sorgfältig überwacht wird, hat der Wassergehalt des Holzes wenig Einfluß auf die Ausbeute an Essigsäure (sie ist nur wenig höher bei dem feuchten Holz). Für die Maximalausbeute an Methylalkohol muß das Holz jedoch sehr gut getrocknet und die Destillation ebenfalls sorgsam überwacht werden.

Bei der Darstellung der Versuchsresultate in dieser Form muß man sich vor Augen halten, daß die Unterschiede im Feuchtigkeitsgehalt zwischen den Hölzern, bezeichnet als trocken und naß, in einigen Fällen nicht sehr groß sind, denn einige der sog. trockenen Hölzer enthalten mehr Wasser, als man gewöhnlich in der Praxis bei gut lufttrockenem Holz findet. Die Wirkung einer guten Kontrolle der Verkohlung tritt wieder ganz augenscheinlich hervor, besonders bei den nasseren Hölzern. Die trockenen Hölzer gaben bei den nicht kontrollierten Versuchen höhere Ausbeuten an Essigsäure als die kontrollierten mit Buche und Ahorn.

Die Wirkung unvollständiger Verkohlung.

Beim Arbeiten im Großbetriebe findet man häufig unter den Holzkohlen Stücke, die nicht vollständig verkohlt sind und die unter dem Namen „Brände“ (englisch brands oder bones) bekannt sind. Die Er scheinung tritt häufig ein, wenn außergewöhnlich feuchtes Holz benutzt wird und man trotzdem die Charge in 24 Stunden durchsetzen will. Im allgemeinen pflegt man diese nur zum Teil verkohlten Stücke einer der nächsten Chargen zuzusetzen.

Da nicht bekannt war, ob durch diese Prozedur eine Verminderung der Ausbeute eintrat, versuchte Palmer[1]) die Frage zu beantworten und sichere Daten zu erlangen. Kurze Zeit an der Luft getrocknetes Holz der Gelbbirke *(Betula lutea)* in Stücken von ungefähr $2^1/_2 \times 2^1/_2 \times 16$ Zoll wurde als Rohmaterial benutzt und der Verkohlung wie folgt unterworfen:

Nachdem die Retorte auf 340° geheizt war, wurde das Holz, das sich in einem besonders konstruierten Korb befand, eingeführt, ähnlich wie

[1]) J. Ind. Engg. Chem. Bd. 10, S. 260. 1918.

im Großbetriebe, wo das Holz sofort nach Herausziehen der Kohle der vorhergehenden Charge in die heiße Retorte eingebracht wird. Die einzelnen Destillationen verliefen unter Kontrolle. Bei dem ersten Versuch wurde das Holz in normaler Weise bis zu Ende verkohlt, bei den anderen brach man die Destillation ab, bevor die exothermische Reaktion voll in Erscheinung trat, was sich aus der Temperatur und der Menge des erhaltenen Destillates erkennen ließ. Nach vollständiger Abkühlung bis auf gewöhnliche Temperatur und Öffnung der Retorte wurde die Holzkohle von den Bränden getrennt. Als solche galten alle Stücke, die durch einen leichten Hammerschlag nicht zerbrochen werden konnten und eine braune Farbe hatten. Sie wurden der feuchten Luft während eines heftigen Regens so lange ausgesetzt, bis sie ungefähr 3,5% Wasser, bezogen auf das Trockengewicht, aufgenommen hatten, um dann in gleicher Weise wie gewöhnliches Holz einer vollständigen Verkohlung unterworfen zu werden.

Tabelle 56. Ausbeuten, erhalten bei der unvollständigen trockenen Destillation von Birkenholz usw.

Nr. des Abtriebs		Holzkohle	Brände	Teer: Absatzteer	Teer: Gelöster Teer	Teer: Gesamtteer	Gesamtsäure	Essigsäure	Ameisensäure	Holzgeist
1	Vollständige Verkohlung	42,30	0	5,52	5,28	10,80	5,52	4,92	0,44	1,41
2	Unvollständige „	17,66	48,00	1,93	2,91	4,84	4,53	3,92	0,48	0,885
3	„ „	10,77	62,96	0,87	1,73	2,60	3,44	2,99	0,36	0,447
4	Brände von 2 u. 3 nochmals destilliert . . .	54,50	0	4,99	4,29	9,28	2,96	2,56	0,30	1,45
	Abtrieb Nr. 2, 3 u. 4 als eines betrachtet . . .	44,49	0	4,17	4,69	8,86	5,59	4,86	0,59	1,46

Die Resultate finden sich in Tabelle 56. Aus den Abtrieben 2 und 3 mit frischem Holz und 4 mit Bränden, herrührend von Abtrieb 2 und 3, wurde rechnerisch der Wert für eine vollständig durchgeführte Destillation ermittelt und dieser mit dem der normalen Verkohlung (Abtrieb 1) verglichen. Auf diese Weise zeigt sich die Wirkung einer in 2 Stadien durchgeführten Verkohlung. Mit Ausnahme des Teeres, von dem etwa 20—25% weniger erhalten wurden, ergaben sich keinerlei Unterschiede in den Ausbeuten. Es finden also bei der nochmaligen Destillation von nur teilweise verkohltem Holz keinerlei Verluste an wertvollen Produkten statt. Bei Besprechung der Natur der Zersetzungsreaktionen werden wir nochmals auf diesen Punkt zurückkommen.

Der Einfluß der dem Holz vor der Verkohlung zugesetzten Chemikalien.

Es sind Versuche unternommen, die Ausbeute an wertvollen Produkten zu erhöhen dadurch, daß man das Holz vor der Verkohlung mit

Chemikalien behandelte, von welchen man annahm, daß sie die Abspaltung der wichtigen Gruppen, wie z. B. Acetyl, Formyl, Methoxyl, erleichtern würden. Man glaubte so, bedeutend größere Mengen Essigsäure, Ameisensäure und Methylalkohol erzeugen zu können. So unterwarf Palmer[1]) Holz, welches vorher mit Phosphorsäure bzw. Holzteerkreosot oder einer Mischung von beiden behandelt war, der Verkohlung, dabei zu gleicher Zeit den Einfluß des Druckes studierend unter Benutzung der gleichen Apparatur, wie Seite 91 beschrieben. Die Versuche erstreckten sich auf Ahorn- und Buchenholzspäne von den Abmessungen $2 \times 1 \times {}^1/_2$ Zoll und auf Retortenfüllungen von ungefähr je 5 lbs.

Tabelle 57. Trockene Destillation von Ahorn und Buche bei Gegenwart von Phosphorsäure.

Holz	Nr. des Abtriebs	% Phosphorsäure	Maximal-Temper. in der Retorte	Maximal-Temper. im Ölbad	Druck in Atmosphären	Holzessig, abzüglich Wassergehalt d. Holzes	Holzkohle	Gas	Teer: Gelöster Teer	Teer: Absatzteer	Gesamtsäure als Essigsäure berechnet	Essigsäure	Ameisensäure	Holzgeist	Feuchtigkeit
Ahorn	1	0,0	312	470	0	35,05	39,15	22,66	5,36	3,14	5,81	4,56	0,79	1,37	41,35
	2	7,59	332	465	0	41,27	44,90	13,85	1,85	neg.	5,05	4,52	0,40	2,18	45,35
	3	7,92	323	470	4,2	40,57	46,20	13,40	1,17	,,	4,65	4,12	0,41	1,29	39,80
	4	2,72	324	470	6,3	40,20	45,95	14,03	0,45	,,	4,55	3,98	0,43	1,46	36,00
	5	23,75	320	470	4,2	40,80	44,05	15,15	0,72	,,	5,30	4,20	0,84	1,81	34,00
Buche	6	0,00	320	470	0	35,80	40,30	19,05	7,70	4,79	7,03	5,13	1,47	0,99	39,15
	7 b	4,79	325	470	0	35,91	40,70	16,43	1,92	neg.	6,76	5,20	1,20	2,58	138,90
	8 b	4,96	321	470	0	39,38	44,85	15,77	2,11	,,	6,60	6,45	0,11	2,20	84,70
	9 b	9,73	325	450	0	36,57	40,25	16,25	2,25	,,	6,96	6,70	0,19	2,47	135,90
	10 b	2,63	333	465	4,2	34,73	44,55	26,62	1,25	,,	6,68	5,12	1,19	2,07	143,70
	11	1,25	326	470	7,7	41,72	44,90	11,85	1,09	0,29	4,56	4,33	0,20	1,44	58,25
	12	2,45	331	465	7,7	39,77	46,45	13,75	1,52	neg.	16,06	13,85	1,72	2,00	59,30
	13	4,85	327	465	7,7	41,26	44,20	14,54	0,70	0,20	3,58	2,43	0,88	1,33	58,50
	14	20,78	326	465	7,7	37,81	45,20	16,79	0,90	neg.	6,55	5,33	0,93	2,37	58,10

Die Zahlen beziehen sich auf % des Trockengewichtes des Holzes. (b) Charge heiß in die Retorte eingetragen.

Die Imprägnierung geschah durch Eintragen der Späne in eine wässerige Lösung von Phosphorsäure mit nachfolgendem Erhitzen, um die im Holz enthaltene Luft auszutreiben. Nach Abkühlung der Lösung mit den Spänen und Abtropfenlassen der nicht absorbierten Flüssigkeit wurde letztere gewogen und in ihr die Säure bestimmt. Da die Titrationen der Säurelösung vor und nach der Imprägnierung keine selektive Absorption erkennen ließen, konnte die Bestimmung der von den Spänen aufgenommenen Menge Phosphorsäure durch Wägen der nassen Späne geschehen. In einigen Fällen wurden sie vorher getrocknet, in anderen gleich im nassen Zustande verkohlt. Die bei Anwendung von Phosphor-

[1]) J. Ind. Engg. Chem. Bd. 10, S. 264.

säure erzielten Resultate enthält die Tabelle 57. Zum Vergleich sind jedesmal bei den verschiedenen Hölzern die Daten einer normalen Verkohlung angegeben. Wenn auch die Resultate keine große Übereinstimmung zeigen, so beweisen sie doch, daß die Gegenwart von gewissen Substanzen die Ausbeuten wesentlich zu beeinflussen vermag. Bei Ahorn ist eine Erhöhung der Ausbeute an Methylalkohol durch Anwendung der Phosphorsäure festzustellen, aber nur wenn die Verkohlung unter gewöhnlichem Druck ausgeführt ist. Erhöhung des Druckes hat wieder eine Abnahme im Gefolge. Die Zahlen für Essigsäure werden kaum beeinflußt.

Wie der Abtrieb Nr. 6 zeigt, ergab die normale Destillation von Buchenholz nur 0,99 % Holzgeist, also eine völlig anormale Ausbeute, die Palmer veranlaßte, um eine Vergleichszahl zu haben, sie durch 1,37 %, also der bei Ahorn erzielten Ausbeute, zu ersetzen. Wie man ferner sieht, werden die Ausbeuten an Methylalkohol durch die Einwirkung der Phosphorsäure beträchtlich erhöht, so lange die Verkohlung unter atmosphärischem Druck geschieht. Bei Erhöhung des Druckes findet, wie beim Ahornholz, ein Zurückgehen der Ausbeuten statt.

Abtrieb Nr. 12 gibt für die Essigsäureausbeute 13,85 % an, eine ganz ungewöhnliche Zahl, die dringend der Bestätigung bedarf.

Tabelle 58. Trockene Destillation von Buche bei Gegenwart von Kreosotöl bzw. Mischung von Kreosotöl und Säure.

Nr. des Vers.	Zugesetzte Chemikalien: Kreosot (Teer)	Zugesetzte Chemikalien: Phosphorsäure	Maximal-Temp. °C: in der Retorte	Maximal-Temp. °C: im Ölbad	Atmosphäre	Holzessig, abzüglich Wassergehalt des Holzes	Holzkohle geschätzt	Holzgas	Teer als Öl zurückgeblieben (b) %	Teer als Koks zurückgeblieben (c) %	Gesamtsäure	Holzgeist: v. gleichen Teilen Holz u. Teer berechn. a. Holz	Holzgeist: Wirkliche %, bezogen auf trockenes Holz	Holzgeist: Geschätzt vom Teer allein	Feuchtigkeit
15	103,0	nichts	327	475	0	25,80	44	24,20	72,70	7,07	6,72	1,37	1,37	0	7,60
16	106,5	,,	313	440	2,1	31,30	44	20,70	58,10	37,95	5,35	2,83	2,87	1,46	7,80
17	120,2	,,	321	440	4,2	32,10	44	21,90	44,10	39,70	5,56	3,12	3,40	1,75	7,80
18	112,2	,,	334	470	6,3	31,09	44	24,36	39,65	51,00	6,50	3,47	3,66	2,10	11,26
19	99,2	2,55	321	470	4,2	32,23	44	21,77	62,95	49,20	6,87	1,03	1,03	—	10,12

Die Resultate sind angegeben in % des Trockengewichts des Holzes.

b) Geschätzt unter der Annahme, daß die Menge des bei der Destillation des Holzes gebildeten Teeres 15 % bei 0 Atm., 8 % bei 2 Atm., 5 % bei 4,2 Atm. 3,5 % bei 6,3 Atm., für die Abtriebe 15, 16, 17 und 18, 1,2 % für Abtrieb 19 beträgt.

c) Geschätzt unter der Voraussetzung, daß die Holzkohlenausbeute 44 % beträgt.

Es scheint, als ob eine Konzentration von 5 % Phosphorsäure im Holz genügend ist für die Erreichung der Maximalausbeuten, denn eine Überschreitung dieser Menge ist nur von geringer Wirkung. Das einzige ausfallende Resultat ist die bemerkenswerte Verminderung der Teerausbeute, die bei Anwendung von atmosphärischem Druck praktisch Null wird. Bei höheren Drucken war ein solches Resultat zu erwarten, denn, wie wir schon vorher gesehen haben, wird die Teermenge um so geringer, je höherer Druck angewandt wird. Zum Teil kann diese Erscheinung erklärt werden durch die Erhöhung der Holzkohlenausbeute, wenn man annimmt, daß ein Teil des Teeres den Kohlenstoff für die Bildung der Holzkohle liefert. Diese Verkokung des Teeres muß jedoch in diesem Falle im Augenblick seines Entstehens stattgefunden haben, also innerhalb der Holzkohle, da Teerkoks in der Retorte nicht gefunden wurde. Wohl aber zeigten sich bedeutend größere Mengen von Teerölen (Kreosotölen) im Destillat, als normalerweise auftreten.

Interessant sind die Resultate, die erhalten wurden bei Behandlung des Holzes mit Holzteer (Kreosotöl) und mit Holzteer und Phosphorsäure zusammen. Die Wirkung des ersteren allein zeigt sich in einer starken Erhöhung der Ausbeuten an Methylalkohol, hervorgerufen durch die Abpsaltung von Methyloxylgruppen aus den im Teer enthaltenen Methyläthern des Phenols. Die Erhöhung geht Hand in Hand mit der des Druckes.

Da der Originalteer 77,5% Öl und 22,5% Pech enthielt und bei 2,1 Atm. 75% des zugesetzten Öles wiedergewonnen wurden, ist die Wiedergewinnung eine recht gute. Angesichts der Unmöglichkeit, den aus dem Holz entstandenen und den wiedergewonnenen Teer auseinander zu halten, war es nötig, die in der Fußnote der Tabelle 58 erwähnte Annahme zu machen, der die Tatsache der allgemeinen Wirkung des Druckes auf die Bildung von Teer aus dem Holz während der Verkohlung zugrunde liegt.

Die Ausbeuten an Essigsäure sind schwankend und lassen keinerlei bestimmte Schlüsse zu. Keinesfalls sind sie höher als die bei der normalen Verkohlung erhaltenen.

Abtrieb 19 gibt die Daten des mit Teer und Phosphorsäure gleichzeitig behandelten Holzes, destilliert bei 4,2 Atm. Druck. Die Methylalkoholzahlen sind sehr niedrig und augenscheinlich spielt die Phosphorsäure bei der Abspaltung von Methoxyl aus dem Phenol keine Rolle. Eine ganz geringe Zunahme der Essigsäure ist zu erkennen.

Bessere Erfolge als die oben beschriebenen zeitigten die Versuche Hawleys[1]), durch Anwendung von Kalk, Calciumcarbonat, Natriumcarbonat, Natriumsilikat, Magnesiumoxyd, Eisenoxyd und Magnesiumchlorid Ausbeutenerhöhung zu erzielen. Von all den genannten Körpern erwies sich Natriumcarbonat als am besten wirkend. Besonders interessant sind die Hawleyschen Arbeiten durch die Verwendung von Sägemehl, das, im Gegensatz zu Holz in größeren Stücken, eine leichtere Imprägnierung mit der zur Verwendung kommenden Lösung der entsprechenden Reagenzien gestattet.

---

[1]) Chem. Metallurg. Engg. S. 566. 1921.

Eine einfache Tränkung großstückigen Holzes mittels Lösung würde bei der geringen Tiefe, bis zu welcher die Lösung eindringt, kaum irgendwelchen Wert haben. Geschieht die Tränkung jedoch unter Druck, z. B. bei 7 Atm., so werden bei der nachfolgenden Verkohlung die Ausbeuten an Holzgeist bedeutend erhöht. Sägemehl gibt wieder die besten Resultate. Es wurde entweder mit der Lösung des Reagens getränkt oder, falls das letztere ein fester Körper war, wie Eisenoxyd und Kalk, mit ihm innig gemischt, darauf brikettiert und in einem Röhrenofen unter mechanischem Druck, der die Briketts vor dem Auseinanderfallen bewahren sollte, destilliert[1]).

Eine Zusammenstellung der Resultate, erhalten bei der Verkohlung von Ahorn- und Eichensägemehl, zeigt Tabelle 59a. Die ersten Zahlen gelten jedesmal für eine normale Verkohlung des unbehandelten Holzes. — Wie man sieht, gibt Natriumcarbonat in niedriger Konzentration — 1,5% für Ahorn, 0,5% für Eiche — die höchsten Ausbeuten an Holzgeist, und zwar beträgt die Erhöhung gegenüber der normalen Destillation bei Ahorn 48% und bei Eiche 120. Auch die Ausbeuten an Essigsäure sind etwas höher.

Behandlung des Ahornholzes mit Kalkmilch erzielte zwar ein Plus an Holzgeist von 52%, die Essigsäure verschwand aber fast vollkommen, wie überhaupt die einzelnen Reagenzien in bezug auf die Ausbeute an letzterer ganz verschieden wirkten, in keinem Falle eine nennenswerte Erhöhung der Ausbeuten hervorriefen, sondern fast bei allen Versuchen eine Erniedrigung gegenüber dem behandelten Holze.

Aus Tabelle 59b ersieht man das Verhalten der nach verschiedenen Methoden mit Natriumcarbonatlösung imprägnierten Hölzer in Blockform bei der Verkohlung. Es wurde Eichen- und Ahornholz einmal unter Druck, ein andermal durch einfache Tränkung imprägniert. In jedem Falle sind die Holzgeistausbeuten stark erhöht, während diejenigen für Essigsäure schwanken und in den meisten Fällen eine Verminderung erfahren.

Tabelle 59a. Ausbeuten, erhalten bei Zusatz von Chemikalien zum Holz vor der Destillation (Sägemehlbriketts).

Holzart	Zugesetzte Chemikalien	Holzgeist	Essigsäure	Bemerkungen
Ahorn . . .	—	1,61	5,22	Durchschn. v. 4 Abtrieb.
„ . . .	0,5% H_3PO_4	1,51	5,67	Durchschn. v. 2 Abtrieb.
„ . . .	1,0% H_3PO_4	1,24	5,39	
„ . . .	1,5% H_3PO_4	1,55	5,40	
„ . . .	$Ca(OH)_2$ = 60% CaO	2,45	0,48	
„ . . .	CaO 60%	1,94	0,65	
„ . . .	$CaCO_3$ = 40% CaO	2,08	4,69	

[1]) Der benutzte Apparat war der, welchen Hawley für die Herstellung von besonders dichter Holzkohle beschrieben und angewandt hat. J. Ind. Engg. Chem. Bd. 13, S. 301. 1921.

Tabelle 59a (Fortsetzung).

Holzart	Zugesetzte Chemikalien	Holzgeist	Essigsäure	Bemerkungen
Ahorn . . .	$CaCO_3 = 20\%$ CaO	1,95	5,13	Durchschn. v. 2 Abtrieb.
„ . . .	$CaCO_3 = 10\%$ CaO	1,80	5,20	
„ . . .	Na_2CO_3 20%	0,84	0,21	
„ . . .	Na_2CO_3 10%	2,00	2,40	Durchschn. v. 2 Abtrieb.
„ . . .	Na_2CO_3 5%	1,72	3,40	Durchschn. v. 3 Abtrieb.
„ . . .	Na_2CO_3 3%	2,06	4,25	Durchschn. v. 3 Abtrieb.
„ . . .	Na_2CO_3 1,5%	2,39	5,26	Durchschn. v. 3 Abtrieb.
„ . . .	Na_2CO_3 1,0%	1,94	5,02	Durchschn. v. 2 Abtrieb.
„ . . .	Na_2CO_3 0,5%	1,61	5,32	Durchschn. v. 2 Abtrieb.
„ . . .	Na_2SiO_3 1%	1,78	4,87	
„ . . .	Na_2SiO_3 3%	2,21	5,77	
„ . . .	MgO 5%	1,57	5,22	
„ . . .	MgO 10%	1,65	4,11	
Weißeiche . .	—	1,17	4,91	Durchschn. v. 2 Abtrieb.
„ . .	Na_2CO_3 0,5%	2,58	5,09	
„ . .	Na_2CO_3 1,0%	1,99	3,86	Durchschn. v. 2 Abtrieb.
„ . .	Na_2CO_3 1,5%	2,47	3,40	
„ . .	Fe_2O_3 10%	1,16	3,78	
„ . .	Fe_2O_3 5%	1,08	4,37	
„ . .	MgO 20%	1,21	3,57	
„ . .	MgO 5%	1,14	2,77	
„ . .	$MgCl_2$ 10%	0,49	—	
„ . .	$MgCl_2$ 20%	0,36	—	

Interessant ist die Wirkung von Kalk oder Calciumcarbonat. Bei Verwendung eines großen Überschusses (ungefähr das Dreifache des Holzgewichtes) erhält man gute Ausbeuten an Aceton[1]). Hawley wandte jedoch keine großen Mengen an und fand praktisch kaum eine Zunahme der Acetonausbeuten. Die niedrigen Ausbeuten an Essigsäure können daher nicht der Zersetzung ihres Calciumsalzes in Aceton zugeschrieben werden.

Tabelle 59b. Ausbeuten, erhalten aus Holzblöcken, mit Natriumcarbonat imprägniert.

Holzart	Natriumcarbonat %	Imprägnierung durch	Absatzteer %	Gelöster Teer %	Holzessig %	Holzkohle %	Gas %	Gesamtteer %	Essigsäure %	Holzgeist %
Eiche	—	—	4,2	7,5	32,6	46,6	16,7	11,7	5,56	1,20
„	0,52	Druck	5,1	5,5	32,5	42,5	20,0	10,5	4,71	1,85
„	1,03	„	5,1	4,7	31,2	42,3	21,5	9,7	5,58	1,79
„	1,26	Tränkung	5,2	6,7	32,1	43,4	19,4	11,9	5,66	1,40
Ahorn	—	—	5,0	9,0	38,8	38,7	17,5	14,0	7,65	1,67
„	0,68	Druck	6,3	4,0	35,8	36,3	21,4	10,3	5,52	2,09
„	1,12	„	6,7	8,2	38,8	38,9	15,7	14,7	6,74	2,16
„	3,15	Tränkung	6,2	5,4	30,2	37,1	24,8	12,7	4,35	1,80

[1]) Basset: Chem. Metallurg. Engg. Bd. 20. S. 190. 1919.

Durch die Aufnahme des Kalkes wird natürlich die Holzkohle in ihrem Wert stark herabgemindert und kann nur als Brennmaterial benutzt werden. Selbst in diesem Falle ist die Gegenwart des Kalkes höchst unerwünscht. — Andererseits kann man das Natriumcarbonat der Holzkohle durch Auslaugen leicht entziehen.

VII. Die Rohprodukte der Verkohlung.

Wie schon erwähnt, entstehen bei der trockenen Destillation des Holzes gasförmige, flüssige und feste Produkte, von denen jedoch jene für den Handel wertvollen wie Holzkohle, Essigsäure und Methylalkohol nur einen kleinen Teil darstellen. Ungefähr 70 Verbindungen bekannter Zusammensetzung sind in den Destillationsprodukten gefunden; es mögen jedoch noch eine ganze Menge anderer vorhanden sein, hauptsächlich Kohlenwasserstoffe, deren Konstitution noch nicht sicher feststeht.

Das Vorhandensein einer solch großen Zahl chemischer Körper ist durch zahlreiche Untersuchungen an dem verschiedensten Rohmaterial sichergestellt; es ist jedoch nicht ohne weiteres daraus zu schließen, daß sämtliche der gefundenen Verbindungen nun auch in jedem einzelnen Falle vorhanden sein müssen. Die Destillate der verschiedenen Holzarten sind bis heute noch keineswegs bezüglich des Vorkommens aller dieser Verbindungen erschöpfend geprüft, so daß es nicht feststeht, ob nicht einige von ihnen charakteristisch sind für gewisse Holzarten. Zwischen Nadel- und Laubholz besteht insofern ein scharf ausgeprägter Unterschied, als das erstere bei der Verkohlung Terpene und von diesen sich ableitende Verbindungen ergibt, die dem Laubholz vollkommen fehlen. Die in der Praxis übliche Einteilung in gasförmige, flüssige und feste Produkte soll auch im folgenden beibehalten und in dieser Reihenfolge besprochen werden.

Gasförmige Körper.

Nur die sog. permanenten Gase kommen in Betracht, die wirklich als solche erhalten werden. Gase, wie z. B. Ammoniak, finden sich in dem flüssigen Anteil als nicht flüchtige Verbindungen.

Flüssiger Anteil.

Er stellt eine wässerige Lösung einer großen Zahl Verbindungen dar und enthält Teer und Öle in Suspension, die bei längerem Stehen sich aus der Flüssigkeit abscheiden. Teer und Öle aus Laubholz setzen sich, wie auch der Teer der Nadelhölzer, gewöhnlich am Boden ab, während die Terpene sich an der Oberfläche der Flüssigkeit abscheiden. Das

Gesamtdestillat bezeichnet man mit dem Namen „roher Holzessig“, den vom Absatzteer befreiten und destillierten Holzessig nennt man „Hellessig“ bzw. entteerten Essig.

Feste Körper.

Hier kommt nur die Holzkohle in Betracht, hauptsächlich bestehend aus Kohlenstoff und höheren Kohlenwasserstoffen mit einem Gehalt an anorganischen Bestandteilen, die aus dem Holz stammen, sowie absorbierten Gasen.

Holzgas.

Die Menge und Zusammensetzung des Holzgases hängen, wie die der übrigen Produkte, ab von der Temperatur und der Dauer der Verkohlung. Unter normalen Umständen besteht das Gas in der Hauptsache aus Kohlendioxyd und Monoxyd, nebst geringen Mengen Methan, ungesättigten aliphatischen Kohlenwasserstoffen und Wasserstoff.

In Tabelle 46 finden wir die Ausbeuten an Kohlendioxyd, Kohlenmonoxyd, Methan und Äthylen aus Kiefer, Fichte, Birke und Buche, berechnet auf Trockenholz, und zwar für Kiefer als Gesamtgas 14,69, für Fichte 14,88, für Birke 15,01 und für Buche 15,79% mit einer durchschnittlichen Zusammensetzung von:

57,1% CO_2
32,7% CO
8,4% CH_4
1,8% C_2H_4.

Die Analysen der verschiedenen Forscher lassen ziemlich bedeutende Unterschiede in den Zusammensetzungen erkennen. So gibt Bergström[1]) die folgenden Durchschnittszahlen für Retortengase:

CO_2	50—56%
CO	28—30%
CH_4	11—18%
C_2H_4	2— 3%
H	0,5— 1%.

F. Fischer fand als Durchschnitt:

CO_2	50%
CH_4	3,5%
CO	33%
H	3%.

während Dittmar die Zusammensetzung der Gase aus Eichenholz im Großbetrieb wie folgt angibt:

CO_2	53,30%
CO	38,36%
CH_4	6,45%
C_2H_4	0,35%
N	1,54%.

[1]) Bergström und Wesslén: Om Trakolning. S. 213.

Alle diese Zahlen sind Volumprozente und gelten für die während der ganzen Dauer der Destillation entwickelten Gasmengen. Neben den genannten finden sich noch in einigen Gasen Acetylen, Propylen und Butylen, die jedoch selten für sich bestimmt, sondern meistens mit Äthylen zusammen angegeben werden. Im Großbetrieb erhält man gewöhnlich 15—20% vom Gewicht des Holzes an Gas. Seine Dichte schwankt je nach der Zusammensetzung, ist aber stets größer als Luft. Wenn auch kein bestimmter Wert für die Dichte angegeben werden kann, so kann man sie doch ungefähr für jedes Gas, dessen Zusammensetzung bekannt ist, nach der folgenden Formel berechnen:

$$\text{Dichte (Luft} = 1) = \frac{(CO_2 \times 1{,}53) + (CO \times 0{,}967) + (CH_4 \times 0{,}555) + (C_2H_4 \times 0{,}98) + (H \times 0{,}07)}{100}$$

bei welcher die chemischen Formeln die Volumprozente eines jeden Gases und die Zahlen seine Dichte angeben, bezogen auf Luft als Einheit. Ist die Gasausbeute in Gewichtsprozenten des Holzes bekannt — und man kann diese leicht angenähert aus der Differenz des Gewichtes der Charge und dem der Summe der festen und flüssigen Produkte bestimmen — so kann das Volumen der Gase auf einfache Art bestimmt werden. Angenommen, die Ausbeute an Gas beträgt 20% vom angewandten Holzgewicht und seine Zusammensetzung ist die folgende:

CO_2	55%
CO	33%
CH_4	10%
C_2H_4	2%.

so ist seine Dichte:

$$\frac{(55 \times 1{,}53) + (33 \times 0{,}967) + (10 \times 0{,}555) + (2 \times 0{,}98) = 1{,}236}{100}$$

Ist das Gewicht des Holzes W kg, dann ist die Ausbeute

$$\frac{W \times 20}{100} \text{ kg}.$$

Nun wiegt 1 cbm Luft bei 0° und 760 mm 1,2935 kg, und 1 cbm eines Gases der Dichte D (Luft = 1) wird demnach $D \times 1{,}2935$ kg wiegen. Infolgedessen ist das Volumen des Gases entsprechend der Ausbeute

$$\frac{W \times 20}{100} \text{ kg} = \frac{W \times 20}{100 \times D \times 1{,}2935} \text{ cbm} = \frac{20\,W}{129{,}35 \times D}.$$

Nehmen wir die Dichte zu 1,236 an und setzen wir $W = 1$ t $= 1000$ kg ein, so erhalten wir:

$$\frac{1000 \times 20}{129{,}35 \times 1{,}236} = 125 \text{ cbm}.$$

Ein anderes Beispiel: Angenommen, die Ausbeute beträgt 15% und die Zusammensetzung des Gases ist die folgende:

CO_2	50%
CO	38%
CH_4	8%
C_2H_4	1%
H	3%

$$\frac{(50 \times 1{,}53) + (38 \times 0{,}967) + (8 \times 0{,}555) + (1 \times 0{,}98) + (3 \times 0{,}07)}{100} = 1{,}189$$

und es berechnet sich die Ausbeute in cbm Gas aus 1000 kg Holz wie folgt:

$$\frac{1000 \times 15}{129{,}35 \times 1{,}189} = 98 \text{ cbm.}$$

Heizwert.

Bei dem hohen Gehalt an brennbaren Stoffen wie Kohlenmonoxyd und Methan entwickeln die Holzgase beim Verbrennen eine ziemlich bedeutende Wärmemenge und werden daher als willkommene Zusatzfeuerung unter die Retorten geleitet. Der Heizwert hängt natürlich ab von der relativen Menge der brennbaren Bestandteile, Kohlenmonoxyd, Methan, Äthylen (und andere Olefine), sowie Wasserstoff, und kann aus der Zusammensetzung, wenn man diese und die Verbrennungswärme der einzelnen Komponenten kennt, berechnet werden:

Tabelle 60.
Verbrennungswärme der einzelnen Bestandteile des Holzgases.

Gas	Verbrannt zu	Verbrennungswärme		Gewicht pro m^3 bei 0^0 C und 760 mm i. kg
		Cal. pro kg	Cal. pro Gramm-Mol.	
Kohlenmonoxyd	CO_2	2400	68	1,2506
Methan	$CO_2 + H_2O$ fl	13340	213,5	0,716
Äthylen	$CO_2 + H_2O$ fl	12100	341	1,252
Wasserstoff . .	H_2O-Dampf	29000	58	0,09004

Aus der Tabelle berechnet sich die Verbrennungswärme von je einem Kubikmeter der aufgeführten Gase für:

	(0^0 C und 760 mm Hg)
CO	zu 3000 Kal.
CH_4	„ 9550 „
C_2H_4	„ 15100 „
H	„ 2600 „

Da die Verbrennungswärme des Kohlendioxyds 0 ist, so steigt im allgemeinen der Heizwert des Holzgases um so mehr, je niedriger der Gehalt an CO_2 ist.

Beispiel: Es soll der Heizwert eines Gases berechnet werden, dessen Zusammensetzung[1]) die folgende ist:

CO_2	31,45%
CO	35,08%
CH_4	12,32%
C_2H_4	8,16%
H	10,94%.

100 cbm würden also ergeben:

$$(35{,}08 \times 3000) + (12{,}32 \times 9550) + (8{,}16 \times 15100) + (10{,}94 \times 2600)$$
$$= 374556 \text{ Cal. pro } 100 \text{ cbm}$$
$$= 3745 \text{ ,, ,, } 1 \text{ ,,}$$

Als zweites Beispiel soll ein Gas mit folgender Zusammensetzung dienen:

CO_2	60%
CO	30%
CH_4	8%
C_2H_4	2%.

100 cbm würden also ergeben:

$$(30 \times 3000) + (8 \times 9550) + (2 \times 15100)$$
$$= 196608 \text{ Cal. pro } 100 \text{ cbm}$$
$$= 1966 \text{ ,, ,, } 1 \text{ ,,}$$

In praxi liegt der Heizwert des erzeugten Holzgases zwischen den beiden errechneten Zahlen. Die nach Einsetzen der exothermischen Periode entwickelten Gase sind weit reicher an brennbaren Substanzen (siehe Abb. 13—16) und ihr Heizwert erreicht 4000—5000 Calorien.

Bedeutend größere Gasausbeuten und höhere Heizwerte lassen sich bei Anwendung hoher Temperaturen bei der Verkohlung erzielen, wovon in Kapitel XVI, Erzeugung von Leucht- und Kraftgas, die Rede sein soll.

Rohholzessig.

Das aus den Kühlern abfließende Gesamtdestillat besteht im wesentlichen aus einer wässerigen Lösung von Säuren, Alkoholen, Aldehyden, Ketonen und anderen organischen Verbindungen und hält teerige Stoffe komplizierter Zusammensetzung in Form von Tröpfchen in Suspension.

Durch längeres Stehenlassen scheidet sich dieser Teer am Boden des Stapelgefässes ab, falls Laubholz verkohlt wurde. Bei Anwendung von Nadelholz erhält man außer dem Schwerteer mehr oder minder große Mengen von Ölen, die sich an der Oberfläche der Flüssigkeit abscheiden. Diese Schichten, welche man mechanisch von der wässerigen Flüssigkeit trennen kann, stellen jedoch nicht die gesamte Menge der bei der Verkohlung gebildeten teerigen und öligen Produkte dar, sondern ein Teil von ihnen bleibt in der wässerigen Flüssigkeit gelöst, dank

[1]) J. und J. C. Lawrence: J. Soc. Chem. Ind. S. 728. 1911.

der lösenden Eigenschaft der Säuren, Alkohole usw. Den Teer, welcher sich beim Stehen aus der Flüssigkeit abscheidet, nennt man Absatzteer; der gelöst bleibende Anteil, den man bei der Destillation des Rohholzessigs als Blasenrückstand erhält, ist unter dem Namen Blasenteer bekannt. Die auf den Nadelholzdestillaten schwimmende Ölschicht, „Rohkienöl" genannt, bildet das Ausgangsmaterial für die Herstellung von sog. Holzterpentinöl bzw. Kienöl. Die rohen flüssigen Produkte sind also Holzessig, Teer und Öl. Sie enthalten alle drei eine große Zahl von Verbindungen in wechselnden Mengen, je nachdem welches Holz verwandt und unter welchen Bedingungen die Verkohlung ausgeführt wurde. Bei Nadelholz benutzt man sowohl die Dampf- als auch die gewöhnliche trockene Destillation. Diese Rohprodukte werden nun verschiedenen Reinigungsprozessen unterworfen, um gewisse Bestandteile in mehr oder minder großer Reinheit su isolieren. Die Verfahren als solche sollen später im Kapitel XIII abgehandelt werden. Die folgende Liste bringt eine Aufzählung der in den Rohdestillaten enthaltenen Körper. Wenn nun auch keineswegs gefolgert werden darf, daß sämtliche aufgezählten Substanzen zugleich in den Destillaten vorkommen, so ist es doch höchst wahrscheinlich, daß die meisten stets vorhanden sind. Die Scheidung nach ihrem Vorkommen im Rohholzessig, im Teer und in den Ölen ist nur roh, denn manche finden sich sowohl in der wässerigen Lösung und im Teer, als auch im Teer und in den Ölen.

Die Bestandteile der flüssigen Produkte.

1. Des Holzessigs (wässeriges Destillat).

a) Säuren und ihre Derivate.

Ameisensäure
Essig-Propion[1, 2, 7])
n-Buttersäure[3, 7])
sowie ihre Methylester
n-Valeriansäure u. ihr Methylester[3, 7])
n-Caprylsäure u. ihr Methylester[7])
Crotonsäure u. ihr Methylester[3, 7])
γ-Valerolacton[4])

b) Alkohole.

Methylalkohol
Allylalkohol[36])

c) Aldehyde und ihre Derivate.

Formaldehyd
Acetaldehyd[1, 2, 14])
Dimethylacetal[1, 2])
Furfurol[34, 43])
2-Methylfurfurol[44])

d) Ketone.

Aceton[1, 2, 14, 24, 29])
Methyläthylketon[1, 2, 7, 24])

e) Basen.

Ammoniak
Methylamin
Pyridin[5])

2. Des Teeres.

a) Alkohole.

Isoamylalkohol[5])

Isobutylalkohol[6])

b) Phenole und ihre Derivate.

Phenol[8, 9, 13, 19, 30])

o-, m- u. p-Kresole[8, 9, 13, 19, 30])

o-Äthylphenol[8, 9])

1:3:4-Xylenol (Phlorol)[8, 9, 30, 31])

1:3:5-Xylenol (Phlorol)[8, 9, 30, 31])

Guajacol[8, 9, 19, 32])

Kreosol[8, 9, 32, 40])

Äthylguajacol (1:3:4)[8, 9])

Propylguajacol (Coerulignol)[42])

Dimethylguajacol

Catechol[41])

Methylkreosol[31])

Pyrogalloldimethyläther[23])

Methyl-Pyrogalloldimethyläther[23])

Propyl-Pyrogalloldimethyläther (Picamar)[23])

c) Aldehyde.

Propionaldehyd[14, 37])

Valeraldehyd[7])

d) Ketone.

Methyl-n-Propylketon[7, 24])

Methyl-n-Butylketon[7])

Di-Äthylketon[7])

Cyclopentanon[5, 7])

Cyclohexanon[6])

Methyl-Cycloheptanon[5])

e) Säuren.

Palmitinsäure[21, 22])

Ölsäure[21, 22])

Abietinsäure[21, 22])

Arachinsäures[21 22])

Lignocerinsäure[35, 46])

---

[1]) Krämer und Grodski: Ber. Bd. 7, S. 1492. 1874.
[2]) Dieselben: Ber. Bd. 9, S. 1921. 1876.
[3]) Dieselben: Ber. Bd. 11, S. 1356. 1878.
[4]) Grodski: Ber. Bd. 17, S. 1369. 1884.
[5]) Looft: Ann. Bd. 275, S. 366.
[6]) Derselbe: Ber. Bd. 27, S. 1542. 1894.
[7]) Fraps: Am. Chem. J. Bd. 25, S. 26. 1901.
[8]) Béhal und Choay: Comptes Rendus Bd. 118, S. 1339. 1894.
[9]) Dieselben: Comptes Rendus Bd. 119, S. 166. 1894.
[10]) Hofmann: Ber. Bd. 8, S. 67. 1875.
[11]) Derselbe: Ber. Bd. 11, S. 329. 1878.
[12]) Derselbe: Ber. Bd. 12, S. 1369. 1879.
[13]) Tiemann und Koppe: Ber. Bd. 14, S. 2005. 1881.
[14]) Aschan: Z. angew. Chem. Bd. 26, S. 709. 1913.
[15]) Derselbe: Z. angew. Chem. Bd. 20, S. 1811. 1907.
[16]) Stevens: Chem. Metallurg. Engg. Bd. 26, S. 629. 1922.
[17]) Adams: J. Ind. Engg. Chem. Bd. 7, S. 957. 1915.
[18]) Lambert: J. Ind. Engg. Chem. Bd. 14, S. 491. 1922.
[19]) Gorup Besanez: Ann. Chem. Pharm. Bd. 86, S. 223; Bd. 143, S. 129.
[20]) Cahours: Ann. Bd. 76, S. 286. 1850.
[21]) Bornstein: J. Gasbel. Bd. 63, S. 90. 1920.
[22]) D. R. P. 314358.
[23]) Pieper, Acree und Humphrey: J. Ind. Engg. Chem. Bd. 9, S. 462. 1917.

f) Basen.

β-Methylpyridin[6])
Dimethylpyridin[6])

g) Kohlenwasserstoffe.

Benzol[15])
Toluol[7, 15, 20])
m-Xylol[7, 15, 20])
Cumol[20])
Cymol[33, 47])
Reten[33])

h) Furane.

Furan[14, 15])
1-Methylfuran (Sylvan)[14, 15, 38])
2-Methylfuran[7])
Dimethylfuran[7, 39])
Trimethylfuran[7])

3. Des Rohkienöls.

α-Pinen[16, 17, 18, 27, 45, 47])
β-Pinen[16, 17, 18, 45])
Dipenten (d- u. l-Limonen)[16, 17, 18, 27, 45, 47])
Camphen[16, 18, 45])
Cadinen[17, 27])
γ-Terpinen[16, 45])
Borneol[16, 27, 45])
Campher[16])
Terpinolen[47])
Sylvestren[47])
α-Terpineol[16, 18, 45, 47])
Cineol[16, 18, 45])
Fenchylalkohol[16, 18, 45])
Isofenchylalkohol[16])
Methylchavicol[16])
Diacetyl[15])
n-Heptan[17])
Pentan[45])
Penten[45])
Acetylpropionyl[15])

24) Vladesco: Bull. Soc. Chim. Bd. [3], 3, S. 510.
25) Liebermann: Ann. Bd. 169, S. 221.
26) Derselbe: Ber. Bd. 8, S. 69. 1875.
27) Schorger: J. Ind. Engg. Chem. Bd. 6, S. 631. 1914.
28) Völckel: Ann. Chem. Pharm. Bd. 80, S. 30.
29) Derselbe: Ann. Bd. 80, S. 310. 1851.
30) Marasse: Ann. Chem. Pharm. Bd. 152, S. 59.
31) Tiemann und Mendelsohn: Ber. Bd. 8, S. 1136. 1875; Bd. 10, S. 57. 1877.
32) Kebler: Am. J. Pharm. S. 409. 1889.
33) Renard: Comptes Rendus Bd. 119, S. 165, 652. 1894.
34) Heill: Ber. Bd. 10, S. 936. 1877.
35) Hell und Hermanns: Ber. Bd. 13, S. 1713. 1880.
36) Aronheim: Ber. Bd. 7, S. 1381. 1874.
37) Fischer und Laycock: Ber. Bd. 22, S. 101. 1889.
38) Atterberg: Ber. Bd. 13, S. 879. 1880.
39) Harries: Ber. Bd. 31, S. 37. 1904.
40) Hlasiwetz: Ann. Chem. Pharm. Bd. 106, S. 339.
41) Müller: Z. Chem. Pharm. S. 103. 1864.
42) Pastrovich: Monatshefte Bd. 4, S. 188.
43) Hill: Am. Chem. J. Bd. 3, S. 36.
44) Hill und Jennings: Am. Chem. J. Bd. 15, S. 161.
45) U. S. Bureau of Chemistry, Bull. 144.
46) Suvillan: J. Ind. Engg. Chem. Bd. 8, S. 1027. 1916.
47) Bergström: Bihang till Jern-Kontorets Annaler. S. 493. 1910.

Neben den oben angeführten Verbindungen kommen vielleicht noch eine ganze Menge andere vor, deren Existenz jedoch noch nicht sichergestellt ist. Unter diesen sind erwähnenswert: Angelicasäure, Brenzschleimsäure, Oxymethylfurfurol[1]), Methylal, Äthylpropylketon, Mesityloxyd[2]), Phoron[2]), Maltol[1]), Thiophenole[3]) und Nitrile[4]). Reichenbach[5]) beschreibt mehrere Körper, die er aus Holzteer isolierte und die er Pittacal, Cedriret, Kapnomor und Merit benannte. Der erste Name ist identisch mit Eupittonsäure und wurde von Hoffmann[6]) als eine Hexamethoxy-Rosolsäure von der Zusammensetzung $C_{19}H_8(OCH_3)_6O_3$ erkannt. Cedriret[7 8 9]) oder Coerulignon[10]) ist ein Chinon, das bei der Oxydation des Coerulignols entsteht und die empirische Formel $C_{16}H_{16}O_6$ besitzt. Meyerfield[11]) hat neuerdings aus Birkenholzessig ein Keton isoliert von der Zusammensetzung $C_6H_8O_2$, dem er folgende Konstitutionsformel zuschreibt:

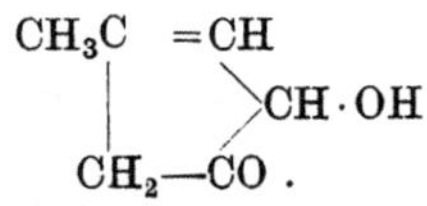

Die größere Zahl der aufgeführten Körper kommt im Holzessig nur in Spuren vor, während die Phenole und ihre Derivate die Hauptbestandteile des Teeres bilden. Die Menge des Holzessigs, des Teeres und der Öle wechselt mit der Holzart, ihrem Wassergehalt, der Temperatur und der Dauer der Verkohlung.

In Kapitel V und VI haben wir uns schon mit der Ausbeute an diesen Rohprodukten beschäftigt. Im allgemeinen enthält der Holzessig 8—12% Gesamtsäure, berechnet als Essigsäure, solcher aus Nadelhölzern jedoch ungefähr nur die Hälfte. An Methylalkohol sind vorhanden 3—5% im Holzessig der Laubhölzer und ca. 2% in dem der Nadelhölzer. Aceton findet sich in Mengen von 0,2—0,4, Ameisensäure von 1, Formaldehyd von 1—2, Furfurol von ca. 1 und Methylacetat von 0,2—0,4%. Die Zusammensetzung des Holzteers und des Terpentin- bzw. Kienöls wird uns in Kapitel XIII und XIV beschäftigen.

[1]) Siehe Kapitel VIII.
[2]) Völckel: Ann. Chem. Pharm. Bd. 80, S. 30.
[3]) Béhal und Choay: Comptes Rendus Bd. 118, S. 1339; Bd. 119, S. 166. 1894.
[4]) Fraps: Am. Chem. J. Bd. 25, S. 26. 1901.
[5]) Schweigger-Seidels J. Chem. Phys. Bd. 59, S. 436; Bd. 61, S. 175, 273; Bd. 62, S. 129; Bd. 65, S. 461; Bd. 66, S. 301, 345; Bd. 67, S. 57, 274; Bd. 68, S. 1, 57, 295, 351, 399; Bd. 69, S. 175, 241.
[6]) Hofmann: Ber. Bd. 12, S. 1369. 1879.
[7]) Derselbe: Ber. Bd. 8, S. 67. 1875.
[8]) Liebermann: Ann. Bd. 169, S. 221.
[9]) Derselbe: Ber. Bd. 8, S. 69. 1875.
[10]) Pieper, Acree und Humphrey: J. Ind. Engg. Chem. Bd. 9, S. 462. 1917.
[11]) Chem.-Zg. Bd. 36, S. 549.

Die festen Produkte.

Holzkohle.

Das einzige feste Produkt, welches direkt als Ergebnis der Holzverkohlung erhalten wird, ist der in der Retorte verbleibende Rückstand, die Holzkohle. Auch ihre Zusammensetzung, Ausbeute und ihre Eigenschaften sind abhängig, wie die der vorher besprochenen Produkte, von dem angewandten Holz und der Verkohlungsmethode. Die normalerweise zu erzielenden Ausbeuten sind bereits angegeben.

Dichte.

Die Dichte der einzelnen Holzkohlenstücke, welche die Form und das Gefüge des Holzes, aus dem sie hergestellt sind, bewahren, ändert sich mit den Bedingungen, unter welchen die Verkohlung geschah. Die in der Literatur angegebenen Zahlen zeigen wenig Übereinstimmung und schwanken zwischen 0,15 und 0,3. In gewöhnlicher Weise hergestellte Holzkohle hat in frischem Zustand eine Dichte von 0,18—0,25. Diese erhöht sich durch Aufnahme von Feuchtigkeit, wenn die Kohle der Luft ausgesetzt wird (siehe Tabelle 49). Die Porosität der Holzkohle, hervorgerufen durch zahllose kleine Hohlräume, ist der Grund, daß die Dichte so gering gefunden wird. Sie steigt bedeutend durch feines Pulverisieren und beträgt dann 1,5—2. Die so gefundene absolute Zahl wird in hohem Maße durch die bei der Verkohlung angewandte Temperatur beeinflußt; sie ist desto größer, je höher die letztere; Hand in Hand mit der Erhöhung der Dichte geht eine solche des Kohlenstoffgehaltes.

Zusammensetzung und Heizwert.

Wie schon bemerkt, stellt Holzkohle keineswegs reinen Kohlenstoff dar, sondern enthält außer flüchtigen Produkten noch die anorganischen Bestandteile des Holzes, aus dem sie hergestellt wurde. In Tabelle 61

Tabelle 61.
Analysen von Holzkohle und einigen typischen Brennstoffen.

<table>
<tr><th></th><th>Feuchtigkeit
%</th><th>Flüchtige Bestandteile
%</th><th>Kohlenstoff
%</th><th>Asche
%</th><th>Schwefel
%</th></tr>
<tr><td>Englische Rohholzkohle . .</td><td>8,29</td><td>7,03</td><td>82,56</td><td>2,12</td><td>0,15</td></tr>
<tr><td>Engl. Rohholzkohle (komprimiert) . . . .</td><td>6,80</td><td>9,52</td><td>82,57</td><td>1,11</td><td>0,10</td></tr>
<tr><td>Holzkohle aus Wattleholz .</td><td colspan="2">20,87</td><td>77,78</td><td>1,35</td><td>0,28</td></tr>
<tr><td>Holzkohle aus Olivenholz .</td><td colspan="2">24,58</td><td>72,90</td><td>2,52</td><td>0,09</td></tr>
<tr><td>Holzkohle aus Rhodesia. .</td><td>4,17</td><td>20,97</td><td>71,51</td><td>3,35</td><td>0,07</td></tr>
<tr><td>Kohlenbriketts aus Wales .</td><td>1,0</td><td>15,0</td><td>80,0</td><td>4,0</td><td>—</td></tr>
<tr><td>Braunkohlenbriketts aus Süd-Nigeria . . . . . .</td><td>7,14</td><td>53,80</td><td>33,35</td><td>5,71</td><td>0,67</td></tr>
<tr><td>Dtsch.Braunkohlenbriketts</td><td>15,67</td><td>48,28</td><td>28,28</td><td>7,46</td><td>3,29</td></tr>
</table>

findet sich eine Zusammenstellung der Analysenresultate einiger Holzkohlen, zusammen mit den von Kohlen und Braunkohlenbriketts[1]), und Tabelle 62 zeigt die Analysen und Heizwerte von Holzkohlen aus indischen Hölzern[2]).

Ein Muster Kohle aus Cocosnußschalen gab folgende Resultate[3]):

Feuchtigkeit	4,7%
flüchtige Produkte	18,2%
Kohlenstoff	76,1%
Asche	1%
Schwefel	0,05%
Heizwert	7529 Calorien.

Tabelle 62.
Analysen und Heizwert einiger Holzkohlen aus indischen Hölzern.

Name	Feuchtigkeit %	% der trockenen Holzkohle			Cal. Heizwert pro kg	Zusammensetzung	
		Flüchtige Bestandteile	Schwefel	Asche		C %	H %
1. Wattle	1,5	23,2	0,106	1,62	7560	—	—
2. *Pongamia glabra*	4,1	31,9	0,063	4,50	6830	77,3	4,1
3. *Holoptelia integrifolia*	4,0	24,3	0,105	6,3	6920	—	—
4. *Vitex altissima*	5,0	26,5	0,065	3,6	7240	—	—
5. *Elaeodendron latifolia*	4,3	31,7	0,032	3,0	—	—	—
6. *Buchanania latifolia*	3,2	30,2	0,021	4,0	6840	76,1	3,6
7. *Tectona grandis*	4,8	23,5	0,053	8,6	7000	76,4	3,7
8. *Dalbergia latifolia*	4,7	28,0	0,074	5,2	7050	77,3	4,8
9. *Terminalia tomentosa*	3,2	28,1	0,117	9,7	6635	—	—
10. *Anogeissus latifolia*	3,1	32,0	0,070	12,2	6280	—	—
11. *Stephegyne parviflora*	4,7	23,4	0,090	3,28	7340	—	—

Klason[4]) bestimmte die Elementarzusammensetzung und den Heizwert von Kiefern-, Fichten-, Birken- und Buchenholzkohle (siehe Tabelle 63).

Tabelle 63.
Elementare Zusammensetzung der Holzkohle.

	Kohlenstoff %	Wasserstoff %	Sauerstoff %
Kiefer	82,5	4,0	13,5
Fichte	82,5	4,1	13,4
Birke	82,2	3,8	14,0
Buche	82,1	4,1	13,8

[1]) Bull. Imp. Inst. Bd. 14, S. 574. 1916.
[2]) J. Ind. Inst. Sci. Bd. 3, S. 281.
[3]) Bull. Imp. Inst. Bd. 14, S. 575. 1916.
[4]) Z. angew. Chem. Bd. 23, S. 1251. 1910.

Die Formel $C_{16}H_{10}O_2$[1]) verlangt 82,05% C
4,27% H
13,68% O,

Zahlen, die sehr gut mit denen der Tabelle übereinstimmen. Eine Zusammenstellung der Heizwerte verschiedener Holzkohlen und der gebräuchlichsten Brennmaterialien enthält die Tabelle 64.

Tabelle 64. Heizwert von Holzkohlen und einigen typischen Brennmaterialien.

	Heizwert Cal. pro kg
Kiefern-Holzkohle	7865
Fichten-Holzkohle	7695
Birken-Holzkohle	7680
Buchen-Holzkohle	7555
Wattle-Holzkohle	7615
Oliven-Holzkohle	7645
Steinkohle (Kesselkohle)	7400
Steinkohlenbriketts aus Wales	7800
Braunkohlenbriketts aus Süd-Nigeria	6522
Deutsche Braunkohlenbriketts	5575
Holz (trockenes)	3600
Holz (mit 20% Feuchtigkeit)	2800
Torf	2850
Reiner Kohlenstoff	8080

Die in dieser Tabelle wiedergegebenen Zahlen lassen besonders den hohen Heizwert der Holzkohle erkennen. Aus dem Gehalt an Kohlenstoff und Wasserstoff läßt sich für irgendeine Holzkohle der Heizwert leicht berechnen, da dieser für Kohlenstoff 8080 und für Wasserstoff 29000 Cal. beträgt.

Temperatur und Verkohlungsmethode haben einen merklichen Einfluß auf die Zusammensetzung und die Eigenschaften der Holzkohle. Je höher die Temperatur, desto höher der Gehalt an Kohlenstoff, der bedingt ist durch die Zersetzung bzw. Verflüchtigung der adsorbierten Kohlenwasserstoffe. Normalerweise findet man ungefähr 75—80% C. Unvollständige Verkohlung, hervorgerufen durch zu niedrige Temperatur oder zu kurze Dauer, vermindert den Gehalt (Brände). Violettes Untersuchungen lassen die chemische Zusammensetzung der bei verschiedenen Temperaturen erhaltenen Kohlen erkennen (siehe Tabelle 65).

Wenngleich die Zahlen nur relativ sind und keineswegs für jeden Fall zutreffen, so sind sie doch unter sich vergleichbar und veranschaulichen in bester Weise die Wirkung der Verkohlungstemperatur. Eine solche von ungefähr 250° oder niedriger erzeugt Rotkohle (Brände); ihre Entflammungstemperatur liegt bei ungefähr 350° und sie brennt

[1]) Diese Formel soll natürlich keineswegs eine einzelne chemische Verbindung darstellen.

Tabelle 65. Einfluß der Destillationstemperatur auf die Zusammensetzung der erzeugten Holzkohle.

Temperatur °C	Elementare Zusammensetzung		
	Kohlenstoff %	Wasserstoff %	Sauerstoff %
150	47,5	6,2	46,3
160	47,6	6,1	46,3
170	47,8	6,2	46,0
180	49,0	5,9	45,1
190	50,7	5,2	44,1
200	52,0	4,0	44,0
210	53,4	5,0	41,6
220	54,5	4,1	41,4
230	57,3	5,6	37,1
240	61,5	5,7	32,8
250	66,0	4,0	30,0
260	68,2	5,1	26,7
270	70,9	4,7	24,2
280	72,9	4,8	22,3
290	72,7	5,1	22,2
300	73,4	4,4	22,2
310	74,0	3,9	22,1
320	73,9	4,9	21,2
330	73,8	4,7	21,5
340	75,4	4,4	20,2
350	77,0	4,3	18,7
432	82,9	2,6	14,5

mit ruhiger Flamme, während die bei 300—400° C erzeugte Holzkohle wenig oder gar keinen Rauch gibt und eine Entzündungstemperatur von 380—400° besitzt. Die Wichtigkeit der vollständigen Verkohlung bei genügend hoher Temperatur ergibt sich hiernach von selbst. Die bei richtiger Temperatur erzeugte Holzkohle hat einen höheren Heizwert, eine höhere Dichte und neigt weniger zur Selbstentzündung. Das Volumen der Holzkohle ist ungefähr 55—65% von dem des angewandten Holzes, und da ihre durchschnittliche Dichte weniger als $^1/_3$ des Holzes beträgt, nimmt ein gegebenes Gewicht Holzkohle mindestens dreimal soviel Raum ein als dasselbe Gewicht in Holz. Jede Erhöhung der Dichte ist gleichbedeutend mit einer Ersparnis an Stapelraum. Die Selbstentzündung der Holzkohle bildet eine ständige Gefahr bei der Stapelung größerer Mengen, der durch Erhöhung der Entzündungstemperatur und durch Anwendung der richtigen Hitze bei der Verkohlung wirksam entgegengetreten werden kann.

VIII. Die thermischen Zersetzungserscheinungen.

Bisher haben wir die Holzverkohlung als Ganzes und ohne Berücksichtigung der Natur der auftretenden Zersetzungserscheinungen betrachtet. Wir sahen, daß eine Menge verschiedener Produkte erhalten wurde und daß die Natur des Holzes und die Bedingungen, unter welchen die Verkohlung ausgeführt wurde, einen großen Einfluß ausübten sowohl auf die Ausbeute als auch auf die Zusammensetzung der Erzeugnisse. Wie und woher entstehen diese Produkte? Sie müssen ihren Ursprung aus den Bestandteilen der Holzsubstanz, also der Cellulose, dem Lignin und den Hemicellulosen nehmen, wozu noch bei den Nadelhölzern Gummi- und Harzarten kommen. Nicht alle Erzeugnisse leiten sich vom Holz direkt ab. Einige sind das Ergebnis von Nebenreaktionen. Die durch die Hitze bewirkte Zersetzung von Cellulose und Lignin ist Gegenstand zahlreicher Untersuchungen gewesen und die Resultate haben in größtem Ausmaß zur Aufklärung über Ursprung der Produkte und Mechanismus der Reaktionen beigetragen, obwohl noch manche Phasen dem Einblick verschlossen sind.

Die Verkohlung von Cellulose.

Von den älteren Arbeiten über die Celluloseverkohlung sind besonders die Versuche von Ramsay und Chorley[1]) erwähnenswert, die von Baumwolle (Rohwatte) ausgingen. Sie fanden, daß im großen und ganzen der Prozeß ähnlich wie beim Holz verläuft, und zwar unter deutlicher Entwicklung einer exothermischen Periode. Bei Anwendung von gereinigter Baumwolle (Verbandwatte) zeigte sich die letztere jedoch nicht. An Ausbeuten erhielten sie ungefähr 20% Gase, hauptsächlich aus Kohlendioxyd und Kohlenmonoxyd bestehend, ferner 30% Holzkohle und 50% Gesamtdestillat, Teer und Essigsäure enthaltend.

Weit umfassender waren die Untersuchungen, welche Klason und seine Mitarbeiter[2]) anstellten, deren Arbeiten zusammen mit denen Klasons über die verschiedenen Hölzer (siehe weiter unten und Kapitel VI) für unser Wissen über dieses Gebiet von grundlegender Bedeutung geworden sind. Das untersuchte Material bestand aus Baumwoll-, Kiefern-, Fichten-, Birken- und Buchenzellstoffen, die mit Ausnahme der Baumwolle nach dem Sulfitverfahren aus dem Holz hergestellt waren. Je 1 kg wurde der trockenen Destillation unterworfen, und zwar in Form von Briketts mit einem spez. Gewicht von 1,2—1,4. Die Retorte bestand aus einem senkrechten, von 3 konzentrischen Mänteln umgebenen Zylinder; Gasbrenner erhitzten den äußeren, ring-

[1]) J. Soc. Chem. Ind. Bd. 11, S. 872. 1892.

[2]) Klason, Heidenstam und Norlin: Z. angew. Chem. Bd. 22, S. 1205. 1909.

Tabelle 66. Ausbeuten und Zusammensetzung der bei der

Produkte	Baumwoll-Cellulose				Kiefern-Zellstoff			
	%	C	H	O	%	C	H	O
Rohzusammensetzung der Cellulose:								
Wasser	4,82	—	—	—	5,60	—	—	—
Asche	0,13	—	—	—	0,44	—	—	—
Organ. Substanz	95,05	—	—	—	93,96	—	—	—
Elementare Zusammensetzung der Cellulose:								
Cellulose	—	44,33	6,15	49,52	—	44,19	6,09	49,72
Holzkohle i. Cellulose	—	81,79	3,89	14,32	—	81,69	3,64	14,67
Organ. Substanz in CH_3COONa	—	60,10	5,00	34,90	—	57,80	4,80	37,40
Teer	—	65,30	6,10	28,60	—	66,70	5,80	27,50
Gew.-% der Verkohlungsprodukte u. deren Elementarzusammensetzg.:								
Holzkohle i. Cellulose	38,82	31,75	1,51	5,56	36,93	30,17	1,34	5,42
Gase: CO_2	10,35	2,82	—	7,53	12,83	3,50	—	9,33
C_2H_4	0,17	0,15	0,02	—	0,21	0,18	0,03	—
CO	4,15	1,78	—	2,37	3,40	1,46	—	1,94
CH_4	0,27	0,20	0,07	—	0,27	0,20	0,07	—
Methylalkohol	Nichts	—	—	—	Spuren	—	—	—
Aceton	0,07	0,04	0,01	0,02	0,08	0,05	0,01	0,02
Essigsäure	1,39	0,56	0,20	0,63	2,18	0,87	0,15	1,16
Organ. Substanz in CH_3COONa	5,14	3,09	0,26	1,79	4,22	2,44	0,21	1,57
Teer	4,18	2,56	0,29	1,33	4,85	3,04	0,39	1,42
Wasser	34,52	—	3,83	30,69	34,17	—	3,80	30,37
Verlust	0,94	—	—	—	0,86	—	—	—
Gesamtsumme	100	42,95	6,19	49,92	100	41,91	6,00	51,23

förmigen Zwischenraum. Die Heizgase wurden gezwungen, den mittleren Zwischenraum von oben nach unten zu durchstreichen und den inneren in umgekehrter Richtung. Die Temperaturmessung in der Retorte und im inneren, ringförmigen Zwischenraum geschah durch thermoelektrische Pyrometer. In jeder Celluloseart wurde der Wasser- und Aschengehalt sowie der Gehalt an organischer Substanz bestimmt und Elementaranalysen bei Cellulose, Holzkohle, gelöstem und Absatzteer ausgeführt und die Zusammensetzung der Gase ermittelt. Die Resultate sind in Tabelle 66 zugleich mit den prozentualen Ausbeuten an Holzkohle, Essigsäure, Methylalkohol, Aceton, Teer, Wasser und Gasen zusammengestellt.

trockenen Destillation von Cellulose erhaltenen Produkte.

Fichten-Zellstoff				Birken-Zellstoff				Buchen-Zellstoff			
%	C	H	O	%	C	H	O	%	C	H	O
6,44	—	—	—	6,65	—	—	—	7,81	—	—	—
0,49	—	—	—	0,92	—	—	—	0,77	—	—	—
93,07	—	—	—	92,43	—	—	—	91,42	—	—	—
—	45,06	6,02	48,92	—	46,2	6,6	47,2	—	44,9	6,1	49,0
—	81,32	4,23	14,45	—	83,7	4,3	12,0	—	83,1	4,1	12,8
—	56,20	5,10	38,70	—	53,7	5,2	41,1	—	64,0	5,8	30,2
—	61,30	6,80	31,90	—	68,6	7,7	23,7	—	64,9	6,7	28,4
34,86	28,35	1,47	5,04	33,39	27,95	1,43	4,01	32,91	27,35	1,35	4,21
11,94	3,26	—	8,68	11,14	3,04	—	8,10	11,96	3,26	—	8,70
0,19	0,16	0,03	—	0,41	0,35	0,06	—	0,25	0,21	0,04	—
3,92	1,68	—	2,24	3,49	1,50	—	1,99	3,80	1,63	—	2,17
0,22	0,16	0,06	—	0,47	0,35	0,12	—	0,39	0,29	0,10	—
0,07	0,04	0,01	0,02	Nichts	—	—	—	0,19	0,07	0,02	0,10
0,13	0,08	0,01	0,04	0,15	0,09	0,02	0,04	0,26	0,16	0,03	0,07
2,79	1,11	0,19	1,49	3,89	1,56	0,26	2,07	3,50	1,40	0,23	1,87
8,50	4,78	0,44	3,28	7,72	4,15	0,40	3,17	8,67	5,55	0,50	2,62
6,28	3,85	0,43	2,00	9,58	6,57	0,74	2,27	5,23	3,39	0,35	1,49
29,99	—	3,33	26,66	29,35	—	3,26	26,09	31,88	—	3,54	28,34
1,11	—	—	—	0,40	—	—	—	0,93	—	—	—
100	43,47	5,97	49,45	100	45,56	6,29	47,74	100	43,33	6,16	49,58

Der Gesamtgehalt an Kohlenstoff, Wasserstoff und Sauerstoff für die aufgezählten Produkte findet sich am Fuße der Tabelle und stimmt sehr gut mit dem der angewandten Cellulose überein, mit welchem er ja auch, theoretisch betrachtet, zusammenfallen sollte. Bei dem Vergleich der Tabelle 66 mit 46 fällt die nahe Übereinstimmung bezüglich der Ausbeuten auf mit Ausnahme des Methylalkohols, der nicht einmal in Spuren bei der Celluloseverkohlung erhalten wurde. Abb. 20 gibt graphisch den Verlauf einer langsamen Destillation von Baumwollcellulose wieder. Die exothermische Periode ist kaum zu bemerken, nur an 2 Punkten erhebt sich die Innentemperatur (siehe die punktierte Linie) ein wenig über die Außentemperatur. Weder Gase (Rechtecke oberhalb der Nullinie) noch Destillate (untere Rechtecke) treten in irgendeinem Zeitabschnitt in größeren Mengen auf.

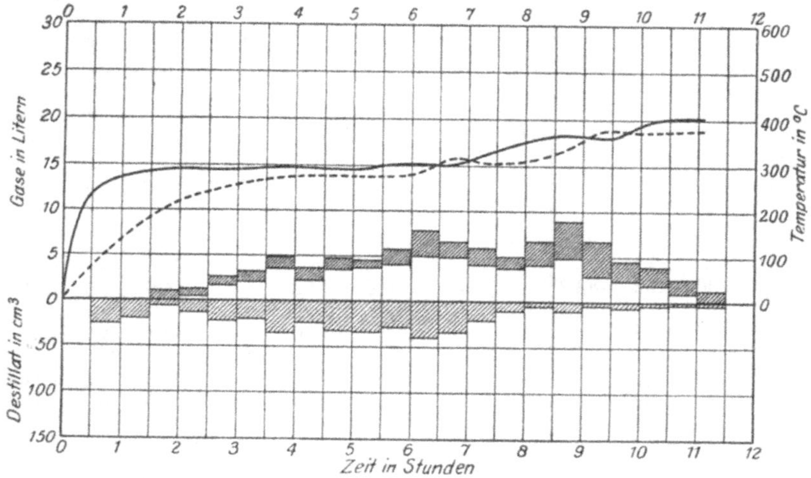

Abb. 20. Schaubild einer langsamen Destillation von Baumwollcellulose.

In Abb. 21 ist die Destillation der Cellulose unter normalen Verhältnissen graphisch dargestellt. Hier sieht man eine gut gekennzeichnete

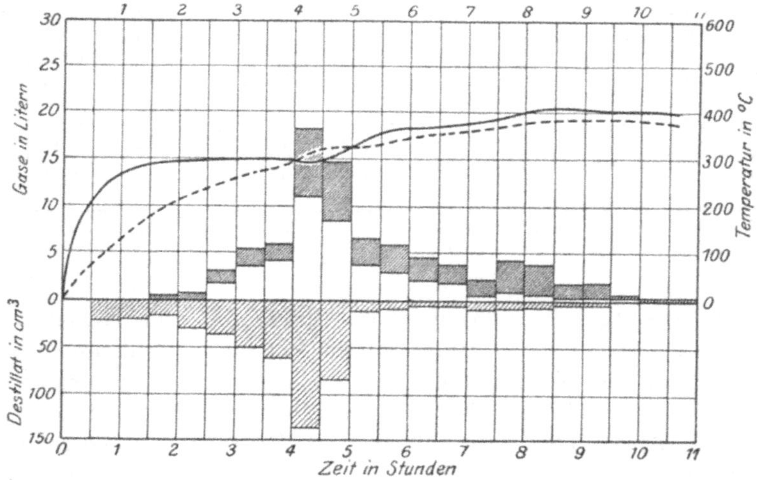

Abb. 21. Schaubild einer normalen Destillation von Baumwollcellulose.

exothermische Reaktion von der Entwicklung großer Mengen Gase und Destillate begleitet. Die Resultate zeigen, daß die Zersetzung der Cellulose unter langsamer Führung des Prozesses bei Temperaturen stattfinden kann, die weit unter den normalen liegen, daß sie aber, sobald normale Verhältnisse gegeben sind, sich in nichts von der Holzverkohlung

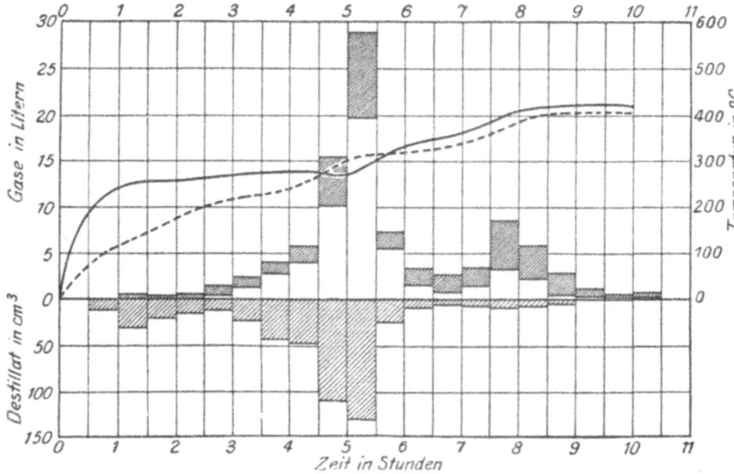

Abb. 22. Schaubild des Destillationsverlaufes von Kiefernzellstoff.

unterscheidet. Die eigentliche, exothermisch verlaufende Zersetzungsreaktion findet unter 400° statt (nach Hollings und Cobb[1]) bei 345°).

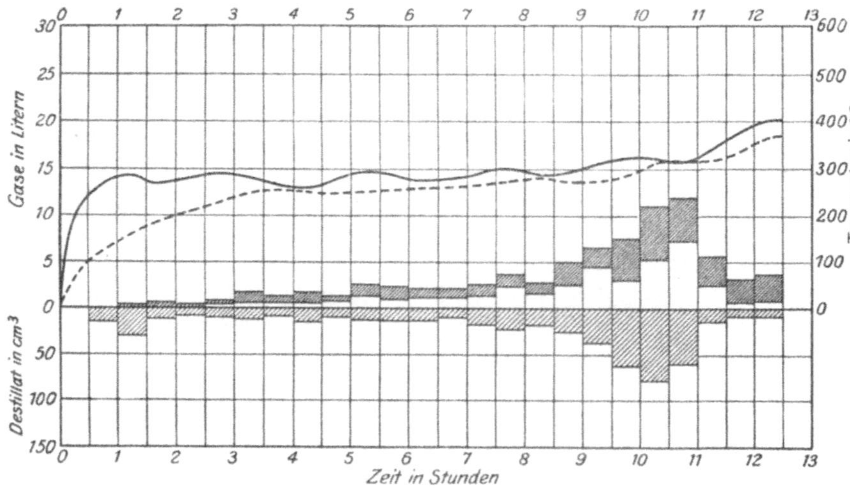

Abb. 23. Schaubild des Destillationsverlaufes von Fichtenzellstoff.

Der entsprechende Destillationsverlauf für Kiefern-, Fichten-, Birken- und Buchenzellstoff wird durch die Abb. 22, 23, 24 und 25 graphisch

[1]) J. C. S. S. 1106. 1915.

wiedergegeben, die sich mit den Abb. 13, 14, 15 und 16 stellenweise noch besser decken, als es bei der Baumwollcellulose der Fall war. Der

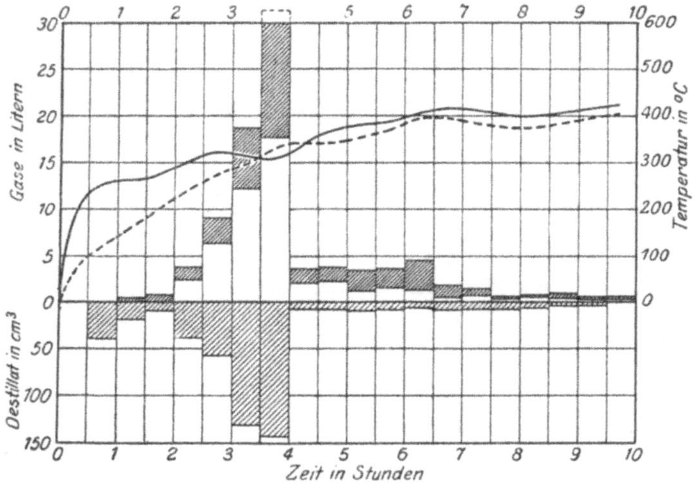

Abb. 24. Schaubild des Destillationsverlaufes von Birkenzellstoff.

Grund liegt in der geringeren Reinheit dieser Celluloseearten gegenüber der Baumwollcellulose (S. 39). Sie enthalten weniger α-Cellulose

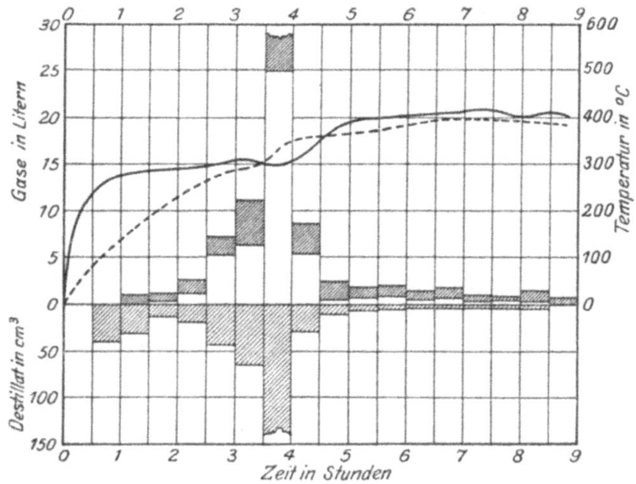

Abb. 25. Schaubild des Destillationsverlaufes von Buchenzellstoff.

und mehr Oxy- und Hydrocellulosen und Pentosane im Gegensatz zu Baumwollcellulosen.

Es kann daher nicht erwartet werden, daß ihre Temperaturkurven mit der von Baumwollcellulose identisch sind.

Was den Fichtenzellstoff anbetrifft, so unterscheidet er sich merklich von den anderen und seine Destillationskurve ähnelt sehr der von Baumwollcellulose bei langsamer Verkohlung. Auffällig ist der Gegensatz zu Fichtenholz (Abb. 14). Kiefern-, Birken- und Buchenzellstoff gaben alle eine heftige exothermische Reaktion unter Entwicklung von großen Gas- und Destillationsmengen, die dann plötzlich zurückgingen. Die Gase bestanden hauptsächlich aus Kohlendioxyd (weiße Rechtecke); nur gegen Ende des Prozesses, als die Außentemperatur über 350° stieg, enthielten sie eine große Menge Methan und Kohlenmonoxyd, aber keinen Wasserstoff. Fast das gesamte Destillat ging während des ersten Teils der Verkohlung über und stockte beinahe vollkommen nach Abklingen der exothermischen Periode. Die folgende Tabelle gibt die Ausbeuten an Gas und Destillat für 1 kg Cellulose wieder nebst der Zusammensetzung der Gase.

Tabelle 67. Ausbeuten an Destillat und Gas, erhalten bei der trockenen Destillation von 1 kg Cellulose.

Art	Gesamtdestillat	Gesamtgas	Zusammensetzung des Gases			
			CO_2	CO	CH_4	C_2H_4
	cm^3	Ltr.	%	%	%	%
Baumwolle, langsam verkohlt	435	81,9	—	—	—	—
Baumwolle, normalerweise verkohlt	457	88,5	57,87	36.37	4,23	1,53
Kiefernzellstoff	464,5	95,1	66,59	27,79	3,88	1,74
Fichtenzellstoff	450	79,7	62,90	32,42	3,12	1,56
Birkenzellstoff	490	81,9	59,90	29,66	6,95	3,49
Buchenzellstoff	494	84,5	61,54	30,89	5,53	2,04

Erdmann und Schaefer[1]) prüften das Destillat von schwedischem Filtrierpapier auf Vorhandensein einiger der auf Seite 109—111 aufgezählten Produkte. Die Destillation wurde ohne Temperaturregelung vorgenommen und war bei Anwendung von 1 kg Ausgangsmaterial in ungefähr 2 Stunden beendet. Die Wirkung der hohen Temperatur und der Mangel ihrer Kontrolle wird durch eine Analyse des erhaltenen Gases illustriert:

CO_2	0,2%
schwere Kohlenwasserstoffe	0,5%
Sauerstoff	0,9%
CO	65,5%
CH_4	19,0%
H	11,5%
N	2,4%.

Von zwei weiteren Versuchsreihen, jede mit 9 kg Cellulose ausgeführt, ergab die erste 3810 g Rohholzessig und 425 g Teer; die zweite

[1]) Ber. Bd. 43, S. 2398. 1910.

3750 g Rohholzessig und 450 g Teer. Die Teere wurden nicht weiter untersucht. In dem an Essigsäure reichen Holzessig konnten die folgenden Substanzen nachgewiesen werden:

Aceton als Dibenzalaceton,
Formaldehyd als Sesqui-Methylen-Phenylhydrazin (ungefähr 12 g pro Liter Holzessig),
Furfurol als Phenylhydrazon oder Semioxamazon,
Maltol, 28 g von 9 kg Cellulose,
Oxymethylfurfurol als Semioxamazon,
γ-Valerolacton als Bariumvalerat durch Hydrolyse mit Bariumhydroxyd.

Vielleicht war auch Oxypropionaldehyd zugegen. Der unkontrollierte Verlauf der Destillation macht es wahrscheinlich, daß einige dieser Verbindungen, wenn nicht alle, das Resultat von Nebenreaktionen sind; sicherlich ist dies der Fall z. B. für Aceton.

Die Verkohlung von Lignin.

Im Gegensatz zu der Cellulose ist über den Verlauf der trockenen Destillation des Lignins viel weniger bekannt. Die einzigen erhältlichen Daten stammen von Heuser und Skiöldebrand[1]). Sie stellten das Lignin dar durch Extraktion von Fichtensägemehl mittels Äther und Hydrolysierung des mit Äther behandelten und getrockneten Materials mit 42%iger Salzsäure, die sie einige Tage in der Kälte einwirken ließen, bis alle Cellulose gelöst war; nach dem Verdünnen mit Wasser wurde filtriert und der Rückstand mit Wasser solange ausgewaschen, bis das ablaufende Waschwasser Fehlingsche Lösung nicht mehr reduzierte. Eine Ausbeute von 33,12% Lignin wurde erhalten. Lufttrocken enthielt es 9,25% Feuchtigkeit und 0,485% Asche und besaß einen an Vanille erinnernden Geruch. Bei der Destillation mit 12%iger Salzsäure gab es keine Furfurolreaktion und war daher pentosanfrei. Der Gehalt an Methoxyl betrug 14%. Mehrere Destillationen wurden unter Verwendung von geringen Mengen ausgeführt; die Resultate eines Vorversuchs sind in Tabelle 68 zusammengestellt; die Endtemperatur betrug 400°. Das wässerige Destillat wurde nochmals destilliert und in drei Fraktionen geteilt:

Fraktion I bis 70° C, enthielt Formaldehyd, Methylalkohol und Aceton,
Fraktion II von 70—90° C, außer den oben genannten Verbindungen noch Ameisensäure enthaltend,
Fraktion III von 90—100° C, Ameisensäure und Essigsäure enthaltend.

Den allgemeinen Destillationsverlauf veranschaulicht Abb. 26. Kurve 1 gibt die Temperaturen im heizenden Medium, Kurve 2 diese innerhalb der Retorte und Kurve 3 die Gesamtmenge der entwickelten Gase wieder (mit l bezeichnete Skala). Die Rechtecke geben das Gas-

[1]) Z. angew. Chem. Bd. 32, I, S. 41. 1919.

Tabelle 68.

Ausbeuten, erhalten bei der trockenen Destillation von Lignin.

Nr.	Angewandte Ligninmenge in g		Holzkohle		Gesamt-destillat		Teer		Wässeriges Destillat		Dauer der Verkohlung	Gas
	Luft-trocken	trok-ken	g	%	g	%	g	%	g	%	Min.	cm^3
1	10,87	9,85	5,73	58,2	2,28	23,20	0,45	4,6	1,83	18,60	50	854
2	8,89	8,07	4,26	52,8	2,39	29,62	0,91	11,3	1,48	18,40	40	980
3	9,44	8,56	4,29	50,2	2,68	31,31	1,06	12,4	1,62	18,90	65	1140

volumen in cm^3 von 5 zu 5 Minuten an. Wie bei allen vorhergehenden Kurvenbildern bedeuten die schraffierten Teile der Rechtecke den Anteil Kohlendioxyd im Gas.

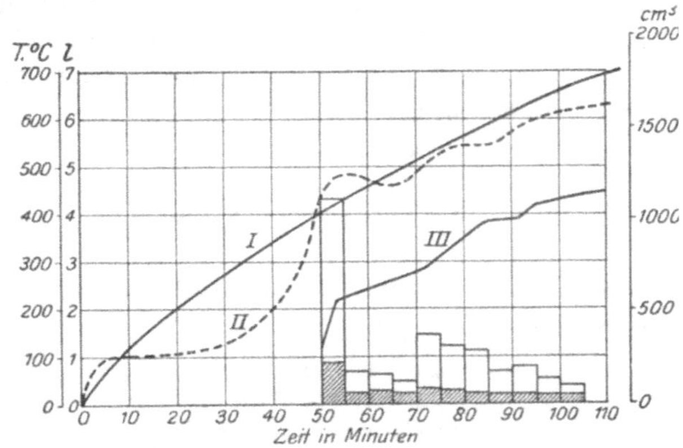

Abb. 26. Schaubild einer Fichtenholz-Lignin-Destillation.

Die Gasentwicklung beginnt bei 128° C, teerhalti-ges Destillat erscheint bei 150°. Die Gasmenge wächst ständig, wird bei 270° reichlich mit einem Maximum bei 432°, nimmt dann ab, um bei 465° wieder zu steigen, und fällt dann bis zu Ende dauernd ab. Die eigentliche Zersetzung verläuft wie bei der Cellulose exothermisch, scheint bei 270—300° einzusetzen und erreicht ihren Höhepunkt bei 400—450°.

Die Zusammensetzung des Gesamtgases als Durchschnitt verschiedener Bestimmungen ist folgende:

CO_2	9,6%
Olefine	2,0%
CO	50,9%
CH_4	37,5%.

Tabelle 69 enthält die Durchschnittsausbeuten an den verschiedenen Produkten, berechnet auf trockenes und aschefreies Lignin.

Tabelle 69. Durchschnittsausbeuten, erhalten bei der trockenen Destillation von Lignin.

Lignin g			Holzkohle		Gesamtdestillat		Teer		Wässeriges Destillat		Gesamtsäuregehalt als Essig	Aceton	Methylalkohol	Essigsäure	Gas-Vol. in cm³ und bei 760 mm
Lufttrocken	Trocken	Trocken u. aschenfrei	g	%	g	%	g	%	g	%	%	%	%	%	
44,41	40,31	40,08	20,31	50,64	11,54	28,81	5,22	13,00	6,32	15,75	1,29	0,187	0,90	1,087	4354

Die Verkohlung der Hemicellulosen.

Der andere, wichtige Bestandteil des Holzes, Hemicellulose (Holzgummi), ist von Bergström[1]) untersucht worden. Die Substanz wurde aus Birkensägemehl isoliert durch 24stündige Extraktion mit 5%iger Natronlauge, Fällung mit Methylalkohol und Ansäuerung des Niederschlages. Bei der Verkohlung wurde erhalten:

37,2% Holzkohle
11,1% Teer und Öl
33,6% wässeriges Destillat
18,1% Gase.

Die Gesamtausbeute an Essigsäure betrug 0,29%, an Ameisensäure 0,17%. Das Birkenholz selbst gab:

33,0% Holzkohle
6,3% Teer und Öl
43,0% wässeriges Destillat
17,3% Gas und
6,9% Gesamtsäure.

Das wässerige Destillat enthielt 9% Furfurol. Ähnliche Resultate wurden mit Tannenholzgummi erzielt.

Thermochemie der Zersetzungsreaktionen.

Wir haben gesehen, daß nicht nur Holz, sondern auch seine Hauptbestandteile Cellulose und Lignin bei der trockenen Destillation Wärme entbinden. Die von einer gegebenen Menge Holz unter gegebenen Umständen in Freiheit gesetzte Wärmemenge ist von Klason[2]) ermittelt. In Tabelle 70 finden wir ein typisches Bild der Daten für Birkenholz bei normaler Destillation von 8 Stunden Dauer.

[1]) Papierfabr. Bd. 11, S. 759. 1913.
[2]) J. pr. Chem. Bd. 90, S. 413. 1914; Z. angew. Chem. Bd. 22, S. 1205. 1909 und Bd. 23, S. 1522. 1910.

Tabelle 70.
Thermochemische Daten der trockenen Destillation von Birkenholz.
(Alle Resultate sind auf 1 kg Holz berechnet bei 275° C.)

Produkt	Gew.-%	Verbrennungswärme in Cal. pro kg	Verbrennungswärme in Cal. pro Menge %	Bei 275° von den Produkten aufgenommene Wärme
Holzkohle	30,85	7860	2428,3	20,1
Teer	16,94	6053	1025	40,2
Essigsäure	6,77	3500	237	14,3
Ameisensäure	0,61	1341	8,2	1,4
Methylalkohol	1,49	5310	79,1	5,8
Aceton	0,20	7300	14,6	1,1
Formaldehyd	1,00	4566	45,7	5,6
Gase CO_2	10,17	—	—	6,1
Gase CO	3,57	2430	86,8	2,4
Gase CH_4	0,98	13060	128	1,8
Gase C_2H_4	0,25	11860	29,6	0,3
Flüchtige Öle	3,00	7875	236,3	7,1
Nicht bestimmte organ. Substanz	3,69	8598	317,3	8,8
Wasser	20,48	—	—	147,5
Gesamtsumme	100,00	—	4636,4	262,5
Birkenholz	—	4895	—	100,6

Alle Berechnungen beziehen sich auf eine Temperatur von 275°, bei der die thermische Reaktion einsetzt. Mit Ausnahme der schon bekannten wurden alle thermochemischen Daten experimentell bestimmt. Die freigemachte Wärme wird gefunden durch Abziehen der Verbrennungswärme der Produkte von der des angewandten Holzes unter Zurechnung der bei 275° aufgenommenen.

Die Verbrennungswärme des Birkenholzes beträgt 4895 Calorien pro kg. Es sind 100,6 Calorien nötig, um seine Temperatur auf 275° zu erhöhen. Die gesamte Verbrennungswärme der Produkte ist 4636,4 Calorien und sie nehmen bei 275° 262,5 Calorien auf, so daß die gesamte bei der trockenen Destillation von 1 kg Birkenholz entbundene Wärme

$$= 4895 + 100{,}6 - 4636{,}4 + 262{,}5 = 96{,}7 \text{ Calorien},$$

die Reaktionswärme

$$4895 - 4636{,}4 = 258{,}6 \text{ Calorien}$$

beträgt.

Ebenfalls von Klason[1]) stammen die thermochemischen Daten für Kiefer, Fichte, Birke und Buche sowie für die aus ihnen gewonnenen Zellstoffe (s. Tabelle 71).

[1]) Loc. cit.

Tabelle 71. Thermochemische Daten der trockenen Destillation von 1 kg Holz oder Cellulose.

Material	Heizwert des Holzes bzw. der Cellulose Cal.	Heizwert der Destillations-produkte Cal.	Von den Produkten aufgenommene Wärme Cal.	Frei-gewordene Wärme Cal.	Freigewordene Wärme in % vom Heizwert des Holzes bzw. der Cellulose	Heizwert des Gases Cal.
Baumwollcellulose . . .	4188	3840,9	288,1	152,3	3,6	156,3
Kiefernholz	5070	4605,6	241,1	316,6	6,3	195,2
Kiefernzellstoff	4170	3854,6	280,1	158,6	3,8	142,8
Fichtenholz	4910	4547,2	233,0	223,3	4,6	195,9
Fichtenzellstoff	4300	3896,8	262,9	233,6	5,4	146,5
Birkenholz	4910	4470,4	243,6	289,3	5,9	173,7
Birkenzellstoff	4550	4135,3	278,2	239,8	5,3	194,7
Buchenholz	4790	4322,5	245,3	315,5	6,6	187,6
Buchenzellstoff	4350	3902,5	281,7	279,1	6,4	172,8

Die ermittelten Beträge für die frei gewordene Wärme sind selbstverständlich abhängig sowohl von der Menge und dem Charakter der gebildeten Produkte, als auch von der Temperatur und Geschwindigkeit der Destillation. Infolgedessen sind die erhaltenen Resultate nicht als Konstanten für ein gegebenes Material aufzufassen. Der Heizwert (Verbrennungswärme) für die Produkte bezieht sich auf 1 kg Rohmaterial Holz, Cellulose oder Zellstoff. Mit Ausnahme der Fichte ist die Zersetzungswärme größer für Holz als für den aus ihm hergestellten Zellstoff. Der Heizwert der Gase beträgt nur ungefähr 3,5—4% von dem des angewandten Materials.

Der Einfluß der Zeit (Geschwindigkeit) wird durch die folgenden, von Klason[1]) gefundenen Zahlen veranschaulicht.

Tabelle 72.
Einfluß von Druck und Destillationsgeschwindigkeit auf die bei der trockenen Destillation von Birkenholz frei werdende Wärme.

	5 mm Druck	Gewöhnlicher Druck und 8 Std.	Gewöhnlicher Druck und 14 Tage
Reaktionswärme	+ 123,1 Cal.	+ 258,6 Cal.	+ 340,9 Cal.
Freigewordene Wärme . .	— 47,6 „	+ 96,7 „	+ 169,2 „
Verbrennungswärme des Gases	222,2 „	244,4 „	148,6 „

Unter hohem Vakuum findet Wärmebindung statt, obwohl auch hier die Zersetzung exotherm verläuft. Der Wert für die Zersetzungswärme steigt bei langsam ausgeführter Verkohlung, da besonders in der

[1]) Loc. cit.

Gasphase andere Reaktionen von bedeutend höherer Wärmetönung stattfinden. Bei langsamer Verkohlung bleiben die Gase längere Zeit in Berührung mit der heißen Holzkohle wie den noch heißeren Retortenwänden, und Nebenreaktionen exothermischer Natur entwickeln sich, die bei normaler Verkohlung nicht eintreten, da die Gase sofort aus der heißen Zone in die kühleren Teile des Apparates strömen. Klasons bei 5 mm Druck erhaltenes Resultat wurde bestätigt durch Aschan[1]), der bei einer bei 6—8 mm Druck ausgeführten Destillation von Birkenholz in keiner Phase der Operation eine Drucksteigerung oder eine merkliche Zunahme der Destillatmenge feststellen konnte.

Die in Tabelle 71 für eine normale kontrollierte Destillation genannten Werte können als Durchschnittszahlen angenommen werden. Sie gelten für trockenes Holz, ganz gleich, ob von Anfang an trockenes oder nasses angewandt wurde, da vor Eintritt der exothermischen Periode das im Holz vorhandene Wasser ausgetrieben war. Nur die latente Wärme des Zersetzungswassers ist bei Berechnung der frei werdenden Gesamtwärme zu berücksichtigen.

Destillation im Vakuum.

In Kapitel VI, Tabelle 50 sind die Ausbeuten, erhalten bei der Verkohlung von Holz unter vermindertem Druck, angegeben. In Ergänzung hierzu erzielte Klason[2]) sehr interessante Resultate, die geeignet sind, den Mechanismus der Zersetzung aufzuklären. Bei Drucken bis zu 5 mm erhielt der Genannte Holzkohle, Teer, Essigsäure, Ameisensäure, Methylalkohol, Aceton und Formaldehyd, während bei 0,01 mm weder Aceton noch Methylalkohol gebildet wurden.

Die Menge Aceton steigt mit der Zunahme des Druckes und der Destillationsdauer, und man nimmt an, daß es durch die Zersetzung der Dämpfe der Essigsäure entstehe:

$$2\,CH_3COOH = CH_3COCH_3 + CO_2 + H_2O\,.$$

Als Resultat seiner Untersuchungen nimmt Klason an, daß die Verkohlung des Holzes in zwei Phasen vor sich geht. Die erste wird dargestellt durch die Vorgänge der Destillation bei hohem Vakuum und soll nach folgender Gleichung vor sich gehen:

$$\underset{\text{Holz}}{2\,C_{42}H_{60}O_{28}} \rightarrow \underset{\substack{\text{erstgebildete}\\ \text{Kohle } 20{,}8\%}}{3\,C_{10}H_5O} + \underset{16{,}8\%}{19\,H_2O} + \underset{6{,}5\%}{3\,CO_2} + \underset{4{,}1\%}{3\,CO}$$

$$+ \underset{7{,}5\%}{2{,}5\,CH_3COOH} + \underset{2{,}2\%}{HCOOH} + \underset{1{,}6\%}{CH_3OH} + \underset{\text{Teer } 36\%}{C_{36}H_{43}C_{16}} + \underset{\substack{\text{Formaldehyd,}\\ \text{Öle usw. } 4{,}5\%}}{C_5H_8O}$$

[1]) Brennstoffchemie Bd. 18, S. 273. 1921.
[2]) Loc. cit.

Unter normalen Bedingungen in bezug auf Druck und Destillationsgeschwindigkeit soll der in der ersten Phase gebildete Teer eine weitere Zersetzung erfahren:

$$C_{36}H_{43}O_{16} \rightarrow C_{30}H_{20}O_3 + 9\,H_2O + 2\,CO_2 + C_4H_9$$

Teer 36% sekundär gebildete Kohle 21,1% 8% 4,3% 2,8%

Die Zersetzung ist desto intensiver, je langsamer die Verkohlung ausgeführt wird. So fand Klason, daß bei einer 14 Tage dauernden Verkohlung nur 1,8% Teer gebildet war. Die Formeln für Holzkohle und Teer in den oben stehenden Gleichungen sind aus ihren Elementarzusammensetzungen abgeleitet, die von Klason in den folgenden Tabellen angegeben sind:

Tabelle 73. Elementarzusammensetzung von Teeren, erhalten bei der trockenen Destillation von Birkenholz unter verschiedenem Druck.

Druck	C %	H %	O %	Molekularverhältnis zwischen 10 C und disponibelen H
Endtemperatur 400°	—	—	—	—
0,01 mm	54,36	5,63	40,01	120 : 1,4
5 mm	54,93	6,01	39,06	120 : 2,5
Gewöhnlicher Druck (8 Std.)	58,97	6,58	34,45	120 : 4,5

Tabelle 74. Elementarzusammensetzung von Holzkohle, erhalten bei der trockenen Destillation von Birkenholz unter verschiedenem Druck.

Druck	C %	H %	O %
Endtemperatur 400°	—	—	—
0,01 mm	83,69	3,80	12,51
5 mm	84,04	3,69	12,27
Gewöhnlicher Druck, 8 Std.	83,00	3,84	13,16
Gewöhnlicher Druck, 14 Tage	86,16	3,82	10,02
Endtemperatur 500°	—	—	—
Gewöhnlicher Druck, 8 Std.	90,50	3,22	6,28
Gewöhnlicher Druck, 14 Tage	91,66	3,15	5,19

Die Ausbeuten an Holzkohle, Gesamtdestillat und Gasen, erhalten bei verschiedenem Druck und verschiedener Destillationsdauer, finden sich in Tabelle 75. Wie man sieht, enthalten die Gase bei 5 mm Druck sowohl Methan als auch Äthylen. Beide sind jedoch in der Gleichung für die erste Stufe der Zersetzung nicht berücksichtigt und man kann annehmen, daß die Vorgänge, wie sie in der zweiten Gleichung aufgestellt sind, wenigstens zum Teil schon bei 5 mm Druck stattfinden.

Tabelle 75. Ausbeute an Holzkohle, Destillat und Gas, erhalten bei der trockenen Destillation von Birkenholz unter verschiedenem Druck.

Produkt		5 mm Druck	Gewöhnl. Druck 8 Std.	Gewöhnl. Druck 14 Tage
Holzkohle		19,54	30,85	42,94
Gesamtdestillat		69,78	53,61	39,10
Gase	CO_2	5,95	10,17	12,62
	CO	3,28	3,57	2,19
	CH_4	0,91	0,98	0,10
	C_2H_4	0,20	0,25	0,67
Verlust		0,34	0,57	2,38

Die Ausbeuten sind berechnet in $^0/_0$ von trockenem, aschenfreiem Holz.

Die Entstehung der Produkte.

Unter Berücksichtigung der äußerst komplizierten Natur des Holzes genügt ein Blick auf die Liste der Verbindungen, welche bei der trockenen Verkohlung erhalten werden, um die außergewöhnliche Schwierigkeit, wenn nicht Hoffnungslosigkeit eines jeden Versuches vor Augen zu führen, die Entstehung aller dieser Verbindungen und die Reaktionen, durch welche sie hervorgebracht werden, zu erklären.

Wie in Kapitel IV schon ausgeführt, ist es höchst unwahrscheinlich, daß zwei verschiedene Holzarten eine vollkommen gleiche Zusammensetzung haben. Überdies haben wir es bei der Verkohlung mit einer sehr schwer zu kontrollierenden Operation zu tun, deren Chemismus bis ins kleinste wir wohl kaum jemals mit absoluter Genauigkeit erforschen können. Obwohl wir in den letzten drei Kapiteln die wichtigsten Daten aus der Literatur vorliegen haben, ist es uns doch unmöglich, aus ihnen ein allgemeines Schema zu konstruieren, das auch nur für einen Teil der Produkte paßt, geschweige denn die Genesis der gesamten Verbindungen umfassen könnte.

Bei dem Fehlen ausreichender Versuchsdaten ist ohne Zuhilfenahme der Spekulation eine allgemeine Theorie der Verkohlung nicht denkbar. Wennschon eine solche, die allen experimentell gefundenen Tatsachen Rechnung trägt, bis jetzt nicht aufgestellt werden kann, so können doch aus dem vorliegenden Untersuchungsmaterial eine ganze Menge interessanter und wertvoller Schlüsse gezogen werden, die mit einem hohen Grade der Wahrscheinlichkeit erkennen lassen, auf welche Weise wenigtens ein Teil der Produkte entstanden ist.

Die Reihenfolge der Entstehung der Produkte.

Wir haben bereits früher die Wirkung der unvollständigen Destillation auf die Ausbeute an handelsüblichen Produkten kennen gelernt (s. S. 97 und 98 sowie Tabelle 56). Wenn wir die Gesamtproduktion in jedem einzelnen Falle mit 100% einsetzen und die Ausbeuten eines jeden Produktes in den verschiedenen Phasen der Destillation als Prozente dieser Gesamterzeugung berechnen, so gaben uns die Resultate die Möglichkeit, die Reihenfolge zu erkennen, in welcher die Produkte gebildet werden. Tabelle 76 gibt die in dieser Weise umgerechneten Ergebnisse der Tabelle 56 und Abb. 27 das entsprechende Schaubild.

Tabelle 76. Verhältnis der Menge der Gesamtprodukte zu Holzkohle bzw. Bränden.

Nr. des Abtriebs	Holzkohle	Brände	Teer			Gesamtsäure	Essigsäure	Ameisensäure	Holzgeist
			Absatzteer	Gelöster Teer	Gesamtteer				
1	100,0	0	100,0	100,0	100,0	100,0	100,0	100,0	100,0
2	41,75	48,00	34,9	55,1	44,8	82,0	79,7	100,0	62,8
3	25,48	62,96	15,7	32,7	24,1	62,3	60,7	81,7	37,1

Kurve I von Abb. 27 zeigt, daß die Gesamtmenge der Ameisensäure überdestilliert ist, wenn die Verkohlung ungefähr zur Hälfte beendet wurde. Demnach wird Ameisensäure zuerst gebildet. Ihr folgt Essigsäure (Kurve II), deren Bildung schneller vor sich geht als die des Methylalkohols, welche dem Erscheinen des Teeres unmittelbar vorangeht. Die Wichtigkeit der an diesem Punkte einsetzenden Kontrolle der Destillation ist ohne weiteres einleuchtend, denn bei dem Auftreten des Teeres sind sowohl Essigsäure wie Methylalkohol in Bildung begriffen, und wenn die Außenheizung in dieser Phase nicht gemildert wird, so sind Verluste die Folge (s. Tab. 81). Die Kurven geben zugleich einen Überblick über die Verluste, die eintreten, wenn die Verkohlung nicht vollständig zu Ende geführt wird. Wenngleich das vorliegende Versuchsmaterial bei weitem nicht ausreicht, das Schaubild in jeder Weise mit der Wirklichkeit in Übereinstimmung zu bringen, so gibt es uns doch einen recht guten Begriff über die zu erwartenden Verluste. Nehmen wir für den Großbetrieb als Maximalzahl 10% Brände an, so be-

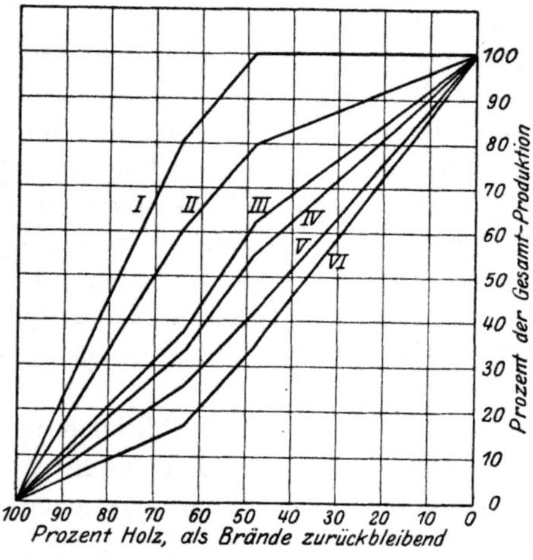

Abb. 27. Kurven, die Reihenfolge bezeichnend, in welcher die Destillationsprodukte erhalten werden.

I Ameisensäure, *II* Essigsäure, *III* Methylalkohol, *IV* gelöster Teer, *V* Gesamtteer, *VI* Absatzteer.

trägt nach Abb. 27 der Verlust nur ungefähr 7% für Methylalkohol und 4% für Essigsäure. Mehr ins Gewicht fallend ist die Minderausbeute an Holzkohle und Absatzteer.

Die Bildungsweise der Produkte.

Wie schon vorher gezeigt, liefern alle drei Hauptbestandteile des Holzes bei der trockenen Destillation Holzkohle, Teer, Essigsäure und Gase.

Die Ausbeuten typischer Laub- und Nadelhölzer und der aus ihnen hergestellten Zellstoffe einerseits sowie die von Baumwollcellulose und Fichtenholzlignin andererseits sind in Tabelle 77 verglichen.

Tabelle 77. Vergleich der Ausbeuten der Produkte aus Holz, Cellulose und Lignin und Zusammensetzung der Gase.

Produkte		Buchenholz	Buchenzellstoff	Fichtenholz	Fichtenzellstoff	Fichtenlignin	Baumwollcellulose	Bemerkungen
Holzkohle		34,97	32,91	37,81	34,86	50,64	38,82	Gewichtsprozente der trockenen, aschenfreien Substanz
Absatzteer		8,11	5,23	8,08	6,28	13,00	4,18	
Essigsäure		6,04	3,50	3,19	2,79	1,09	1,39	
Methylalkohol		2,07	0,19	0,96	0,07	0,90	nichts	
Aceton		0,20	0,26	0,20	0,13	0,19	0,07	
Gase	CO_2	56,97	61,67	56,50	62,90	9,60	57,87	Volumprozente
	CO	34,68	30,79	32,55	32,42	50,90	36,37	
	CH_4	6,72	5,52	9,23	3,12	37,50	4,23	
	C_2H_4	1,63	2,02	1,72	1,56	2,00	1,53	

Allerdings können die bei dem Lignin erhaltenen Resultate nicht ohne weiteres mit denen von Buchenholz verglichen werden, da, wie schon vorher ausgeführt, es wenig wahrscheinlich ist, daß Buchen- und Fichtenholzlignin bezüglich ihrer Zusammensetzung identisch sind. Lignin ergibt mehr Holzkohle und mehr Teer als Cellulose, die letztere hingegen keinerlei Methylalkohol, der demnach fast ausschließlich aus dem Lignin stammt. Die Essigsäurezahlen sind ziemlich widersprechend. Buchenholz ergibt 6,04%, Buchenzellstoff dagegen nur 3,5%. Nimmt man nun den Gehalt an Cellulose im Buchenholz mit 50% an, so beträgt der Anteil Essigsäure, den der Buchenholzzellstoff liefert, 1,75%, so daß noch 4,89% in Anrechnung zu bringen sind. Da die Hemicellulosen für die Bildung von Essigsäure kaum in Betracht kommen (siehe S. 126), müssen die restierenden 4,89% augenscheinlich auf das Konto des Lignins gesetzt werden. Vergleichen wir jedoch die Essigsäureausbeuten aus Fichtenholz, Fichtenholzzellstoff und Fichtenholzlignin und nehmen wir den Gehalt an Cellulose im Fichtenholz zu 58 und den des Lignins zu 28% an (Tabelle 19a), so finden wir, daß die Cellulose an der

Bildung der Essigsäure mit $\frac{58 \times 2{,}79}{100} = 1{,}62\%$ und des Lignins mit $\frac{28 \times 1{,}09}{100} = 0{,}31\%$ beteiligt ist, beide zusammen also mit 1,93%. Da nun das Fichtenholz als solches 3,19% ergibt, bleibt ein Rest von 1,26 unerklärt. — Es ist wahrscheinlich, daß die Essigsäureausbeute für Fichtenholzlignin zu niedrig ist, besonders wenn wir sie mit der von Pringsheim und Magnus (S. 54) gefundenen vergleichen. Sonst bliebe nur die einzige Annahme übrig, daß die Verkohlung von Holz vollkommen von der seiner einzelnen Bestandteile verschieden ist[1]).

Was die Gase anbetrifft, so ergibt die Holzcellulose nur wenig größere Ausbeuten an Kohlendioxyd und geringere an Kohlenmonoxyd und Kohlenwasserstoffen als das entsprechende Holz. Die Differenz kann ohne weiteres dem Lignin zugeschrieben werden, das mehr als fünfmal soviel Kohlenmonoxyd als -dioxyd entwickelt. Wir haben schon gesehen, daß die in einer späteren Phase der Verkohlung entstehenden Gase reicher an Kohlenmonoxyd sind und können diese Tatsache zum Teil der etwas später eintretenden Zersetzung des Lignins zuschreiben, denn, wie Abb. 26 zeigt, zersetzt sich Lignin exothermisch bei einer etwas höheren Temperatur als Cellulose.

Unter der Voraussetzung, daß der Methylalkohol aus den Methoxylgruppen des Lignins entsteht, sollte man erwarten, daß desto höhere Ausbeuten an ersterem erreicht werden, je höher die Methoxylzahl des Holzes ist. Tatsächlich zeigt sich ein solcher Verhältnis wenigstens für Birke und Buche in Tabelle 78[2]).

Tabelle 78. Methoxylgehalt des Holzes im Vergleich zu der Ausbeute an Methylalkohol bei der trockenen Destillation.

	Birke	Ahorn	Lärche
Methoxyl %	6,07	7,25	5,03
Methylalkohol %	1,53	1,94	0,65

Die Zahlen für Methoxyl und Methylalkohol bezeichnen Prozente, berechnet auf Trockenholz.

Da jedoch die Ausbeute an Methylalkohol ziemlich konstant für die einzelnen Gruppen der Hölzer ist, so muß man annehmen, daß die OCH_3-Gruppen des Lignins nicht alle in gleicher Weise reagieren und nur bestimmte durch die Wirkung der Hitze abgespalten werden. Eine Bestätigung dieser Annahme liegt in der Tatsache, daß Nadelhölzer, obwohl sie 4—5% Methoxyl gegenüber 5—6% bei den Laubhölzern ent-

[1]) Durch Einführung von Dampf in die Verkohlungsapparate steigen die Ausbeuten an Essigsäure und Methylalkohol (s. Kapitel XV).

[2]) Schorger: J. Ind. Engg. Chem. Bd. 9, S. 556. 1917.

halten, doch nur ungefähr $1/_3$ bis $1/_2$ der Methylalkoholausbeute der letzteren liefern. Ein großer Teil der OCH_3-Gruppen wird zur Bildung des Methans in den Holzgasen benutzt, ein kleiner findet sich in der Holzkohle[1]), der Rest unverändert als Phenol-Methyläther im Teer.

Pieper, Acree und Humphrey[2]) haben im Rohteer des Ahorn 6,81, im Kreosotöl desselben Teeres 11,06, im Neutralöl 5,14 und im Pech 5,10% Methoxyl nachgewiesen.

Von den übrigen Produkten stammt Formaldehyd und Ameisensäure sowohl aus dem Lignin als auch aus der Cellulose. Die Hemicellulosen liefern zwar ebenfalls geringe Mengen Ameisensäure, jedoch die Hauptmenge des Furfurols.

Die Verhältnisse bei der Nadelholzverkohlung gestalten sich etwas verwickelter durch die Gegenwart der Harze. Wie schon bemerkt, liefern die Nadelhölzer im Gegensatz zu den Laubhölzern bei der Destillation Terpene. Einige von diesen, wie α- und β-Pinen, sind entweder frei oder gebunden im Harz enthalten und können durch die Einwirkung von Wärme mit oder ohne Einblasen von Wasserdampf aus dem Holz gewonnen werden. Da sie einen bedeutenden Anteil des sog. Terpentinbalsams ausmachen, müssen sie als solche im Holz vorhanden sein. Nebenbei werden aber noch beachtenswerte Mengen anderer Terpene und Terpenderivate gewonnen, deren Ursprung noch nicht ganz aufgeklärt ist. Sicherlich kommt die Cellulose als Ursprungssubstanz nicht in Frage. Auf der anderen Seite läßt sich aber auch kein durch das Experiment erhärteter Beweis anführen, daß sie aus dem Lignin entstanden sind. Diese Terpene finden sich in den höher siedenden Fraktionen des Rohmaterials und sind unter dem Namen Kienöl bekannt. Sie bestehen hauptsächlich aus γ-Terpinen, Cineol, Fenchylalkohol, Borneol und α-Terpineol, schwanken aber in ihrer Zusammensetzung ganz bedeutend je nach dem Holz, aus welchem sie dargestellt sind, der Verkohlungsmethode und der nachfolgenden Reinigung. In dem ursprünglichen Harz können sie nicht vorhanden sein, denn sie können aus ihm durch Destillation nicht gewonnen werden. Aber nach Sherwood[3]) werden sie aus demselben Holz, von welchem das Harz stammt, durch Dampfdestillation erhalten. Sherwood schließt daher, daß diese Körper im Holz als ätherisches Öl vorhanden sind. Auf der anderen Seite vermutet Hawley[4]), daß sie durch Umwandlungen des Harzes gebildet werden. Das vorliegende Versuchsmaterial ist zu dürftig, um zu entscheiden, welche der beiden Ansichten die richtige ist, doch mag daran erinnert werden, daß die Überführung von α-Pinen in Borneol

[1]) Hawley und Aiyar: J. Ind. Engg. Chem. Bd. 14, S. 1055. 1922.
[2]) J. Ind. Engg. Chem. Bd. 9, S. 462. 1917.
[3]) Chem. Metallurg. Engg. Bd. 26, S. 149. 1922.
[4]) Chem. Metallurg. Engg. Bd. 26, S. 149. 1922.

oder von Dipenten in α-Terpineol keineswegs unter Anwendung von stark wirkenden Reagenzien zu erfolgen hat und sehr wohl unter den Verhältnissen, wie sie die trockene Destillation, sei es mit, sei es ohne Dampf, bietet, vor sich gehen könnte.

Nach Aschan[1]) soll Kienöl von bestimmten Bestandteilen des Holzes gebildet werden, die bis zu 18,4% des Trockengewichtes des Holzes ausmachen können, und andere Autoren haben gefunden, daß das Kernholz kieniger Kiefern bis zu 25% Harz enthalten kann. In ihm findet sich Abietinsäure neben anderen, kompliziert zusammengesetzten Verbindungen, deren Konstitution noch nicht endgültig feststeht. Die Gegenwart der Harze und die aus ihnen bei der Destillation gewonnenen öligen Produkte kennzeichnen den Unterschied zwischen Nadel- und Laubholz.

Reten (Methyl-Isopropyl-Phenanthren) findet sich im Nadelholzteer und ist ein Zersetzungsprodukt der Abietinsäure, die ihrerseits wieder als Methyl-Decahydroreten-Carboxylsäure angesprochen wird und den Terpenen nahe verwandt ist.

Der Vergleich der Kohlenstoffverteilung in den Produkten mit dem ursprünglich im Holz enthaltenen gestattet, durch Aufstellung von allgemeinen Gleichungen uns über die Zersetzung ein ungefähres Bild zu machen. Wir haben bereits auf Seite 129 ein Beispiel einer solchen Gleichung gegeben. In Tabelle 79 gibt Klason[2]) eine Zusammenstellung, die auf Grund seiner Elementaranalysen des Holzes und seiner Destillationsprodukte die Verteilung des Kohlenstoffes erkennen läßt. Die Resultate sind ausgedrückt in Prozenten des im ursprünglichen Holze enthaltenen Kohlenstoffes.

Tabelle 79.
Verteilung des Kohlenstoffes in den einzelnen Destillationsprodukten.

	Kiefer	Fichte	Birke	Buche
Holzkohle	61,3	62,1	53,5	59,0
Teer	24,1	19,9	19,2	17,1
Holzkohle + Teer	85,4	82,0	72,7	76,1
Essigsäure	3,4	2,5	5,8	5,0
Kohlendioxyd	5,4	5,6	5,6	6,1
Kohlenmonoxyd	3,1	3,2	2,9	3,7
Rest	2,7	6,7	13,0	9,1

Die für Buche angegebenen Zahlen führen unter der Annahme von $C_{42}H_{60}O_{28}$ als empirische Formel für Holz zu der folgenden Gleichung:

$$\underset{\text{Holz}}{2\,C_{42}H_{60}O_{28}} = \underset{\text{Holzkohle}}{3\,C_{16}H_{10}O_2} + \underset{\text{Wasser}}{28\,H_2O} + \underset{\text{Kohlendioxyd}}{5\,CO_2} + \underset{\text{Kohlenmonoxyd}}{3\,CO}$$

$$+ \underset{\text{Essigsäure}}{2\,C_2H_4O_2} + \underset{\text{Methylalkohol}}{CH_4O} + \underset{\text{Teer, Öle, Rückstand Gase usw.}}{C_{23}H_{22}O_4}$$

[1]) Z. angew. Chem. Bd. 26, S. 711. 1913. [2]) Loc. cit.

Diese Gleichung kann natürlich nur als eine rohe Schätzung angesprochen werden.

In welcher Weise die das Holz bildenden Moleküle unter dem Einfluß von Hitze Umwandlungen erfahren, darüber ist praktisch nichts Positives bekannt. Einige der Produkte, wie Terpene, sind als solche im Holz vorhanden und destillieren einfach unzersetzt ab, andere, wie Bestandteile des Teeres und der Öle, z. B. Phenole und ihre Abkömmlinge, sind als Bausteine des Lignins bekannt und es bedarf nur der Abspaltung von Seitenketten, um sie frei zu machen.

Wenn auch die Acetylgruppen sowohl im Lignin als auch im Holz vorhanden sind — die durch Hydrolyse mit verdünnter Schwefelsäure aus dem Holz erhaltene Essigsäure leitet sich von Acetylgruppen ab —, so stammt doch die durch Verkohlung erhaltene Essigsäure nur zum Teil aus den Acetylgruppen, zum anderen Teil, wie wir schon gesehen haben, aus der Cellulose.

Es ist möglich, daß ein Teil der Cellulose zu Hexose hydrolysiert wird:

$$[C_6H_{10}O_5]n \xrightarrow{H_2O} n\,C_6H_{12}O_6\,,$$

die ihrerseits dann bei der Zersetzung Ameisensäure, Essigsäure, Propionsäure und Buttersäure ergibt[1]):

$$C_6H_{12}O_6 = 3\,\underset{\text{Essigsäure}}{C_2H_4O_2}$$

$$C_6H_{12}O_6 = \underset{\text{Propionsäure}}{C_3H_6O_2} + \underset{\text{Essigsäure}}{C_2H_4O_2} + \underset{\text{Ameisensäure}}{CH_2O_2}$$

$$C_6H_{12}O_6 = \underset{\text{Buttersäure}}{C_4H_8O_2} + 2\,\underset{\text{Ameisensäure}}{CH_2O_2}$$

Wahrscheinlich ist auch, daß Cellulose und Lignin teilweise in Kohlenstoff und Wasser gespalten werden:

$$(C_6H_{10}O_5)n \rightarrow n\,C + n\,H_2O\,.$$

was zur Bildung von Holzkohle führt.

Die Bildung von Furfurol aus den Pentosan-Hemicellulosen geschieht nach folgender Gleichung:

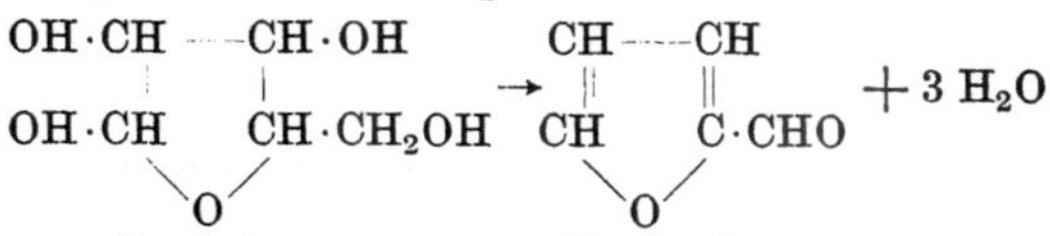

Pentose Furfurol

Durch Oxydation und nachfolgende Abspaltung von Kohlendioxyd wird Furan gebildet:

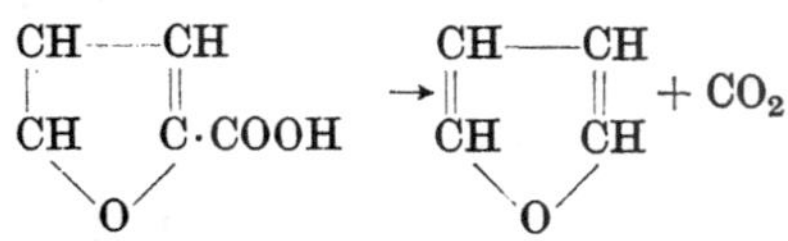

Brenzschleimsäure Furan

[1]) Aschan: Z. angew. Chem. Bd. 26, S. 711. 1913.

Die Brenzschleimsäure kann ebenfalls ihren Ursprung in der Cellulose haben. Durch die Hydrolyse der letzteren entsteht Hexose, die dann zu Schleimsäure oxydiert wird, welche durch Verlust von Kohlendioxyd und Wasser in Brenzschleimsäure übergeht.

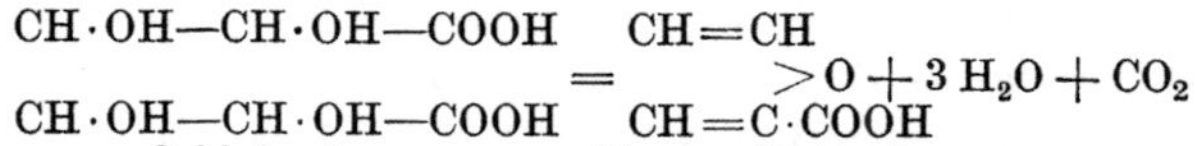

Schleimsäure — Brenzschleimsäure

Aus der Brenzschleimsäure entsteht dann wieder Furan. Pictet und seine Mitarbeiter[1], [2]) erzielten durch Destillation von Cellulose bei 12—15 mm Druck große Ausbeuten an Laevoglucosan[3]), dem die folgende Strukturformel zugeschrieben wird:

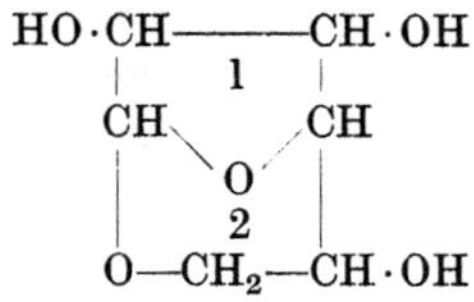

Wenn wir annehmen, daß die Holzcellulose tatsächlich zuerst Laevoglucosan ergibt, ist die Bildung einer ganzen Reihe von Destillationsprodukten, wie sie unter gewöhnlichen Bedingungen erhalten werden, verhältnismäßig einfach zu erklären. Man sieht, daß die Laevoglucosanformel den Furanring 1 enthält. Durch Abspaltung der unteren Hälfte des Moleküls kann sich Furan, α-Methylfuran, Formaldehyd und Kohlenmonoxyd bilden:

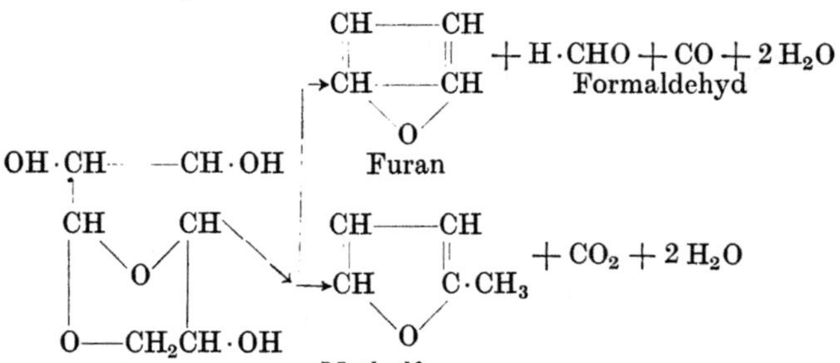

α-Methylfuran

Das Entstehen von Ameisensäure, Essigsäure, Acetaldehyd, Methan, Äthylen und anderen normalen Zersetzungsprodukten kann auf ähnliche Art durch einfache Aufspaltung der beiden Ringe erklärt werden, ohne Annahme des vorübergehenden Auftretens freier Radikale und ohne Vermittelung äußerer Oxydations- und Reduktionsvorgänge.

Wie schon bemerkt, glaubt Klason, daß die sich bei der gewöhnlichen Verkohlung zuerst abspielenden Reaktionen die gleichen sind,

[1]) Pictet und Sarasin: Helv. Chim. Act. Bd. 1, S. 87. 1918.

[2]) Pictet und Cramer: Helv. Chim. Act. Bd. 3, S. 640. 1920.

[3]) Tanret: Bull. Soc. Chim. Bd. [3], 11, S. 949. 1894.

wie sie im Hochvakuum vor sich gehen, und jedenfalls bietet diese Hypothese bei dem Fehlen von anderen Versuchsdaten die einfachste Erklärung für die zahlreichen Reaktionen, die bei der Verkohlung von Holz oder seinen Hauptbestandteilen vor sich gehen.

IX. Holzdestillation als Großbetrieb.

Der Prozeß im allgemeinen.

Die Verkohlung des Holzes als Großbetrieb bezweckt:

1. eine Massenproduktion von Holzkohle
   a) ohne Aufarbeitung der Nebenprodukte,
   b) mit teilweiser Aufarbeitung der Nebenprodukte;
2. die Erzeugung von Calciumacetat, Holzgeist, Teer, Holzkohle, Holzterpentin und Kienöl;
3. die Gaserzeugung.

Von den drei Gruppen ist die zweite weitaus die größte und wichtigste und umfaßt recht eigentlich die gesamte Holzverkohlungsindustrie.

I. Massenproduktion von Holzkohle.

Die Herstellung sehr großer Mengen Holzkohle in eigens konstruierten Anlagen ist in Wirklichkeit nur eine Übertragung der alten Gruben- oder Meilermethode. Wenn sich diese beiden veralteten Arbeitsweisen auch in einigen Gegenden Skandinaviens und in geringerem Maße in Teilen Nordamerikas gehalten haben, so sind sie doch in den letzten Jahren mehr und mehr verlassen, hauptsächlich wohl deshalb, weil das Hauptabsatzgebiet für Holzkohle, die Eisen- und Brennstoffindustrie, sich anderen, billigeren Materialien zuwandte. Diese alten Methoden sind ersetzt durch wirksamere und wirtschaftlicher arbeitende, wie die unter Gruppe 2 bezeichneten; die Apparaturen für die Massenherstellung von Holzkohle können daher nur kurz aufgezählt werden.

Der amerikanische Kiln (Bienenkorbofen).

Diese Öfen sind fast ausschließlich auf die Hochofenanlagen Michigans beschränkt und zeigen unter sich wenig Verschiedenheiten. Wenn man früher einzig auf die Gewinnung von Holzkohle Wert legte und alle anderen Produkte in die Luft entweichen ließ, so wurden später durch anschließende Kondensationsanlagen die Schweldämpfe kondensiert und die Kondensate weiterverarbeitet. Abb. 28 gibt den Typ eines solchen Kilns wieder.

Er besteht aus einem ganz aus Ziegelsteinen gemauerten Hohlkörper und kann 40—150 Tonnen Holz aufnehmen. Das Holz gelangt durch eine Öffnung, die sich seitlich am höchsten Teil der Wandung befindet,

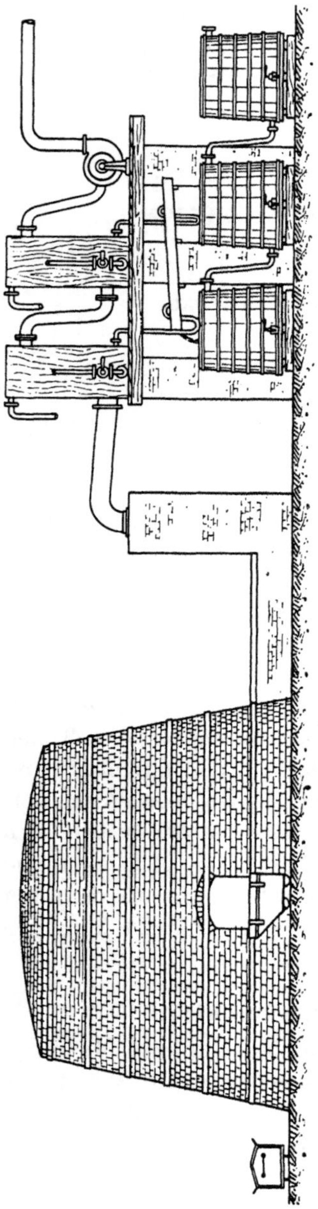

Abb. 28. Amerikanischer Kiln (Bienenkorbofen).

in das Innere, und die Operation beginnt durch Anzünden des Holzes vom Boden aus. Die Einfüllöffnung wird dann geschlossen (in einigen Fällen bleibt sie auch geöffnet, bis die Feuchtigkeit aus dem Holz abgetrieben ist), und die sich beim Verbrennen des Holzes entwickelnde Wärme genügt, die eigentliche Verkohlung einzuleiten. Ein rings um den Ofen und zwar nahe der Basis verlaufender Kranz von kleinen Öffnungen regelt den Zutritt der Luft. Dann wird der Ventilator in Betrieb gesetzt und die Schweldämpfe und Gase werden durch die Kondensationsanlage gesaugt. Die Ausbeuten an Essigsäure und Holzgeist betragen jedoch nur ungefähr $^1/_3$ bis allerhöchstens $^1/_2$ derjenigen, die in einer modernen Retortenanlage erzielt werden. Die gesamte Destillationszeit dauert für einen Ofen der größten Abmessungen ungefähr 3—4 Wochen. Die Kosten für die Bedienung sind naturgemäß niedrig und die Kilns können daher weit billiger betrieben werden als die modernen Retortenanlagen.

* Anmerkung des Übersetzers: Ich habe die Beschreibung der Kilns wörtlich wiedergegeben, muß aber bemerken, daß ich diese Verkohlungsapparate in Michigan aus eigener Anschauung kennen gelernt habe; dort wenigstens wurde das Holz nicht vom Boden aus entzündet, sondern von einer am höchsten Punkt befindlichen Zündöffnung. Die Öffnungen am Boden traten erst später in Tätigkeit und dienten dazu, durch zeitweise Luftzuführung das Entstehen von Bränden möglichst hintanzuhalten (siehe auch Klar: Technologie der Holzverkohlung. 2. Aufl. S. 114).

Der Schwartz-Ofen.

Dieser Typ wird in einem gewissen Umfang in Skandinavien und Rußland verwendet und unterscheidet sich in einem wichtigen Punkt von dem amerikanischen Kiln. Die für die Verkohlung erforderliche Wärme wird durch zwei in der Mitte der beiden Längsseiten des Ofens befindliche Feuerstätten erzeugt. Die heißen Verbrennungsgase werden durch Feuerzüge in die Mitte der Ofensohle geleitet und bewegen sich von unten nach oben durch das Holz. Den Querschnitt eines Schwartz-Ofens zeigt Abb. 29.

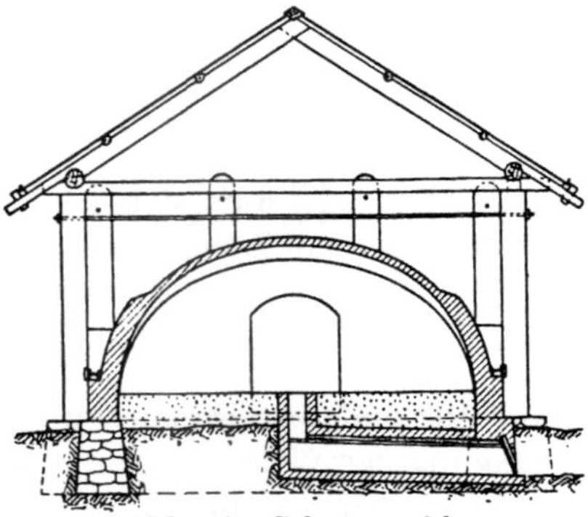

Abb. 29. Schwartz-Ofen.

Der Ottelinska-Ofen.

Auch er ist aus Mauerwerk konstruiert und stellt eine Modifikation des Schwartz-Ofens dar. Es ist nur eine Feuerstelle in der Mitte der Längsseite vorhanden und die heißen Verbrennungsgase werden durch Feuerzüge in die Mitte der Ofensohle geleitet und verteilen sich von dort aus durch vier diagonale Zweigkanäle.

Der Ljungberg-Ofen.

Auch dieser Ofen hat einen Fassungsraum von mehr als 80—100 Tonnen Holz. Er besteht aus einem langen Rechteck aus Ziegelmauerwerk, in mehrere Sektionen unterteilt. An den Seiten befinden sich die Feuerstellen. Die Füllung geschieht mit Hilfe von Karren, deren Gleise sich oberhalb der Längsrichtung des Ofens hinziehen. Die Ofensohle hat starkes Gefälle vom Zentrum nach beiden Seiten, eine Anordnung, welche die Entleerung des Ofens erleichtert.

Der Carboofen.

Ungleich den vorerwähnten Typen besteht dieser Ofen aus einem guß- oder schmiedeeisernen vertikalen Zylinder, umgeben von Mauerwerk, und wird durch die heißen Verbrennungsgase einer neben dem Ofen befindlichen Feuerstelle geheizt. Die Heizgase umstreichen den Ofen mittels spiralförmig geführter Feuerzüge, welche oben mit einem vertikalen, im Zentrum des Ofenzylinders eingebauten Heizrohr verbunden sind. Dieses Rohr ist mit einer Vorrichtung ausgerüstet, mit der die bei der Verkohlung des Holzes entstehenden unkondensierbaren Gase mit Luft gemischt und der Feuerung zugeführt werden können. An einer Seite nahe dem Boden befindet sich eine Öffnung zum Herausziehen der Holzkohle und ein Ablaßstutzen in der Mitte der Ofensohle gestattet den Dämpfen den Eintritt in die Kondensation. Der Fassungsraum eines Carboofens beträgt ungefähr 150 Tonnen Holz.

Der Schachtofen.

Er besteht aus einem vertikalen, gußeisernen, von Mauerwerk umgebenen Zylinder und wird ähnlich dem Carboofen beheizt. Der untere Teil hat die Form eines umgekehrten, abgeschnittenen Kegels und dient dazu, die Holzkohle aufzunehmen, welche von dort in eine direkt darunter befindliche Kühlkammer fällt, so daß man nicht nötig hat, den eigentlichen Verkohlungsapparat bei Beendigung der Operation zu öffnen. Die Beschickung findet durch einen besonderen Förderapparat statt.

Einen besonderen Großofentyp bilden die Apparate, bei welchen die Übertragung der Wärme durch U-Rohre geschieht, die der Länge nach den Ofen durchziehen und in denen die Heizgase einer besonderen Feuerung zirkulieren. Wenn auch diese Art Öfen jetzt weniger in Gebrauch sind, so wird doch das Prinzip der Wärmeübertragung durch Heizrohre (Caloriferen) neuerdings bei ganz modernen Retortenanlagen angewandt. — Alle bis jetzt besprochenen Ofenarten arbeiten intermittierend und erfordern eine Abkühlung des Ofens und seines Inhaltes, bevor eine neue Beschickung stattfinden kann. Die Dauer eines Umtriebes beträgt daher mindestens mehrere Tage.

2. Die Erzeugung von Calciumacetat, Holzgeist, Teer, Holzkohle, Holzterpentinöl und Kienöl.

Die Verkohlung des Holzes mit anschließender Gewinnung oben gekennzeichneter Produkte ist der ausgedehnteste und wichtigste Zweig der ganzen Industrie. Er gliedert sich in zwei Unterabteilungen, die jede für sich nochmals unterteilt werden können:

a) Laubholzverkohlung:	Verkohlung von Scheitholz, „ „ Abfallholz.
b) Nadelholzverkohlung:	eigentliche Verkohlung, Dampfdestillation.

Das Verfahren als solches.

a) Laubholzverkohlung.

Sie ist die größere und wichtigere der beiden Unterabteilungen und diejenige, bei welcher Verfahren und Anlage den höheren Grad der Organisation und Entwicklung erreicht hat.

Ganz allgemein kann man sagen, daß die Laubholzverkohlungsanlagen heute im großen und ganzen ziemlich mit denselben Apparaten ausgerüstet sind und nach gleichem Verfahren arbeiten, wenn auch, wie wir später sehen werden, im einzelnen merkliche Unterschiede bestehen. Wahrscheinlich gibt es nicht zwei Werke, die ihre gesamten Operationen in genau der gleichen Weise ausführen. Die Endprodukte sind jedoch in nahezu allen Fällen Calciumacetat, Holzgeist, Holzkohle, Teer und Kienöle. Das Calciumacetat ist bekannt unter dem Namen „Graukalk“

oder Braunkalk, je nachdem zu seiner Herstellung teerhaltiger oder teerfreier Holzessig benutzt wird. Der Graukalk stellt natürlich eine viel reinere Sustanz dar als der Braunkalk und wird auch in weit größerem Ausmaße gewonnen. Holzgeist stellt eine Mischung von Methylalkohol, Aceton und Wasser dar mit geringen Mengen Aldehyden, Ketonen und anderen Verunreinigungen. Einige Verkohlungswerke stellen außer den oben genannten Produkten noch Essigsäure, Aceton, Methylacetat und andere aus dem Calciumacetat her und gewinnen durch Rektifikation aus dem Holzgeist noch chemisch reinen Methylalkohol.

Ein typisches Schema für eine moderne Laubholzverkohlung zeigt Abb. 30. Es bezieht sich auf eine Anlage zur Herstellung von Holzkohle, Holzessig und Teer aus Scheitholz und großstückigem Abfallholz, wie Säumlinge, Schwarten usw. — Das Holz wird bei Ablieferung an das Werk gewogen, dann gestapelt und im Stapel auf besonderen, neben der Verkohlung belegenen Trockenplätzen der Lufttrocknung ausgesetzt. Das lufttrockene Holz wird dann vom Stapel in Wagen geladen und mit diesen in die Retorte eingeführt. Die für die Verkohlung benötigte Hitze liefert eine Feuerung, die mit Kohlen, Koks, Holz oder Generatorgas betrieben wird.

Die bei der Verkohlung sich entwickelnden Schwelgase und Dämpfe durchstreichen ein wassergekühltes Kondensationssystem, in welchem die Dämpfe zu rohem Holzessig verdichtet werden. Das Gesamtdestillat fließt in große, hölzerne Bottiche, in denen sich der Teer absetzt. Aus den Kühlern austretend, gelangen die unkondensierbaren Gase in Waschtürme (Skrubber), um hier von den letzten Resten Essigsäure, Methylalkohol und Aceton befreit zu werden.

Das Waschen der Gase ist jedoch eine keineswegs überall verbreitete Maßnahme und wird auf einigen Werken unterlassen, da man lieber einen geringen Verlust an wertvollen Produkten in den Kauf nimmt, als die Kosten für Waschung aufwendet. Die Gase werden gewöhnlich unter der Retorte verbrannt. Es ist jedoch meistens eine Ableitung vorhanden, die auch gestattet, sie ins Freie zu leiten.

Nach einer gewissen Zeit hat das Rohdestillat Teer und Schweröle am Boden abgeschieden und die über dem Teer stehende blanke Flüssigkeit, der Rohholzessig, wird destilliert. Verschiedenartige Apparatetypen werden für diese Operation benutzt. Ihr Zweck ist immer, den gelösten Teer zu entfernen.

Zwecks Abscheidung von Ölen wird der destillierte Essig, der jetzt praktisch teerfrei ist, nochmals dem Absetzen unterworfen. Da der Teer sowohl wie die Öle eine gewisse Menge Essigsäure und Methylalkohol enthalten, destilliert man den Teer unter Zuhilfenahme von Schnatterdampf und wäscht die Öle mit Wasser. Das Destillat von dem Teer und das Waschwasser von den Ölen wird dem geklärten Hellessig zugemischt.

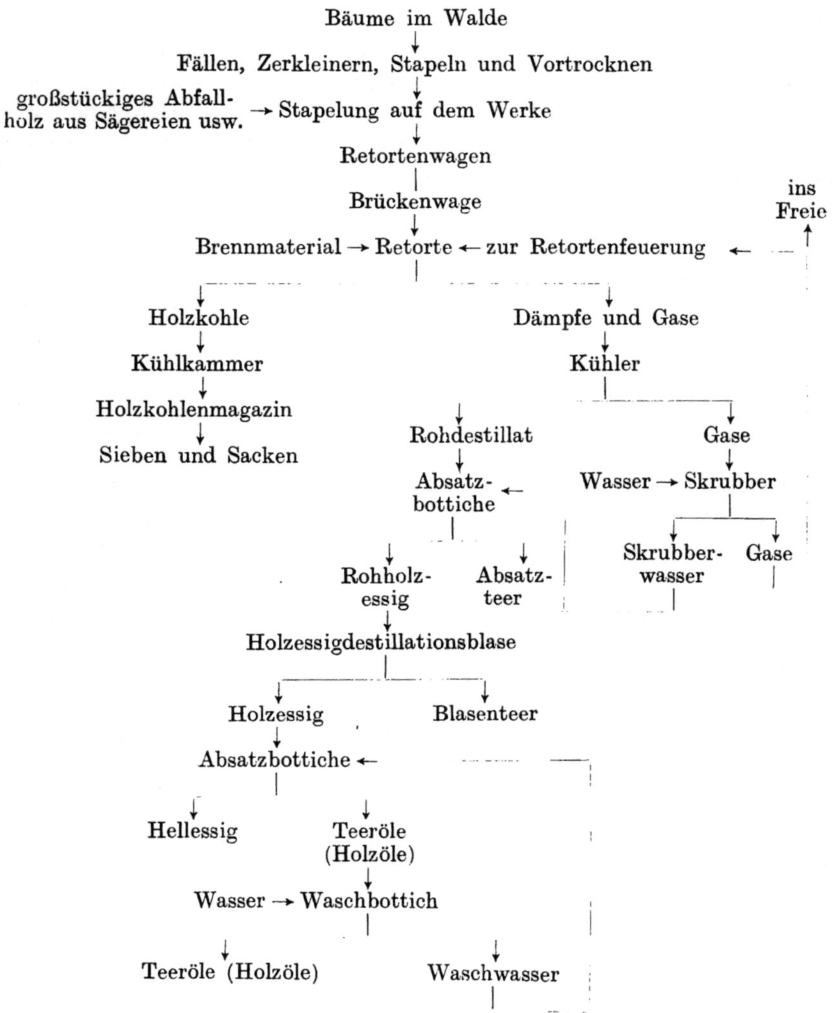

Abb. 30. Schema einer Laubholzdestillation ohne Teerscheider.

Wenn die Öle nicht für sich verkauft werden, mischt man sie gewöhnlich mit dem Teer, besonders wenn dieser auf Teeröle, Kreosotöle, Schweröle und Pech verarbeitet wird.

Sobald die Verkohlung des Holzes beendet ist, werden die Türen der Retorte geöffnet und die die Holzkohle enthaltenden Wagen in die Kühlkammern gezogen. Nach erfolgter Kühlung werden die Wagen im Magazin entleert und die Holzkohle wird gelagert. Oft findet auch ein Zerkleinern und Sieben der Kohle statt, falls man eine bestimmte Form für besondere Zwecke benötigt.

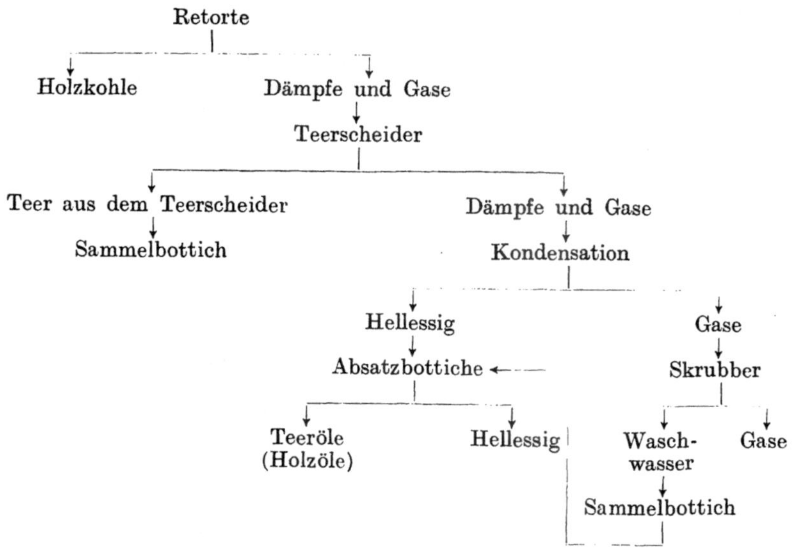

Abb. 31. Schema einer Laubholzverkohlung mit Teerscheider.

Bei der obigen, in kurzen Umrissen gegebenen Beschreibung ist die Herstellung von Graukalk vorausgesetzt. Soll der weniger reine Braunkalk erzeugt werden, so wird der Rohholzessig direkt, also ohne vorhergehende Destillation, neutralisiert. Führt man diese Destillation direkt mit dem vom Kühler kommenden Gesamtdestillat aus, so erhält man ein noch viel unreineres Produkt[1]).

Zahlreiche Werke arbeiten mit einem Teerabscheider und erzielen so von Anfang an einen Hellessig, der sofort oder nach vorhergegangener Klärung zur Herstellung von Graukalk dient. Die Ersparnis der für die Destillation aufzuwendenden Wärme und die Vermeidung des die Apparate verstopfenden Absatzteeres sind weitere Vorteile des Teerscheiders. Ein Schema des Prozesses, wie er sich bei der Verwendung eines Teerscheiders gestaltet, zeigt Abb. 31. Wie im vorhergehenden Falle wird auch dieser Teer zwecks Gewinnung der in ihm enthaltenen Essigsäure mit indirektem Dampf ausgeblasen.

Die Operationen, welche mit der Aufarbeitung des Hellessigs auf Calciumacetat und Holzgeist verbunden sind, ersieht man aus Abb. 32. Durch die Neutralisation mittels Ätzkalkes bzw. Kalkmilch werden die im Hellessig enthaltenen Säuren in ihre Kalksalze übergeführt. Außer diesen Kalksalzen enthält die Flüssigkeit aber noch Methylalkohol, Aceton und verschiedene Unreinigkeiten, von denen sie befreit werden muß.

---

[1]) Der Ausdruck „braun“ für dieses Produkt ist ein Euphemismus, denn es ist meistens schwarz.

Einige von diesen letzteren reagieren aufeinander bei Gegenwart von Kalk unter Bildung teeriger und harzartiger Produkte, die zusammen mit den unlöslichen Bestandteilen des Ätzkalkes sich in Form von Schlamm niederschlagen. Nach dem völligen Absetzen wird die nun klare Acetatlösung abgezogen und der Schlamm mit Wasser ausgewaschen.

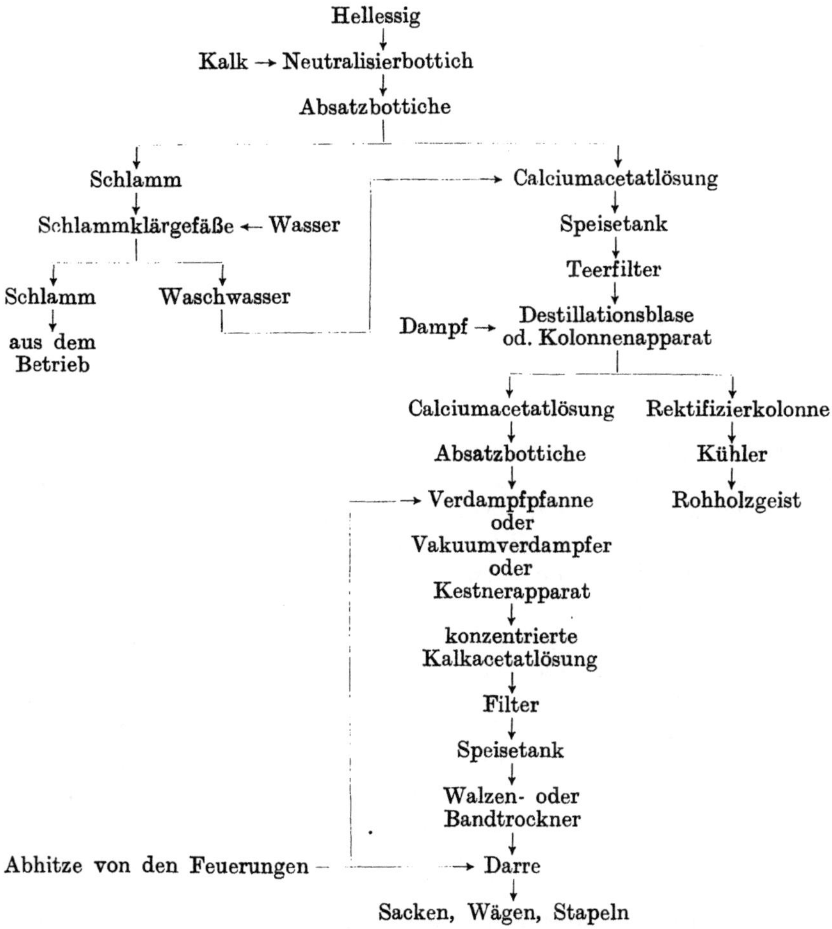

Abb. 32. Schema über die Herstellung von Calciumacetat und Rohholzgeist.

Das Waschwasser wird entweder für sich aufgearbeitet oder der geklärten Acetatlösung zugefügt. Durch nachfolgende Destillation, für welche die verschiedensten Apparatetypen in Gebrauch sind, werden die flüchtigen Produkte abgetrieben und bilden den rohen Holzgeist, während die Acetate in der Lösung zurückbleiben. Die Konzentration der entgeisteten Acetatlösung erfolgt entweder in offenen Pfannen oder in Vakuumverdampfern. In den ersteren wird das Eindampfen soweit fortgesetzt, bis das Calciumacetat auskristallisiert. In den letzteren findet nur eine Konzentration bis zum Sättigungspunkt statt, worauf das Konzentrat den Trockenapparaten zugeführt wird. In beiden Fällen geschieht die Fertigtrocknung gewöhnlich auf der Darre, die durch Abhitze des Dampfkessels oder der Retorten beheizt und auf welcher das feuchte Calciumacetat in dünnen Schichten ausgebreitet wird. Die Verkohlung kleinstückiger Holzabfälle wie Sägemehl, Späne usw. unterscheidet sich besonders in der Wahl der eigentlichen Verkohlungsapparaturen von der oben für Laubholz geschilderten. Die Aufbereitung der Rohprodukte ist jedoch fast die gleiche. In Kapitel XV werden wir noch auf die Verkohlung von Abfallholz zurückkommen.

b) Nadelholzverkohlung.

Dieser Zweig der Holzverkohlungsindustrie, der in erster Linie für die Erzeugung des sog. Holzterpentinöls in Frage kommt, hat sich als entschieden weniger erfolgreich erwiesen. Trotz aller aufgewendeten Mühe ist das durch trockene Destillation aus dem Holz erhaltene Holzterpentinöl dem echten, aus dem Balsam der Kiefern destillierten Terpentinöl keineswegs ebenbürtig. Es enthält immer unerwünschte Nebenbestandteile, die seine physikalischen und chemischen Eigenschaften in ungünstiger Weise beeinflussen. Auch die Ausbeuten an Essigsäure und Methylalkohol, die man aus Nadelholz erzielt, betragen höchstens die Hälfte der des Laubholzes. Es ist also kein Wunder, wenn die Nadelholzdestillation bei weitem nicht den Grad der Vollkommenheit erreicht hat, der die Laubholzdestillation auszeichnet. Es herrscht eine große Verschiedenheit sowohl im Aufbau der Anlagen als auch in der Wahl der Arbeitsmethoden. Man kann sagen, daß fast jedes Werk verschieden arbeitet. Trotz der großen Zahl der Nadelholzarten, die zur Verfügung stehen, geben nur einige wenige Spezies befriedigende Ausbeuten an Holzterpentinöl und terpenhaltigen Ölen. Auch die Produkte der verschiedenen Holzarten sind unter sich nicht gleich und stellen vor allen Dingen keine Standardprodukte dar, bei denen ein bestimmter Name auch eine ganz bestimmte Zusammensetzung garantiert.

Ein allgemeines Schema der Arbeitsweise der Nadelholzverkohlung gibt Abb. 33. Teerscheider finden im allgemeinen keine Anwendung. Man läßt die Temperatur nicht über 200° C steigen, bis die leichten Öle, welche die Terpene enthalten, zusammen mit dem Wasser und geringen Mengen Essigsäure und anderen Produkten überdestilliert wird. Das Leichtöl wird vom Wasser getrennt und durch Rektifikation in verschiedene Fraktionen zerlegt. Die Hauptfraktionen bestehen aus Holzterpentinöl und Kienöl. Wenn bei 200° kein Öl mehr übergeht, wird die Temperatur in der Retorte gesteigert und der eigentliche Verkohlungsprozeß in gleicher Weise wie beim Laubholz durchgeführt. In einigen Anlagen werden jedoch die Produkte nicht getrennt in zwei Phasen erhalten, sondern die Verkohlung geschieht von Anfang an in genau

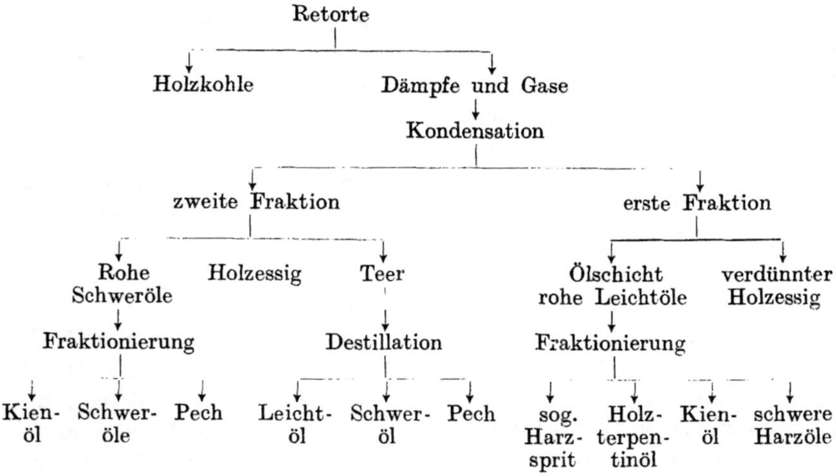

Abb. 33. Schema für die Verkohlung von Nadelholz.

der gleichen Weise wie bei den Laubhölzern. In diesem Falle sind jedoch die terpenhaltigen Öle stark mit Zersetzungsprodukten verunreinigt und infolgedessen schwerer zu reinigen.

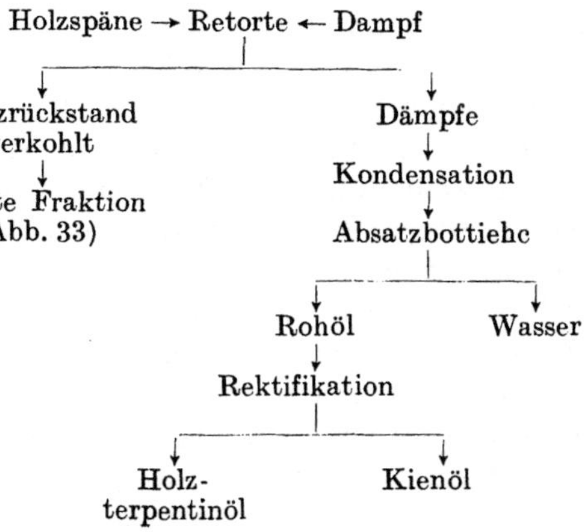

Abb. 34. Schema für die Dampfdestillation des Nadelholzes.

Wird die Verkohlung in zwei Abschnitten ausgeführt, so bestehen die Produkte des zweiten hauptsächlich aus Rohholzessig, Schweröl und Teer, die beide bei der folgenden Destillation verschiedene Ölfraktionen und

Pech ergeben. Gewöhnlich lohnt die Aufbereitung des Holzessigs nicht und er wird daher in einigen Anlagen als Abwasser behandelt. Sonst wird er in gleicher Weise wie Laubholzessig aufgearbeitet oder konzentriert als Desinfektionsmittel verkauft oder aber zur Herstellung von essigsaurer Eisenlösung (Schwarzbeize) verwendet.

Dampfdestillation des Nadelholzes.

Diese Arbeitsweise wird in beschränktem Maße in einigen Anlagen ausgeführt und fällt streng genommen nicht unter den Begriff „trockene Destillation", denn nur das zurückbleibende ölfreie Holz wird verkohlt. Erforderlich ist, um das Eindringen des Dampfes in das Holz zu erleichtern, eine ziemlich weitgehende Zerkleinerung. Retorten in Spezialausführung dienen als Verkohlungsapparate. Die Dampfzuführung in die Retorten findet so lange statt, bis sämtliche Öle übergegangen sind. Das Destillat besteht aus Wasser, auf dem eine hellgelbe Ölschicht schwimmt. Diese wird abgetrennt und fraktionsweise abdestilliert. Die niedrig siedenden Anteile stellen das sog. Dampfterpentinöl dar, die höher siedenden das Kienöl. Nur sehr kieniges Kiefernholz läßt sich mit wirtschaftlich günstigem Resultat verarbeiten. Es können jedoch auf diesem Wege mit Erfolg Sägeabfälle, besonders Sägemehl, falls sie eben genügend Öl enthalten, verarbeitet werden.

Die im vorstehenden gegebene kurze Schilderung bezieht sich auf eine normale Arbeitsweise des Großbetriebes. Die wichtigsten und modernsten Anlagen sollen mitsamt den Arbeitsmethoden im nächsten Kapitel besprochen werden.

3. Die Erzeugung von Gas.

Obgleich die Erzeugung von Leucht- und Kraftgas aus Holz eine der ältesten Anwendungsformen der Holzverkohlung darstellt, ist sie doch erst in den letzten Jahren zur Bedeutung gelangt. Die Pionierarbeiten eines Lebon, Pettenkofer und anderer sind fast vergessen über den gewaltigen Fortschritten der Steinkohlengasindustrie.

Der europäische Krieg hat eine ganz außerordentliche Knappheit an Kohlen für die meisten europäischen Staaten zur Folge gehabt und die Lage wurde noch dadurch erschwert, daß auch in den großen Kohlenproduktionsgebieten, wie z. B. Großbritannien, Streiks und andere Unruhen ausbrachen. Dies war der Grund, daß versucht wurde, die Herstellung von Gas aus Holz, Torf, Lignit usw. wieder aufzunehmen.

Die Verwendung von Holz für diesen Zweck wird in Kapitel XIV weiter ausgeführt.

X. Fabrikanlage, Situationsplan, Ausrüstung.

Die Ausrüstung einer Holzverkohlungsanlage und der Plan für die verschiedenen Abteilungen des Werkes sowie die Anordnung der Baulichkeiten hängen selbstverständlich ab von der Größe der Anlage, den lokalen Verhältnissen, der Holzart und der Anzahl der zu erzeugenden Endprodukte. Es ist deshalb angesichts der ganz verschiedenen Voraussetzungen, unter denen derartige Werke errichtet werden, nur möglich, ein ganz allgemeines Bild eines solchen zu geben.

Abb. 35. Gesamtansicht eines Holzdestillationswerkes (Simon-Carves, Camus-Duchemin).

Situationsplan.

Abb. 35 und 36 zeigen die Ansicht einer amerikanischen Anlage nach dem Entwurf der Struthers-Wells Co. Es sind 12 Retorten vorhanden, jede mit einer Leistung von ungefähr 15 Tonnen, so daß die Gesamtverarbeitung ziemlich 200 Tonnen pro Tag beträgt. Zu jeder Retorte gehören zwei Holzkohlenkühlkammern, eine Anordnung, die typisch für Amerika ist, während europäische Anlagen sich mit einer Kühlkammer pro Retorte begnügen. Der Vordergrund des Bildes Abb. 35 zeigt den Holzstapelplatz. Die Stapel sind gewöhnlich in langen Reihen geordnet mit dazwischen sich hinziehenden Gleisen für die Holzwagen. Alle Gleise sind durch Weichen verbunden, so daß die Möglichkeit besteht, Holz von irgendwelchem Stapel in irgendeine Retorte zu befördern. Man sieht aus Abb. 36, daß die Gleise sich durch die Retorten und durch die Kühler erstrecken und auf einen Hauptstrang münden, der zu dem Magazin führt. Nach Entladung laufen die Wagen auf demselben Hauptstrang nach dem Holzstapelplatz zurück.

Die zweckmäßige Anordnung der Gleisanlage ist von größter Wichtigkeit. Sie hat nicht nur jeden Punkt des Werkes, wo Holz oder Holzkohle verladen wird, zu verbinden, sondern muß auch eine bequeme Abfuhr der Holzkohlen durch Bahnanschluß gestatten.

Die Anordnung der Gebäude ist verschieden. In Abb. 36 liegt das Hauptgebäude, in dem die Veredlung der Produkte geschieht, rechtwinkelig zu den Retorten. Mit Ausnahme der Konzentration der Kalkacetatlösung und der Trocknung des Graukalkes, die in amerikanischen Anlagen gewöhnlich auf dem die Retorten umschließenden Mauerwerk direkt durch die dort eingebauten Eindampfpfannen und die Darre stattfinden, gehen alle übrigen Operationen in der oben erwähnten Veredelungsanlage vor sich. Diese ist im allgemeinen ein zwei-, oft auch ein dreistöckiges Gebäude, von dem in Abb. 36 nur der Grundriß angedeutet ist. Im Hintergrunde befinden sich die Teerblasen und an verschiedenen Stellen die Lagerräume für die Endprodukte, das Laboratorium, die Kontorräume und Reparaturwerkstätten.

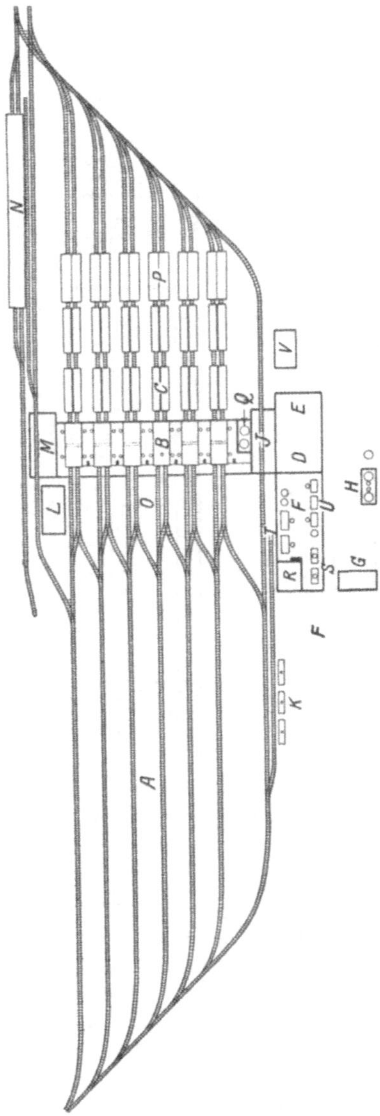

Abb. 36. Situationsplan eines amerikanischen Laubholzverkohlungswerkes.

A Holzstapelplatz, *B* Retorten, *C* Kühler, *D* Maschinenraum, *E* Kesselhaus. *F* Destillationsraum, *G* Kontor und Laboratorium, *H* Teerdestillation, *J* Kohlenschuppen, *K* Holzgeistmagazin. *L* Lagerung für Calciumacetat, *M* Aschengrube, *N* Holzkohlenmagazin, *O* Ladegleis, *P* Schuppen, *Q* Bottich für Rohdestillat, *R* Ätzkalkablagerung, *S* Alkoholdestillation, *T* Acetatentgeistung, *U* Kupferblasen, *V* Kantine, Skala in Fuß.

Grundrisse und Schnitte der Retorten und der Aufbereitung sind in

Abb. 37 dargestellt. Der Querschnitt des zweiten Stockwerkes zeigt die Eindampfpfannen für die Konzentration der Calciumacetatlösung. Im

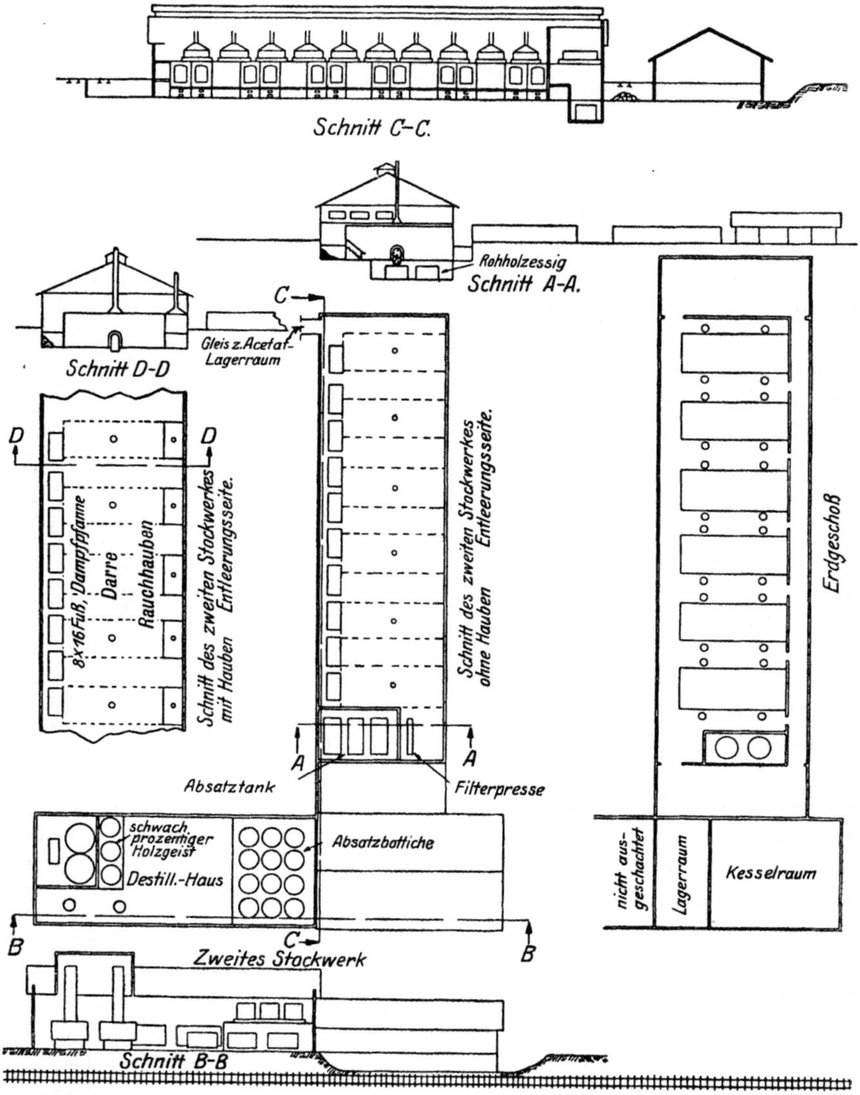

Abb. 37. Quer- und Längsschnitt der Retorten und der Aufbereitung einer amerikanischen Laubholzdestillationsanlage.

zweiten Stockwerk der Aufbereitung neben den Blasen für die Herstellung des Holzgeistwassers befinden sich die Absatzgefäße für den rohen, teerhaltigen Holzessig.

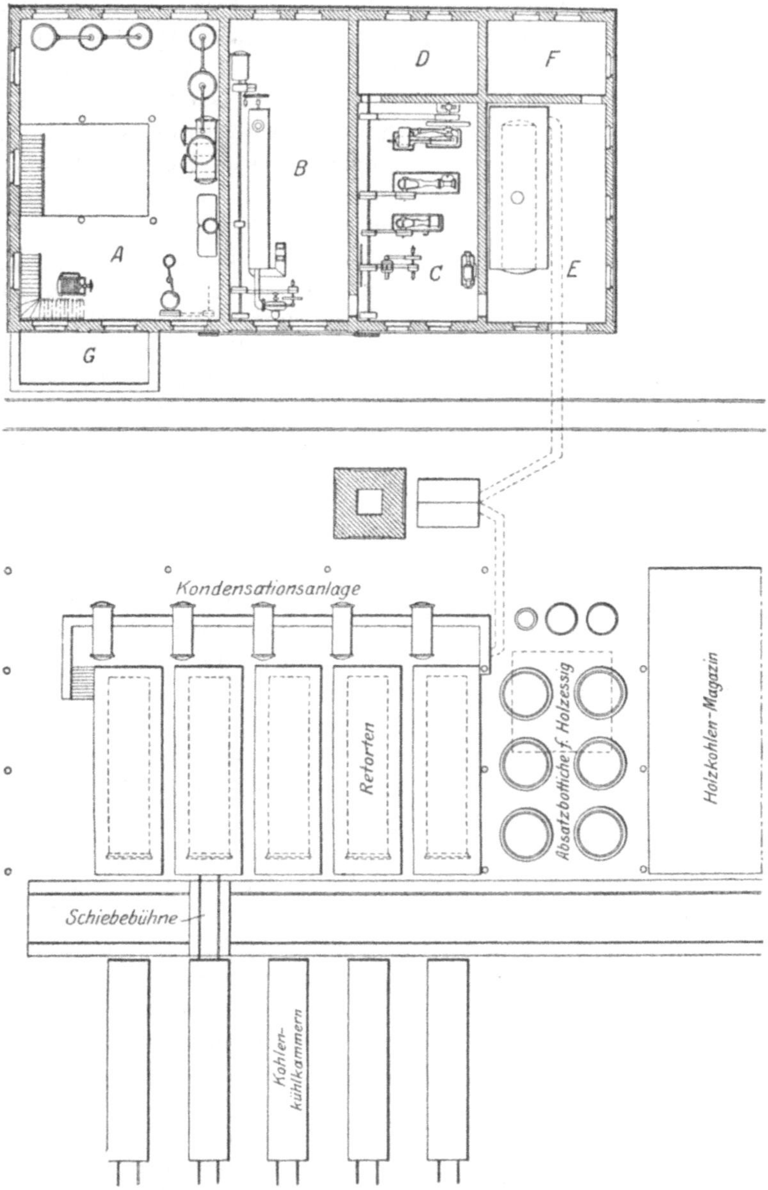

Abb. 38. Plan einer Laubholzverkohlungsanlage nach F. H. Meyer, Hannover-Hainholz (jetzt Sudenburger Maschinenfabrik und Eisengießerei A.-G. zu Magdeburg).

A Aufbereitung, *B* Acetattrockenraum, *C* Maschinenhaus, *D* Reparatur-Werkstatt, *E* Kesselhaus, *F* Magazin, *G* Kalkgrube.

Abb. 38 veranschaulicht den Plan einer Laubholzdestillationsanlage nach dem System der Firma F. H. Meyer, Hannover-Hainholz, jetzige Sudenburger Maschinenfabrik und Eisengießerei A.-G. Magdeburg-Sudenburg. Kesselhaus, Maschinenhaus und Aufbereitung sind in einem Gebäude gegenüber den Retorten untergebracht. Zwischen den letzteren und den Kühlkammern, und zwar rechtwinkelig zu ihnen, liegt ein Gleisstück, auf welchem eine Schiebebühne sich bewegt, die gestattet, Kühlkammern und Retorten im Augenblick der Entleerung der Retorten zu verbinden.

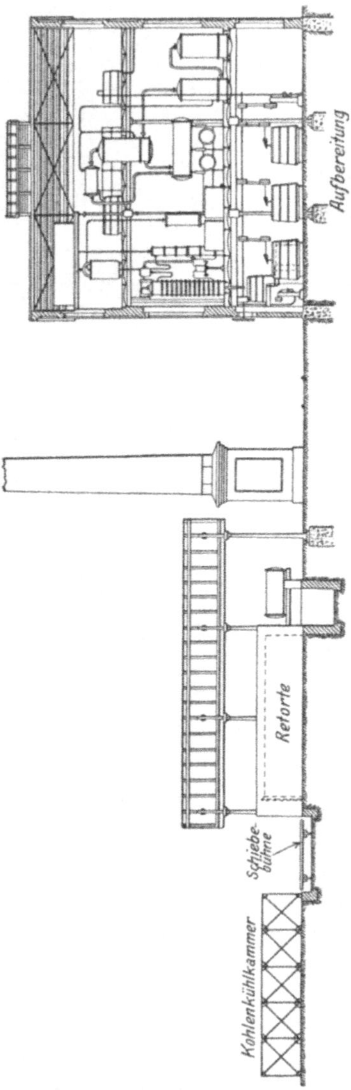

Abb. 39. Vertikalschnitt durch Retorten- und Aufbereitungsanlage.

Abb. 39 zeigt einen Schnitt durch die Kühler, die Retorten und die Aufbereitung, Abb. 40 einen Längsschnitt durch das Hauptgebäude mit Kessel, Maschinenhaus, Acetattrockenraum und Aufbereitung, Abb. 41 einen Vertikalschnitt durch den Acetattrockenraum.

Der Querschnitt einer Anlage nach dem französicshen System von Barbet ist in Abb. 42 dargestellt. Beim Vergleich der verschiedenen Zeichnungen wird man ohne weiteres die beträchtlichen Unterschiede zwischen dem Aufbau der Anlagen erkennen; wir werden in den nächsten Kapiteln uns eingehender mit ihnen zu befassen haben.

Anschließend an die Hauptgebäude sind noch Brückenwagen, Speiseräume, Aufenthaltsräume für Meister, Sägen und Hackmaschinen, Garage, Unterstände für Räder, Lagerräume, Magazine usw. vorhanden. Auch werden auf einzelnen Werken die Hauptprodukte weiterverarbeitet auf Essigsäure verschiedener Grädigkeit, Methyl- und andere Ester, Acetate der Schwermetalle, Aceton, Kreosot usw., die wiederum besondere Apparate und Baulichkeiten erfordern.

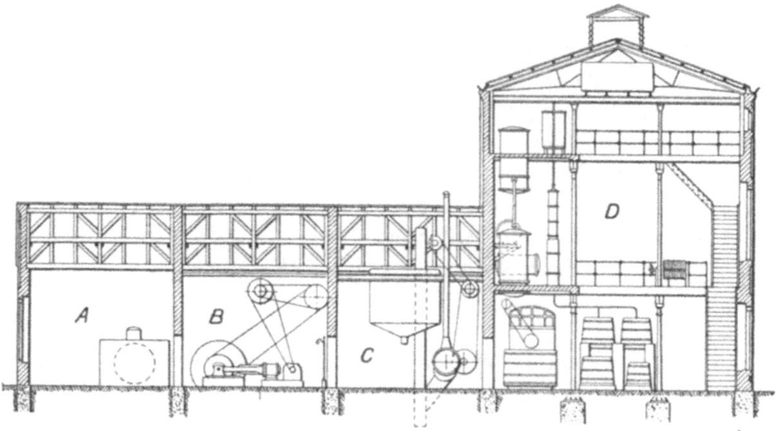

Abb. 40. Vertikalschnitt durch das Hauptgebäude.
A Kesselhaus, *B* Maschinenhaus, *C* Acetattrockenraum, *D* Aufbereitung.

Ausrüstung und Gebäude.

Werksausrüstung.

Diese hängt natürlich von der Größe, der Leistung und der Zahl der hergestellten Produkte ab. Eine Zehn-Retortenanlage, jede Retorte zu zehn Tonnen Leistung gerechnet, benötigt schätzungsweise folgende Apparate:

1. Verkohlungsstation.
   - 10 Retorten à 10 Tonnen Fassungsraum,
   - 10 Kohlenkühlkammern[1]),
   - 5 Teerabscheider[2]),
   - 10 bzw. 20 Kühler, je nachdem jede Retorte mit 1 oder 2 Kühlern ausgerüstet ist,
   - 2—3 Ventilatoren (nur nötig, wenn mit Teerscheidern gearbeitet wird),
   - 2 oder mehrere Skrubber zum Waschen der Gase,
   - 10 oder mehr Absatzbottiche, je nach Fassungsraum,
   - 150 Retortenwagen.
2. Aufarbeitungsstation.
   - 2—4 Blasen zur Destillation des Rohholzessigs,
   - 2—3 Neutralisierungsbottiche mit Rührwerk (die Zahl hängt ab von dem Fassungsvermögen),

[1]) In einigen Anlagen, besonders in Nordamerika, ist es üblich, 2 Kohlenkühlkammern pro Retorte zu verwenden, was eine Gesamtzahl von 20 ausmachen würde.

[2]) Eine ganze Anzahl Anlagen arbeiten ohne Teerscheider, andere wieder benutzen für jede Retorte einen.

2 Bottiche oder Tanks zur Herstellung der Kalkmilch,
2 oder 3 Klärgefäße für den neutralisierten Holzessig,
2 Gefäße zum Auswaschen des Schlammes,
2 Blasen für die Entgeistung der geklärten Calciumacetatlösung oder eine kontinuierlich arbeitende Entgeistungsapparatur,
2—4 Rektifizierblasen für die Konzentration des Holzgeistwassers,
1—2 Multipleeffets oder Eindampfpfannen,
1—2 Walzen- oder Bandtrockner,
1 Darre zur Fertigtrocknung des Graukalkes,
2 Teerblasen.

3. Kraftanlage.
4 Kessel mit 8 Atm. Betriebsdruck und einer Leistung von ungefähr 4 PS pro Tonne verkohltes Holz,
1 Dampfmaschine, 150 PS,
1 Dynamo, 80 KW,
verschiedene Pumpen und Motoren.

4. Wasserstation.
2 Pumpen mit je 200—240 m³ Leistung pro Stunde.

Ferner gehören noch zur Ausrüstung: Leitungen in Kupfer und Eisen, Kreis- und Bandsägen, Gleisanlagen, Maschinen zum Zerkleinern und

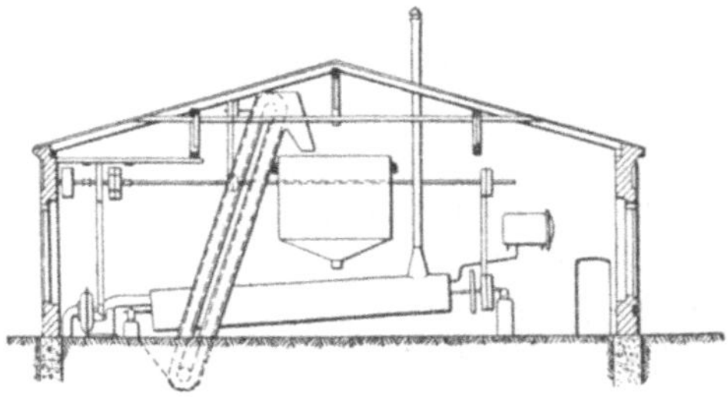

Abb. 41. Vertikalschnitt durch den Acetattrockenraum.

Sieben der Holzkohle, Stapelgefäße, Eisenfässer für Reinprodukte, Brückenwagen, Winden, Ausrüstungen für Reparaturwerkstatt, Bohrmaschinen, Hochreservoire, Wasserbehälter, Schalter usw. usw.

Grund und Boden, Gebäude.

Der Raumbedarf, welchen eine Anlage benötigt, hängt natürlich von ihrer Leistung ab. Man kann annehmen, daß ein Werk mit 10 Retorten, jede mit 10 Tonnen Fassungsraum, ein Gesamtareal von 10 ha umfaßt, von dem bei weitem der größere Teil auf den Holzstapelplatz entfällt.

Die bebaute Fläche verteilt sich auf die Hauptgebäude folgendermaßen:

Retortenhaus . . .	ca.	600 m^2
Aufbereitungsstation	,,	560 ,,
Holzkohlenmagazin	,,	700 ,,
Kesselhaus	,,	185 ,,
Maschinenraum . .	,,	140 ,,
Reparaturwerkstatt	,,	100 ,,
Kontorräume u. Lab.	,,	280 ,,
Kantine	,,	230 ,,

Hinzu kommen noch Hauptmagazin, Lagerräume für Kalkacetat und Methylalkohol, Lokomotivschuppen, Schmiede, Wägeraum, Unterkunftsräume für die Meister usw., so daß sich an Gesamtfläche für die Gebäude ca. 3000 m^2 ergibt.

Aufbereitungs- und Kontorgebäude sind gewöhnlich massiv in Ziegelmauerwerk oder Beton ausgeführt. Das Retortenhaus besteht meistens aus einem eisernen Rahmenwerk, welches ein Wellblechdach trägt, gemauerte Wände fehlen im allgemeinen.

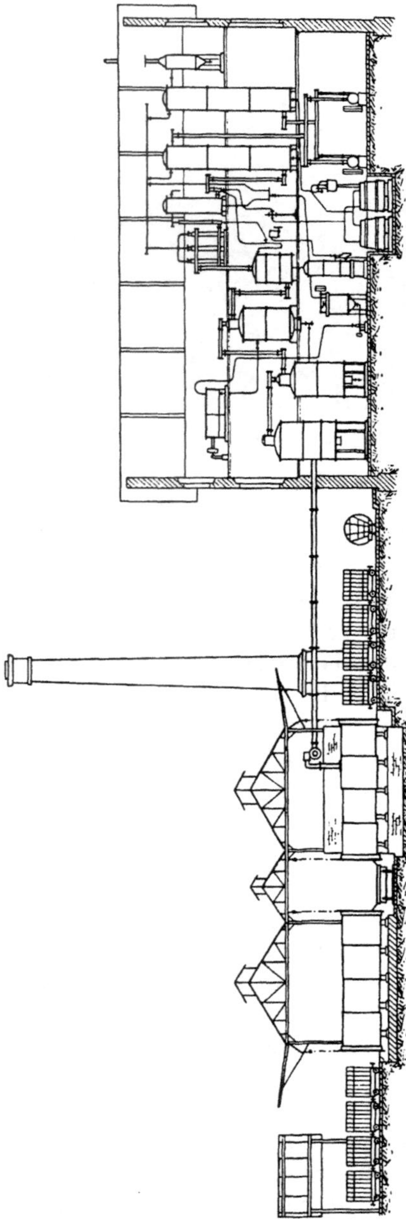

Abb. 42. Vertikalschnitt durch eine Holzdestillationsanlage nach dem Barbetsystem.

Was die Nadelholzverkohlung anbetrifft, so verwendet man meist kleinere Retorten, doch sind die Aufbereitungsmethoden und die dabei in Frage kommenden Apparaturen usw. so wenig einheitlich, daß nicht einmal eine ganz allgemeine Aufstellung gegeben werden kann. Man benötigt eine größere Anzahl Absatzbottiche für Teer, Rohkienöl, besondere Blasen für die Rektifikation des Holzterpentinöls sowie größere Teerblasen, und wenn man sogen. Dampfterpentinöl herstellt, auch größere Dampfkessel, ferner Sägen und Hackmaschinen.

Abb. 43. Gesamtansicht einer schwedischen Nadelholzdestillation.

Der Holzstapelplatz.

Wenn man sich vor Augen hält, daß der größte Teil des angefahrenen Holzes aus frischem oder nur zum Teil getrocknetem besteht und daß 12—18 Monate erforderlich sind, frisches Holz in lufttrockenes zu verwandeln (siehe Kapitel III), so versteht man leicht, daß selbst kleine Anlagen über einen recht bedeutenden Holzstapelplatz verfügen müssen.

Wenn die oben erwähnte Verkohlungsanlage täglich 100 Tonnen Holz verarbeitet, so entspräche diese Menge einem Jahresbedarf von ca. 35000 Tonnen, und hierfür müßte demnach der Stapelplatz zu veranschlagen sein.

Sorten des Holzes, in welchen es angeliefert wird.

1. Ganze Stämme. In diesem Falle wird der Baum in entsprechende Längsstücke zersägt und darauf gespalten.
2. Scheitholz, hauptsächlich obere Stammstücke und Äste.
3. Abfall aus Sägewerken, größtenteils Klötze, Schwarten, gröbere Späne usw.
4. Waldabraum, Zweige, kleine Stämme, Buschholz.
5. Abfall aus Holzbearbeitungswerken, Tischlereiabfall, Holzartikel usw.

Alle diese Holzsorten werden von den Verkohlungswerken aufgekauft, jedoch überwiegen Scheitholz, Sägewerksabfall und Waldabraum. Der letztere, Gewicht für Gewicht genommen, gibt ungefähr dieselben Ausbeuten wie Scheitholz, aber sein großes Volumen setzt die Leistung der Anlage bedeutend herab und erfreut sich daher keiner großen Beliebtheit.

Abfall aus Möbelfabriken, Tischlereien usw. sollte frei sein von Farbe, Lack, Holzimprägnierungsmitteln, Nägeln usw. Sägemehl, Hobelspäne

u. dgl. werden nur von solchen Werken verarbeitet, die speziell darauf eingerichtet sind und die in einigen Fällen sogar großstückiges Holz kaufen, um es zu zerkleinern. Faules Holz wird seiner geringen Ausbeute wegen nie der Verkohlung unterworfen (s. S. 52)[1]).

Fällen und Schneiden des Holzes.

Vor Unterzeichnung des Holzlieferungskontraktes ist es üblich, daß sich der Holzmeister das Holz auf dem Stamm ansieht und dem Betriebsleiter über seinen Befund berichtet. Er trägt die volle Verantwortung für alles ankommende Holz, seine Stapelung und Trocknung. Nach Kontraktunterzeichnung wird das Holz gefällt, zersägt und im Walde aufgemetert. Wenn irgend möglich, sollte es hier 3—6 Monate lagern, um „waldtrocken" zu werden, schon aus dem Grunde, um an Frachtkosten zu sparen, da durch die Lagerung schon ein Teil des Wassers entfernt und das Holz leichter wird. Auch verkürzt sich so die Trocknungszeit auf dem Holzstapelplatz und man kann mit geringerer Trockenfläche auskommen.

Anfuhr.

Diese geschieht auf mit Dampf- oder Motorkraft bewegten Loren durch einen Unternehmer oder durch das Werk selbst. Handelt es sich um größere Entfernungen, so kommt Bahntransport in Frage, entweder nach der nächsten Bahnstation oder direkt an das Anschlußgleis der Fabrik. Liegen hingegen Erzeugungs- und Verarbeitungsstätte in nächster Nähe, wie z. B. bei Vorhandensein eines Sägewerkes, so macht man auch von Drahtseilbahnen Gebrauch.

Stapelung und Trocknung.

Der Zweck der Stapelung und Lagerung des Holzes ist, den Wassergehalt zu vermindern, soweit es die Temperatur- und Feuchtigkeitsverhältnisse der Atmosphäre gestatten (s. Kapitel III). Bei Anlieferung enthält das Holz, besonders im frisch geschlagenen Zustande, bis zu 50% Feuchtigkeit, die auf einfachem Wege, eben durch Lagern an der Luft, bis auf 12—20% reduziert werden kann. Der natürliche Trockenprozeß ist daher von großer Wichtigkeit, denn je weniger Feuchtigkeit das Holz enthält, desto größer ist die in der Zeiteinheit verkohlte Menge der Holzsubstanz und ebenso die Leistung der Retorten, ganz abgesehen von der Ersparnis an Brennmaterial, sowohl für die Verkohlung als auch für die Aufbereitung.

Den Absatzteer ausgenommen, kann das Wasser mechanisch von den zu erzeugenden Endprodukten, die selbst bis auf den Wassergehalt des

[1]) Anmerkung des Übersetzers: Faules Holz eignet sich auch schon deshalb nicht zur Verkohlung, weil die daraus hergestellte Kohle pyrophorisch ist.

Calciumacetates wasserfrei sind, nicht getrennt und muß daher durch Verdampfung entfernt werden. Das Gesamtwasser verdampft zuerst in den Retorten, wird kondensiert in den Kühlern, um in den Holzessigblasen nochmals verdampft und wieder verdichtet zu werden. Bei dem Abtrieb des Holzgeistes ist von neuem seine Erwärmung bis zum Siedepunkt und bei der Herstellung von Calciumacetat zum drittenmal eine Verdampfung erforderlich. Wenn es auch gelungen ist, durch zweckmäßige Gestaltung der Apparatur und Verbesserung der Arbeitsmetho-

Abb. 44. Ansicht eines Holzstapelplatzes.

den den Dampfverbrauch für die oben beschriebenen Operationen bedeutend herabzusetzen, so bleibt doch immer die Verminderung des Wassergehaltes des Holzes bis zur äußersten Grenze eine Frage von größter Wichtigkeit.

Die Methode der Stapelung und die Abmessungen der Holzstapel sind je nach den Verhältnissen der einzelnen Werke verschieden. Oft findet man die Stapel rechtwinkelig zu den Gleissträngen errichtet. Dies erleichtert das Beladen der Retortenwagen, denn das Holz erhält natürliches Gefälle, wenn mit dem Abtragen begonnen wird, und rollt nach. In anderen Fällen ziehen sich die Stapel parallel den Gleisen hin, wodurch allerdings an Raum gespart wird, aber Mehrarbeit durch die Notwendigkeit entsteht, die Holzstöße von oben nach unten abzutragen.

Was den Aufbau anbetrifft, so hat er auf ebenem, gut entwässertem Boden zu erfolgen, und zwar ähnlich wie für Bauholz, indem man durch untergelegte Scheite und durch nicht zu dichte Packung für eine gute Luftzirkulation sorgt. Um vollständige Verkohlung des Holzes in den Retorten zu erzielen, sollte der Durchmesser der einzelnen Scheite 15 cm und die Länge $1-1^1/_2$ m nicht übersteigen, und diese Abmessungen müßten auch für das gestapelte Holz eingehalten werden. Es wird deshalb zweckmäßig größeres Holz vor der Stapelung in die entsprechenden Abmessungen zersägt und gespalten, schon um durch Vergrößerung der Oberfläche die Trocknung zu beschleunigen.

Die Form der Holzstöße ist verschieden und abhängig von der jeweils zur Verfügung stehenden Stapelfläche. Ist diese beschränkt, so baut man die Stöße hoch, wobei aber zu beachten ist, daß die größere Höhe nicht nur beim Aufbau Schwierigkeiten macht, sondern auch höhere Löhne beim Beladen der Holzwagen bedingt. Mit Rücksicht hierauf sind niedrige Stapel immer vorzuziehen. Passende Abmessungen sind ca. 30 m in der Länge, 5 m in der Breite und 4 m in der Höhe. Ein solcher Stapel enthält ungefähr 250—280 Tonnen Holz. Es ist im allgemeinen untunlich, solch große Holzmengen zu überdachen. Man kann sie aber in einfachster Weise vor Regen oder Schnee schützen, indem man die oberste Lage mit dicht gepackten Schwarten bedeckt.

Künstliche Trocknung.

Einzelne Werke sind in den letzten Jahren dazu übergegangen, in der Nähe der Retorten Holztrockenkammern aus Ziegelmauerwerk oder Beton zu errichten und sie mit den Rauchgasen der Retortenfeuerung zu beheizen, entweder durch direktes Einleiten der Gase in die mit Holz gefüllten Kammern oder indirekt durch eingebaute Caloriferen, in welchen die Gase zirkulieren. Die Temperatur wird durch einen Ventilator und durch Einsaugen von Luft reguliert. Ein Ventilator ist erforderlich, um den durch die Kühlung verringerten Auftrieb der Gase zu erhöhen und den Schornsteinzug zu unterstützen. Da die Trocknung des Holzes selbst bei Temperaturen von 100—120° nicht sehr schnell vor sich geht, muß das Holz 1—3 Tage in der Kammer verweilen. Diese Art Vortrocknung bewirkt eine Ersparnis an Brennmaterial und eine Abkürzung der Verkohlungsdauer. Sie läßt die Versicherungsgebühren usw. geringer werden und gestattet ferner, einen kleineren Holzvorrat zu halten. Außerdem macht sie die Gesamtanlage unabhängiger vom Witterungseinfluß.

Beladen der Retortenwagen.

Diese Operation wird gewöhnlich durch Handarbeit ausgeführt. Mehrere Wagen werden auf das sich längsseits des Holzstapels hinziehende Gleis[1]) gefahren und das Holz möglichst gleichmäßig und dicht eingeladen.

[1]) Einige größere Werke benutzen Elevatoren oder eine Hochbahn zur Beförderung des Holzes (s. Abb. 45).

Sind von einer vorhergehenden Charge Brände vorhanden, so werden diese zuerst auf den Boden der Retortenwagen gelegt und darauf das Holz geschichtet. Das Einfahren der beladenen Wagen in die Retorte und das Herausziehen der Holzkohlen aus den Kühlkammern wird in

Abb. 45. Beladen der Wagen mit Holz vom Elevator aus.

größeren Anlagen meistens durch leichte Lokomotiven, in kleineren durch Menschenkraft bewirkt.

Alle beladenen Wagen werden auf der Brückenwage gewogen und die Tara von Zeit zu Zeit von neuem festgestellt. Über die Operationen führt der Meister Buch.

XI. Die Holzverkohlungsanlage und ihr Betrieb.

A. Die Herstellung von Holzkohle und Rohholzessig.

Bei der Erzeugung von Holzkohle, Teer, Holzterpentinöl, Holzgeist und Calciumacetat kann man drei Abteilungen unterscheiden:

I. Die Herstellung von Holzkohle und Rohholzessig bzw. Rohöl, falls Nadelholz verkohlt wird.

II. Die Verarbeitung des Rohholzessigs auf Calciumacetatlösung und Rohholzgeist.

III. Die Erzeugung von trockenem Calciumacetat und gereinigtem Holzgeist bzw. Holzterpentinöl und Kienöl, falls Nadelholz verkohlt wird.

Teer und Öle fallen in allen drei Abteilungen an.

Wenn auch die meisten der zur Zeit angewandten Aufbereitungsmethoden sich bequem in das oben aufgeführte Schema einfügen lassen, so kann dieses natürlich den neuesten Fortschritten in der Entwicklung der Arbeitsweisen nicht Rechnung tragen. Zum Beispiel wird in einigen Fällen überhaupt kein Rohholzessig hergestellt, sondern die Schwelgase und Dämpfe werden ohne Kondensation direkt in besonderen Apparaturen behandelt.

Anlage.

Folgende Hauptbestandteile der Anlage sind zunächst zu besprechen:

Retortenwagen,
Schiebebühnen,
Retorten und Retortenfeuerungen,
Teerscheider,
Kühler,
Skrubber,
Sammel- und Absatzbehälter,
Holzkohlenkühlkammern.

Retortenwagen.

Man unterscheidet zwei Wagentypen: die sog. Kastenwagen, vollkommen geschlossene, aus Stahlplatten gefertigte Behälter mit abnehmbarem eisernem Deckel, welcher beim Einfahren des Wagens in die Retorte entfernt und beim Ausziehen der Holzkohle aufgelegt wird. Diese Art Wagen übernehmen also zugleich die Rolle der Holzkohlenkühlkammer. Sie sind weniger gebräuchlich.

Ganz allgemein angewandt wird der zweite Typ, der sog. Korbwagen. Er variiert nur wenig in seiner Ausführung und seinen Abmessungen, je nach der Dimensionen der Retorte, zu der er gehört. Abb. 47 zeigt einen solchen Wagen mit einem Fassungsraum von 3 Tonnen Holz, wie er für die rechteckige Großraumretorte gebräuchlich ist.

Mit Ausnahme der Zughaken (in der Abbildung fortgelassen) und der Räder besteht der Wagen aus Eisenkonstruktion. Boden-, Seiten- und Stirnflächen sind aus Flach- und U-Eisen zusammengesetzt und sorgfältig vernietet. Die Seitenflächen sind abnehmbar, um ein bequemes Beladen und Entladen zu gestatten. Die Räder laufen in Rollenlagern spezieller Bauart, sind häufig mit Schutzblechen versehen und haben normale Spurweite. Zughaken sind nicht immer vorhanden, sind aber sehr bequem, wenn mehrere Wagen zusammengekuppelt und über längere Entfernung hin bewegt werden sollen. Es ist ferner praktisch, wenn das den Boden bildende Stabeisen mit engen Zwischenräumen verlegt ist, um ein Durchfallen der Holzkohlen zu verhindern. Die Gleisanlage wird

Abb. 46. Retortenwagen in Kastenform.

Abb. 47. Retortenwagen in Korbform.

so reiner gehalten, die Kohlen werden nicht über den Hof verstreut und das Risiko eines Brandes verringert. Die Abmessungen der Wagen schwanken je nach den Anforderungen, betragen aber gewöhnlich 8 bis 12 Fuß Höhe und 52 bis 56 Zoll Breite.

Abb. 48. Zylindrische Retortenwagen.

Für zylindrische Retorten sind die Wagen ganz ähnlich konstruiert, passen sich aber selbstverändlich der Retortenform an, jedoch sind im Gegensatz zu den vorher beschriebenen Wagen die Stirnseiten abnehmbar (s. Abb. 48).

Schiebebühnen.

Um die Wagen einerseits in die Retorte, andererseits in die Kühlkammer einzufahren, wendet man zwei Methoden an. Entweder legt man zwischen Hauptgleis und Retortengleis, sowie Retortengleis und Kühlkammer, Klappschienen oder man benutzt Schiebebühnen. Die letzteren bestehen aus einer mit Gleisen versehenen eisernen Plattform mit zwei untergebauten Radsätzen, die sich auf einem im rechten Winkel zu den Retorten liegenden Gleisstück bewegen. Abb. 38, 39 und 42 lassen die Anordnung erkennen. Abb. 49 veranschaulicht die Lage der Schiebebühne kurz vor dem Herausziehen der mit Holzkohlen gefüllten Wagen aus der Retorte. Abb. 48 zeigt die Wagen, wie sie aus der Retorte über die Schiebebühne und in die Kohlenkühlkammer gezogen werden. In Abb. 60 ist die Schiebebühne als solche abgebildet.

Abb. 49. Schiebebühne.

Retorten.

Außer den in Gruppe 1, Kapitel IX geschilderten Verkohlungsapparaten sind eine große Anzahl verschiedener Retorten in Gebrauch, deren Hauptzweck die Herstellung großer Mengen Holzkohle ist. Noch ständig werden Patente auf Neukonstruktionen genommen, die mehr oder weniger in ihren Einzelheiten differieren. Mit Ausnahme von ein oder zwei neuen Formen kann hier nur auf solche Konstruktionen näher eingegangen werden, die sich im Betriebe bewährt haben. Nach ihrer Wichtigkeit lassen sich folgende Typen unterscheiden:

1. Großraumretorten,
2. eigentliche Retorten,
3. vertikale Retorten,
4. bewegliche Retorten.

Vertikale Retorten werden neuerdings mehr und mehr durch horizontale bzw. Großraumretorten ersetzt, während die fahrbaren nur in ganz speziellen Fällen Anwendung finden. Sie werden zwar von einigen Werken auf dem Kontinent benutzt, sind aber veraltet.

Großraumretorten.

Dieser Typ ist der heutzutage am meisten in Gebrauch befindliche. Sein Hauptunterscheidungsmerkmal besteht darin, daß an beiden Stirnseiten Türen vorhanden sind, die es ermöglichen, einen ganzen Holzwagenzug direkt einzuführen. Der Querschnitt dieser Retorten ist entweder rechteckig oder kreisförmig.

Amerika, Großbritannien und Schweden ziehen ersteren, Deutschland und Frankreich den letzteren Querschnitt vor. — Die rechteckigen

Abb. 50. Rechteckige Großraumretorte (Struthers-Wells).

Retorten haben eine Länge, die zwischen 8 und 18 m schwankt, gewöhnlich aber 16—17 m beträgt und bei dieser Länge für 4 Wagen berechnet sind. Der Durchmesser dieser Retorten beträgt 2—2,15 m in der Breite und 2,50—2,75 m in der Höhe. Die obere Seite wird sowohl flach als auch gewölbt ausgeführt. Die Höhe der Wölbung beträgt ungefähr 400 mm. Mit Ausnahme der Türen und der Türrahmen sind die Retorten ganz aus Flußeisenplatten von 10—15 mm Stärke zusammengenietet. Türen und Türrahmen bestehen aus Gußeisen; die Türen laufen in Angeln des Rahmens. Der Verschluß erfolgt durch Keile, die in mit Durchbohrungen versehene Knaggen eingetrieben werden, welche an den Rahmen angegossen sind. Ein luftdichter Verschluß wird bewirkt durch einen Asbestring, der in die Nute des Rahmens eingepreßt wird.

Abb. 51. Zylindrische Großraumretorte mit in Angeln geführter Tür (Struthers-Wells.)

In Abb. 50 ist eine solche 18-m-Retorte abgebildet.

Die zylindrischen Retorten haben gewöhnlich einen Durchmesser von 2,50 m bei gleicher Länge und Blechstärke der rechteckigen. Türen und Rahmen sind ebenfalls aus Gußeisen, die Türen in einigen Fällen in Angeln hängend, in anderen durch Ketten und Gegengewichte hochziehbar. Die Tür wird entweder mittels Keilen oder durch Klapp- und Flügelschrauben geschlossen.

Eine zylindrische Großraumretorte mit in Angeln laufender Tür zeigt die Abb. 51, während Abb. 65 die Anordnung für das Bewegen der hochziehbaren Türen im Schnitt veranschaulicht.

Einmauerung der Retorte.

Die Großraumretorten werden gewöhnlich paarweise in Ziegelmauerwerk eingesetzt, das durch starke Verankerung gehalten wird. Die Schnittzeichnung Abb. 52 gibt eine solche Einmauerung wieder. An jeder Längsseite der Retorte sind eiserne Laschen eingenietet, mittels deren sie an stählerne Kreuzstücke, die im Oberteil des Mauerwerks eingemauert sind und in U-Bolzen auslaufen, aufgehängt werden. Diese Anordnung gestattet der Retorte, sich auszudehnen, ohne das Mauerwerk in Mitleidenschaft zu ziehen. An beiden Enden des Mauerwerkes befinden sich doppelwandige Vortüren von 3—3,3 m Höhe und 2,5 bis 2,75 m Breite; diese sind hergestellt aus ungefähr 6 mm starkem Eisenblech mit 50—60 mm Zwischenraum zwischen den Wandungen. Die isolierende Luftschicht zwischen ihnen verhindert die Abkühlung der Stirnseiten und die Kondensation von Teer innerhalb der Retorte. Das Mauerwerk tritt bis auf 200—250 mm an die Retortenwandungen heran.

Die Heizung geschieht durch eine besondere Feuerung, die sich unterhalb der Retorte an einer der Stirnseiten befindet. Die Rostfläche beträgt ungefähr 2 qm. Die heißen Feuergase durchstreichen einen gewölbten, aus Schamottesteinen gemauerten Kanal, der sich unterhalb der ganzen Länge der Retorte hinzieht, in einer Entfernung von 600 bis 900 mm vom Retortenboden.

Rechts und links von diesem Hauptkanal befinden sich Seitenkanäle, welche die Feuergase um die Retorte leiten. Um Steigungen der zu den Retorten führenden Gleise zu vermeiden, legt man den Boden der Retorte in gleiche Höhe mit dem Erdboden und muß folgerichtig die Feuerungen, Kohlenbunker und Aschengrube unterhalb desselben einbauen. Die Notwendigkeit, Klappschienen bzw. Schiebebühnen für das Einfahren der Holzwagen in die Retorten zu verwenden, beruht zum Teil auf dieser Anordnung der Feuerungen. Um Stichflammenwirkung der Feuergase zu vermeiden, werden diese durch die oben erwähnten Seitenkanäle, in welche außerdem noch oft Zungen oder Prellplatten eingebaut sind, abgelenkt.

Die Regulierung des Zuges wird durch Schieber, die sich vor dem Schornstein und in den Feuerzügen befinden, besorgt. Die Verteilung der Gase findet durch die Seitenkanäle statt, deren Weite bzw. deren Anzahl sich vergrößert, je weiter sie von der Heizquelle entfernt sind. Am Retortenende angekommen, werden die Feuergase zurück nach vorn geführt, um schließlich von hier aus das Oberteil der Retorte zu bestreichen und in den Schornsteinfuchs zu gelangen. Direkt oberhalb der Retortentüren findet man oft Rauchhauben angebracht, die den sich bei der Entleerung der Retorte entwickelnden Rauch ableiten. Sie können jedoch als überflüssig angesehen werden.

Jede Retorte enthält zwei Gasentbindungsstutzen von ungefähr 750 mm Durchmesser. Normalerweise befinden sie sich an der Retortenlängsseite (s. Abb. 50 und 51), durchbrechen das Mauerwerk und werden direkt mit den Kühlern verbunden.

Falls Teerabscheider benutzt werden, ist es bequemer, die Gase nach oben austreten zu lassen (Abb. 65).

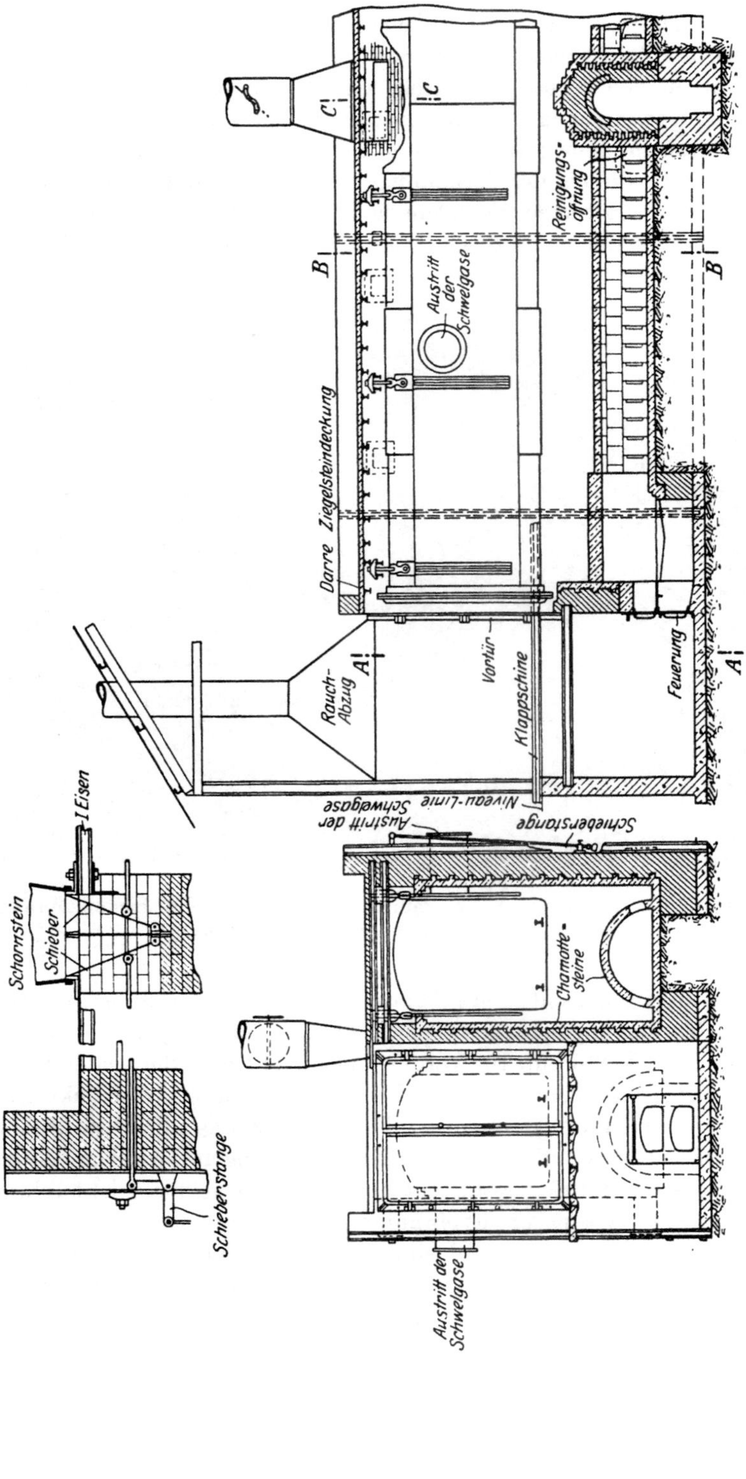

Abb. 52. Einmauerung eines Paares rechteckiger Retorten mit einem Fassungsraum von je 15 Tonnen.

Im Mauerwerk selbst sind Reinigungsöffnungen vorgesehen, die meistens mit Ziegelsteinen lose verschlossen werden.

An Stelle von Kohle oder Holz als Feuerungsmaterial verwendet man in einigen Anlagen auch Generatorgas. Selbstverständlich müssen die Feuerungen dementsprechend geändert werden. Ganz allgemein verbrennt man die bei der Verkohlung entstehenden unkondensierbaren Gase unter den Retorten, nachdem sie die Kondensations- und Waschanlage passiert haben, und spart so an Feuerungsmaterial. Abb. 53

Abb. 53. Ein Paar rechteckige Großraumretorten, von der Beschickungseite aus gesehen (Shirley, Aldred & Co., Worksop).

stellt die Außenansicht eines Paares rechteckiger Großraumretorten, von der Beschickungsseite aus gesehen, dar mit dem umgebenden Mauerwerk und den Vortüren. Im Vordergrunde sieht man die beiden Gleise für die Retortenwagen und im rechten Winkel hierzu (von links nach rechts auf dem Bilde) ein anderes schmales Gleis, das zum Herbeiführen des Brennmaterials dient. Die beiden Öffnungen zwischen diesem schmalen Gleis und den Retortentüren führen zu den Kohlenbunkern.

Besondere Typen von Großraumretorten, hauptsächlich der Verkohlung von Nadelholz dienend, sind in Schweden entwickelt. Sie unterscheiden sich in mancher Beziehung von den bis jetzt beschriebenen Typen. Bei einem benutzt man zum Beheizen der Retorte Rohre, die in die letztere selbst eingebaut sind und die von den heißen Feuergasen durchströmt werden. Auf diesem Prinzip beruht die kontinuierlich arbeitende Gröndal-Retorte. Grundriß und Schnitt derselben zeigt Abb. 54. Die heißen Feuergase durchstreichen Rohre, welche, zu beiden Seiten der Retortenwagen angeordnet, die ganze Länge der Retorte durchziehen.

Man sieht zuerst eine Vorkammer, die einen Wagen enthält und von der eigentlichen Destillationskammer durch eine Tür getrennt ist. Der ganze Ofen faßt 16 Wagen und endet wieder, durch eine Tür getrennt, in die Kohlenkühlkammer mit 7 Wagen, an die sich eine zweite Kammer, wiederum durch eine Tür abgeschlossen und ähnlich der Vorkammer gebaut, anschließt. Sobald ein Holzwagen in die Vorkammer eingeführt wird, wird zugleich ein mit gekühlter Holzkohle beladener aus der Endkammer herausgezogen und der ganze

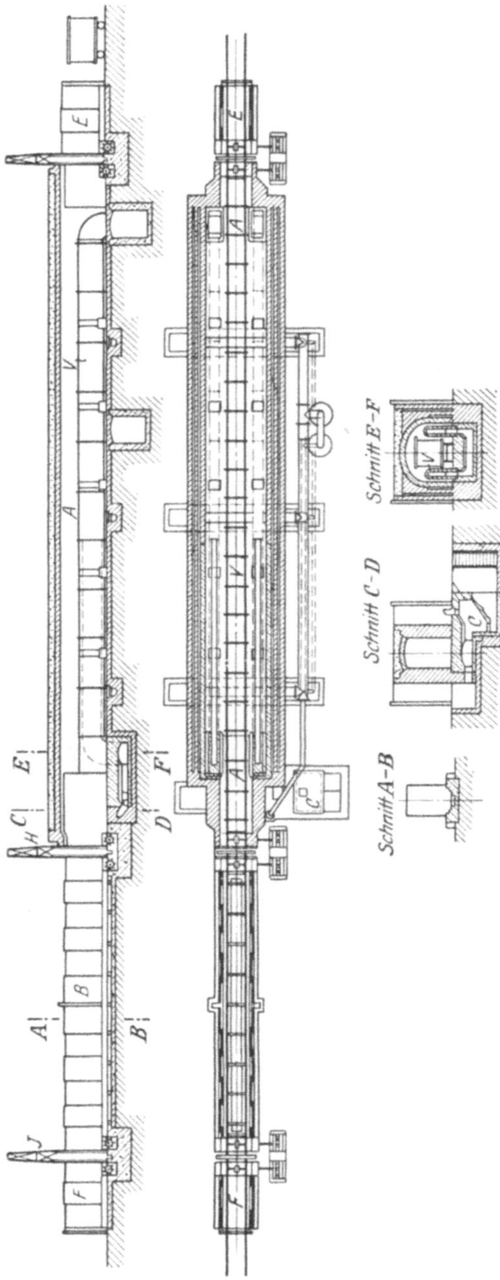

Abb. 54. Gröndal-Ofen.
A Destillationskammer oder eigentlicher Ofen, *B* Kohlenkühlkammer und Zwischentüren, *C* Feuerung, *E* Vorkammer, *F* Endkammer, *V* Heizrohre (Caloriferen).

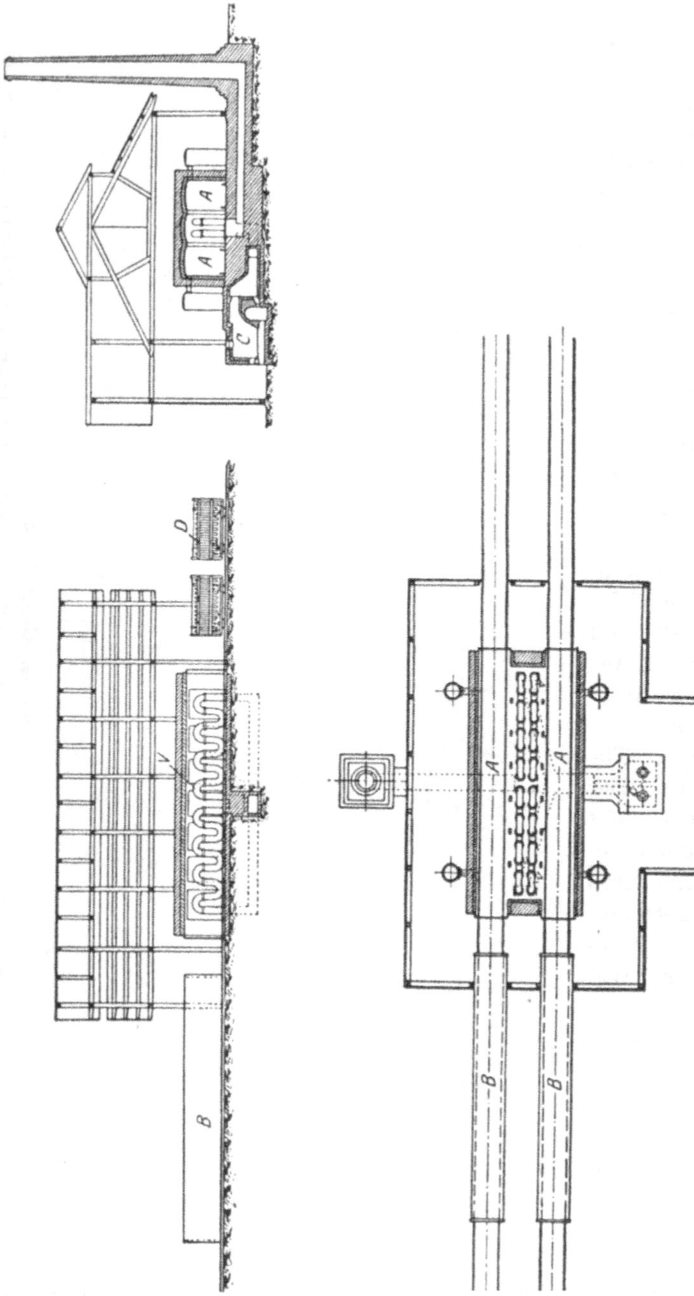

Abb. 55. Paarweise Anordnung der Öfen mit dazwischen befindlichen Caloriferen.

Wagenzug innerhalb des Verkohlungsapparates bewegt sich um eine Wagenlänge nach vorn, eine Bewegung, die sich in bestimmten Zwischenräumen wiederholt.

Bei einer etwas abgeänderten Ausführungsform ist zwischen Vorkammer und Dekammer und Destillationskammer eine Trockenkammer eingeschaltet, die gestattet, einen Teil der Feuchtigkeit aus dem Holz zu verdampfen.

Ein anderer Typ benutzt einen besonderen Kanal, der sich in der Längsrichtung zwischen zwei rechteckigen Retorten hinzieht zur Unterbringung einer doppelten Reihe U-Rohre, wie in Abb. 55 abgebildet.

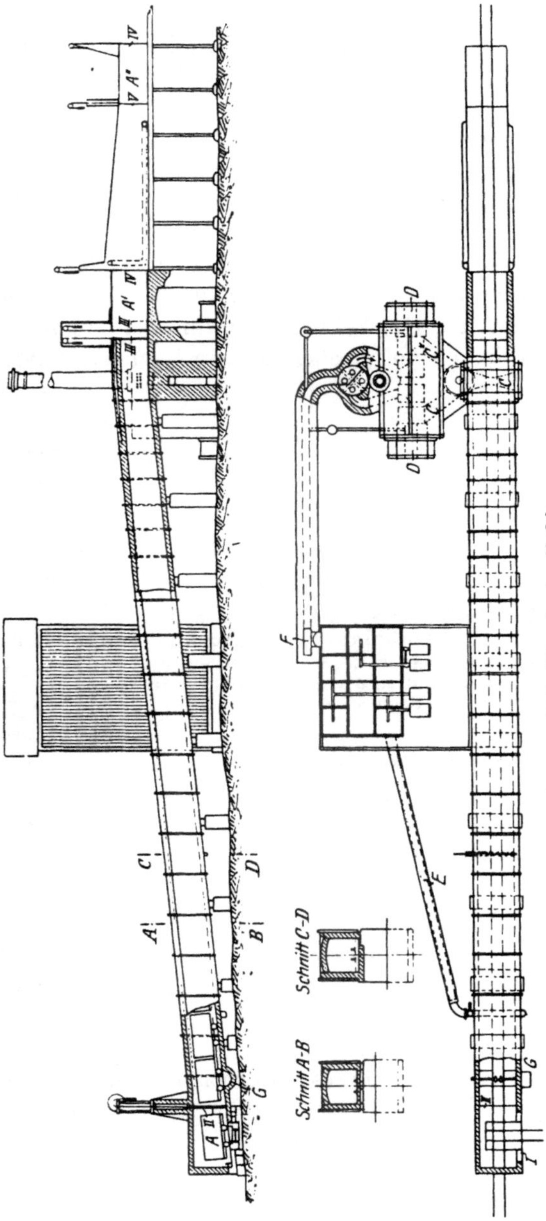

Abb. 56. Aminoff-Ofen.
A Vorkammer, *D* Feuerung und Regenerator (Caloriferen).

Eine Variante dieses Apparates ist als Zirkulationsofen bekannt, in welchem die gasförmigen Zersetzungsprodukte des Holzes durch ein Rohrsystem, Regeneratoren oder Caloriferen genannt, geführt werden, die von Feuergasen umspült sind. In ihnen wird die Temperatur auf 300—400° gebracht, und die heißen Gase zirkulieren dann durch die Retorte. Auf diese Weise kommt das Holz in direkten Kontakt mit den heißen Zirkulationsgasen. Diese Arbeitsweise ist besonders in Schweden verbreitet, und schwedische Ingenieure sind es gewesen, die sie weiter ausgebaut haben.

Im Jahre 1907 wurde der Aminoff-Apparat nach diesem Prinzip gebaut. Abb. 56 zeigt einen solchen. Wie der Gröndal-Ofen ist auch er in eine Anzahl Kammern unterteilt. Dabei bilden die eigentlichen Destillationskammern mit dem Erdboden einen Winkel. Die Holzwagen werden von einer erhöhten Plattform aus in die Vorkammern eingefahren. Die Entleerung der Holzkohlenwagen findet am anderen Ende, das sich mit dem Erdboden im gleichen Niveau befindet, statt.

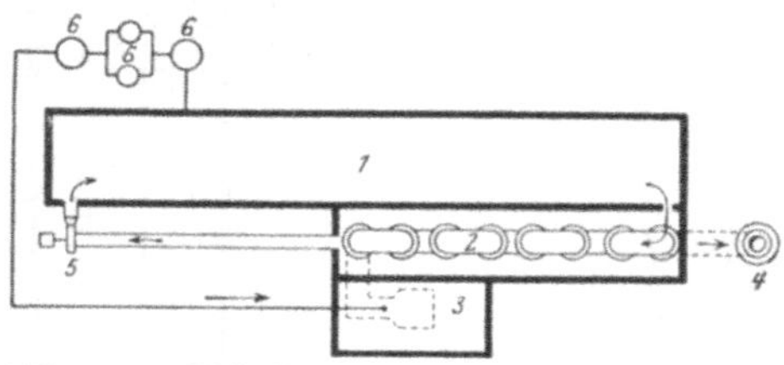

Abb. 57. Zirkulationsofen (Magnuson und Apparat-Aktiebolaget, Stockholm).

1 Destillationskammer, 2 Regenerator (Caloriferen), 3 Feuerung, 4 Schornstein, 5 Ventilator, 6 Kondensationssystem.

Abb. 57 veranschaulicht das Diagramm eines Zirkulationsofens, von Magnuson im Jahre 1916 entworfen. Ein Ventilator saugt die Dämpfe und Gase aus der Destillationskammer durch einen am Boden und nahe dem einen Ende befindlichen Kanal und weiter durch den Regenerator (Caloriferen), wo sie auf bestimmte Temperaturen erhitzt werden. Im Ventilator werden sie darauf komprimiert und in einen zweiten Kanal, der sich im Oberteil der Destillationskammer befindet, eingeblasen. Die sich entwickelnden Schwelgase und Dämpfe werden bei einem konstanten Druckverhältnis in das Kondensationssystem geleitet.

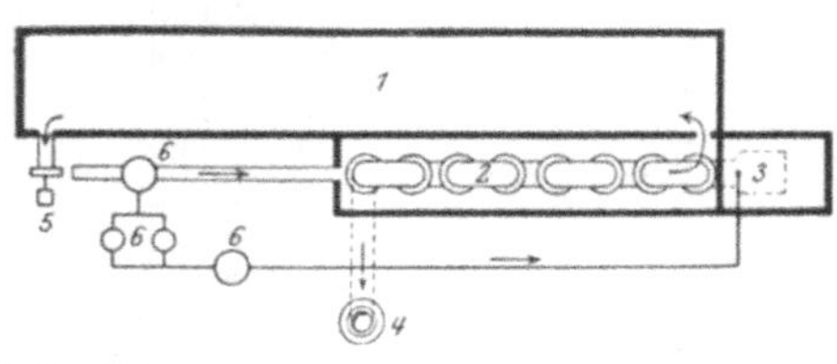

Abb. 58. Zirkulationsofen (Bergström und Apparat-Aktiebolaget, Stockholm).

1 Destillationskammer, 2 Regenator (Caloriferen), 3 Feuerung, 4 Schornstein, 5 Ventilator, 6 Teerscheider und Kondensationssystem.

Bergström modifizierte im Jahre 1918 diesen Ofentyp dadurch, daß er die Gase in umgekehrter Richtung strömen ließ. Bei seiner Anordnung (s. Abb. 58) saugt der Ventilator die Gase von der Beschickungsseite des Ofens, d. h. an einer Stelle, möglichst entfernt von der Feuerung und den Caloriferen, ab.

Die Temperatur der Gase und Dämpfe beträgt hier ungefähr 100°. Die Beschickung geschieht ähnlich wie beim Gröndal- und Aminoff-Ofen durch Einfahren von Wagen, und zwar je einem zur Zeit. Das Holz wird zuerst getrocknet und die Verkohlung tritt nach und nach ein, je mehr der Wagen sich der Heizseite nähert. Die von dem Ventilator abgesaugten Gase bzw. Dämpfe werden durch einen Teerscheider gedrückt. Die überschüssigen gehen weiter nach dem Kondensationssystem, die anderen in den Regenerator (Caloriferen), wo sie auf ungefähr 400° erwärmt werden und wieder in die Zirkulationskammer eintreten, in welcher sich das Holz in der letzten Phase der Verkohlung befindet. Es treten nur geringe Verluste durch Überhitzung ein, jedoch findet bei Nadelholzverkohlung eine Polymerisation der vom Teerscheider nicht zurückgehaltenen Terpene statt.

Abb. 58 zeigt ein Diagramm des Zirkulationssystems, Abb. 59 einen Schnitt dieses Ofentyps. Seine Vorzüge bestehen in:

1. geringem Brennmaterialverbrauch,
2. Vermeidung der mit der Überhitzung verbundenen Übelstände,
3. bessere Temperaturregulierung,
4. kontinuierliche Arbeitsweise[1]).

Eigentliche Retorten.

Sie unterscheiden sich von den Öfen oder Großraumretorten dadurch, daß sie nur an einem Ende eine Öffnung haben. Mit Ausnahme der großen schwedischen Öfen dienen sie hauptsächlich für die Verkohlung von Nadelholz, finden sich aber auch in kleineren Laubholzverkohlungsanlagen, ja

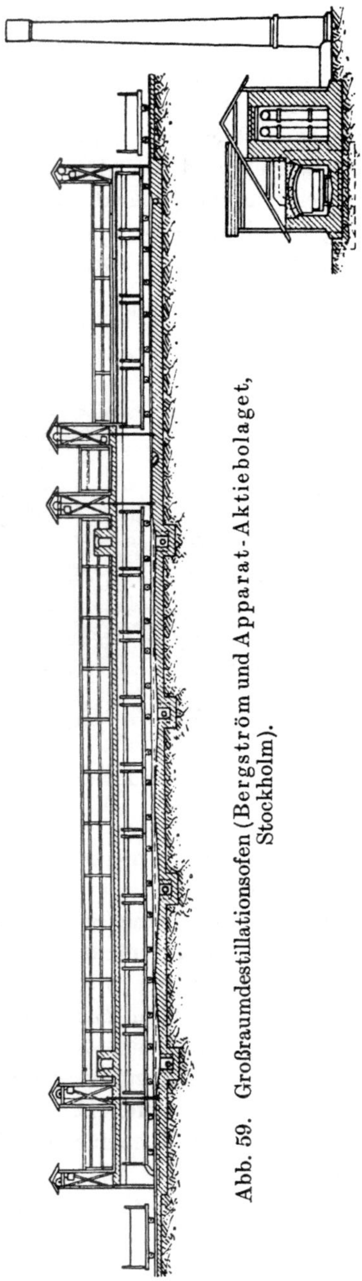

Abb. 59. Großraumdestillationsofen (Bergström und Apparat-Aktiebolaget, Stockholm).

[1]) Ein Fünfkammerofen ist in der Darrinschen Patentschrift U. S. P. Nr. 1074104 besprochen. Zur Beheizung des Holzes in der ersten Kammer dient Sattdampf, in der zweiten überhitzter Dampf, von welchem die flüchtigen Terpene abgeschieden sind. In der dritten und vierten Kammer tritt die eigentliche Verkohlung ein, deren Wärmebedarf durch Feuergase, die in Kanälen zirkulieren, geliefert wird. Die fünfte und Endkammer dient als Kohlenkühlraum.

selbst einige moderne Werke sind mit ihnen ausgerüstet. Fast alle haben zylindrischen Querschnitt und nur wenige sind rechteckig. In der Konstruktion und in der Einmauerung ähneln sie den Großraumretorten. Die kleinsten, die aber immer mehr verlassen werden, beschickt und entleert man durch Handarbeit. Das Holz wird einfach eingeworfen und die glühende Holzkohle in untergestellte rechteckige Kohlendämpfer geharkt, die dann mit einem Deckel und Lehmdichtung versehen werden. Das Fassungsvermögen dieser kleinen Retorten variiert von $^1/_2$—3 Tonnen. In moderner Ausführung fassen sie 10

Abb. 60. Batterie moderner Retorten (Camus-Duchemin-System, errichtet von Simon-Carves).

bis 12 Tonnen. Am gebräuchlichsten sind jedoch solche von 5 Tonnen und mehr.

Abb. 60 zeigt eine Batterie solch moderner Retorten, von Camus-Duchemin und Simon-Carves errichtet.

Sie bestehen aus ungefähr 15 m langen und ungefähr 2 m weiten Zylindern aus 12 mm Eisenblech und fassen jede 10—12 Tonnen Holz. Die Türen haben eine Nut, in welcher sich Asbestpackung befindet. Vortüren verhindern die Abkühlung der Stirnseite. Jede Retorte ist mit einem gußeisernen Stutzen nebst Ventil versehen und alle Stutzen münden in eine gemeinsame Sammelleitung. Die Heizung geschieht durch Generatorgas aus einem Holzgenerator, in welchem das Abfallholz des Werkes verkohlt wird. Obwohl diese Heizmethode sehr wirtschaftlich arbeitet und auch von Barbet angewandt wird, ist sie doch nicht allgemein eingeführt und beschränkt sich auf einige Fälle. Die Türen sind in einem am Rande der Retortenöffnung angebrachten Drehzapfen aufgehängt und werden zwecks Beschickung so weit geöffnet, daß sie im rechten Winkel zum Mauerwerk stehen. Eine der Holzkohlenkühlkammern auf der Abb. 60 zeigt eine derartig geöffnete Tür.

Abb. 61. Batterie rechteckiger Kleinraumretorten (Shirley, Aldred & Co., Worksop).

Eine Batterie rechteckiger Retorten von kleinem Fassungsvermögen gibt Abb. 61 wieder. Die Beschickung geschieht durch Kastenwagen ähnlich denen der Großraumretorten.

Vertikale und bewegliche Retorten.

Diese beiden Typen können kurz zusammen beschrieben werden, da die einzigen vertikalen Retorten, welche praktisches Interesse haben, beweglich sind. Stationäre Vertikalretorten sind nur stellenweise für die Destillation von Nadelholz, besonders Kiefernstubben, in Gebrauch. Ihr Konstruktionsmaterial ist entweder Gußeisen oder Schmiedeeisen und sie sind von Ziegelmauerwerk umgeben. Die Heizung geschieht entweder durch direkte Befeuerung des Bodens oder aber durch spiralig um die Retorte sich hinziehende gemauerte Rauchkanäle. Der Deckel kann entweder zwecks Beschickung abgenommen werden oder ist mit einem entsprechend großen Mannloch versehen. An dem Deckel befindet sich ein Stutzen für die Ableitung der Schwelgase und in der Mitte des häufig konischen Bodens ein Ablaßstutzen für Teer bzw. Pech.

Horizontale bewegliche Retorten werden in einigen schwedischen

Werken für die Destillation von kleinstückigem Nadelholz benutzt, ein System, das eine Verbindung von Retorte, Retortenwagen und Kühlkammer darstellt. Die Retorte ist auf einen Radstand gesetzt und bewegt sich auf Gleisen. Nach der Beschickung mit Holz wird sie in den aus Ziegel- bzw. Schamottesteinen gemauerten Ofen eingefahren, der eine Feuerung und Heizkanäle enthält. Als Verschluß dienen gußeiserne, hochziehbare Türen. Nach beendeter Verkohlung wird die Retorte als solche ausgefahren und bleibt im Freien so lange stehen, bis die Kühlung der Holzkohle erfolgt ist.

Abb. 62. Bewegliche Retorten für Nadelholzdestillation (Apparat-Aktiebolaget, Stockholm).

In Abb. 62 ist eine kleine Anlage, die nach diesem Prinzip arbeitet, abgebildet. Im Mittelpunkt sieht man den gemauerten Ofen für zwei Retorten und gegenüber ist eine bewegliche Retorte dargestellt mit einem Fassungsraum von ca. 5 Tonnen Holz.

Vertikale bewegliche Retorten waren seiner Zeit in Frankreich sehr gebräuchlich, werden aber in letzter Zeit wenig mehr angewandt. Sie bestehen aus schmiedeeisernen Zylindern mit schwerem eisernem Deckel, der mittels Klammern befestigt wird. Ein Laufkran hebt die Retorte nach vollendetem Abtrieb aus dem Mauerblock heraus und bringt sie ins Freie, wo sie mitsamt ihrem Inhalt der Abkühlung unterworfen, während zu gleicher Zeit eine neue, mit Holz gefüllte Retorte eingesetzt wird.

Die gesamte Operation ist ziemlich mühsam und verlangt beträchtlichen Aufwand an Arbeitslöhnen.

Collins[1]) beschreibt eine bewegliche Retorte, die von Ort zu Ort gefahren werden kann, wo gerade die Holzgewinnung vor sich geht. Seine Retorte ist ca. 5 m lang bei 1 m Durchmesser und in einer Entfernung von 225 mm von einem Eisenmantel umgeben. In den Zwischenraum sind Prellbleche eingebaut, welche die in einer besonderen Feuerung erzeugten Heizgase um die eigentliche Retorte leiten. Pro Operation kann ungefähr 1 Tonne Holz verkohlt werden. Als Feuerungsmaterial dient Abfallholz und die Retorte samt Inhalt wird vor der Entleerung abgekühlt. Das ganze System ist auf Räder gesetzt und der Erfinder behauptet, daß nur ein Mann für sämtliche Operationen einschließlich Aufbereitung des Rohholzessigs benötigt würde. Die Destillationsprodukte werden in einem neben der Retorte stehenden Kühler kondensiert.

Einige andere Retortentypen.

Außer den von uns beschriebenen, mit mehr oder weniger Recht als Normaltypen anzusprechenden Verkohlungsapparaten gibt es noch eine große Anzahl anderer, die hier und da in Gebrauch sind. Einige von diesen sollen noch kurz erwähnt werden.

Pritchard[2]) beschreibt eine von ihm für die Verkohlung von Nadelholz benutzte Retorte, die mittels Ölbad geheizt wird. Sie ist zylindrisch, ungefähr 1 m breit und ca. 8,5 m lang und in einem Abstand von 225 mm mit einem Eisenmantel umgeben. Der Zwischenraum zwischen Retortenwandung und Mantel ist mit hochsiedendem Zylinderöl gefüllt, das eine Erhitzung auf 370° C, ohne sich zu zersetzen, verträgt und durch eine Zirkulationspumpe vom Stapelbehälter durch einen Überhitzer in den Zwischenraum von Retorte und Mantel gepreßt wird. Von hier aus fließt es dem Stapelbehälter wieder zu und beginnt den Kreislauf von neuem. Der Überhitzer hat eine Gesamtlänge von ca. 100 m und ist so in eine Feuerung eingebaut, daß er der direkten Flammenwirkung nicht ausgesetzt ist. Außerdem ist noch ein Reservebehälter mit kaltem Öl angeschlossen, das jederzeit dem erhitzten Öl zugemischt werden kann, so daß eine exakte Temperaturregulierung gewährleistet wird. Wie bei den Großraumretorten findet die Beschickung durch Retortenwagen statt.

Bei der Quinker-Retorte[3]), die in erster Linie für die Verkohlung von Nadelholz konstruiert ist, ist Sorge getragen, daß die Hitze nur den Seitenwandungen der Retorte, die außerdem noch durch eiserne Schutz-

[1]) J. Soc. Chem. Ind. Bd. 36, S. 68. 1917.
[2]) J. Soc. Chem. Ind. Bd. 31, S. 418. 1912.
[3]) U. S. P. 1385470.

platten gegen die Einwirkung der heißen Feuergase geschützt ist, zugeführt wird. Einen Querschnitt dieses Apparates zeigt Abb. 63.

Der Boden liegt im Mauerwerk (Pos. 1) und von diesem wölben sich zu beiden Seiten der Retorte Bögen (Pos. 2), die innen mit Schamottesteinen ausgekleidet sind, bis nahe zu dem oberen Drittel der Retorte. Diese Bögen überdecken den Feuerraum (Pos. 3), von denen sich je einer rechts und links der Retorte befindet. Unterhalb der Feuerung ist ein Aschenfall angeordnet (Pos. 4). Dort wo die Bögen die Retortenwandungen berühren, sind Winkeleisen angebracht (Pos. 5), die sich seitlich der ganzen Retorte entlang ziehen. Sie dienen zur Befestigung schwerer Kesselbleche (Pos. 6), welche die Retortenwandungen vor der Einwirkung der heißen Feuergase schützen. Ein Vorteil der Konstruktion ist der leichte Ersatz der durchgebrannten Schutzbleche.

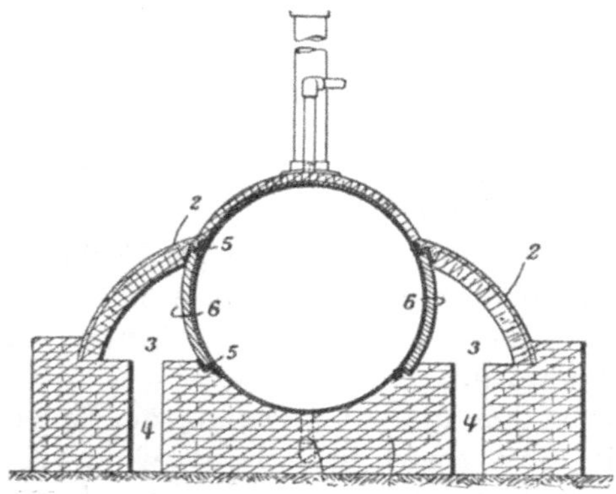

Abb. 63. Schnitt durch die Quinker-Retorte.

Durch die seitliche Beheizung der Retorte wird verhindert, daß der sich auf dem Boden sammelnde Teer, dessen Ableitung ein Rohr (Pos. 7) bewerkstelligt, verkokt wird.

Eine Abänderung dieser Konstruktion besteht in der Anwendung verschieden starker Bleche für Seiten, Boden und Oberteil. Die Seitenwandungen sind außerdem noch in der gleichen Weise, wie oben beschrieben, geschützt. Als Vorteile werden angegeben: Sehr viel größere Lebensdauer und einfachere Reparatur, die nur im Ersatz der durchgebrannten Schutzbleche besteht, eine Arbeit, die in kurzer Zeit ausgeführt werden kann.

In neuester Zeit ist versucht worden, die Auspuffgase von Rohöl-, Petroleum- und Gasmaschinen für die Zwecke der Holzverkohlung nutzbar zu machen. Das Verfahren, zuerst angewandt von Tissier[1]), ist das folgende: Als Verkohlungsgefäß dient eine vertikale, zylindrische Kammer aus Mauerwerk mit einem Fassungsraum von 2—5 Tonnen Holz und einer Höhe von 3—6 m.

Im unteren Teil befindet sich eine perforierte Eisenplatte, auf welche das Holz gestapelt wird, und zwar durch eine im Deckel angebrachte Beschickungstür. Die Auspuffgase des Verbrennungsmotors, die gewöhnlich eine Temperatur von 400—450° haben, werden durch eine Rohrleitung unterhalb der perforierten Platte in die Verbrennungskammer

[1]) Chimie et Industrie Bd. 5, S. 136. 1921.

geleitet und durchströmen das aufgeschichtete Holz. In die Übersteigleitung am Deckel ist ein Ventil eingebaut, durch welches der Zug reguliert wird. Ein zweites Ventil an dem Gaseinleitungsstutzen regelt die Gaszufuhr und damit die Temperatur im Innern bzw. den Verlauf der Verkohlung. Die Operationsdauer beträgt 12—24 Stunden je nach den Abmessungen des Holzes und dem Feuchtigkeitsgehalt. Zwei Entleerungstüren, die sich dicht über der perforierten Platte befinden, gestatten die Entfernung der Holzkohle, und zwar fällt diese direkt in Kühlkammern, welche sich dicht unter den Entleerungstüren befinden.

Verschiedene solcher Anlagen sind bereits in Algerien in Betrieb, darunter eine, die mittels der Auspuffgase einer 100-PS-Gasmaschine zwei Tissier-Öfen, jeden mit einem Fassungsvermögen von 6 Tonnen Holz, betreibt. In einer 8—10stündigen Schicht wurden 5 Tonnen Holz destilliert und ergaben 1,6 Tonnen Holzkohle und ca. 1800 Liter Holzessig. Die Ausbeuten an Calciumacetat und Holzgeist sind recht gute. Die Anlage arbeitet wirtschaftlich und ist sehr einfach zu bedienen.

Teerscheider.

Wie wir schon im Kapitel VII gesehen haben, sind die Bestandteile der Öle bzw. des Teeres Körper mit hohem Siedepunkt, hauptsächlich Phenole, die sich verhältnismäßig leicht kondensieren lassen. Auf der anderen Seite enthält der Holzessig Körper von niedrigem Siedepunkt, wie Aldehyde (Formaldehyd, Acetaldehyd usw.), die mit den Teerphenolen derart reagieren, daß harzartige und teerige Kondensationsprodukte entstehen. Die meisten Phenole werden zugleich mit den sich in den Kühlern kondensierenden Teer ausgeschieden. Ein Teil löst sich im Holzessig und bildet dann bei der Weiterverarbeitung die oben genannten Harze bzw. Aldehydteere.

Einer der größten Übelstände, mit denen der Holzverkohlungsprozeß zu kämpfen hat, ist die Verteerung von Rohrleitungen, Kühlern usw. Ziemlich alle Apparateteile, die mit teerhaltigen Kondensaten in Berührung kommen, haben hierunter zu leiden. Besonders unangenehm sind die harten, pechartigen Inkrustationen. Die Zeit, die für die Reinigung der betreffenden Teile und für die Entfernung der Ablagerung aufgewendet werden muß, ist recht bedeutend.

Man hat bis vor verhältnismäßig kurzer Zeit kaum ernstlich versucht, diese teerartigen Produkte, seien sie primär vorhanden oder sekundär gebildet, vor der Kondensation der Schweldämpfe zu entfernen. Auch heute noch arbeitet die größere Zahl der Werke ohne Teerscheider und zieht vor, den Teer durch Absetzenlassen des Gesamtdestillates zu gewinnen, anstatt direkt aus den Dämpfen vor der Kondensation.

Es soll gleich von vornherein bemerkt werden, daß keiner der Scheideapparate den gesamten Teer und nur diesen entfernt. Neben der Verhütung der Verteerung von Rohrleitungen usw. gestattet ein Teerscheider die Erzeugung von sog. Hellessig, der bei der Neutralisation mit Ätzkalk, ohne daß eine vorhergehende Destillation nötig ist, sofort handelsübliches Calciumacetat ergibt. Man spart also den gesamten Dampf, der für die Destillation des Rohholzessigs erforderlich ist. In den meisten Fällen wird eine sehr gute Qualität Calciumacetat erzeugt, in einigen anderen ist jedoch eine weitere Behandlung des Hellessigs erforderlich.

Als Nachteil bei der Arbeit mit dem Teerscheider wird oft angeführt, daß er einen besonderen Ventilator erfordert, um die Schwelgase durch ihn hindurchzusaugen und den Widerstand, welchen er auf diese ausübt, zu überwinden. Nur bei sehr großer Sorgfalt sei es möglich, den Druck in der Retorte niedrig genug zu erhalten, um Verluste durch Entweichen von Schwelgasen zu vermeiden.

Da mit der Abscheidung des Teeres zugleich die Kondensation eines Teiles des Holzessigs verbunden ist, muß der erstere einer Destillation unterworfen werden, um die verhältnismäßig konzentrierte Essigsäure zu gewinnen.

Trotz all dieser scheinbaren Nachteile hat sich der Apparat aber doch stets als äußerst wirtschaftlich arbeitend erwiesen.

Das Prinzip, nach welchem alle Teerscheider arbeiten, ist die fraktionierte Kondensation der hochsiedenden Bestandteile der Schweldämpfe, die bei dem Durchstreichen durch Schichten heißen, bereits kondensierten Teeres stattfindet. Die Temperatur wird hoch genug gehalten, um eine Kondensation von Essigsäure und Methylalkohol nach Möglichkeit zu vermeiden und zugleich die Reaktion zwischen Aldehyden und Phenolen, die ihrerseits wieder teerbildend wirkt, zu beschleunigen.

Der Teerscheider System F. H. Meyer der Sudenburger Maschinenfabrik und Eisengießerei A.-G. zu Magdeburg, D.R.P. 189303, hat sich besonders in Verbindung mit Großraumretorten bei der Verkohlung von Laubholz bestens bewährt. Einen Querschnitt dieses Apparates zeigt die Abb. 64.

Als Baumaterial kommt ausschließlich Kupfer in Betracht. Der Apparat besteht aus fünf Kammern, von denen die unterste *a* die größte ist, und in diese treten die Schweldämpfe seitlich ein. Der Boden ist konisch und trägt am unteren Teile einen Teerablaßstutzen, der in den Konus hineinragt und von einer Heizschlange umgeben ist, die dazu dient, den Teer heiß zu halten, so daß er leicht abgezogen werden kann. Der Zweck dieser Heizschlange ist ferner, einen Teil des mitkondensierten Holzessigs wieder zu verdampfen. Aus dieser Kammer treten die Schwelgase durch einen perforierten Dom in einen zweiten, in welchem sich, radial angebracht, eine Anzahl Kupferrohre befindet. Diese sind an einem Ende geschlossen und auf der unteren Seite mit Löchern oder Schlitzen versehen. Den inneren Dom umgibt eine zweite Schlange, die zum Kühlen oder Heizen je nach Bedarf verwendet werden kann. Die am höchsten siedenden Bestandteile des Teeres kondensieren in dieser Kammer und füllen sie bis ungefähr zur Mittellinie der Sternrohre. In gleicher Höhe ist ein Teerstiefel angebracht, der zu einem Teer-Stapelbehälter führt.

Nach dem Austreten aus dem Sternrohr haben die Schwelgase noch drei Glockenböden zu passieren. Jeder Boden enthält ein Überlaufrohr. In der dritten und vierten Kammer sind Prellböden eingebaut, einerseits zur Vergrößerung der Kondensationsfläche, andererseits um den Gasstrom gut zu verteilen. Jeder Glockenboden ist selbstverständlich bis zum Niveau des Überlaufrohres mit teeriger Flüssigkeit gefüllt.

Die verschiedenen hoch siedenden Bestandteile des Teeres werden entsprechend ihrem Siedepunkt kondensiert, und zwar die mit dem höchsten in den unteren und die mit den niedrigsten in den oberen Kammern. Teernebel, die den Teer in Tropfenform enthalten, werden auf einem zweiten Boden zur Kondensation gebracht.

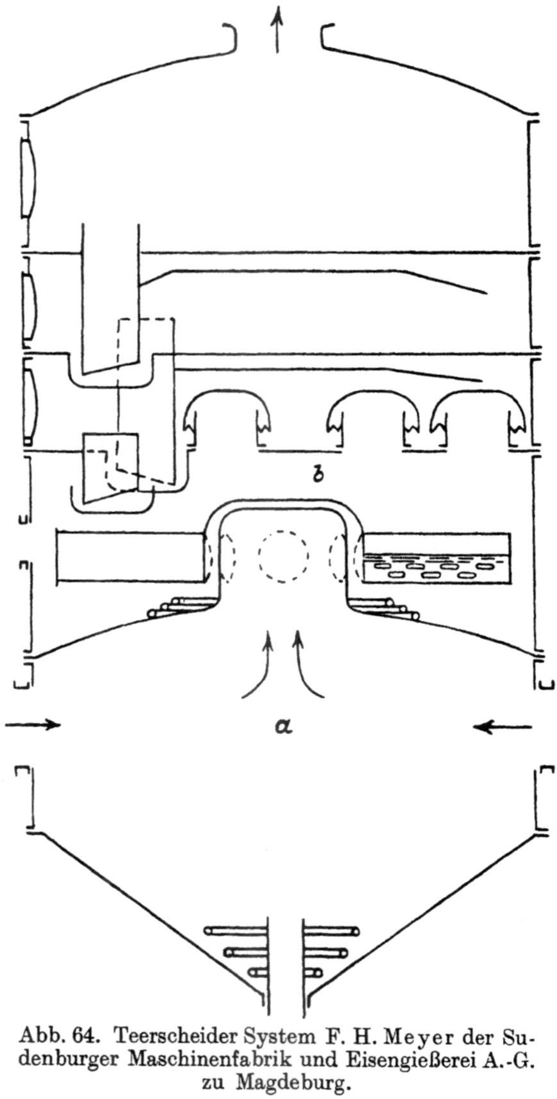

Abb. 64. Teerscheider System F. H. Meyer der Sudenburger Maschinenfabrik und Eisengießerei A.-G. zu Magdeburg.

Hervorzuheben ist noch, daß jede Kammer mit Reinigungsöffnungen versehen ist. Die vom Teer befreiten Dämpfe und Gase treten dann

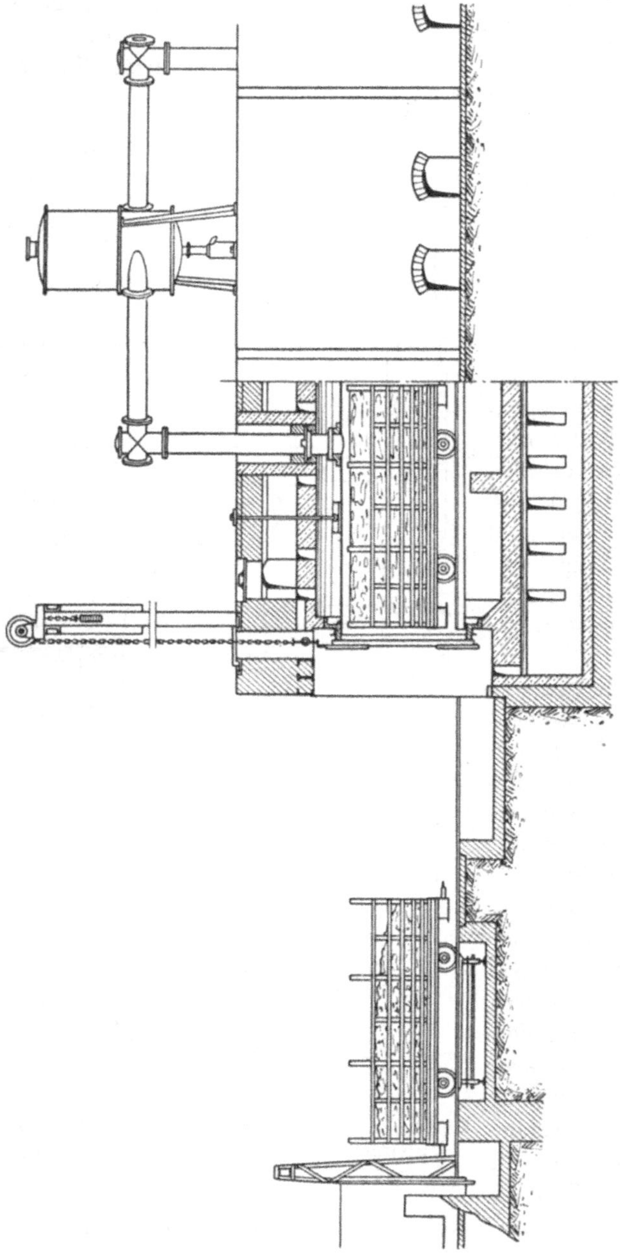

Abb. 65. Anordnung einer zylindrischen Großraumretorte mit Meyerschem Teerscheider.

durch den am höchsten Punkt des Teerscheiders befindlichen Ablaßstutzen aus, der durch eine Übersteigleitung mit der Kondensationsanlage in Zusammenhang steht. Die Verbindung des Teerscheiders mit der Retorte gibt Abb. 65 wieder.

Im Jahre 1910 erhielt Lyster und Lyster[1]) ein Patent auf ein Verfahren, dadurch gekennzeichnet, daß die heißen Schwelgase in eine Kammer geführt wurden, die mit Kühlrohren ausgerüstet war. Der in diesen sich kondensierende Teer wurde durch den Gasstrom gegen eine Prellplatte geschleudert und tropfte in einen Trog, in welchem eine Heizschlange lag, die dazu dienen sollte, etwa gleichzeitig mit kondensierte Essigsäure bzw. Methylalkohol wieder zu verdampfen.

Strobach[2]) saugt die Schwelgase durch eine einzige hohe Teerschicht und hält die Temperatur so hoch, daß eine Kondensation von Essigsäure usw. vermieden wird.

Auf dem gleichen Prinzip wie der Meyersche Apparat beruht der von Barbet konstruierte, dessen Diagramm in Abb. 66 wiedergegeben ist.

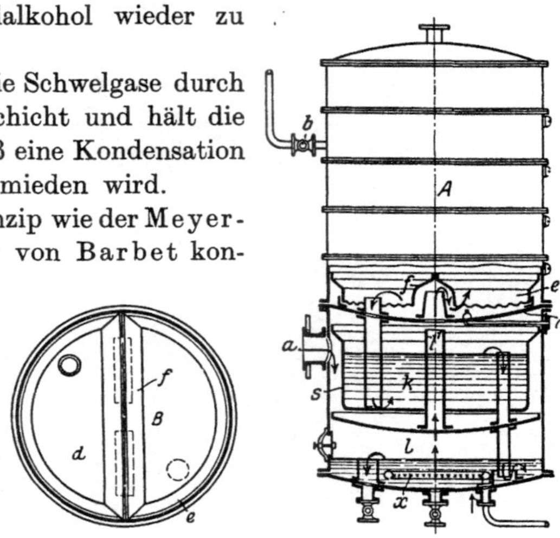

Abb. 66. Schnitt des Barbetschen Teerscheideapparates.

A zeigt die Ansicht mit zur Hälfte durchschnittenem Unterteil, *B* den Querschnitt durch eine Kammer; *d* ist ein konkaver Boden mit einer ringförmigen Haube *e* und einer axialen *f*, der den Vorteil einer recht großen Spritzfläche und einer ungehinderten Zirkulation des Teeres hat. Die gewölbte Form der Böden ermöglicht es, von Armaturen abzusehen und gestattet ein vollkommenes Ablaufen des Teeres, wenn die Böden gereinigt werden sollen. Die Schwelgase treten in die Kammer *k* durch den Eintrittsstutzen *a* und werden gezwungen, durch das Teerbad, das auf einer Temperatur von über 100° C gehalten wird, zu streichen. Schon hier wird eine große Menge Teer zurückgehalten. Die Glocken der oberen Böden tauchen nicht in die auf den Böden stehenden Flüssigkeiten ein und die Abscheidung der Teertröpfchen findet durch Reibung derselben an der Oberfläche des Teeres statt, wodurch ein Zerreißen der Wandungen der Tröpfchen vor sich geht.

Auf dem oberen Boden befindet sich kein Teer, da die Glocken als Schaumfänger wirken.

---

[1]) U. S. P. 952540. [2]) U. S. P. 1105519. 1912.

Der Teerscheider kann auch zum Abdestillieren der Essigsäure aus dem Teer dienen. In diesem Falle wird letzterer bei *b* eingeführt und fließt von Boden zu Boden, während die Essigsäure verdampft und abgeleitet wird. Der gesamte Teer der Böden sammelt sich in der unteren Kammer *l*, die eine Schnatterschlange *x* enthält, durch welche Dampf strömt und die letzten Spuren Essigsäure mitreißt. Wasserdampf und Essigsäuredampf steigen durch das Rohr t_1 und werden mit den Schwelgasen gemischt.

Abb. 67. Barbet-Teerscheider.

Die Barbet-Scheider sind ebenfalls ganz aus Kupfer konstruiert und werden meistens paarweise eingebaut, um eine Reinigung ohne Betriebsunterbrechung zu ermöglichen. In Abb. 67 sind sie abgebildet.

Mit Ausnahme von ein oder zwei Fällen hat man die elektrische Abscheidung des Teeres aus den Schwelgasen nicht nutzbar gemacht.

Davidson[1]) berichtet über die Anwendung des Cottrell-Verfahrens in der Holzverkohlung. Als Teerscheideapparat wurde ein Eisenrohr von 5 m Länge und $^1/_3$ m Durchmesser, das mit einer Spezialisolation aus geschmolzenem Quarz versehen war, benutzt. Seine Leistung betrug ungefähr 28000 m^3 Schweldampf pro Tag bei einem Gesamtverbrauch an elektrischer Energie entsprechend 2—3 PS. Die Abscheidung des Teeres war vollständiger als bei dem Teerscheider, ohne daß eine Herabsetzung der Temperatur der Schwelgase nötig war.

Hawley und Pier[2]) benutzten den Cottrell-Reiniger mit ziemlich gutem Erfolg bei ihren Laboratoriumsversuchen mit einer Retorte von ca. 25 kg Holzfassungsvermögen und fanden, daß bei 100° ziemlich der

[1]) Trans. Canad. Min. Inst. Bd. 21, S. 252. 1918.

[2]) Chem. Metallurg. Engg. Bd. 26, S. 1031. 1922.

gesamte Teer entfernt war und der Holzessig nur noch 3,3% gelösten enthielt.

Wenn durch die elektrische Scheidung auch die Entfernung des primären Teeres gelingt, so kann von einer Abscheidung der Aldehyde und Phenole kaum die Rede sein. Bleiben diese Körper aber im Holzessig zurück, so bilden sie im weiteren Verlauf der Aufbereitung von neuem Teerprodukte und müssen daher durch besondere Führung des Arbeitsprozesses entfernt werden.

Kühler.

Die am meisten benutzten Typen sind der Schlangenkühler und der Kastenkühler. Der erstere besteht aus einem einfachen, spiralförmig gewundenen Kupferrohr, umgeben von einem zylindrischen Eisenmantel; der letztere aus einem eisernen Kühlmantel von rechteckigem Querschnitt, in welchen gerade Kupferrohre mit schwacher Neigung eingebaut und an den Außenseiten durch Krümmer verbunden sind. Beide Ausführungen sind jedoch fast vollkommen verdrängt durch den Röhrenkühler, der aus einem senkrechten Rohrbündel besteht, das oben und unten in je eine kupferne Kammer mündet, von denen die obere die „Haube" genannt wird. An der unteren befindet sich ein Stutzen, der mit einem Gasscheidekörper verbunden ist. Rohre, Kammern, Gasscheidekörper, Stutzen usw. bestehen aus reinem Kupfer. Das Rohrsystem ist von einem zylindrischen Wassermantel umgeben.

Die aus der Retorte entweichenden heißen Schwelgase treten durch ein Verbindungsstück in die Haube, die nicht von Wasser umspült ist, und erfahren eine teilweise Kondensation durch Luftkühlung. Sie bewegen sich dann durch die Kupferrohre, um die kaltes Wasser zirkuliert, und zwar im Gegenstrom, d. h. das Kühlwasser tritt unten in den Mantel ein, steigt nach oben und läuft durch das Überlaufrohr ab.

Zwei Prozesse laufen nebeneinander her. Im oberen Teil des Rohrbündels gelangen die Dämpfe von Wasser, Essigsäure, Aceton und anderen flüchtigen Produkten durch Abgabe ihrer Verdampfungswärme zur Kondensation und es muß darauf gesehen werden, daß das Kühlwasser im unteren Teil des Kühlers sich nicht höher erwärmt, als dem Siedepunkt des am niedrigsten siedenden Bestandteiles des Dampfgemisches entspricht, da sonst die Kondensationsphase auf den unteren Teil des Rohrbündels übergreift und die eigentliche Kühlfläche vermindert. Die Haube ist mit einem leicht zu öffnenden Deckel versehen, so daß jede einzelne Kühlkammer des Bündels leicht gereinigt werden kann, z. B. durch Einführung von Dampf mittels Metallschlauches und Dampfdüse. Diese Reinigung ist von Zeit zu Zeit erforderlich, da sich die Rohre sonst durch Teer verstopfen würden, besonders wenn kein Teerscheider zwischen Retorte und Kühler eingeschaltet ist.

Eine Retorte von einer täglichen Leistung von 10 Tonnen Holz bekommt im allgemeinen zwei Kühler, deren durchschnittliche Abmessungen folgende sind:

Haube: Höhe 32 Zoll; Durchmesser 27 Zoll; Gaseintrittsrohr 16 Zoll l. W.

Kühler: Länge 8 Fuß 6 Zoll; Durchmesser 27 Zoll; Zahl der Rohre 126; Länge der Rohre 8 Fuß; lichte Weite $^7/_8$ Zoll; äußerer Durchmesser 1 Zoll; Kühlfläche 264 Quadratfuß; Kühlleistung 1600 lbs. Dampf pro Stunde.

Wassereintrittsrohr: 2 Zoll l. W., Wasserverbrauch ungefähr 1300 Gallonen pro Stunde[1]).

Wie schon erwähnt, befindet sich an der unteren Kammer, welche die gekühlten Destillate aufnimmt, ein Stutzen, der zu dem Gasscheidekörper, im allgemeinen ein kleines Kupfergefäß, führt. Dieser Stutzen tritt seitlich in das Gefäß ein und setzt sich im Innern als Rohr fort, das bis auf den Boden reicht. Ihm gegenüber ist der Ablaufkörper für das Destillat angebracht, dessen Rohr ebenfalls bis nahe auf den Boden des Scheiders reicht und stets von der Flüssigkeit bedeckt ist. Die aus dem Kondensator entweichenden unkondensierbaren Gase trennen sich im Scheidekörper von dem Kondensat und verlassen das Kühlsystem durch eine Rohrleitung, die an den oberen Teil des Scheidekörpers anschließt. Da sich das Rohr des Ablaufkörpers stets unterhalb der Flüssigkeit befindet, werden die Gase verhindert, in die Rohrleitung für Kondensate einzutreten. Die letztere führt zu den Absatzbottichen für Rohholzessig oder bei Anwendung mehrerer Retorten in eine gemeinsame Sammelleitung, die ihrerseits mit den Absatzbottichen verbunden ist. Die aus dem Gasscheider austretenden unkondensierbaren Gase gelangen in die Skrubber, werden hier von den letzten Resten kondensierbarer Produkte befreit und durch Rohrleitungen mit eingebauten Ventilen bzw. Drosselklappen wahlweise den Feuerungen zugeführt oder ins Freie gelassen.

Skrubber.

Sie haben teils die Form der Hauptkühler und werden auch wie diese betrieben oder sie bestehen aus Waschtürmen, ähnlich denen, die man in Gaswerken oder dergleichen Betrieben zur Reinigung benutzt. Im allgemeinen bestehen die Skrubber aus gußeisernen oder besser kupfernen Zylindern, die mit Koks, Holzwolle oder ähnlichem Material von großer Oberfläche gefüllt sind. In einigen Fällen durchstreichen die Gase die Türme ohne jede Berieselung mit irgendwelcher Waschflüssigkeit. Dann beruht die Reinigung nur auf der Filterwirkung des Füll-

[1]) Anmerkung des Übersetzers: Danach würde, in das metrische System umgerechnet, eine Retorte mit einer täglichen Leistung von 10 Tonnen = ca. 20 rm eine Gesamtkühlfläche von ungefähr 50 qm für beide Kühler erfordern.

materials oder aber — und dieses ist das Gebräuchlichste — die Türme werden mit Wasser berieselt, welches die noch in den Gasen vorhandenen geringen Mengen Essigsäure, Methylalkohol und Aceton löst.

Entweder hat jede Retorte ihren eigenen Skrubber oder zwei Retorten sind an einen angeschlossen. Bei genügender Größe kann man auch eine ganze Retortenbatterie mit einem Skrubber verbinden. Eine solche Anordnung zeigt Abb. 68.

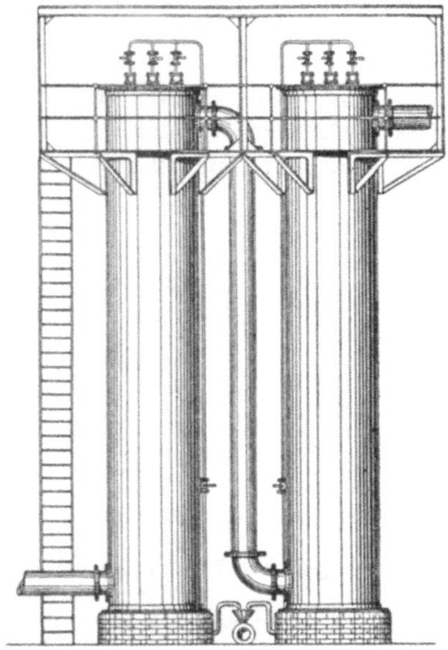

Abb. 68. Skrubbertürme zur Rückgewinnung der flüchtigen Produkte aus den Gasen (F. H. Meyer).

Das Gas tritt in den unteren Teil des ersten Skrubbers ein, durchstreicht ihn von unten nach oben und wird durch eine Verbindungsleitung wieder in den unteren Teil des zweiten Skrubbers geführt, wo sich die Operation wiederholt. Der zweite Skrubber wird mit Wasser berieselt und

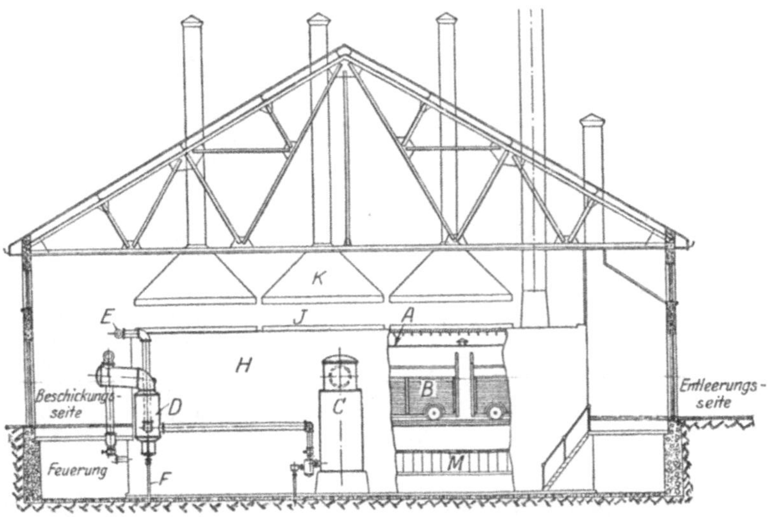

Abb. 69. Allgemeine Anordnung der Kühler und Skrubber (Seitenansicht).

A Retorte, *B* Retortenwagen, *C* Kühler, *D* Skrubber, *E* Gasleitung, *F* Destillatleitung, *H* Retorteneinmauerung, *J* Eindampfpfanne für Calciumacetatlösung, *K* Dampfhauben über den Pfannen, *M* Heizgaskanal.

das unten abfließende Waschwasser auf den ersten Skrubber zwecks Anreicherung zurückgepumpt.

Die allgemeine Anordnung einer Kühl- und Waschstation für eine Batterie von vier Retorten[1]) ist in den Abb. 69 und 70 dargestellt. Jede Retorte hat nur einen Kühler.

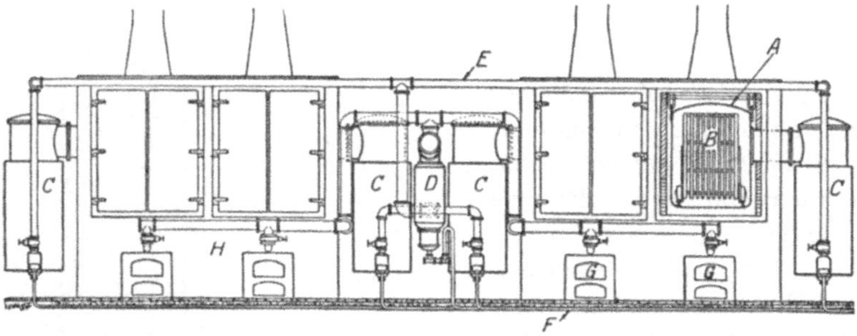

Abb. 70. Allgemeine Anordnung der Kühler und Skrubber für eine Batterie von vier Retorten (Vorderansicht).

A Retorte, *B* Retortenwagen, *C* Kühler, *D* Skrubber, *E* Gasleitung, *F* Destillatleitung, *G* Feuertür, *H* Retorteneinmauerung.

Die Wichtigkeit einer guten Kühlung des Destillates und die Notwendigkeit, die Gase zu waschen, geht aus den Zahlen der Tabelle 80[2]) und aus dem Schaubild Abb. 71 hervor.

Tabelle 80. Verlust an Essigsäure und Methylalkohol bei steigender Temperatur des ablaufenden Kondensates und die Menge, die sich durch Waschen wiedergewinnen läßt.

Temperatur des Kondensats °C	Essigsäure in 100 cm³ Kondensat g	Alkohol in 100 cm³ Kondensat g	Säureverl. pro 100 cm³ Kondensat g	Alkoholverl. pro 100 cm³ Kondensat g	Säureverlust im Skrubber wiedergewonnen %	Alkoholverlust im Skrubber wiedergewonnen %
15	12	5	—	—	—	—
21	12	4,7	—	0,3	—	98,5
27	11,9	3,6	0,1	1,4	98,5	94
32	11,7	2,8	0,3	2,2	98	90
38	11,5	2,60	0,5	2,4	97,8	86,3
43	11,1	2,57	0,9	2,43	97,7	82,5
49	10,7	2,55	1,3	2,45	97,6	80
54,5	9,9	2,52	2,1	2,48	97,6	77,9

Das schwachprozentige Skrubberwasser wird besonders aufgefangen und je nach Gelegenheit bei der Neutralisation dem Hellessig zugegeben.

[1]) Benson: By Products of the Lumber Industry.

[2]) Lawrence, J. C.: J. Soc. Chem. Ind. Bd. 37, S. 5. 1918.

Von manchen Holzverkohlern wird die Ansicht vertreten, daß man auch ohne Skrubber auskommen könne bei Anwendung besonders wirk-

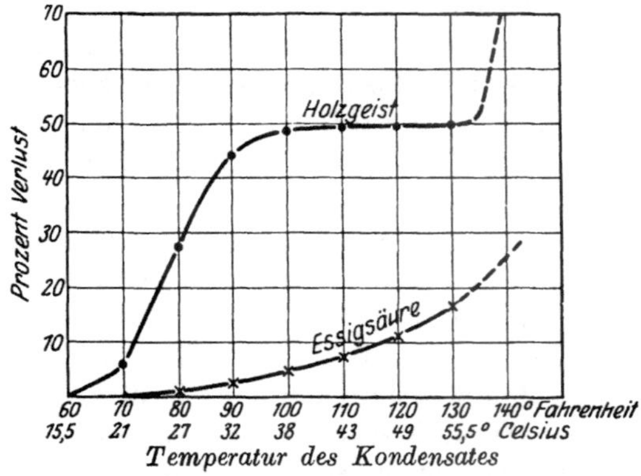

Abb. 71. Kurve, den Verlust an flüchtigen Produkten bei verschiedenen Kondensattemperaturen zeigend.

samer Kühlsysteme. In diesem Falle sei der Verlust an Essigsäure und Holzgeist so gering, daß er die Kosten der Wiedergewinnung nicht lohne.

Sammel- und Absatzbottiche.

Anzahl und Fassungsvermögen der Sammel- und Absatzbottiche hängen selbstverständlich von der Menge des täglich verarbeiteten Holzes ab. Der Gesamtfassungsraum der Bottiche muß wenigstens so groß sein, daß er die an zwei vollen Arbeitstagen erhaltene Menge Flüssigkeit zu speichern vermag. Zweckmäßig ist es, einige Bottiche in Reserve zu haben, im Falle die Neutralisierungsstation aus irgendeinem Grunde kurze Zeit außer Betrieb gesetzt werden muß.

Die Bottichanordnung ist verschieden. Entweder jede Retorte hat ihren eigenen Behälter oder — und das ist gewöhnlich der Fall — sämtliche Ablaufkörper der Kühler münden in eine gemeinsame Sammelleitung. Diese kann aus überdeckten Holzrinnen oder aus Kupferrohren bestehen. Sie führt zu einem Sammelbehälter, aus welchem die Flüssigkeit in die Absatzbottiche gepumpt wird. Häufig schaltet man vor den Bottichen ein Meßgefäß ein, durch welches mittels Maßstab, Schwimmer oder anderer Vorrichtungen jederzeit die Menge des erzeugten Destillates festgestellt werden kann. Die Absatzbottiche werden durch kupferne Rohre, die als Übersteigleitung wirken, verbunden. Der Ansatz befindet sich desto tiefer, je weiter die Bottiche von den Sammelbehältern entfernt sind. Die Hauptmenge des Teeres setzt sich im ersten Bottich ab, so daß im letzten die Flüssigkeit nahezu vollkommen frei von mechanisch beigemengtem Teer ist. Drei bis sechs derartige Bottiche sind miteinander verbunden, entsprechend ihrem Fassungsvermögen und dem täglich zu verarbeitenden Essig. Ein kleinerer Bottich nimmt das Waschwasser von den Gasskrubbern auf.

Der Sammelbottich befindet sich gewöhnlich über einem ummauerten Ziegelsteinboden, der mit Abzugskanal und Senkgrube versehen ist.

Sämtliche Bottiche sind meistens aus 2—$2^1/_2$ Zoll starken Dauben aus Zypressenholz hergestellt, doch werden auch andere Hölzer, wie z. B. das der Schwarzlinde, benutzt.

Eine Reihe kleiner Hähne dient zum Abziehen der leichten Öle und des Schwimmteeres, während der Absatzteer durch einen am Boden befindlichen größeren Hahn abgelassen wird. Sämtliche Hähne münden in eine Holzleitung, durch welche der Teer dem Teerbottich oder der Teergrube zufließt. Eine Pumpe schafft ihn dann in die Teerblasen.

Unter der Annahme, daß eine Tonne verkohltes Holz ungefähr 500 Liter Gesamtdestillat gibt, berechnet sich der Gesamtfassungsraum der Absatzbottiche für eine 10-Retortenanlage, bei der jede Retorte pro Tag 10 Tonnen Holz verarbeitet, auf rund 100 m^3. Da jedoch in den meisten Werken der geklärte Rohholzessig sowieso noch einmal destilliert werden muß, verkürzt man die Zeit des Absetzens und verringert dadurch den Stapelraum. — Die für die obenerwähnte 10-Retortenanlage benötigten Gefäße würden sich in bezug auf Abmessung und Anzahl ungefähr wie folgt stellen:

1 Sammelbottich, Durchmesser oben 12 Fuß, unten 13 Fuß, Tiefe 8 Fuß, Fassungsvermögen ungefähr 5000 Gallonen;

1 Meßgefäß, Durchmesser oben 8 Fuß, unten $8^1/_2$ Fuß. Tiefe 5 Fuß, Fassungsvermögen ungefähr 1500 Gallonen;

8 Absetzbottiche, Durchmesser oben $9^1/_2$ Fuß, unten 10 Fuß, Tiefe 8 Fuß, Fassungsvermögen ungefähr 3500 Gallonen.

Die Dauer des Absetzens beträgt mindestens 1—2 Tage. Bei kürzerer Zeit kann man selbstverständlich mit bedeutend geringerem Stapelraum als oben angegeben auskommen. Das gleiche ist der Fall bei Verwendung von Teerscheidern.

Bei der Nadelholzdestillation verwendet man kleine Bottiche für die Aufnahme der Rohöle und läßt, nachdem diese abgetrieben sind, das jetzt bei Eintritt der exothermischen Periode übergehende Destillat durch entsprechende Hähne oder, wenn Holzrinnen angewendet werden, durch Herausziehen der Holzpflöcke in die eigentlichen Absatzbottiche laufen.

Kohlenkühlkammern.

Sie sind ähnlich in den Retorten konstruiert, unterscheiden sich von ihnen nur durch die Verwendung schwächerer Bleche (6—10 mm) und besitzen entweder einen eisernen Boden wie Abb. 72 oder werden direkt in die Betonunterlage eingebaut (Abb. 73).

Man pflegt die Kohlenkühlkammern auf Schwellen zu setzen und häuft um den unteren Teil Asche, Sand usw., um möglichst die Luft auszu-

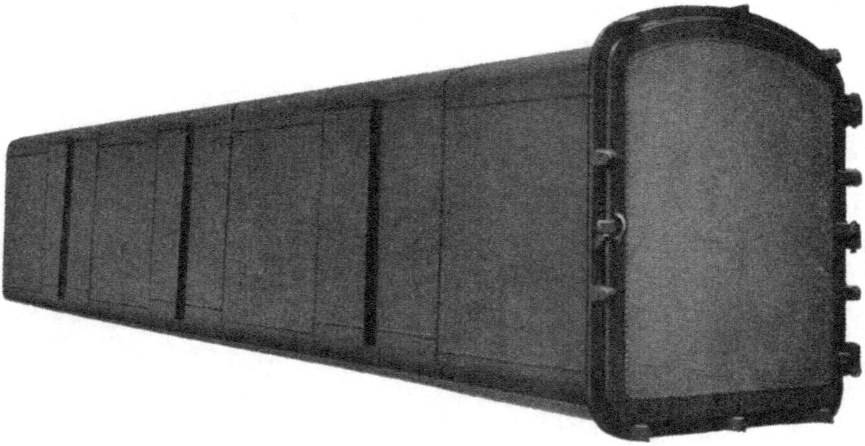

Abb. 72. Holzkohlenkühlkammer (Struthers-Wells).

schließen. In einigen Fällen findet sich in der Mitte des unteren Türteiles eine kleine Öffnung, um das Drahtseil durchtreten zu lassen, mit

Abb. 73. Kühlkammer mit offenem Boden (Struthers-Wells).

welchem die Wagen ein- und ausgefahren werden. Während der Kühlperiode wird die Öffnung verstopft.

Die Gleisanlage setzt sich aus der Retorte durch die Klappschienen oder die Schiebebühne in die Kühlkammer fort und schließt dann an der

Entleerungsseite an das Hauptgleis an, das in das Kohlenmagazin führt. Während die europäischen Werke gewöhnlich nur für jede Retorte eine Kühlkammer verwenden, benutzt man, wie schon erwähnt, in Amerika gewöhnlich zwei. In Abb. 74 sind zwei Kühlkammern, von der Entleerungsseite gesehen, abgebildet.

Abb. 74. Kohlenkühlkammern (Shirley, Aldred & Co., Worksop).

Die Kühlung findet durch Ausstrahlung der Wandungen der Kühlkammern statt. Bei dem System Camus-Duchemin sind die Kammern jedoch in Mauerwerk eingebaut und ein Ventilator bläst durch den Raum zwischen Mauerwerk und Kammerwandung einen Luftstrom hindurch. Die heiße Luft dient dann zum Vortrocknen des Holzes, das sich in besonderen Trockenkammern befindet.

Operationen.

Mit der Herstellung von Rohholzessig und Holzkohlen sind die folgenden Operationen verbunden:

1. Beschickung der Retorten;
2. Beheizung der Retorten;
3. Teerscheidung und Kondensation der Schwefeldämpfe;
4. Waschung der unkondensierbaren Gase;
5. Entleerung der Retorten;
6. Kühlung der Holzkohle;
7. Entleerung der Holzkohlenkühlkammern;
8. Wägen, Sacken und Stapeln der Holzkohle;
9. Auffangen der Rohdestillate;
10. Absetzenlassen der Rohdestillate;
11. Trennung der Rohdestillate von Teer und Ölen.

Die Operationen 1—7 können als Retortenhausarbeiten zusammengefaßt werden, wobei die Abtrennung des Teeres mittels Teerscheider und das Waschen der Gase nicht immer stattfinden. Was die Zeitfolge anbetrifft, so beginnt man mit der Entleerung der Kohlenkühlkammern, um dann die der Retorten vorzunehmen. Beide Arbeiten sind auszuführen, bevor die Retorte von neuem mit frischem Holz beschickt werden kann. Aus Bequemlichkeitsgründen sollen jedoch die einzelnen Arbeiten in der aufgezählten Reihenfolge beschrieben werden.

Beschickung der Retorten.

Die mit Holz beladenen Retortenwagen werden bis dicht an die Retorte herangeschoben und der Zwischenraum durch Klappschienen oder eine Schiebebühne überbrückt (siehe Abb. 75).

Abb. 75. Holzwagen, fertig zum Einfahren in die Retorten. (Shirley, Aldred & Co., Worksop).

Unmittelbar vorher ist die Retorte entleert und die Türen stehen offen. In einigen Fällen sind die Retortenwagen zusammengekuppelt; gewöhnlich aber wird der erste und der letzte Wagen mittels einer zwischen den Rädern hindurchlaufenden starken Kette verbunden. Ein leerer Wagen, meistens der erste der nächsten Charge, wird jetzt an den Wagenzug herangefahren und ein starkes Drahtseil an ihm befestigt. Das Seil läuft außen längs des Wagenzuges bis an die Retorte heran, wird dort über eine Rolle geführt und geht zu einem elektrischen oder einem Dampfspill. Durch Anziehen des Drahtseiles wird der Wagenzug in die Retorte gedrückt. Sobald sämtliche Wagen bis auf den leeren eingefahren sind, wird letzterer zurückgeholt, die Asbestpackung der Türnut mit einer Aufschlämmung von Graphit und Wasser bestrichen und die

Retorte sowie die Vortüren geschlossen. Manchmal benutzt man auch eine kleine Lokomotive zum Einfahren oder aber es geschieht dies durch Handarbeit.

Beheizung der Retorten.

Hierunter fallen auch die Operationen 3 und 4, da sie direkt von der Heizung abhängen und unter Leitung desselben Vorarbeiters und von denselben Arbeitern ausgeführt werden.

Die Retorten und die mit ihnen verbundenen Apparate stellen den wesentlichsten Teil der gesamten Anlage dar und von ihrer guten Bedienung hängt in erster Linie die Wirtschaftlichkeit ab. Schon im VI. Kapitel wiesen wir auf die Notwendigkeit einer guten Regulierung des Verkohlungsprozesses hin bei der Besprechung der Laubholzdestillation im Laboratoriumsversuch. Wir wenden uns nun zu dem Großbetrieb, um die Frage der Temperaturregelung kurz zu besprechen. In Abb. 17 (S. 87) stellen die Kurven *Y* die Beziehungen zwischen der Temperatur der Retorte und der Menge des in der Zeiteinheit aus den Kühlern abfließenden Destillates, die Kurven *Z* dieselben für die Rauchgase dar. Die einzelnen Kurven sind numeriert von 1—4 und beziehen sich auf die angewendeten Feuerungsmethoden wie folgt:

1. starkes Feuer während der ganzen Operation;
2. schwaches Feuer zu Anfang, während das Holz seine Feuchtigkeit abgibt, darauf starkes Feuer bis zum Ende der Verkohlung;
3. starkes Feuer während der Trocknungsperiode, sodann schwächeres bis zum Schluß;
4. starkes Feuer zu Anfang mit nachfolgendem noch schwächerem Feuer als bei 3.

Man sieht, daß der Verlauf der Kurve *Y* 1 große Ähnlichkeit mit dem der Kurve *B* (ungeregelte Laboratoriumsverkohlung hat). *Y* 2 zeigt ein starkes Anwachsen nach Erreichung des sog. Teerpunktes. *Z* 2 läßt die Art der Beheizung erkennen. Die kalte Holzcharge entzieht der heißen Retorte eine beträchtliche Wärmemenge, so daß die Temperatur der entweichenden Rauchgase während des ersten Stadiums der Verkohlung fällt. Verglichen mit der unter 1 beschriebenen Methode zeigt Methode 2 eine geringe Zunahme der Holzgeist- und Essigsäureausbeuten. Aus der Kurve *Z* 3 sieht man das durch mäßiges Feuer in der ersten Charge bewirkte leichte Zurückgehen der Temperatur während des ersten Teiles der Trocknungsperiode. Dann wurde das Feuer gleichmäßig gesteigert, um in den letzten Stunden stärker zu werden. Gegenüber der Arbeitsweise 2 wurde eine entschieden größere Ausbeute erhalten. Die Höchstausbeute erzielte die unter 4 beschriebene Arbeitsweise. *Z* 4 veranschaulicht die Wirkung starken Feuers auf den Verlauf der Trocknungsperiode und die Wichtigkeit, dem sog. Teerpunkt, d. h. dem Eintritt der exothermischen Periode, zuvorzukommen, und zwar durch Mäßigung des Feuers, sobald die ersten Teerspuren im Destillat auftreten. Bis zum eigentlichen Teerpunkt, d. h. bis zum Beginn der kontinuierlichen Destillation des Teeres, vergeht ungefähr 1 Stunde.

Die folgende Tabelle 81 gibt eine Zusammenstellung der Ausbeuten an Holzgeist, essigsaurem Kalk und Holzkohle aus vier Versuchen, bei denen die vier beschriebenen Beheizungsweisen in Anwendung kamen.

Tabelle 81. Ausbeuten an Produkten, erhalten bei Anwendung verschiedener Feuerungsmethoden (Retortenbetrieb)[1].

Methode	Holzgeist, 95%: Gals. pro Cord	Holzgeist, 95%: Zunahme in %, verglichen mit Methode 1	Essigsaurer Kalk, 80%: lbs. pro Cord	Essigsaurer Kalk, 80%: Zunahme in %, verglichen mit Methode 1	Holzkohle Bushels pro Cord
1	8,2	—	187	—	53,5
2	9,62	17,3	194,5	4	51,75
3	9,93	21,1	209	11,8	55,4
4	10,66	30	213,6	14,2	54,8

Es wurden jedesmal $4^1/_2$ Cord (ca. 7 Tonnen) Holz, hauptsächlich Ahorn, für je einen Versuch benutzt. Die Wirkung einer sorgsamen Temperaturregelung wird weiter veranschaulicht durch Abb. 76[2]), in welcher die Retortentemperaturen in Beziehung zur Zeit gebracht sind.

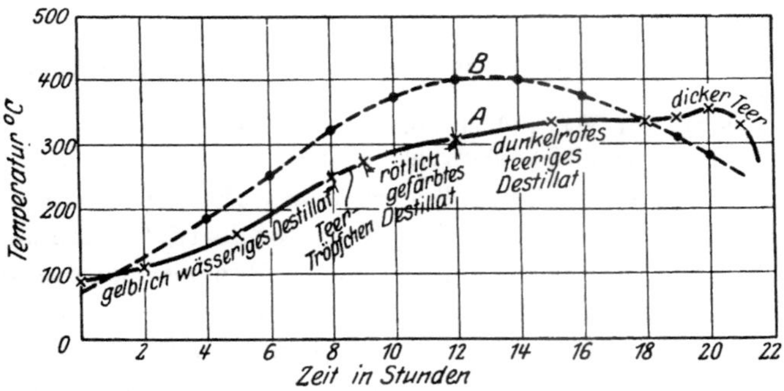

Abb. 76. Zeittemperaturkurve für kontrollierte und unkontrollierte Beheizung von Retorten.

Kurve *B* gilt für gleichmäßige Beheizung, Kurve *A* für eine solche, bei der das Feuer beim Eintritt der exothermischen Periode vermindert wurde. Von zwei ungefähr gleichen Holzchargen gab Methode *A* 1580 Gallonen Destillat = 1785 lbs. Calciumacetat von 80 %, Methode *B* 1300 Gallonen = 1429 lbs. Calciumacetat von 80 %.

[1]) Palmer: loc. cit.

[2]) Lawrence: J. Soc. Chem. Ind. Bd. 37, S. 5. 1918.

Die Anwendung von Pyrometern.

Zwecks guter Überwachung des Verkohlungsprozesses und um den Heizern die Bedienung der Feuerung zu erleichtern, sind die meisten Retorten mit Pyrometern ausgestattet. Beliebt sind die thermoelektrischen, welche direkt die erzielte Temperatur anzeigen und oft mit automatischen Schreibvorrichtungen verbunden sind. Derartige Pyrometer werden gewöhnlich in der Übersteigleitung, möglichst nahe der Retorte, oft aber auch auch im Rauchgaskanal eingebaut. Im letzteren Fall zeigen sie unmittelbar jede Änderung in der Beheizung an, während die in der Übersteigleitung angebrachten erst nach geraumer Zeit den veränderten Bedingungen folgen. Da eine ganz entschiedene Verwandtschaft zwischen dem Verlauf der Temperatur in der Retorte und der Ausbeute an wertvollen Produkten besteht, so wird jede Arbeitsweise, die vom Temperaturverlauf abhängig ist, am besten durch Anbringung irgendeines Instrumentes zum Messen der Temperatur kontrolliert.

Die selbst registrierenden Instrumente sind weit weniger im Gebrauch als die gewöhnlichen, welche den Arbeiter zwingen, in bestimmten Zwischenräumen die Temperatur zu notieren. Dieses ist zwar ein Vorzug, jedoch gibt das selbst registrierende Pyrometer einen weit besseren Überblick über den Verlauf der Destillation.

Die Arbeiten im einzelnen.

Sie wechseln

1. je nach dem Retortentyp und der mit ihm verbundenen Kondensationsanlage usw.;
2. je nach der zur Verwendung kommenden Holzart und
3. je nach dem benutzten Feuerungsmaterial.

Wenn sich auch endgültige Regeln nicht aufstellen lassen, so haben sich doch bestimmte Arbeitsverfahren im Großbetriebe herausgebildet, besonders bei der Verkohlung von Laubholz. Man unterscheidet drei verschiedene Heizperioden. In der ersten wird ein gutes, heißes Feuer unterhalten, um möglichst schnell die Feuchtigkeit des Holzes auszutreiben bei Temperaturen von 200—230° C. Das in dieser Zeit gebildete unkondensierbare Gas wird nicht den Skrubbern zugeführt, sondern ins Freie gelassen. Die Wasserfüllung der Kühler genügt für die ersten 2—3 Stunden zur Kondensation und Kühlung der geringen Mengen Schweldämpfe, ohne daß es einer Wasserzuführung bedarf. Auch werden in einigen Werken die in den ersten Stunden niedergeschlagenen Destillate als Abwasser behandelt, da sich ihre Aufarbeitung wegen des geringen Gehaltes an wertvollen Bestandteilen kaum lohnt (s. Tabelle 82).

Gegen Ende dieser ersten Periode, deren Dauer bei Verarbeitung von lufttrockenem Holz mit einem Feuchtigkeitsgehalt von 15—20%

8—10 Stunden beträgt, muß sich die Aufmerksamkeit des Bedienungspersonals besonders auf das abfließende Destillat richten. Es ist gewöhnlich fast klar, von mattgelber Farbe und läuft in dünnem Strahl, verstärkt sich nach der 8. bis 9. Stunde, wird dunkler und läßt hin und wieder dunkle Teerhäutchen erkennen. Taucht man den Finger hinein, so bedeckt sich die nasse Haut mit einem zarten Teerfilm. Hand in Hand mit der Änderung im Aussehen des Destillates geht eine bedeutende Zunahme der Gasmengen. Jetzt wird schwächer geheizt, das unkondensierbare Gas in die Skrubber geleitet und der Wasserzufluß zu dem Kühler so eingestellt, daß das ablaufende Kühlwasser sich nicht höher als auf 50° C erwärmt. Während der folgenden Stunde nimmt die Menge der im Destillat verteilten Teertröpfchen ständig zu. Sobald der Teer gleichmäßig und dauernd im Destillat erscheint, wird das Feuer weiter vermindert, ja oft überhaupt entfernt, die gewaschenen Gase werden unter die Feuerung geleitet und decken während der nun folgenden Periode fast ausschließlich den Wärmebedarf. Es beginnt jetzt die eigentliche Verkohlung, die besonders aufmerksame Überwachung erfordert. Gas- und Destillatmengen nehmen rapide zu und die Farbe des Destillates, das außerdem jetzt den Höchstgehalt an Essigsäure bzw. Holzgeist zeigt, wird rötlich-braun. Auch die Temperatur steigt auf das Maximum, welches jedoch 350° nicht übersteigen soll und bei sorgsamer Kontrolle sogar auf ungefähr 300° gehalten werden kann. Bei Vernachlässigung der oben beschriebenen Vorsichtsmaßregeln kann die Gasentwicklung so stürmisch und die Geschwindigkeit in den Gasleitungen so groß werden, daß die Türpackungen der Retorte dem Drucke nicht mehr standhalten und abblasen. Abgesehen von der Gefahr eines Brandes durch die Entzündung der Gase an der Feuerung ist natürlich mit diesem Vorkommen ein bedeutender Verlust an wertvollen Produkten verbunden, ja es sind Fälle bekannt, bei denen die Gasmengen Explosionen hervorgerufen haben. Treten solche gefährliche Drucksteigerungen in der Retorte ein, so ist es gewöhnlich zur Ergreifung von Abwehrmaßnahmen zu spät. Glücklicherweise sind solche Vorkommnisse sehr selten.

Ungefähr in der 14. bis 15. Stunde verringert sich die Destillatmenge zusehends, wird dunkler in der Farbe und enthält mehr und mehr Teer. Auch die Gasentwicklung nimmt stark ab. Jetzt wird das Feuer unter der Retorte wieder verstärkt, um die letzten flüchtigen Produkte auszutreiben. Das Destillat wird dickflüssiger und besteht hauptsächlich aus Teer. Nach 20—22 Stunden hört das Destillat auf zu laufen, das Feuer wird vermindert und die Retorte kann entleert werden. Sodann unterhält man wieder ein mittleres Feuer, um den während der Entleerung und Wiederbeschickung eintretenden Wärmeverlust auszugleichen und eine genügend heiße Retorte für die nächste Charge zu haben.

Die Destillatmenge und ihr Verhältnis zur Zeit.

Abb. 77 zeigt diese in Gallonen pro Stunde[1]) und läßt die drei Perioden klar erkennen. Ungefähr nach einer Stunde erscheint das Destillat in sehr geringen Mengen. Trotz kräftigem Feuer steigt die Temperatur der Retorte nach Ablauf von 5 Stunden nur auf ungefähr 150°. Die gesamte Wärme wird benötigt, um das Holz zu erwärmen und einen Teil des Wassers zu verdampfen. Dann folgt ein steiles Ansteigen der Kurve,

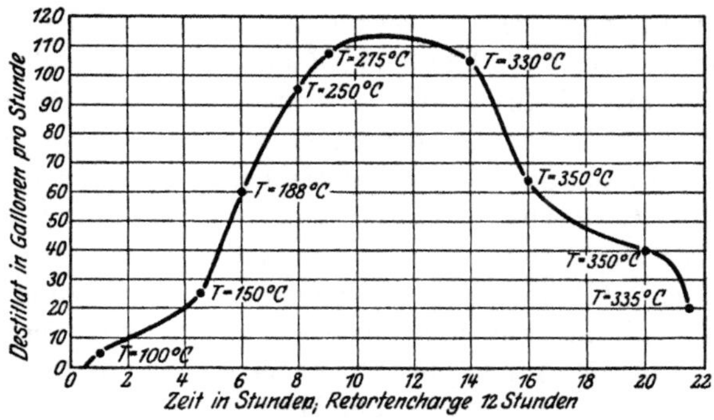

Abb. 77. Kurve der Destillatmenge in bezug auf die Zeit.

entsprechend dem Abtrieb des hygroskopischen Wassers. Hieran schließt sich die eigentliche Destillation, dargestellt durch den Scheitelteil der Kurve. Das Destillat läuft mit einer Stundenmenge von mehr als 100 Gallonen mehrere Stunden lang ziemlich gleichmäßig, um dann gegen das Ende der Destillation hin rapide nachzulassen. Die Gesamtmenge des erhaltenen Rohdestillates hängt ab von dem Feuchtigkeitsgehalt des Holzes und schwankt zwischen 100 und 150 Gallonen pro Tonne.

Die Zunahme des Essigsäuregehaltes im Destillat während der ersten und zweiten Periode erkennt man aus den Zahlen der folgenden Tabelle.

Tabelle 82. Verlauf der Essigsäurezunahme im Destillat.

Zeit	Essigsäure im Holzessig %	Zeit	Essigsäure im Holzessig %	Zeit	Essigsäure im Holzessig %
2.30	0,08	7.00	0,15	11.30	4,66
3.00	0,09	7.30	0,15	12.00	5,94
3.30	0,10	8.00	0,21	12.30	6,81
4.00	0,10	8.30	0,28	1.00	9,72
4.30	0,12	9.00	0,36	1.30	11,31
5.00	0,12	9.30	0,42	2.00	14,54
5.30	0,13	10.00	0,77	2.30	15,30
6.00	0,14	10.30	1,16	3.00	15,68
6.30	0,14	11.00	2,90	3.30	14,09

[1]) Lawrence: loc. cit.

Bei Anwendung eines Teerscheiders müssen die Schwelgase und Dämpfe der Retorte durch den Scheider, die Kondensationsanlage und den Skrubber mittels eines Ventilators hindurchgesaugt werden, wozu gewöhnlich ein kleines Rootsgebläse dient. In den ersten 1—2 Stunden kann man ohne den Ventilator auskommen, allerdings entwickelt sich recht bald ein gewisser Druck in der Retorte. Erst wenn das in die Gasleitung zwischen Skrubber und Gebläse eingebaute Manometer über 50 mm Druck anzeigt, beginnt man mit der Absaugung und hält den Druck in der Retorte auf ca. 30 mm während der Gesamtdauer der Verkohlung.

Man reguliert die Dampfzufuhr zu den Heizschlangen des Teerscheiders derart, daß möglichst wenig flüchtige Produkte sich dem Teer beimischen, was im übrigen gute praktische Erfahrungen voraussetzt.

Was sich bei der Destillation des Laubholzes als praktisch erwiesen hat, kann nicht ohne weiteres auf die Verarbeitung von Nadelholz ausgedehnt werden, dssen Hauptprodukt das sog. Holzterpentinöl ist[1]). Die Verkohlung findet auf Grund der neuesten Erfahrungen in 2 Abschnitten statt. In dem ersten wird die Temperatur im Innern der Retorte auf ungefähr 180—200° C gehalten, bis kein Öl mehr mit den größtenteils aus Wasser bestehenden Destillationsprodukten übergeht. Die sachgemäße Ausführung erfordert eine ständige Temperaturüberwachung und wird besonders bei Anwendung einer im Ölbad liegenden Retorte erreicht[2]).

Nach Abtrieb der gesamten Öle wird entweder der Prozeß abgebrochen und das zurückbleibende Rotholz aus der Retorte entfernt oder es schließt sich die eigentliche Verkohlung an, und zwar in derselben Weise wie für Laubholz beschrieben. Die Dauer eines solchen geteilten Prozesses beträgt oft 36—48 Stunden und hängt ab von den Abmessungen des Holzes, seinem Harzgehalt und der Größe der Charge. Wird die Verkohlung in einer Operation, wie beim Laubholz, durchgeführt, so erhält man natürlich die verschiedenen Öle und Teere als Gemisch. Das letztere wird entweder direkt verkauft oder zwecks Herstellung von Holzterpentinöl einer besonderen Reinigung unterworfen (s. Kapitel XIII).

Feuerungsmaterial.

Das gebräuchlichste Feuerungsmaterial ist Steinkohle in Verbindung mit Retortengas. Eine Anzahl moderner Anlagen benutzt neuerdings zur Heizung Generatorgas, das sie aus Holz herstellen[3]) und dadurch eine gute Wirtschaftlichkeit und vorzügliche Temperaturregelung er-

---

[1]) Siehe Kapitel IX. [2]) Siehe S. 59. [3]) Siehe Kapitel XVI.

zielen. Sonst werden auch noch Abfallholz aus Sägewerken, Pech usw. als Brennmaterial verwendet. Wie im einzelnen die Heizung mit den verschiedenen Brennmaterialien ausgeführt wird, ist Sache der Erfahrung. Bei alleiniger Verfeuerung von Steinkohle rechnet man ungefähr 300 lbs. für 1 Tonne verkohltes Holz, doch hängt die Menge in der Hauptsache vom Wassergehalt des verkohlten Holzes ab. Holzgas kann im allgemeinen für eine Periode von 8—10 Stunden angewandt werden, und wenn es voll ausgenutzt wird, sinkt die Kohlenmenge auf ungefähr 170—200 lbs. pro Tonne Holz. Teer, Pech und Holz, besonders die ersteren, geben intensive Hitze und müssen daher mit Vorsicht gebraucht werden. Man verwendet sie zweckmäßig während der ersten Phase, bei der es sich darum handelt, schnell den Retorteninhalt auf die geeignete Temperatur zu bringen.

Entleerung der Retorten.

Die Entleerung, das „Ziehen" der Retorten findet wie folgt statt: Zuerst werden die Vortüren an der Entleerungsseite geöffnet, sodann wird ein Drahtseil durch die Kühlkammer bis dicht an die Retorte gezogen. Ist diese mit einem Teerscheider versehen, so muß selbstverständlich auch der Ventilator außer Betrieb gesetzt werden, um zu vermeiden, daß Luft durch die Retorte und Übersteigleitung gesaugt wird und hier evtl. Zündungen oder Explosionen hervorruft.

In manchen amerikanischen Anlagen führt man vor Öffnung der Türen durch eine kleine Dampfdüse, die sich im Innern der Retorte nahe der Tür befindet, Dampf ein, um die brennbaren Gase zu verdrängen und ihre Entzündung bei Öffnung der Tür zu verhindern. In Europa macht man von dieser Methode weniger Gebrauch. — Jetzt werden die Retortentüren geöffnet, die Klappschienen oder Schiebebühnen in die richtige Lage gebracht, darauf das Drahtseil mit dem ersten Retortenwagen verbunden und der Wagenzug in die Kühlkammer gezogen. Sobald die heiße Holzkohle in Berührung mit der Außenluft kommt, entzündet sie sich. Man erstickt die Flamme durch Aufspritzen von wenig Wasser auf die Kohlenmengen, da ein Zuviel Zerbrechen der Kohlenstücke zur Folge hat. Beim Herausziehen der Holzkohlen soll sich nur wenig oder gar kein Rauch entwickeln. Dichte Wolken weißen Rauches zeigen dagegen an, daß die Verkohlung nur unvollständig zu Ende geführt ist. — Das Anziehen des Drahtseils erfolgt entweder durch elektrische oder Dampfspills, kann aber auch mittels Handarbeit bewirkt werden. Sobald sich die Holzkohlen in der Kohlenkühlkammer befinden, wird die Tür schnell geschlossen und alle Risse im Mauerwerk des Bodens werden mittels angehäufter Erde, Asche usw. verstopft.

Inzwischen ist die Retortenpackung mit einer Anschlämmung von Graphit und Wasser bestrichen und die Tür provisorisch geschlossen, während das Einbringen einer neuen Charge vorbereitet wird.

Kühlung der Holzkohlen.

Es ist wichtig, daß jedes einzelne Holzkohlenstück bis auf die Temperatur der umgebenden Luft abgekühlt wird, um einer Selbstentzündung vorzubeugen. In früheren Jahren kam es öfter vor, daß angefaulte Astknoten in den Holzkohlen die hohe Temperatur lange Zeit hielten und später beim Lagern oder Verladen der Holzkohlen den ganzen Stapel in Brand setzten. Es besteht daher jetzt die gesetzliche Vorschrift, die Holzkohlen vor dem Versand, sei es per Schiff oder Eisenbahn, längere Zeit lagern zu lassen. — Wie schon bemerkt, finden sich in den amerikanischen Werken meistens 2 Kühlkammern für eine Retorte und es bleiben die Kohlenwagen 24 Stunden in der ersten, die gleiche Zeit in der zweiten und stehen dann noch 12 Stunden der Luft ausgesetzt. In Europa begnügt man sich mit einer Kühlkammer, in der die Holzkohlen 24 Stunden verweilen, um dann weitere 24 Stunden der Luft ausgesetzt zu werden.

Entleerung der Kühlkammern.

Sie findet vor dem Ziehen der Retorten statt und geschieht entweder durch Handarbeit, Winden oder Spills.

Wägen, Sacken und Stapeln der Holzkohle.

Jeder Wagen, der aus der Kühlkammer kommt, passiert eine Brückenwage und wird darauf in das Kohlenmagazin geschoben und entleert. Dies geschieht häufig auch durch einen Aufzug, der den Wagen in eine Siebvorrichtung entleert, z. B. einen sich drehenden Zylinder mit Öffnungen verschiedener Größe. Die kleinstückige Holzkohle wird besonders gesammelt. Auch Brecher werden angewandt, um für bestimmte Zwecke, so für die Herstellung gewisser Stahlsorten, Holzkohle von ganz bestimmten Abmessungen zu erzeugen. Jedoch finden sich Sieb- und Zerkleinerungsmaschinen nur auf sehr wenigen Anlagen.

Das Holzkohlengleis läuft durch das Holzkohlenmagazin auf eine erhöhte Plattform. Sobald der Holzkohlenwagen hier ankommt, wird er durch Fortnahme der Seitenteile oder bei zylindrischen Wagen der Verschlußgitter geöffnet und die Kohle mittels Gabeln abgeladen. Brände werden ausgesucht und beiseite gelegt für die nächste Charge. Bei dem Entladen findet schon eine Sortierung der Holzkohle statt, indem die kleineren Stücke, welche durch die Zinken der Gabeln und durch die Öffnung des Bodens fallen, als Kleinkohle abgetrennt werden. Die zurückbleibende Holzkohle wird in Säcke gefüllt. Alle Stücke bis zu

$^3/_4$ Zoll Durchmesser werden als großstückige, von $^3/_4$—$^1/_4$ Zoll als mittel- und unter $^1/_4$ Zoll als Kleinkohle bezeichnet. Stückige und mittlere Kohle lagert 24 Stunden, Feinkohle 7 Tage, bevor sie versandt wird. Nach dem Füllen werden die Säcke vernäht. Jeder Sack enthält ungefähr 20—25 kg Kohlen. Oft wird die Kohle auch direkt in Waggons verladen und dadurch die Ausgabe für das Sacken erspart.

Stapelung der Rohholzdestillate (einschl. Operation 10 und 11).

Es ist gebräuchlich, die Gesamtdestillate jeder einzelnen Retorte einer gemeinsamen Sammelleitung zuzuführen, von wo aus sie den Stapelbehältern zufließen. Von hier aus wird die Flüssigkeit in das Meßgefäß gepumpt und das Volumen durch Schwimmeranzeige festgestellt. Auf diese Weise gelangt man zur Kenntnis des in 24 Stunden von den Retorten gelieferten Flüssigkeitsquantums, einer wichtigen Zahl, auf die sich die ferneren Berechnungen der Ausbeuten usw. stützen. Die Menge Flüssigkeit, die in einer bestimmten Zeiteinheit untergebracht und gemessen werden muß, hängt davon ab, in welchem Stadium sich die Verkohlung befindet (s. Abb. 77). Werden die Retorten des Morgens beschickt, so tritt gegen Mitternacht die größte Stundenleistung an Destillat auf, die für eine 100-Tonnenanlage ca. 1200 Gallonen pro Stunde beträgt. Aus jedem Meßgefäß wird ungefähr ein Muster von 500 cm³ gezogen und im Laboratorium analysiert. Von dem Meßgefäß gelangt das Destillat durch Gefälle in den ersten Behälter der Absatzbottichserie bzw. wird hineingepumpt. Man stellt die Bottiche gewöhnlich so hoch auf, daß die Flüssigkeit von hier aus mit Gefälle der Aufarbeitungsstation zufließen kann. Vorteilhaft ist es, sämtliche Behälter mit hölzernen Deckeln zu versehen und sie zu überdachen, einmal um so einen Verlust an Holzgeist durch Verdampfen, zum anderen eine Verdünnung durch Regen, Schnee usw. zu vermeiden.

Der Absatzteer wird von Zeit zu Zeit durch die am Boden der Absatzbottiche befindlichen Hähne in den Teerstapelbehälter abgelassen und von dort nach Bedarf in die Teerblasen gepumpt. Da auf dem geklärten Rohessig häufig eine Schicht Leichtöl schwimmt, so wird diese durch kleine Ablaßhähne, welche sich seitlich an den Bottichen in einer Höhe mit der Ölschicht befinden, abgelassen. Die Leichtöle werden gesammelt, mit Wasser gewaschen und entweder so verkauft oder mit den anderen Teerölen weiterverarbeitet. Das Waschwasser gelangt in die Absatzgefäße zurück.

Weit einfacher gestaltet sich der Prozeß bei Verwendung von Teerscheidern, in welchem Falle die Absatzbottiche gleichbedeutend mit Stapelgefäßen sind. Arbeitet der Teerscheider gut und wird ihm die nötige Aufmerksamkeit geschenkt, so scheiden sich aus dem sog. Hellessig keine teerigen Bestandteile ab.

Die großen Mengen aus dem Teerscheider ausfließenden Teeres müssen einer Destillation unterworfen werden, um die in ihnen gelöste Essigsäure und den Methylalkohol zu gewinnen. Der Teer aus dem Teerscheider wird deshalb von einem Bottich aufgenommen und mittels Montejus in die Teerblasen gedrückt.

Die im vorhergehenden beschriebenen Arbeiten und Handgriffe verstehen sich für solche Werke, die Großraumretorten und moderne Öfen anwenden und Scheitholz verkohlen, d. h. sie gelten für die Mehrzahl aller überhaupt vorhandenen Anlagen. Konstruktionen wie die Aminoff- und Bergström-Öfen erfordern selbstverständlich eine andere Behandlung, auf die bei ihrer Besprechung hingewiesen ist. Den Schilderungen, wie sie die vorhergehenden Seiten enthalten, liegen die Schemata Abb. 30 und 31 (S. 144 u. 145) für Laubholz und Abb. 33 für Nadelholz zugrunde.

B. Die Herstellung von Calciumacetatlösung und Holzgeist.

Ein allgemeines Schema der Operationen, die zur Herstellung von Calciumacetatlösung nötig sind, gibt Abb. 32. Das Prinzip, wonach gearbeitet wird, ist in allen Anlagen dasselbe, nur Einzelheiten in der Arbeitsausführung sind verschieden. Seit Jahren werden stets neue und verbesserte Apparatetypen herausgebracht, aber diese sind gewöhnlich recht teuer und nur wenige Holzverkohler sind in der Lage, ihre Werke mit den neuesten und wirksamsten Apparaten auszurüsten. So kommt es, daß wir viele Abweichungen von dem allgemeinen Schema finden. Da es selbstverständlich unmöglich ist, alle Arbeitsweisen im einzelnen zu besprechen, so wollen wir uns begnügen mit denen, nach welchen gewöhnlich gearbeitet wird, um dann die neuesten Entwicklungsformen zu betrachten.

Calciumacetat kann in verschiedenen Reinheitsgraden auftreten, vom sog. Graukalk, der technisch reinsten, bis zum Braunkalk, einer sehr unreinen Form. Alle Zwischenstufen werden hergestellt je nach der Nachfrage. Auch der Holzgeist zeigt beträchtliche Schwankungen in seiner Zusammensetzung, wenn auch das unter diesem Namen gehandelte Produkt zum mindesten 80% leicht flüchtige Bestandteile (Methylalkohol, Aceton usw.) enthalten soll. Es ist nötig, sich diese Tatsachen vor Augen zu halten in Beziehung zu folgendem: Die verschiedenen Holzverkohlungswerke erzeugen Produkte, die mehr oder weniger in ihrer Zusammensetzung verschieden sind. Die Beschaffenheit des Handelsproduktes wird aber bestimmt durch die Nachfrage. Ist eine solche nach Rohalkohol vorhanden, so wird man ihn natürlich nicht reinigen, ebensowenig wie man sich bemühen wird, den Teer aus dem Rohholzessig zu entfernen, wenn Braunkalk das gefragte Produkt sein sollte. Da Graukalk und ein Rohholzgeist von mindestens 80% fast immer die Produkte sind, deren Herstellung erstrebt wird, so sollen hier nur Anlagen und Operationen in Betracht gezogen werden, die jene herstellen. Sie lassen sich in drei Gruppen gliedern:

1. die Entfernung des gelösten Teeres aus dem Rohholzessig;
2. die Neutralisation der Essigsäure und ihrer Homologen mit Ätzkalk unter Bildung einer Lösung von Calciumacetat.
3. die Abscheidung von Methylalkohol, Aceton und anderen flüchtigen Körpern aus dieser Lösung.

Werden Teerscheider angewandt, ist ein Abtrennen der letzten Teerreste nicht erforderlich, wenn man nicht gerade beabsichtigt, ein außergewöhnlich hochprozentiges Calciumacetat darzustellen. Zuweilen findet die Neutralisation des Holzessigs auch durch Natronlauge statt, doch ist dies die Ausnahme, da Calciumacetat viel ausgedehntere Verwendung findet, so z. B. für die Acetonherstellung.

1. Die Entfernung des gelösten Teeres aus dem rohen Holzessig.

Hellessigblasen.

Diese Operation besteht in einer einfachen Destillation des Rohholzessigs in starkwandigen, liegenden oder stehenden Kupferblasen, den sog. Hellessigblasen (englisch Primary Stills), die mit Heiz- und Schnatterschlangen ausgerüstet sind. Bei den stehenden Blasen ziehen sich die Heizschlangen spiralig längs der Wandung des unteren Teils der Blase in einem Abstande von ungefähr $^1/_4$ des Blasendurchmessers hin und setzen sich oberhalb des Bodens in engeren Windungen fort. Anzahl und Fassungsvermögen richten sich nach der Menge des zu destillierenden Essigs. Für eine 100-Tonnenanlage kommen z. B. 3 Blasen von folgenden Abmessungen in Frage:

Länge 12 Fuß, Durchmesser 8 Fuß;
Heizschlange: 8 Windungen 2 Zoll Durchmesser, 12 Fuß lang;
16 „ 4 „ „ 12 „ „
Schnatterschlange: 1 Windung $1^1/_2$ Zoll Durchmesser, 12 Fuß lang;
Heizfäche 250 Quadratfuß;
Stundenleistung 200 Gallonen.

Jede Blase besitzt eine neunzöllige kupferne Übersteigleitung, die an einen wassergekühlten Röhrenkühler angeschlossen ist. Dieser enthält 190 Rohre von 1 Zoll Durchmesser und 16 Fuß Länge, entsprechend einer Kühlfläche von ca. 700 Quadratfuß, und ist imstande, pro Stunde 4000 lbs. Wasserdampf zu kondensieren und zu kühlen. Das Kühlwasser tritt ein und aus durch eine vierzöllige gußeiserne Leitung; sein Verbrauch beträgt bis zu 10000 Gallonen die Stunde.

An der Blase befindet sich ein Mannloch, Flüssigkeitsstand, Sicherheitsventil sowie Füll-, Ablaßstutzen und Probierhahn; sie ist durch eine 2—3 Zoll dicke Asbestmasse isoliert. Abb. 78 stellt einen solchen Blasentyp dar.

Abb. 78. Hellessigblase (Blair, Campbell & Mc Lean Ltd., Glasgow).

Ausführung der Destillation.

Nachdem die Blase bis zur Hälfte gefüllt ist, wird der Dampf angestellt und langsam geheizt, bis das Destillat übergeht. Im allgemeinen kommt man mit einem Dampfdruck von $5^1/_2$ Atm. aus, kann ihn jedoch bis auf 7 steigern. Es ist nur darauf zu sehen, daß das Destillat kalt abläuft. Die Destillation verläuft kontinuierlich, indem man soviel Rohessig zulaufen läßt, als Destillat abgenommen wird. Man reguliert den Zulauf so, daß die Blase immer zur Hälfte mit Flüssigkeit gefüllt ist, was man durch Beobachtung des Flüssigkeitsstandes oder, falls dieser fehlt, mittels Probierhähnen kontrolliert. Bei einigen, besonders den stehenden Blasentypen, findet die Zulaufregulierung durch Schwimmerventile statt. Nicht immer wird die kontinuierliche Arbeitsweise angewendet; in kleinen Anlagen destilliert man je nach Bedarf die erforderliche Menge Rohholzessig.

Nach einigen Tagen ununterbrochener Arbeit hat sich soviel Teer in der Blase angesammelt, daß seine Entfernung sich nötig macht. Man schließt den Zulaufhahn für den Rohholzessig und destilliert soweit wie möglich den Essig ab. Der zurückbleibende Teer wird darauf mit direktem Dampf ausgeblasen, um die in ihm noch enthaltene Essigsäure zu gewinnen. Nach dem Ausblasen zeigt der Teer nur noch eine „Acidität" von einigen Zehntel Prozent. Die gewonnenen Destillate werden durch Florentiner Flaschen oder Absetzenlassen von den mit übergegangenen Teerölen getrennt und dann mit dem Hellessig vereinigt.

Der in der Blase zurückbleibende entsäuerte Teer wird in Fässer abgelassen, doch nur soweit, daß die am Boden befindlichen Heizschlangen noch bedeckt bleiben, was durch einen Probierhahn festgestellt wird. Bei Außerachtlassung dieser Vorsichtsmaßregel, d. h. bei völliger Entleerung der Blase, bedeckt sich die Heizschlange mit einer harten Pechkruste, die den Wärmedurchgang erschwert.

Vakuumblasen.

Um den Dampfverbrauch zu verringern, sind in neuerer Zeit an Stelle der einfachen Blasen Vakuumverdampfapparate eingeführt, die nach dem Prinzip der bekannten Multipleeffets arbeiten. Sie hatten jedoch den großen Nachteil, daß sich die Rohre der Heizkammer durch Teer und Pech verstopften. Eine häufige Außerbetriebsetzung zum Zwecke der Reinigung war die Folge. Bei den neuesten Typen sind diese Übelstände in weitgehendstem Maße überwunden und die Vakuumverdampfapparate werden in einer Anzahl Holzverkohlungen mit Erfolg benutzt. Zum Eindampfen der Calciumacetatlösung finden sie natürlich schon seit langem Verwendung.

Abb. 79 zeigt die Abbildung eines Simple-Effet-Schnellumlaufverdampfers „Buflovak" und Abb. 80 den Schnitt.

Der Apparat besteht aus einer horizontalen zylindrischen Dampf- und einer angenieteten, gegen die Horizontale geneigten, ebenfalls zylindrischen Heizkammer, die am unteren Ende durch eine Klapptür verschlossen ist und durch eine feste Scheidewand in zwei Abteilungen zerlegt wird. An der oberen befinden sich Rohre, die an beiden Enden in Rohrböden münden, während die untere, kleinere an beiden Seiten offen ist. Außen werden die Rohre vom Dampf umspült, innen zirkuliert die Flüssigkeit. Diese zugleich mit den sich aus ihr entwickelnden Dämpfen durchstreichen die Rohre mit einer Geschwindigkeit von 30 und mehr Metern pro Sekunde und werden gegen die Rippen des Prellblechs, das quer die Dampfkammer durchzieht, geschleudert.

Die Flüssigkeit läuft durch die untere Abteilung in den tiefsten Teil der Heizkammer zurück, während die Dämpfe an beiden Seiten der Scheidewand vorbeiströmen und in den Dampfraum treten, von wo aus

Abb. 79. Simple-Effet-Schnellumlaufverdampfer „Buflovak“.

sie dem nächsten Verdampfungskörper oder der Kühlvorrichtung zugeführt werden.

Zur Destillation des rohen Holzessigs werden drei der Apparate hintereinander geschaltet. Sie sind vollständig aus Kupfer hergestellt und je vier der Heizkörper bilden einen auswechselbaren Satz. Diese Anordnung läßt ein bequemes Reinigen auch der Außenseiten der Rohre zu, wenn Teer aus dem ersten Körper in die Heizkammer des zweiten gelangt ist und sich auf der Heizfläche abgesetzt hat. Der obere Teil des Apparates besitzt ein Mannloch, das ein bequemes Reinigen des

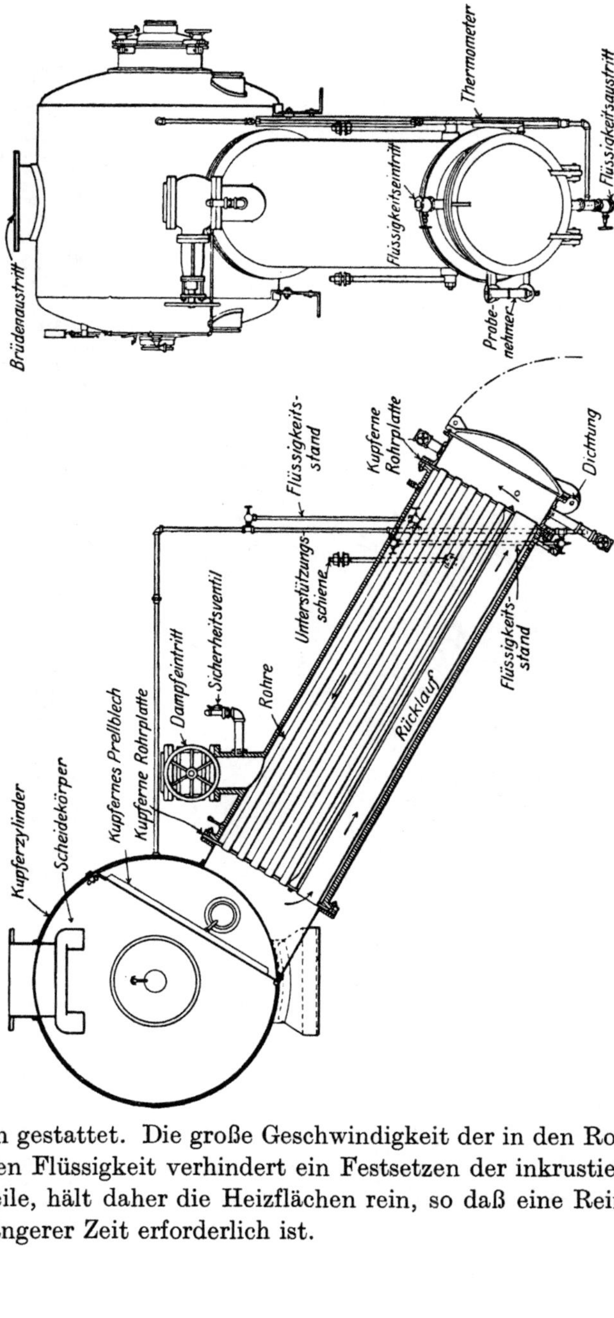

Abb. 80. Schnitt eines Simple-Effet-Schnellumlaufverdampfers „Buflovak“.

ersteren gestattet. Die große Geschwindigkeit der in den Rohren zirkulierenden Flüssigkeit verhindert ein Festsetzen der inkrustierenden Bestandteile, hält daher die Heizflächen rein, so daß eine Reinigung erst nach längerer Zeit erforderlich ist.

Die Inbetriebnahme eines Tripleeffets wird wie folgt ausgeführt: Der Rohholzessig läuft durch ein bis auf den Boden geführtes Rohr kontinuierlich in den ersten Körper ein und wird durch Kesseldampf, der mit einem Druck von 0,3—0,5 Atm. in die Heizkammer eintritt, zum Verdampfen gebracht. Das Kondenswasser der Heizkammern geht in den Kessel zurück. Der Dampfraum des dritten Körpers steht mit dem Kühler und der Vakuumpumpe in Verbindung, die in ihm ein Vakuum von 66—69 cm aufrecht erhält, das sich im zweiten auf 38—50 und im ersten auf 5—10 cm reduziert. Die aus diesem entweichenden Dämpfe, bestehend aus Wasser, Essigsäure, Methylalkohol und anderen flüchtigen Körpern, treten in die Heizkammer des zweiten Körpers, während der mit Teer angereicherte Rückstand dem zweiten Körper selbst zugeführt wird. Hier findet eine weitere Verdampfung durch die die Heizrohre umspülenden Dämpfe aus dem ersten Körper statt.

Der immer stärker konzentrierte teerige Rückstand gelangt in den dritten Körper, wird hier bei dem höchsten Vakuum durch die aus dem zweiten Körper entweichenden Dämpfe auch vom größten Teil des Wassers befreit und schließlich vom Boden kontinuierlich abgezogen. Die aus dem dritten Körper entweichenden Dämpfe werden durch einen Oberflächenkühler niedergeschlagen und zusammen mit dem Kondensat der Heizkammern des zweiten und dritten Körpers mittels einer Pumpe abgesaugt. Sie stellen den sog. Hellessig dar[1, 2].

Obwohl dieser Hellessig praktisch frei vom Teer ist, enthält er doch eine gewisse Menge unlöslicher Verbindungen, die bei der Destillation mit übergehen und sich bei dem Absetzenlassen des Hellessigs in Form von Ölen (Holzölen) ausscheiden. Ihre Zusammensetzung ist verschieden. Hauptsächlich bestehen sie aus Phenolen und Phenoläthern (Phenol, Kresol, Xylenol, Guajakol, Kreosol usw., s. S. 110, Ketonen (Methyl-Propylketon, Cyclohexanon usw., s. S. 110), Aldehyden (Propaldehyd usw., s. S. 110), Alkoholen (Isoamyl usw., s. S. 110), Säuren (Buttersäure, Valeriansäure usw., s. S. 109), Furanen (s. S. 111), Kohlenwasserstoffen (s. S. 111) und Basen (s. S. 111). Verschiedene von diesen Verbindungen nebst einigen anderen, hier nicht erwähnten sind auch im Hellessig gelöst. Soweit sie sich ausgeschieden haben, müssen sie vor der Neutralisation mit Ätzkalk entfernt werden, da sie unter der Einwirkung des Alkalis Kondensationsprodukte von harziger und teeriger Beschaffenheit bilden, die das hergestellte Calciumacetat verunreinigen würden.

[1]) Klar (U.S.P. Nr. 1089417) beschreibt einen Prozeß, in welchem der Rohholzessig in einem Vorwärmer zuerst auf eine Temperatur von 100° erhitzt wird zur Abscheidung eines Teiles Teer, um sodann in einer Anzahl Blasen in ähnlicher Weise wie beschrieben destilliert zu werden.

[2]) Cliffort: U.S.P. Nr. 1339022 entfernt den Teer dadurch, daß er in heißen Rohessig Luft einbläst und dann absetzen läßt.

Der auf die eine oder andere Art hergestellte Hellessig läuft in Absatzbottiche, ähnlich denen für das Gesamtdestillat, gewöhnlich drei an der Zahl, in welchen die oben erwähnten Öle sich ausscheiden. Die ersten beiden besitzen einen Durchmesser von 7—8 Fuß, haben 8 Fuß Höhe und fassen ungefähr 1500 Gallonen bis zum Ablaßhahn. Der dritte ist kleiner, faßt nur ungefähr 500 Gallonen und ist mit Holzkohlen gefüllt, die als Filter dienen. Alle drei Gefäße sind hintereinander geschaltet und unter sich durch Kupferrohre verbunden, in ähnlicher Weise wie die Rohdestillatbottiche. Der Hellessig durchströmt sie kontinuierlich und es finden sich manchmal in die Zulaufleitung eingebaute Schaugläser, mit Hilfe deren die Strömung beobachtet werden kann.

Die Flüssigkeit gelangt von dem ersten Bottich durch ein dreizölliges Kupferrohr, das sich ungefähr 3 Fuß vom Boden befindet, in den zweiten. Vor seinem Auslauf sitzt eine Prellplatte, die von dem oberen Flüssigkeitsniveau bis ungefähr $1^1/_2$ Fuß von dem Boden des Bottichs sich erstreckt, um zu verhindern, daß Öle von dem ersten in das zweite Gefäß wandern. Beide Absatzbottiche sind mit einer Reihe Hähnchen versehen, durch welche die Öle abgezogen und einem Wascher zugeführt werden (s. S. 204). Die Waschung findet in gleicher Weise, wie auf Seite 204 beschrieben, statt. Nach Passage des dritten, mit Holzkohlen gefüllten Bottichs wird der nun vollkommen blanke Hellessig entweder direkt der Neutralisationsstation zugeführt oder fließt in einen Zwischenbehälter, von dem aus die Neutralisationsbehälter beschickt werden.

2. Die Neutralisation des Hellessigs mit Ätzkalk; Herstellung der Calciumacetatlösung.

Sie wird ausgeführt in großen hölzernen Behältern, von welchen gewöhnlich zwei vorhanden sind. Für die als Beispiel herangezogene 10-Retortenanlage mit einer Leistung von 100 Tonnen Holz pro Tag sind die Abmessungen folgende:

Höhe 8 Fuß,
Durchmesser unten 12 Fuß,
Durchmesser oben $11^1/_2$ Fuß,
Fassungsvermögen: ca. 5000 Gallonen.

In der Konstruktion ähneln sie den großen Absatzbottichen, nur besitzt jeder Behälter ein Rührwerk, bestehend aus einer vertikalen hölzernen Welle mit je 2 Satz Rührflügeln, die im rechten Winkel zueinander stehen. Die Rührflügel sind um 45° gegen die Horizontale geneigt, um bei der Bewegung der Flüssigkeit einen Auftrieb zu geben und eine wirksame Durchmischung hervorzubringen. Der Antrieb erfolgt mittels Riemen und konischem Rädervorgelege, das auf quer über die Bottiche gelegten Balken befestigt ist.

Bereitung der Kalkmilch.

Sie findet in flachen eisernen Gefäßen statt, die gewöhnlich oberhalb der Bottiche liegen. Der zur Verwendung kommende Ätzkalk soll von bester Qualität sein, mindestens 98% CaO und nicht mehr als 0,5% MgO enthalten. Ein oder zwei Gefäße sind nötig. Für eine 100-Tonnenanlage benötigt man zwei Stück mit den folgenden Abmessungen:

$$10 \times 8 \times 1 \text{ Fuß}.$$

Unterhalb dieser beiden Gefäße ist ein drittes angeordnet von 8 Fuß Länge, 4 Fuß Breite und 2 Fuß Höhe, über welchem ein grobmaschiges Sieb liegt. Eine Rohrleitung von 3 Zoll Durchmesser führt von den beiden oberen zu ihm.

Der Ätzkalk wird in die beiden oberen Tanks geschaufelt und das zum Löschen nötige Wasser zugegeben. Nach dem Ablöschen breitet man die Masse über dem Boden aus und fügt unter ständigem Rühren mit einer Harke mehr Wasser hinzu, bis eine gleichmäßig dicke Kalkmilch entstanden ist. Grobe Steine werden durch ein weites Sieb zurückgehalten und die Milch läuft dann mit Hilfe des dreizölligen Rohres durch das zweite engere Sieb in den Vorratsbehälter, von welchem die Neutralisierbottiche gespeist werden.

Neutralisation.

Der Hellessig wird in den Neutralisationsbottich gepumpt bzw. läuft ihm zu bis zu einer Höhe von 6 Fuß, was einer Menge von ungefähr 4000 Gallonen entspricht.

Gewöhnlich wird von jeder Charge ein Muster gezogen und im Laboratorium untersucht. Oft bestimmt auch der Meister oder Vorarbeiter mittels Aräometer das spez. Gewicht, das zwischen 1,006—1,015 schwankt. Dann setzt man das Rührwerk in Betrieb, läßt ungefähr 10 Minuten laufen und beginnt erst dann unter Weiterrühren mit dem Einfließenlassen der Kalkmilch. Die sachgemäße Neutralisation ist eine Angelegenheit von größter Wichtigkeit, die viel Erfahrung erfordert. Fügt man zu wenig Kalk zu, bleibt freie Essigsäure zurück, welche die bei den nachfolgenden Operationen benutzten eisernen Gefäße stark angreift und die Ausbeute an Calciumacetat verringert. Außerdem werden die im Hellessig vorhandenen Ester nicht verseift und gelangen in den Holzgeist. Wird auf der anderen Seite zuviel Kalk zugesetzt, so entstehen durch Kondensation der Aldehyde (Formaldehyd, Acetaldehyd, Furfurol usw.)[1]) harzartige Produkte, die sich im Neutralisationsbottich absetzen und eine öftere Reinigung von Bottich und Armaturen nötig machen. In einigen Anlagen wird daher nach der Analyse des Hell-

[1]) Siehe S. 112.

essigs das Volumen der Kalkmilch bestimmt und diese aus einem geeichten Behälter in der berechneten Menge zugegeben. Glücklicherweise gibt jedoch der Farbenwechsel selbst, welchen der Essig bei der Neutralisation zeigt, einen sicheren Indicator für den Neutralisationspunkt. Solange die Flüssigkeit noch freie Säure enthält, ist sie gelblichbraun gefärbt; ist alle Säure gebunden, so geht ihre Farbe in Weinrot über. Der Eisengehalt des Ätzkalkes und die Anwesenheit von Pyrogallol und seiner Ester wird für die Reaktion verantwortlich gemacht. Sie bleibt aus, wenn chemisch-reines, eisenfreies CaO benutzt wird, tritt aber ein, wenn dem Hellessig vorher Spuren Eisensalze zugefügt werden[1]).

Ein ganz geringer Überschuß an Kalk ist wünschenswert, schon um die Verseifung der Ester möglichst zu Ende zu führen, und daher soll die fertige Calciumacetatlösung auf Lackmuspapier schwach alkalisch reagieren. Weitere Zugabe von Kalk bewirkt Ausfällung von Harzen, die mit den ungelösten Anteilen des Kalkes einen klebrigen Schlamm bilden[2]).

Nach Beendigung der Neutralisation wird das Rühren noch einige Zeit fortgesetzt, darauf ein Muster gezogen und im Laboratorium geprüft. 4000 Gallonen Hellessig ergaben 4800—4900 Gallonen neutralisierte Flüssigkeit von 1,035—1,048 spez. Gewicht. Die bei der Neutralisation entwickelte Reaktionswärme hat ein Steigen der Temperatur der Flüssigkeit zur Folge, die sich jedoch nicht über 40° C erwärmen sollte, um Verluste an Methylalkohol und Aceton zu vermeiden. Das Sättigungsgefäß ist daher mit einem Deckel zu versehen.

Die neutralisierte Flüssigkeit enthält 9—12% Calciumacetat, 3—4% Methylalkohol, 0,2—0,5% Aceton neben Aldehyden, Alkoholen, Ketonen, Calciumsalzen anderer Fettsäuren sowie festen Unreinigkeiten, aus dem Kalk stammend, in Suspension. Sie wird in Absatzgefäße gepumpt.

Behandlung des Schlammes.

Die Absatztanks bestehen aus Eisen und haben einen konischen Boden. Am unteren Teil der Zarge befindet sich ein Ablaßhahn und an der tiefsten Stelle des konischen Bodens ein zweiter. Die Behälter sind meistens in Serien von 2 oder 3 aufgestellt und durch Rohre miteinander verbunden, so daß sie vom ersten her gefüllt werden können. Man läßt die Füllung möglichst lange absetzen, um den Schlamm vollständig zur Abscheidung zu bringen, der von Zeit zu Zeit durch das Schlammventil im Boden abgelassen wird.

---

[1]) Johlin: J. Ind. Engg. Chem. Bd. 7, S. 596. 1915.

[2]) Iwamoto: Jap. pat., 32, 351, benutzt 100% Kalküberschuß und gibt an, daß er bei der nachfolgenden Destillation gute Ausbeuten an Holzgeist erhält.

In einigen Werken wird der Schlamm, so wie er von den Bottichen kommt, aus dem Betriebe entfernt, doch fängt man ihn neuerdings in einem besonderen Behälter auf, um die beim Entschlammen mit abgezogene Flüssigkeit wiederzugewinnen. Zu diesem Zweck wird der Schlamm mit Wasser verrührt, die Mischung absetzen gelassen und das geklärte Waschwasser für die nächste Waschung benutzt. Das Waschwasser dient so oft zur Waschung neuer Schlammengen, bis es genügend an Acetat angereichert ist, um der Hauptmenge der Neutralisationsflüssigkeit zugefügt werden zu können.

Der ausgewaschene Schlamm wird dann in den Abwasserkanal oder in eine Senkgrube bzw. einen Versicherungsteich abgelassen. Er enthält neben dem Unlöslichen aus dem Kalk die durch die Einwirkung des letzteren gebildeten harzartigen und teerigen Körper. Die geklärte Flüssigkeit wird aus den Absatztanks abgezogen und den Stapelgefäßen zugeführt und ist nun für die Entgeistung bereit. Die Absatzbottiche befinden sich gewöhnlich in dem höchsten Stockwerk des Aufbereitungshauses, die Schlammwaschgefäße im nächstunteren Stockwerk.

3. Die Trennung des Methylalkohols, Acetons und anderer flüchtiger Bestandteile von der Calciumacetatlösung.

Mannigfach sind die Verfahren zur Trennung der flüchtigen Bestandteile, die in ihrer Gesamtheit den sog. Holzgeist darstellen, von der Calciumacetatlösung. Sie beruhen jedoch alle auf dem Prinzip der Destillation, unterscheiden sich nur in dem Grade, bis zu welchem die Trennung der Einzelkörper vorgenommen wird. So stellen einige Anlagen nur Rohholzgeist her, der zwecks Reinigung den Raffinerien zugeführt wird, andere wieder führen diese Reinigung selbst aus und erzeugen entweder ein gereinigtes Produkt für die Farben- und Lackindustrie, für die Denaturierung des Äthylalkohols und andere Zwecke oder erzeugen technisch und chemisch reinen Methylalkohol von 95—99%.

Bevor wir das hauptsächlich in Frage kommende Trennungsverfahren des näheren auseinandersetzen, wird es zweckmäßig sein, uns kurz mit der Natur des Produktes, mit dem wir es zu tun haben, vertraut zu machen.

Die durch Absetzen geklärte neutralisierte Flüssigkeit enthält außer den schon angegebenen Mengen Calciumacetat, Methylalkohol und Aceton noch 0,1—0,5% gelöste Unreinigkeiten, hauptsächlich aus höheren aliphatischen und zyklischen Ketonen, Allylalkohol, Pyridinen usw. und als Restbestandteil Wasser. Alle diese Körper mit Ausnahme des Calciumacetats sind flüchtig, entweder für sich oder in Gemeinschaft mit Wasserdampf. Selbstverständlich kann man die Acetatlösung praktisch vollkommen von den genannten Körpern befreien. Dann aber treten die eigentlichen Schwierigkeiten auf. Diese sind:

Trennung des Acetons vom Methylalkohol und

Trennung der flüchtigen Unreinigkeiten (Ölen) von beiden.

So bilden Methylalkohol und Aceton eine hylotropische Mischung, d. h. die aus dieser entwickelten Dämpfe haben dieselbe Zusammensetzung wie die Flüssigkeit, aus der sie entstehen.

Es ist einleuchtend, daß eine Trennung der Komponenten einer solchen Mischung durch einfache Destillation unmöglich ist. Ein Gemisch von 90 Gewichtsteilen Aceton und 10 Gewichtsteilen Methylalkohol[1]) siedet bei 55,9° und verhält sich bei der Destillation wie ein einfacher chemischer Körper. Der Siedepunkt von Reinaceton liegt bei 56,5° C und der des reinen Methylalkohols bei 64,7°, ein Druck von 760 mm Quecksilbersäule vorausgesetzt. Der Siedepunkt der hylotropischen Mischung liegt also unter dem der niedrigst siedenden Komponente, mit anderen Worten: eine Mischung von 90 Teilen Aceton und 10 Teilen Methylalkohol hat bei irgendeiner gegebenen Temperatur einen höheren Dampfdruck als Reinaceton und reiner Methylalkohol. Wenn wir also irgendeine Mischung von Aceton und Methylalkohol nehmen, so wird die Dampfphase immer reicher an der hylotropischen Mischung sein als die flüssige Phase.

Beim Destillieren wird daher das konstant siedende Gemisch zuerst übergehen und entweder reines Aceton oder reiner Methylalkohol, je nachdem welcher Körper im Überschuß vorhanden ist, zurückbleiben. Beim Aufarbeiten des Rohholzgeistes können wir demgemäß nur den Methylalkohol von einem konstant siedenden Gemisch trennen, das bei den Destillateuren unter dem Namen „Methylaceton“ bekannt ist.

Da die Siedepunktsdifferenz zwischen den beiden Flüssigkeiten nur 8,8° C beträgt, kommen nur ganz besonders wirksame und kompliziert gebaute Apparatetypen in Frage, besonders wenn es sich um kontinuierliche Arbeit handelt.

Die Abscheidung der Öle ist ebenfalls ein Vorgang, der sehr viele Schwierigkeiten bietet, die in der schwankenden Zusammensetzung und den großen Siedeintervallen liegen. Man pflegt sie im allgemeinen von denjenigen Böden der Rektifizierapparate abzunehmen, wo ihre Kondensation sich vollzieht, und unterscheidet zwei Apparatetypen, erstens die unterbrochen und zweitens die kontinuierlich arbeitenden. Der zweite Typ ist der wichtigere und kommt mehr und mehr in Aufnahme. Der erste ist einfacher in der Konstruktion und wird mit Vorliebe in kleinen Anlagen verwandt oder in großen, die nur Rohholzgeist herstellen.

---

[1]) Bergström: Aftryck ur Bihang till Jern-kontorets Annaler, 1913; Haywood: J. Phys. Chem. Bd. 3, S. 317. 1899, geben als konstant siedendes Gemisch ein solches mit 12—13% Methylalkohol an. Siehe ebenfalls Pettit: J. Phys. Chem. Bd. 3, S. 349. 1899.

Die folgende Zusammenstellung umfaßt die hauptsächlichsten in Gebrauch befindlichen Typen der verschiedenen Entgeistungs- und Rektifikationsapparate:

1. die Entgeistungsblase, unterbrochen arbeitend (das Destillat wird in besonderen Apparaten konzentriert und gereinigt);
2. der Zweikolonnenapparat, kontinuierlich arbeitend und einen teilweise gereinigten Holzgeist erzeugend;
3. der Dreikolonnenapparat, kontinuierlich arbeitend und einen technisch reinen Methylalkohol ergebend;
4. das Simon-Carves-(Camus-Duchemin)System;
5. das Barbet-System.

Die Entgeistungsblase.

Sie besteht aus einer stehenden zylindrischen Destillationsblase aus Schmiedeeisen, in welcher eine kupferne Heizschlange liegt, und ist mit einer senkrechten Übersteigleitung versehen. In einigen Fällen ist sie auch mit einer einfachen Kolonne verbunden. Im allgemeinen aber mündet die Übersteigleitung direkt in einen Röhrenkühler. Oft ist in die Übersteigleitung ein Ventil eingebaut und der Blasenkörper für die Zuführung von Dampf bzw. komprimierter Luft eingerichtet. Nahe am Boden befindet sich ein Ablaßhahn oder Ventil. Der Zweck der Vorrichtung ist, die Blase nach Abtrieb des Holzgeistes als Montejus benutzen zu können.

Die Blase wird mit geklärter holzgeisthaltiger Calciumacetatlösung gefüllt und die Destillation in der üblichen Weise mit indirektem Dampf ausgeführt. Das Gesamtdestillat, welches eine verdünnte Lösung von Holzgeist darstellt und ungefähr 9—12% spindelt, wird in Stapelbehältern gesammelt und geht dann in die Reinigungsanlage. Nach Beendigung der Destillation wird das Ventil in der Übersteigleitung geschlossen und auf die zurückbleibende Calciumacetatlösung, die im Durchschnitt eine Konzentration von ungefähr 15% zeigt, Dampf- oder Luftdruck gesetzt und der Inhalt in Absatztanks übergedrückt. Fehlt die Einrichtung zum Montejieren, so fließt der Inhalt in tiefstehende Bottiche.

Der Zweikolonnenapparat.

Zwei Typen dieses Apparates sind in Anwendung, die beide kontinuierlich arbeiten. Bei dem ersten findet zunächst eine vollkommene Abtrennung des Holzgeistes von der Calciumacetatlösung, also eine Entgeistung statt, worauf die Entfernung des Wassers aus der Holzgeistlösung erfolgt, so daß die zweite Operation nur eine Konzentration darstellt. Ein solcher Apparat ist in Abb. 81 veranschaulicht. Auf gleichem Prinzip beruht die Arbeitsweise auch aller übrigen Apparate dieser Art, die auch in der Konstruktion einander sehr ähnlich sind. Einzelheiten sollen bei der Beschreibung der Dreikolonnenapparate gegeben werden.

In Abb. 81 ist *A* eine Eisenblase mit aufgesetzter kupferner Entgeistungskolonne *B*, mit Glockenböden versehen, die mittels der Übersteigleitung *C* mit dem Vorwärmer *D*, der zugleich als Dephlegmator wirkt, verbunden ist. Vom Vorwärmer *D* führt ein Stutzen zur Konzentrationskolonne *E*, deren Übersteigrohr *F* an den Kondensator *G* anschließt. Die kontinuierlich zufließende Acetatlösung wird in *A* mittels kupferner Heizschlange erhitzt, Wasser- und Holzgeistdämpfe steigen in die Kolonne *B*, wo eine teilweise Trennung stattfindet, derart, daß das Wasser nach *A* zurückfließt und die Holzgeistdämpfe weiter nach *E* gehen. Hier findet eine nochmalige Konzentration statt, so daß am Auslauf des untenstehenden Kühlers konzentrierter Holzgeist abgenommen werden kann. — Das so erhaltene Produkt enthält also alle leichter als Wasser flüchtigen Bestandteile der Acetatlösung nebst mehr oder minder großen Mengen Wasser und besteht gewöhnlich aus 50—60 Gew.-% Methylalkohol, 5—10% Aceton, 2—3% Ölen und dem Rest Wasser. Die Calciumacetatlösung läuft kontinuierlich aus der Blase *A* ab und kann eingedampft werden[1]).

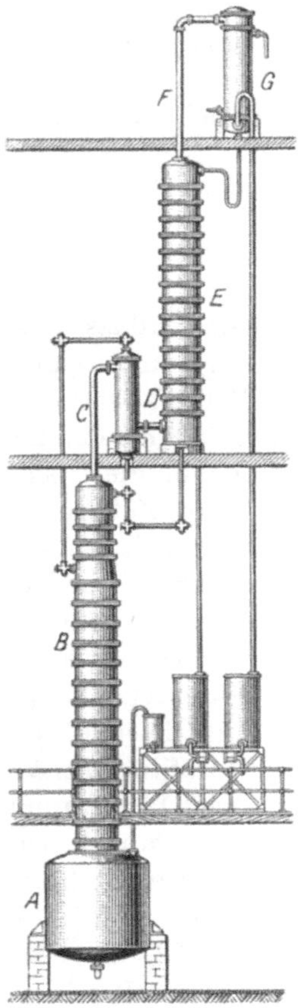

Abb. 81. Sudenburger Zweikolonnenapparat, kontinuierlich arbeitend, zur Herstellung von rohem Holzgeist, System Meyer.

Der zweite Typ des Zweiblasenapparates erzeugt einen teilweise gereinigten Methylalkohol dadurch, daß ein Teil des Acetons und der Öle aus dem Endprodukt kontinuierlich entfernt wird. Abb. 82 zeigt einen solchen Apparat.

Die im Hochreservoir *A* enthaltene geklärte holzgeisthaltige Calciumacetatlösung fließt durch das Filter *A* in den oberen Teil der Auskochkolonne *E*, nachdem sie vorher den Wärmeaustauschapparat *C* passiert hat. Hier wird sie durch die aus *E* ablaufende entgeistete Kalklauge auf ihrem Wege durch den Apparat vorgewärmt. Die Kolonne *E* ist durch Dampf geheizt, dessen Menge durch den Dampfregulator *F* geregelt wird. Die Flüssigkeit tritt durch den Stutzen *D* in den oberen Teil der

[1]) Anmerkung des Übersetzers: Die neueren Apparate dieses Tys zeigen insofern eine Verbesserung, als von bestimmten Böden die Öle abgenommen werden, sodaß ein mit Wasser in jedem Verhältnis klar mischbarer, hellfarbiger Holzgeist entsteht, dessen Konzentration mühelos auf 90—95 Vol. $^0/_0$ getrieben werden kann.

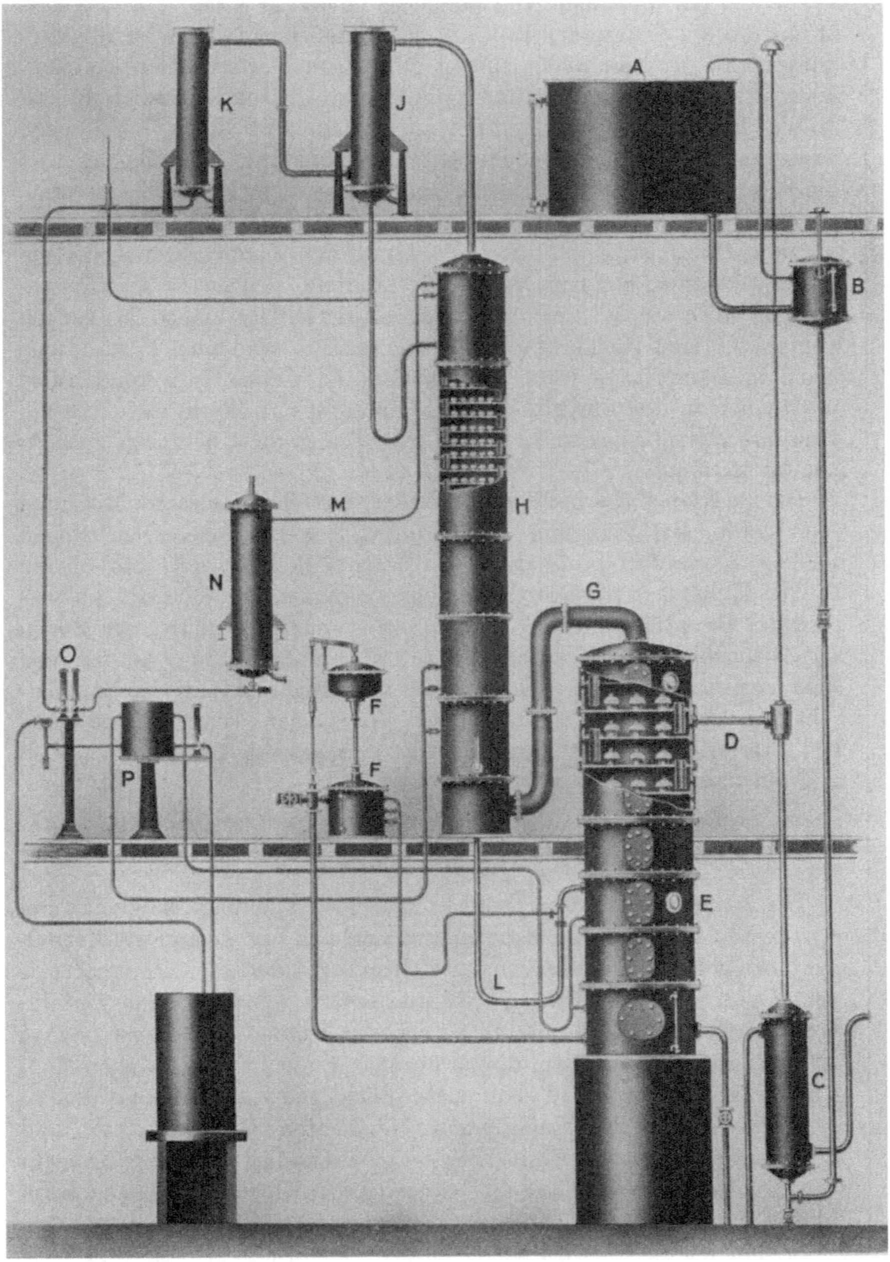

Abb. 82. Zweikolonnenapparat, kontinuierlich arbeitend, zur Herstellung von gereinigtem Holzgeist (Blair, Campbell & Mc Lean Ltd., Glasgow).

Kolonne *E* ein und fließt von Boden zu Boden abwärts. Ihr entgegen strömen die im unteren Teil der Kolonne *A* entwickelten Wasserdämpfe, die sie von allen leichter flüchtigen Bestandteilen befreien. Die Holzgeistdämpfe treten durch die Übersteigleitung *G* in den unteren Teil der Rektifikationskolonne *H* ein, mit ziemlich bedeutenden Mengen Wasserdampf beladen, welche beim Durchströmen der Kolonne *H* durch fraktionierte Kondensation entfernt werden, wodurch eine stets zunehmende Konzentration erreicht wird. — Die vom Wasser möglichst befreiten Holzgeistdämpfe passieren darauf den Kondensator *J*, der die am schwersten zu kondensierenden Bestandteile, den Methylalkohol, zusammen mit etwas Wasser und Aceton, niederschlägt und so den für die Kolonne nötigen Rücklauf schafft. Die leichter siedenden Bestandteile gehen in Dampfform weiter zum Kühler *K*, werden hier kondensiert und fließen in den Stapelbehälter, können aber, falls sie nicht die gewünschte Zusammensetzung zeigen, zum Teil in die Kolonne *H* zurückgeleitet werden.

Die im Kühler *K* erhaltenen Produkte, bestehend aus einer Mischung von Aceton, Methylalkohol, Estern und geringen Mengen Ölen, stellen die sog. Vorlaufprodukte dar. Der Methylalkohol wird vom oberen Teil der Kolonne in flüssiger Form abgenommen und durch den Kühler *N* gekühlt. Er enthält 5—10%-Aceton und etwas Öle. Die sich am Boden der Auskochkolonne *E* ansammelnde Calciumacetatlösung ist frei von allen leichter als Wasser siedenden Bestandteilen und läuft den Sammelbehältern zu, nachdem sie vorher den Vorwärmer *C* passiert und einen Teil ihrer Wärme an die eintretende, zu entgeistende Lösung abgegeben hat und dadurch selbst gekühlt ist.

Der Dreikolonnenapparat.

Der Zweck dieses Apparates ist, einen Methylalkohol, möglichst frei von Aceton und Ölen herzustellen und zugleich das Aceton als Methylaceton zu gewinnen. Selbstverständlich soll trotzdem die Calciumacetatlösung von allen flüchtigen Produkten befreit sein, um ohne weiteres eingedampft und auf Graukalk verarbeitet werden zu können. Sehen wir vorläufig von den Ölen, die im übrigen ja nur in sehr geringen Mengen vorhanden sind, und dem nicht flüchtigen Calciumacetat ab, so haben wir es mit drei flüchtigen Komponenten, Wasser, Aceton und Methylalkohol, zu tun. Eine gleichzeitige Trennung dieser drei ist nicht auszuführen. Erst muß der eine für sich abgeschieden werden, worauf die Trennung der anderen beiden erfolgt. In dem vorher erwähnten Zweikolonnenapparat wird zuerst Methylalkohol und Aceton vom Wasser getrennt und dann das Gemisch in seine Komponenten zerlegt. In dem Dreikolonnenapparat dagegen wird zuerst Aceton in Form von

Methylaceton abgeschieden und sodann Wasser und Methylalkohol voneinander getrennt.

Soweit die Öle in Betracht kommen, muß man sich vor Augen halten, daß sie in wässerigen Methylalkohol- und Acetonlösungen löslich sind und erst ausfallen, wenn die Verdünnung einen gewissen Grad erreicht hat.

Die Abbildung eines Dreikolonnenapparates gibt Abb. 83 wieder. In der mit *B* bezeichneten Kolonne findet die endgültige Abscheidung des Methylacetons statt. *A* trennt den Methylalkohol von der zurückbleibenden Lösung und *C* konzentriert ihn durch Abscheidung des Wassers. Diese drei Kolonnen bilden die Hauptbestandteile des Apparates. In der Konstruktion sind sie einander ähnlich. Alle enthalten Glockenböden mit 5—7 Glocken, deren Rand nahe der Peripherie mit Schlitzen versehen ist. Jeder Boden trägt ein Rücklaufrohr, das bis fast auf die Fläche des nächsten, unter ihm befindlichen reicht und hier schräg abgeschnitten ist, um den Abfluß des Rücklaufs zu erleichtern und einer Verstopfung durch die sich ausscheidenden Teerbestandteile nach Möglichkeit vorzubeugen. Das Rücklaufrohr ragt eine gewisse Höhe über dem Boden hervor und hält dadurch die auf diesem stehende Flüssigkeit auf einem stets gleichbleibenden Niveau, so daß die Schlitze der Glocken sich stets unterhalb der Flüssigkeit befinden.

Bei gleichmäßigem Zulauf der zu entgeistenden Flüssigkeit und bei gleichbleibender Zusammensetzung dieser kann man leicht erreichen, daß sowohl die Temperatur der auf jedem Boden stehenden Flüssigkeitsschicht als auch die der sich über ihr befindlichen Dämpfe konstant bleibt oder in anderen Worten, daß sich die Zusammensetzung beider nicht ändert. Die Dampfphase findet sich auf jedem Boden im Gleichgewichtszustand mit der flüssigen. Jede Zufuhr eines anders zusammengesetzten Dampfgemisches (zweier Körper) zu einem bestimmten Boden wird Übersättigung der einen Komponente, und zwar der weniger flüchtigen, und damit Kondensation hervorrufen, um so den Gleichgewichtszustand wieder herzustellen. Die andere, leichter flüchtige Komponente mitsamt dem Anteil der weniger flüchtigen, nicht zur Kondensation gelangten strömt in Dampfform in den nächsthöheren Boden. Hier ist die Temperatur um ein geringes niedriger und der oben beschriebene Vorgang wiederholt sich. Es findet wieder Kondensation eines Teiles der weniger flüchtigen Verbindung statt. Die Flüssigkeit auf dem Boden wird reicher an schwer siedenden Anteilen, vergrößert ihr Volumen und entleert den Überschuß durch das Rücklaufrohr auf den unter ihr befindlichen Boden. Auf diese Weise findet eine fortwährende Scheidung zwischen leichter und schwerer siedenden Anteilen statt, derart, daß die schwerer siedenden als Flüssigkeit von Boden zu Boden sich nach dem unteren Teil der Kolonne zu bewegen, die leichter siedenden

Abb. 83. Dreikolonnenapparat, kontinuierlich arbeitend (Blair, Campbell & Mc Lean, Ltd., Glasgow).

hingegen als Dampf in der entgegengesetzten Richtung den oberen Teil der Kolonne zu erreichen bestrebt sind. Quantitativ kann die Trennung auf diesem Wege jedoch nicht ausgeführt werden, da immer ein Teil der leichter siedenden kondensiert wird, bevor er den oberen Boden der Kolonne erreicht. Je größer der Dampfdruckunterschied der einzelnen Komponenten ist, desto schärfer ist die Trennung.

Um den oberen Teil der Kolonne zu erreichen, sind die Dämpfe gezwungen, die auf jedem einzelnen Boden befindliche Flüssigkeitsschicht zu durchbrechen. Je inniger nun diese Mischung von Dampf mit Flüssigkeit stattfindet, desto weniger Zeit ist für die Erreichung des Gleichgewichtszustandes erforderlich und desto wirksamer arbeitet die Kolonne[1]). Um die Berührungsfläche des Dampfes und der Flüssigkeit zu vergrößern und den Dampf zu zwingen, sich in einzelne Dampfblasen zu zerteilen, sind an der Peripherie der Glockenwandungen Schlitze angebracht. Die Eigenschaft der einzelnen Blasen, kugelförmige Gestalt anzunehmen, verhindert, daß das Innere in Kontakt mit der Flüssigkeit kommt. Aufgabe der Schlitze ist es, die Dampfblasen möglichst zu zerteilen und einen Wirbel hervorzurufen, durch welchen die Kugelform zerstört wird. Durch Vergrößerung der Anzahl und Verringerung der Durchmesser der Schlitze wird dieser Zweck erreicht. Alle Feinheiten der Konstruktion werden aber gegenstandslos, wenn nicht dafür gesorgt wird, daß Böden, Glocken und Rücklaufrohre rein gehalten werden. Trotz Teerscheider und aller Vorsichtsmaßregeln, die getroffen werden, um möglichst teerfreie Acetatlösungen zu erzielen, kann man nicht verhindern, das sich die Kolonnenböden, Glocken und Rücklaufrohre mit der Zeit inkrustieren und die Wirksamkeit der Kolonne empfindlich herabsetzen. Es muß also von Zeit zu Zeit eine Reinigung stattfinden. Auch während die Blase in Betrieb ist, kann man feststellen, ob Verschmutzung eingetreten ist, und zwar an dem Ton, den ein kräftig gegen die Wandungen der Kolonne geführter Hammerschlag hervorbringt. Klingt dieser dumpf, so ist eine Reinigung, mindestens ein Nachsehen erforderlich.

Im allgemeinen pflegt man zwei Kondensatoren (*J* und *K*) der Abb. 82 anzuwenden, die in Serie geschaltet sind. Der erstere, dessen Kühlwasser eine höhere Temperatur hat, wird Dephlegmator, der zweite, bei niedriger Temperatur betrieben, Kondensator genannt. Unbedingt notwendig wird ihre Anwendung, wenn es sich darum handelt, ein binäres Gemisch, dessen Dampfdrucke (Siedepunkte) nahe beieinander liegen, wie z. B. Methylalkohol und Methyl-Aceton, zu trennen. Die größere Menge der im Dephlegmator kondensierten flüchtigen Bestandteile läuft in die Kolonne zurück. Die leichter flüchtigen gehen weiter nach dem Konden-

[1]) Siehe J. Ind. Engg. Chem. Bd. 14, S. 476, 480, 492. 1922.

sator, werden hier niedergeschlagen und gekühlt und verlassen den Apparat. Oft bringt man an der Leitung vom Kondensator *K* zum Ablaufkörper *O* (Abb. 82) eine Abzweigung an, die es ermöglicht, einen Teil bzw. das Gesamtkondensat in die Kolonne zurücklaufen zu lassen, falls aus irgendeinem Grunde die Trennung nicht genügend scharf ausfällt. Die Zurücknahme des gesamten Kondensats in die Kolonne wird z. B. nötig bei Inbetriebsetzung des Apparates. Der Grund ist folgender: Die Dämpfe auf dem oberen Boden der Kolonne sind reicher an leicht flüchtigen Bestandteilen als die Flüssigkeit auf den Böden. Werden nun die Dämpfe kondensiert und in die Kolonne zurückgeschickt, so wird auch die auf den Böden stehende Flüssigkeit angereichert. Setzt man also das Zurückfließenlassen des gesamten Kondensats längere Zeit fort, so werden alle oberen Böden mit einem verhältnismäßig reinen Kondensat angefüllt sein und eine sichere Inbetriebsetzung ist gewährleistet[1]).

Wir kommen nun zur Beschreibung des Dreikolonnenapparates Abb. 83.

D ist ein Hochreservoir, welches die geklärte holzgeisthaltige Calciumacetatlösung enthält. Es ist mit einem Überlaufrohr versehen, das bis in den Vorratsbehälter für Acetatlösung führt, der mit Flüssigkeitsstand oder Schwimmeranzeiger ausgerüstet ist. Von *D* aus durchströmt die Flüssigkeit ein kleines Kupfergefäß, das mit Kupferdrahtnetz gefüllt ist und als Filter dient, um Schmutzstoffe zurückzuhalten, und tritt dann in den Einlaufregler *E*, der eine gleichmäßige Speisung des Apparates bewirkt.

Die Abb. 83 bezieht sich auf eine Apparatur für eine Verarbeitung von ungefähr 500 Gallonen pro Stunde. Vom Einlaufregler *E* gelangt die Flüssigkeit durch ein zweizölliges Rohr *J* in den unteren Teil des Vorwärmers *F*, der eine Höhe von 5 Fuß und einen Durchmesser von 2 Fuß besitzt, durchströmt das im Innern befindliche Rohrbündel und tritt oben in das erweiterte Unterteil der Kolonne *B* ein. Hier findet eine Abscheidung des hylotropischen Gemisches (Methylalkohol und Aceton = Methyl-Aceton) von dem Methylalkohol und der Calciumacetatlösung statt. Die Kolonne *B* wird mit Dampf geheizt und ist mit einem Dampfregler ausgerüstet. Da die Temperatur des Dampfes eine Funktion seines Druckes ist, so wird, wenn der Druck konstant bleibt, auch eine konstante Temperatur, die nur in geringen Grenzen schwankt, in der Kolonne aufrechterhalten.

---

[1]) Anmerkung des Übersetzers: Vergleicht man die Abb. 82 mit der vorhergehenden Abb. 81, so sieht man, daß auch hier zwei Kondensationsapparate verwendet werden, nämlich der Dephlegmator *G* und der unter ihm stehende, nicht bezeichnete Kühler. Da der Kühler tiefer steht kann allerdings das Kondensat aus dem Kühler nicht in die Kolonne zurückgelangen.

Der Dampfregulator besteht aus zwei übereinander angeordneten und durch ein senkrechtes Rohr verbundenen Behältern und ist mit Wasser gefüllt. Das untere Gefäß steht einerseits mit der Dampfzufuhr, andererseits mit der Kolonne in Verbindung, so daß sich der Dampfdruck in der Kolonne auf den Regler überträgt. Erhöht sich der Druck in der Kolonne, so steigt Wasser aus dem unteren Gefäß in das obere, um beim Fallen des Druckes wieder zurückzugehen. Die Unterschiede im Wasserstand werden auf ein Schwimmerventil und durch dieses auf ein Dampfventil übertragen.

In dem unteren Teil der Kolonne *B*, die hier einen Durchmesser von $4^1/_2$ Fuß und eine Höhe von ungefähr 8 Fuß besitzt, vollzieht sich die Rohscheidung des Methyl-Aceton (Siedepunkt 55,9°), die in dem Oberteil, der ebenfalls 8 Fuß hoch ist, bei einem Durchmesser von $2^1/_2$ Fuß vervollständigt wird. Die Dämpfe treten dann in den Dephlegmator *K* ein, dessen Kühlwassertemperatur auf ungefähr 60° gehalten wird. Methylalkohol und Wasser werden kondensiert und fließen zurück, während das Methyl-Aceton weiter in den Kondensator (Kühler) *L* geht und an seinem Ablaufkörper abgenommen wird. Theoretisch sollte das konstant siedende Gemisch von Methyl-Aceton einen Gehalt von 90% Aceton besitzen. Das aus dem Kühler *L* kommende enthält gewöhnlich aber nur 50—60%; der Rest besteht aus Methylalkohol, Wasser und Ölen.

Die in *B* zurückbleibende Flüssigkeit, bestehend aus Calciumacetatlösung und dem Rest des Methylalkohols nebst etwas Aceton und geringen Mengen Öl, läuft durch ein zweizölliges Rohr dem mittleren Teil der Entgeistungskolonne *A* zu. Auch diese Kolonne ist mit Dampf geheizt und mit einem Regulator *H* ausgerüstet. In ihr findet die vollkommene Entgeistung der Calciumacetatlösung statt. Die Kolonne ist 14 Fuß hoch und hat einen Durchmesser von $4^1/_2$ Fuß. Die Heizschlange liegt im Unterteil, wo stets eine 3—4 Zoll hohe Flüssigkeitsschicht gehalten wird. Die sich mit dem Methylalkohol gleichzeitig verflüchtigenden Öle werden von bestimmten Böden der Kolonne abgezogen und mit Wasser gewaschen; das Waschwasser geht wieder in die Kolonne zurück.

Die heiße Calciumacetatlösung fließt vom Boden der Kolonne ab, passiert den Vorwärmer unter gleichzeitiger Abkühlung und Erwärmung der neu eintretenden Flüssigkeit. Durch eine am Deckel der Kolonne *A* befindliche sechszöllige Übersteigleitung strömen die Dämpfe durch einen kleinen Dephlegmator, in dem nochmals eine Abtrennung von Methyl-Aceton stattfindet. Dieses mit etwas kondensiertem Methylalkohol wird auf den oberen Boden des Unterteils der Kolonne *B* geleitet. Die Methylalkoholdämpfe, jetzt praktisch frei von Aceton und nur noch Wasser und ganz geringe Mengen Öl enthaltend, gehen weiter und gelangen in den unteren Teil der Rektifizierkolonne *C*. Das sich bei der

Rektifikation abscheidende Wasser fließt nach unten, sammelt sich im unteren Kolonnenteil und wird durch ein Rohr wieder einem der Oberböden der Entgeistungskolonne *A* zugeführt. Die gereinigten Methylalkoholdämpfe gelangen in den Dephlegmator *M*, werden zum Teil niedergeschlagen und fließen als Kondensat in die Kolonne *C* zurück. Der nicht kondensierte Anteil durchströmt den Kühler *N*, wird hier kondensiert und, da er acetonhaltig ist, nach dem Oberteil der Kolonne *B* geführt.

Der Methylalkohol wird entweder von den oberen Böden der Kolonne *C* oder von dem Dephlegmator *M* abgenommen, durchströmt den Röhrenkühler *C* und fließt aus dem Ablaufkörper in den Stapelbehälter. Bei einigen Kolonnen findet sich auch die Einrichtung, die Öle in Dampfform oberhalb der Böden abzunehmen, sie durch einen kleinen Kühler zu schicken und durch Schaugläser sichtbar zu machen, um einen Indikator für die gute Wirkung der Kolonne zu haben.

Der mittels des Apparates Abb. 83 hergestellte Alkohol kann einen Prozentgehalt bis 99% zeigen und läuft mit einer Stundenleistung von 15—20 Gallonen.

Methyl-Aceton und Methylalkohol werden jede Stunde geprüft auf Temperatur, Mischbarkeit mit Wasser und spez. Gewicht. Ferner werden jede Stunde 10 cm^3 abgezogen, aus ihnen ein Durchschnittsmuster für 12 Stunden zusammengestellt und im Laboratorium untersucht.

Das Simon-Carves-(Camus-Duchemin-)System.

Es handelt sich bei diesem System nicht nur um die Abscheidung und Weiterverarbeitung des Holzgeistes, sondern auch um die Behandlung der Schwelgase bis zur Herstellung der Calciumacetatlösung. Wenn auch im großen und ganzen die Operationen ähnlich denen sind, wie wir sie vorher beschrieben haben, so finden sich doch eine ganze Menge Unterschiede. Einer der hauptsächlichsten liegt in der streng durchgeführten Zweiteilung der ganzen Aufbereitungsanlage, so daß der eine Teil gereinigt werden kann, während der andere sich in Betrieb befindet. Auch die Abscheidung des Teeres aus den verschiedenen Flüssigkeiten geschieht sorgsamer und nach besonderem Verfahren. Abweichend von den bis jetzt beschriebenen ist auch die Aufbereitung eines Teiles des rohen Holzessigs direkt auf Methylacetat.

Abb. 84 zeigt ein Diagramm der Anlage. Die Retortengase treten zuerst in den bereits beschriebenen Teerscheider *A*, von welchem zwei parallel geschaltete vorhanden sind. Durch Umführungsleitungen kann jeder Zeit einer zwecks Reinigung ausgeschaltet werden, während der andere arbeitet. Der aus den Teerscheidern abfließende Teer im Betrage von ungefähr 5% des Holzgewichtes kann entweder einer Nachbehandlung zwecks Gewinnung der in ihm enthaltenen Essigsäure unterzogen oder sofort als Brennmaterial unter den Retorten verwendet werden. Die aus dem Teerscheider kommenden Dämpfe treten mit einer Temperatur von ungefähr 100° in den unteren Teil des Flüssigkeitswaschers *B* ein, von welchem sogar drei vorgesehen sind, einer davon zur Reserve. Die Wascher sind ähnlich dem Teerscheider konstruiert, nur enthalten sie eine größere Zahl von Glockenböden. Die vom Boden der Wascher abfließende Flüssigkeit, welche ungefähr 20% des Gesamtdestillates beträgt und etwa 30% der Gesamtessigsäure sowie eine nicht unbeträchtliche Menge Teer enthält, wird in hölzernen Bottichen *C* aufgefangen, eine Zeitlang dem Absetzen überlassen, damit der nicht gelöste Teer sich ausscheiden kann, und dann in die Methylacetatstation gepumpt. Die aus dem Wascher austretenden Dämpfe strömen durch einen niedrigen Röhrenkühler *D*, der wie ein Dephlegmator wirkt und einen Teil der Dämpfe kondensiert, die in den Wascher *B* zurückgeleitet werden. Die Dämpfe

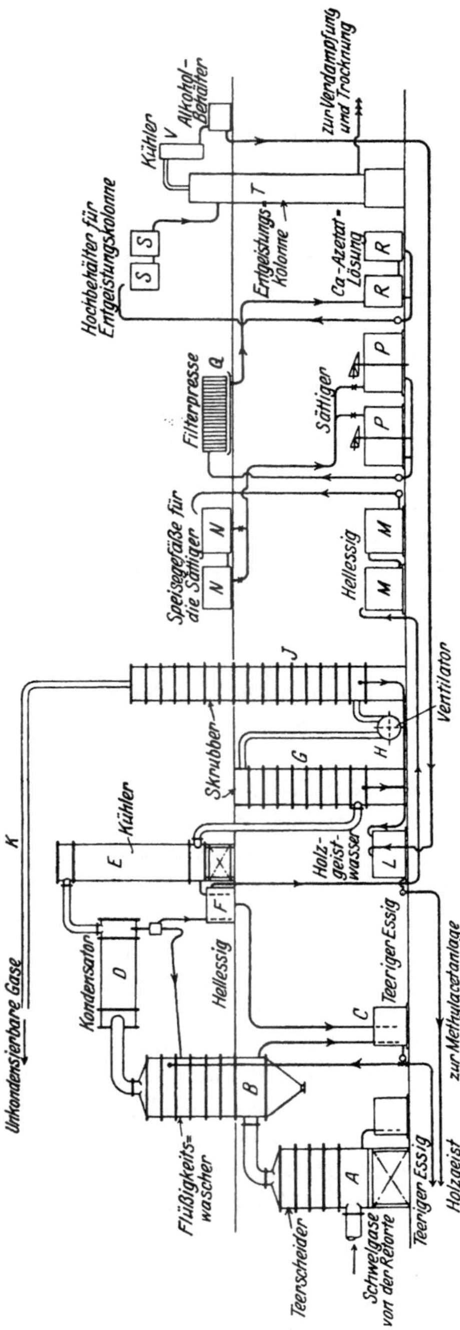

Abb. 84. Diagramm des Simon-Carves-(Camus-Duchemin-)Systems für die Aufarbeitung von Retortenschwelgasen auf Rohholzessig und Calciumacetatlösung.

aus *D* gelangen nach *E*, einem stehenden Röhrenkühler, der sie kondensiert und kühlt und in Tank *F* austreten läßt. Eine Zweigleitung vom Rücklaufrohre des Dephlegmators *D* gestattet, einen Teil des von diesem ablaufenden Kondensates ebenfalls dem Tank *F* zuzuführen. Die hier aufgefangene Flüssigkeit ist praktisch frei von Teer und Ölen und enthält den gesamten Methylalkohol und alles Aceton mit Ausnahme der geringen Mengen, die die unkondensierbaren Gase mitnehmen. Um diese den Gasen zu entziehen, leitet man die letzteren durch den Skrubber *G*, der eine Anzahl gußeiserner Waschböden enthält, die mit Wasser berieselt werden, und zwar mittels einer Verteilungsvorrichtung im oberen Teil des Skrubbers. Die gewaschenen Gase werden von dem Ventilator *H* angesaugt und durch einen ähnlichen Skrubber *J* gedrückt, in welchem sie von den letzten Spuren flüchtiger Produkte befreit und durch die Gasleitung *K* den Retortenfeuerungen zugeführt werden. Das Waschwasser von *G* und *J* läuft in den Tank *L*.

Der Hellessig aus dem Bottich *F* fließt in die Absatzbottiche *M*, wo etwa mitgerissene Öle Gelegenheit finden, sich abzusetzen und entfernt werden können. Eine Pumpe schafft die Flüssigkeit dann in die Hochreservoire *N*, von denen aus die Neutralisationsbottiche *P* gefüllt werden. Diese sind hölzerne Bottiche mit Rührwerk, ähnlich den früher beschriebenen, nur daß die Flügel aus Bronze bestehen und die hölzerne Rührwelle durch eine kupferne Hülse geschützt ist. Gasdichte hölzerne Deckel, mit Kupferblech beschlagen und mit einem kleinen kupfernen Kühler versehen, sollen jegliche Verluste von Methylalkohol und Aceton verhüten.

Nach der Neutralisation wird die neutralisierte Flüssigkeit durch die Filterpresse gedrückt, die alle suspendierten Teile entfernt und die Stelle der Absatztanks und Schlammwaschbehälter der früheren Systeme übernimmt. Von der Filterpresse *Q* fließt die Lösung den Stapelbehältern *R* zu und wird von hier nach den Hochreservoiren *S* gepumpt, die zugleich als Speisetanks für eine einsäulige, kontinuierlich arbeitende Kolonne *T* dienen. Die letztere ist aus Gußeisen konstruiert und ähnelt den schon beschriebenen. Alle leichter flüchtigen Bestandteile werden abgetrieben, im Kühler *V* kondensiert und gekühlt und fließen dem Behälter *L* zu. Von hier aus werden sie nach der in einem besonderen Teile des Aufbereitungshauses liegenden Reinigungsstation gepumpt.

Der zur Aufarbeitung dienende Apparat ist ganz ähnlich dem vorher beschriebenen konstruiert, nur verarbeitet er nicht eine Calciumacetatlösung, sondern Holzgeistwasser. Die Calciumacetatlösung aus dem unteren Teil der Kolonne *T* fließt nach dem Stapelbehälter und ist fertig zur Konzentration und Weiterverarbeitung auf Graukalk.

Die Abb. 85 gibt die allgemeine Anordnung des kontinuierlich arbeitenden Kolonnensystems wieder.

Abb. 85. Kontinuierlich arbeitender Kolonnenapparat (Simon-Carves. Ltd.).

Das Barbet-System.

In diesem verkörpern sich die neuesten Entwicklungen sowohl in bezug auf Konstruktion als auch Anordnung der Apparatur für die Aufarbeitung der Schwelgase zwecks Reinigung und Gewinnung wertvoller handelsüblicher Produkte. Es gleicht in mancher Hinsicht dem

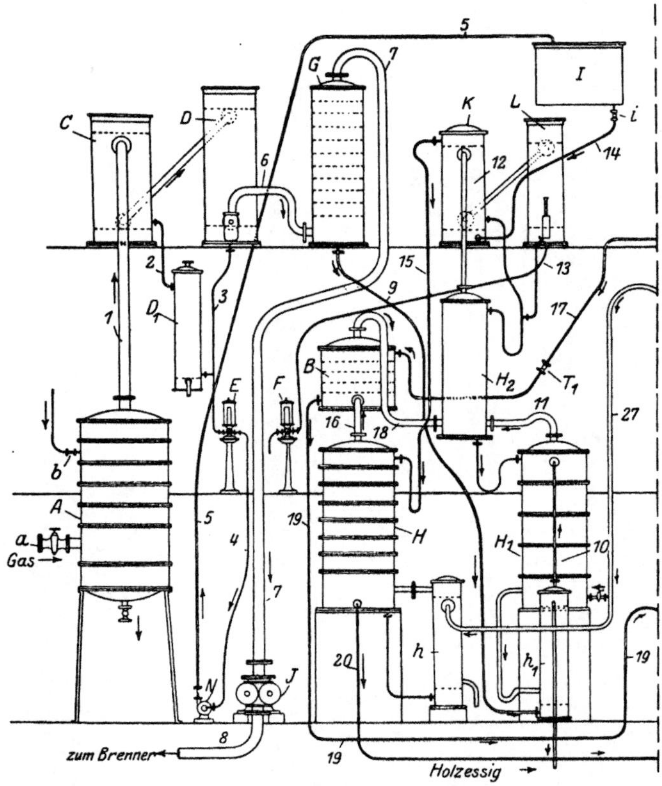

Abb. 86a. Diagramm eines Barbetschen Rektifikationssystems.

vorher beschriebenen, unterscheidet sich von ihm jedoch hauptsächlich durch konsequentere Durchführung.

Ein schematisches Bild der Apparatur geben die Abb. 86a und 86b.

Die Schwelgase treten durch das Ventil *a* in den Teerscheider *A*, wie er auf Seite 185 abgebildet und beschrieben ist (s. Abb. 66 und 67). Von *A* gelangen die Dämpfe durch das Rohr 1 in den Kondensator *C*, der mit einem zweiten *D* verbunden ist. Der größte Teil der Dämpfe wird in *C* kondensiert und fließt durch das Rohr 2 in den Kühler D_1. Was der Kondensation in *C* entgeht, wird in *D* niedergeschlagen, fließt durch das Rohr 3 und erscheint mit dem Kondensat von D_1 in dem Ablaufkörper E, von welchem es durch das Rohr 4 der Pumpe N zugeleitet wird, die es in das Hochreservoir I befördert. Die nicht kondensierbaren Gase strömen, nachdem sie den Kondensator D passiert haben, durch das Rohr 6 in den Skrubber G, wo sie in bekannter Weise mit Wasser gewaschen werden. Die gewaschenen Gase verlassen G durch Rohr 7, werden durch den Ventilator J angesaugt und in die Hauptleitung gedrückt, die sie den einzelnen Retortenfeuerungen zuführt. Das aus dem unteren Teil von G abfließende Waschwasser enthält ungefähr 1—2%

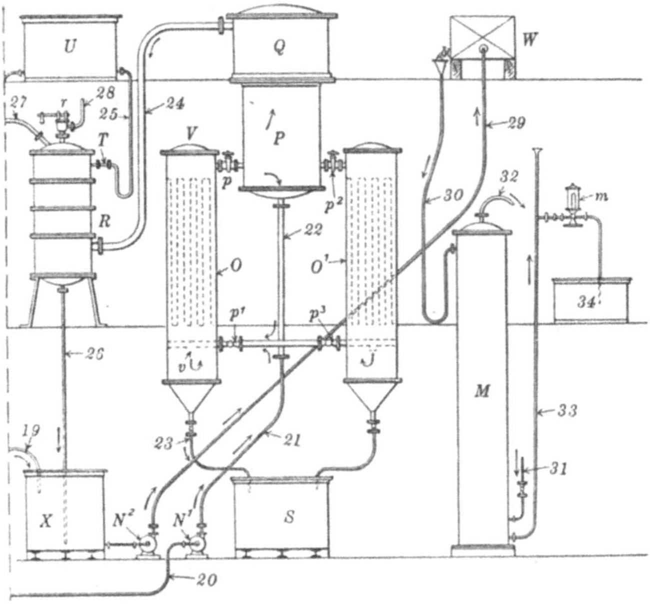

Abb. 86b. Fortsetzung von Abb. 86a.

Methylalkohol und Spuren Aceton. Rohr 9 leitet es zu dem Vorwärmer h_1, den es durch Rohr 10 verläßt, um in einen der oberen Böden der Kolonne H_1 einzufließen. Hier findet die Trennung von Wasser statt und der Methylalkhol verläßt in Dampfform, gemischt mit etwas Wasserdampf, die Kolonne durch das Rohr 11, um in der kleinen Rektifizierkolonne H_2 einer weiteren Konzentration unterworfen zu werden. Die nun praktisch wasserfreien Dämpfe treten in den Dephlegmator K durch das Rohr 12 ein. Ein Teil wird kondensiert und fließt als Rücklauf der Kolonne H_2 wieder zu. Der unkondensierte Anteil gelangt nach dem Kondensator (Kühler) L und von hier durch Rohr 13 nach dem Ablaufkörper (Eprouvette) F. Das Abwasser von H_1 durchströmt den Vorwärmer h_1 und fließt in die Abwasserleitung.

Der in Tank I gespeicherte Holzessig gelangt durch das Rohr 14 in den Dephlegmator K (der Zufluß wird durch den kleinen Hahn i eingestellt) und dient hier als Kühlflüssigkeit für die aus der Kolonne H_2 kommenden Dämpfe, wird dadurch vorgewärmt und verläßt K durch das Rohr 15, das zu den oberen Böden der Entgeistungskolonne H führt. An diesem Punkt unterscheidet sich das Barbet-System von den anderen bisher besprochenen, indem die leichter flüchtigen Bestandteile des Holzessigs vor der Neutralisation abgetrennt werden. Die Trennung findet statt in der Kolonne H. Da jedoch die aus ihr austretenden Dämpfe merkliche Mengen Essigsäure enthalten, so werden sie durch das Rohr 16 in die kleine Glockenkolonne B geschickt, in welcher ihnen eine geringe Menge Kalkmilch aus dem Kalkmilchbehälter U (Abb. 86b), der mit B durch das Rohr 17 verbunden ist, entgegenrieselt. Der Hahn T_1 reguliert den Zufluß der Kalkmilch. Die Essigsäure wird neutralisiert und die säurefreien Alkoholdämpfe gelangen durch das Rohr 18 in die Kolonne H_2, wo sie zusammen mit den aus H_1 kommenden einer Rektifikation unterworfen werden. Die Acetatlösung aus B fließt durch Rohr 19 in den Acetatbehälter X (Abb. 86b), wo sie mit der in einer späteren Operation hergestellten Acetatlösung gemischt wird.

Der so von Methylalkohol und Aceton betreite Holzessig wird mittels der Rohrleitung 20 und der Pumpe N_1 aus dem Unterteil der Kolonne H abgezogen.

Abweichend von den bisher beschriebenen Verfahren findet die Neutralisierung des Holzessigs in Dampfform statt. Die Pumpe N_1 schafft die heiße Flüssigkeit in die Verdampfer O oder O_1, kupferne zylindrische Gefäße mit konischem Boden und ausgerüstet mit senkrechten Rohrbündeln. Nur einer von ihnen befindet sich zur Zeit in Betrieb, während der zweite gereinigt und zum Umschalten bereit gehalten wird, falls der erste verteert ist. Der Zufluß des Holzessigs zu dem Verdampfer O wird durch die Hähne p und p_1 und zu O_1 durch die Hähne p_2 und p_3 reguliert. Die durch Heizdampf bewirkte intensive Verdampfung preßt die Flüssigkeit mit großer Geschwindigkeit durch die Rohre und schleudert eine Mischung von Dampf und Flüssigkeit in den Scheider P.

Die Flüssigkeit läuft durch das Rohr 22 in den unteren Teil von O zurück, wird gegen den konischen Boden geschleudert und in Drehung versetzt, die das Abscheiden des Teeres begünstigt. Durch den Hahn 23 wird der Teer in den Sammelbehälter S abgelassen. Die hohe Geschwindigkeit der Flüssigkeit in den Rohren verhindert eine schnelle Verteerung derselben. Sobald diese jedoch eintritt, wird der Apparat außer Betrieb gesetzt und O_1, der inzwischen gereinigt ist, eingeschaltet. Die Reinigung erfolgt durch Abheben des Deckels V auf einfachste Weise, während der Apparat noch heiß ist. Der Scheider P enthält in seinem oberen Teil einen Schaumfänger Q, so daß die ihn verlassenden Dämpfe fast vollständig von Teer befreit in den Neutralisator *R* durch das Rohr 24 einströmen.

Der Neutralisator ist ganz ähnlich dem Teerscheider gebaut, nur dienen die beiden unteren Böden zur Waschung der Dämpfe mit Wasser, um die letzten Teerreste zu entfernen. Das Teerwasser läuft durch ein am Boden des Neutralisators befindliches kleines Syphonrohr (in der Zeichnung nicht angegeben) ab. Durch das Rohr 25 fließt aus dem Behälter *U* Kalkmilch durch den Hahn *T*, der den Zufluß regelt, auf den obersten Boden von *R*. Die gebildete Acetatlösung verläßt *R* durch das Rohr 26 und gelangt in den Acetatbehälter *X*. Die Neutralisation wird bei ungefähr 100° C ausgeführt und die Dämpfe verlassen den Apparat durch das Rohr 27, an welchem sich ein Probierhähnchen befindet, durch das mittels Lackmuspapier ein eventueller Säuregehalt festgestellt werden kann. Ist Säure vorhanden, so wird der Zufluß der Kalkmilch vermehrt, bis die Dämpfe neutral reagieren. Sie werden der Heizschlange der Kolonnen *H* und H_1 zugeleitet. *R* ist mit einem Sicherheitsventil *r* versehen, das bei ca. $^1/_{10}$ Atm. abbläst.

Die Pumpe N_2 pumpt die Acetatlösung aus dem Tank *X* durch die Rohrleitung 29 in die Filterpresse *W*, in welcher der Schlamm zurückbleibt. Die von der Filterpresse abfließende Lösung, welche immer noch einige teerige und andere organische Verunreinigungen enthält, fließt durch das Rohr 30 dem Reiniger *M* zu, in dem die letzten Spuren der Verunreinigungen durch ein Lösungsmittel[1]) entfernt werden, und zwar hat sich Kresol für diesen Zweck am besten bewährt. *M* ist gefüllt mit Porzellankugeln, Quarz- oder Koksstücken, die von einer perforierten eisernen Platte getragen werden.

Kresol fließt durch das Rohr 31 in Höhe der Tragplatte, die Calciumacetatlösung nahe dem Deckel des Apparates ein. Da die letztere ein höheres spezifisches Gewicht hat als Kresol, sinkt sie zu Boden, während das Kresol, sie durchdringend, nach oben steigt und auf seinem Wege Teer und andere Unreinigkeiten löst. — Der Prozeß verläuft nach dem Gegenstromprinzip, derart, daß frisches Kresol bei seinem Eintritt in den Boden von *M* bereits vorgereinigte Acetatlösung antrifft, während die einfließende Lösung mit Kresol zusammentrifft, das schon Teer enthält. Auf diese Weise wird die benötigte Kresolmenge auf ein Minimum herabgedrückt. Oberhalb der eintretenden Lösung sowie unterhalb des Kresolzuflusses befindet sich genügend Raum, um zu verhindern, daß die Acetatlösung Kresol und umgekehrt das Kresol Acetatlösung mitreißt. Das teerhaltige Kresol fließt durch das Rohr 32 in einen Behälter, der es einer Destillationsblase zuführt. Der beim Destillieren verbleibende teerige Rückstand wird mit Wasser ausgewaschen, um

[1]) Barbet: U. S. P. Nr. 1371460.

etwa doch mitgerissene geringe Mengen Acetat zu gewinnen. Das Waschwasser geht in den Betrieb zurück. Die Acetatlösung verläßt den Reiniger durch das Rohr 33, durchströmt eine Eprouvette und das Schauglas *m* und fließt in den Stapelbehälter 34, aus welchem es in die Konzentrations- und Trocknungsstation gelangt.

Der aus der Eprouvette *F* abfließende Methylalkohol wird Stapelbehältern zugeführt und von diesen in das Hochreservoir des Alkoholrektifizierapparates gepumpt. Die Ausführung der Rektifikation wird im nächsten Kapitel beschrieben.

Bei einer vereinfachten Form des vorher beschriebenen Systems werden die aus dem Teerscheider kommenden Dämpfe direkt neutralisiert und die erhaltene Calciumacetatlösung durch die Filterpresse geschickt. Ihr verhältnismäßig hoher Gehalt an teerigen und öligen Stoffen verbietet jedoch eine Weiterbehandlung nach Abb. 86b und sie wird daher meistens so, wie sie aus der Filterpresse kommt eingedampft und getrocknet und gibt einen sehr guten Braunkalk, während die Dämpfe aus dem Neutralisator nach der Kondensation Holzgeist wasser darstellen, das in Kolonnenapparaten weiterverarbeitet wird.

Die Neutralisation der Essigdämpfe vor ihrer Kondensation, d. h. ohne Herstellung von Holzessig, ist auch schon von anderer Seite beschrieben. So läßt z. B. Poor[1]) die heißen Schwelgase in ein von einem Behälter umgebenes Rohr strömen und gleichzeitig durch eine Düse fein verteilte Kalkmilch zufließen. Die Calciumacetatlösung sammelt sich am Boden und wird solange in Zirkulation gehalten, bis sie neutralisiert ist. Dann zieht man sie ab und preßt frische Kalkmilch ein. Die unkondensierten holzgeisthaltigen Dämpfe treten durch einen am Deckel des Gefäßes befindlichen Stutzen aus.

Andere Arbeitsweisen.

Von Gendreau[2]) wird ein Apparat für die kontinuierliche Neutralisation des Rohholzessigs beschrieben, in welchem der Essig über eine schiefe Ebene läuft, die von außen beheizt wird. Essigsäure, Methylalkohol, Aceton usw. verdampfen und steigen in einer zweiten geneigten Kammer empor, in welcher ihnen Kalkmilch entgegenrieselt. Die ausdestillierte teerige Flüssigkeit und die Kalkacetatlösung sammeln sich an der tiefsten Stelle der entsprechenden Kammern und werden getrennt abgenommen. Die Holzgeistdämpfe treten am höchsten Punkt der Kammer aus und werden kondensiert. Es soll ein fast teerfreies Acetat erhalten werden.

In ähnlicher Weise wirkt das früher viel angewandte Dreiblasensystem. Der rohe Holzessig wird in einer kupfernen Blase destilliert und

---

[1]) E. P. Nr. 139237. [2]) U. S. P. Nr. 1276643.

die Dämpfe werden durch eine bzw. zwei hintereinander geschaltete Kalkmilchvorlagen geleitet und die aus den Vorlagen tretenden Dämpfe kondensiert. Die Sudenburger Maschinenfabrik[1]) und andere verwenden ein Tripleeffet als Verdampfungsapparat, bei dem der erste Körper unter einem Druck von 550 mm Quecksilbersäule arbeitet und mit Calciumacetatlösung gefüllt ist. — Der zweite und dritte Körper enthalten Rohholzessig und stehen unter einem Druck von 200 bzw. 160 mm. Die aus dem dritten Körper entwickelten Dämpfe gelangen zur Kondensation und Kühlung. Der Apparat dient also sowohl zur Destillation von Rohholzessig zwecks Entfernung des Teeres, als auch zur Konzentration der Calciumacetatlösung, deren Dämpfe das Heizmittel für den zweiten Körper darstellen.

Campbell[2]) beschreibt einen Apparat, in welchem der Holzgeist in einer Entgeistungskolonne ausgetrieben wird. Die Acetatlösung fließt aus dem Unterteil der Kolonne ab und wird in Absatzbottiche gepumpt, aus welchen sie kontinuierlich einem Verdampfer zufließt. Die bei der Konzentration sich entwickelnden Dämpfe werden zur Beheizung der Kolonne benutzt. Durch Schwimmerventile usw. wird erreicht, daß Zu- und Abfluß der Kolonne im richtigen Verhältnis stehen. Außerdem sind Anordnungen getroffen, um jederzeit den Holzgeist in die Kolonnen zurückfließen zu lassen, falls er zu niedrigprozentig sein sollte. Dampfregulatoren zwischen Verdampfer und Heizvorrichtung der letzteren sichern die gleichmäßige Zuführung von Heizdampf zu der Kolonne und es wird angegeben, daß der gesamte Prozeß der Entgeistung und der Konzentration sich vollkommen automatisch und kontinuierlich abspielt.

C. Die Herstellung von Calciumacetat, gereinigtem Holzgeist, Reinmethylalkohol, gereinigtem Holzterpentinöl und Kienölen.

Bei der Beschreibung der verschiedenen Arbeitsweisen zur Trennung der Calciumacetatlösung von den flüchtigen Produkten fanden wir, daß eine dieser Methoden die Herstellung von gereinigtem Holzgeist und die andere die eines hochgrädigen Methylalkoholes erlaubte. In jenen Anlagen jedoch, die keine kontinuierlich arbeitenden Trennungsapparate verwenden, sondern den Holzgeist in einfachen Destillationsblasen abtreiben, muß letzterer besonders aufgearbeitet werden. Hierzu stehen zwei Apparattypen zur Verfügung: der kontinuierlich mit mehreren Kolonnen arbeitende Rektifizierapparat und die einfache Rektifizierkolonne in Verbindung mit einer Blase, die periodisch betrieben wird.

[1]) D.R.P. Nr. 193382. [2]) U. S. P. Nr. 1192987.

Der kontinuierlich arbeitende Rektifizierapparat.

Es gibt verschiedene Konstruktionen dieses Typs. Die auf Abb. 87 abgebildete schematische Darstellung betrifft den Barbet-Apparat, welcher Reinmethylalkohol von 99,5—99,9% mit einem Höchstgehalt an Aceton von 0,1% erzeugt. Der auf etwa 10% verdünnte Rohholzgeist fließt durch das Rohr *a* auf den oberen Boden der Entgeistungskolonne *A*, die durch direkten Dampf beheizt wird.

Die aus *A* austretenden Dämpfe treten in das Unterteil der Rektifizierkolonne *B*, die mit einem Dephlegmator *C* versehen ist. In *B* findet

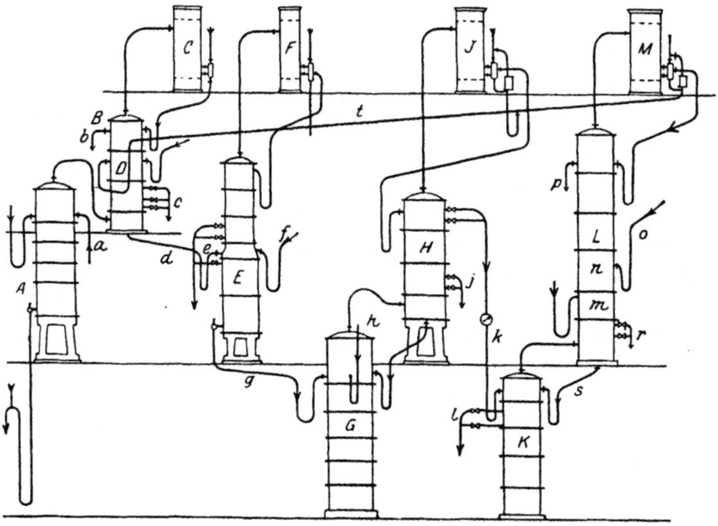

Abb. 87. Kontinuierlich arbeitender Rektifizierapparat für die Herstellung von reinem Methylalkohol (System Barbet).

eine teilweise Abscheidung des Methyl-Aceton statt, das von dem oberen Boden dieser Kolonne durch Rohr *b* abgenommen wird. Die unteren Böden sind mit Ablaufstutzen *c* versehen, die zum Abziehen der Öle dienen. Da diese immer Methylalkohol enthalten, werden sie mit Wasser gewaschen, darauf vom Waschwasser getrennt und das letztere der Kolonne wieder zugeführt. Ungefähr in der Mitte der Kolonne fließt ihr verdünnte Schwefelsäure zu, um die aufsteigenden Dämpfe von basischen Substanzen, wie Pyridin und Methylamin, zu befreien. Das Kondensat aus *B* mit ungefähr 15—20% Methylalkohol läuft durch Rohr *d* in Kolonne *E*, wo eine weitere Abscheidung des Methyl-Aceton stattfindet.

Die in der Kolonne zirkulierende Flüssigkeit wird nach Bedarf mit Kondenswasser verdünnt, um die Abscheidung der Öle zu erleichtern, und diese werden von den unteren Böden des Kolonnenoberteils durch

Rohr *e* abgezogen. *F* ist der Dephlegmator. Das Lutterwasser von *E* gelangt durch *g* in die Auskochkolonne *G*, die den größten Teil des Wassers abtrennt und die Dämpfe in die Rektifikationskolonne *H* schickt, deren Kondensat wieder auf den oberen Boden von *G* zurückfließt. Hier wird es mit einer verdünnten Lösung von Natriumhydroxyd behandelt, die durch Rohr *h* zugeführt wird, um etwa noch vorhandene Ester zu verseifen, Spuren Säure zu neutralisieren und die Aldehyde zu polymerisieren, die sich als schwere Öle ausscheiden. Zu der Kolonne *H* gehört der Dephlegmator *J*. Methylalkohol mit nicht mehr als 1% Aceton wird von den oberen Böden von *H* abgenommen, die Öle werden durch Rohr *i* entfernt. Der Methylalkokhol fließt durch Rohr *k* und gelangt in das letzte Rektifikationssystem, bestehend aus der Auskochkolonne *K* und der Rektifikationskolonne *L*. In *K* findet eine erneute Verdünnung mit Wasser statt. Die sich abscheidenden Öle laufen bei *l* ab. Kolonne *L* besteht aus drei Abteilungen. Im unteren Teil *m* findet eine Behandlung der aus *K* kommenden Dämpfe mit verdünnter Schwefelsäure statt, ähnlich wie in *B*, woran sich in Abteilung *n* eine solche durch verdünnte Natriumhypochloritlösung, die durch *o* zugeführt wird, anschließt. Nach endgültiger Rektifikation im oberen Teile von *L* wird der nun reine Methylalkohol bei *p* abgenommen. Für den nötigen Rücklauf sorgt der Dephlegmator *M*. Das Lutterwasser gelangt vom Unterteil von *L* durch Rohr *s* nach *K*, etwa noch sich abscheidende Öle verlassen den Apparat bei *r*. Die Dephlegmatoren *F*, *J* und *M* sind mit einer besonderen Rohrleitung *t* versehen, die dazu dient, einen Teil der Kondensate nach *B* zurückzuschicken. Diese Anordnung ist nötig, denn derartig komplizierte Apparate sind selbst geringen Änderungen der Arbeitsbedingungen gegenüber äußerst empfindlich. Temperaturen, Geschwindigkeiten der Dämpfe und Flüssigkeiten, Zusammensetzung der einlaufenden Lösung und der Kondensate müssen sehr sorgfältig überwacht werden, wenn wirklich zufriedenstellende Resultate erzielt werden sollen. Genügt doch schon die unachtsame Bedienung eines einzigen Dampfventiles, um den Gleichgewichtszustand des gesamten Systems zu stören. In solchen Fällen sowie bei Inbetriebsetzung der Apparatur ist es von Vorteil, die Möglichkeit zu haben, die erzeuten Kondensate der ersten Kolonne wieder zuführen zu können, bis ein gleichmäßiger Gang erreicht ist. — Mit der oben beschriebenen Apparatur gelingt es, eine Ausbeute von 30—40% Reinmethylalkohol zu erzielen bei einem Dampfverbrauch von 77—86 lbs. pro Gallone Rohholzgeist, berechnet auf 100%, und einen Gesamtwasserverbrauch von 80 Gallonen.

Die einfache Kolonnenblase.

Sie findet ausgedehnte Verwendung für die Rektifikation des Rohholzgeistes, trotzdem sie periodisch und mit bedeutend geringerer Wirtschaftlichkeit arbeitet als die vorher beschriebene Apparatur. Die Vorteile, die sie bietet, sind folgende: Erstens ist sie einfach in der Konstruktion und infolgedessen billig in der Anschaffung. Zweitens kann sie Rohmaterial von verschiedener Zusammensetzung verarbeiten, während, wie wir oben gesehen haben, die kontinuierlich arbeitenden Systeme nur für ein ganz bestimmt zusammengesetztes konstruiert sind und ihre Verwendung für andere Zwecke oft einschneidende Konstruktionsänderungen bedingt.

Allerdings wird sich auf einer Kolonnenblase nie eine gleich scharfe Trennung erreichen lassen. Ganz gleich, wie sorgsam auch die Rektifikation vorgenommen wird, das Ergebnis ist nie ein Reinmethylalkohol von 99% und es bedarf mehrerer nachfolgenden Rektifikationen, um zu diesem Produkt zu gelangen.

Abb. 88 bringt die Abbildung eines solchen Apparates, dessen Größenverhältnisse selbstverständlich von den Anforderungen, die an das Fertigprodukt gestellt werden, und der in der Zeiteinheit zu verarbeitenden Menge Ausgangsmaterial abhängen.

Ein Apparat mit einer Leistung von 700—800 Gallonen pro Charge hat ungefähr folgende Abmessungen:

Höhe der Blase *A* vom Boden bis zur Unterkante des konischen Deckels *C*	5 Fuß
Durchmesser	6 „
Höhe der Glockenkolonne *B*	12—18 „
Durchmesser der Glockenkolonne *B*	15—18 Zoll
Höhe des Dephlegmators *D*	6 Fuß
Duschmesser des Dephlegmators *D*	18 Zoll
Höhe des Kühlers *E*	9 Fuß
Durchmesser des Kühlers *E*	15 Zoll

Die Blase *A* besteht aus Gußeisen und ist mit einer Heizschlange, einem zweizölligen Dampfzuführungsstutzen nebst entsprechendem Ventil *s*, einem dreizölligen Ablaßstutzen *p* und einem Flüssigkeitsstand *g* versehen. Am Deckel *C* befindet sich ein Mannloch *m* und ein Sicherheitsventil *v*. Das Baumaterial der Kolonne *B* ist Kupfer. Von ihrem Deckel führt ein dreizölliges Übersteigrohr *a* zu dem Dephlegmator *D*, von diesem ein Rücklaufrohr *r* zu den oberen Böden von *B*. Dephlegmator und Kühler sind durch ein $2^1/_2$zölliges Rohr *b* verbunden. *c* stellt die Wasserzuführung dar. Das im Kühler *E* vorgewärmte Kühlwasser wird zur Speisung des Dephlegmators benutzt. Das Destillat tritt bei *e* aus dem Kühler und fließt durch ein Schauglas (nicht abgebildet), welches den Verlauf der Rektifikation zu beobachten gestattet. Von Zeit zu Zeit werden Muster gezogen und untersucht.

Die Verarbeitung einer Charge Rohholzgeistwasser von — sagen wir — 10—20% geht wie folgt vor sich: Die Blase wird mittels Pumpe, Montejus usw. durch das Mannloch *m* gefüllt, dieses verschlossen und Dampf

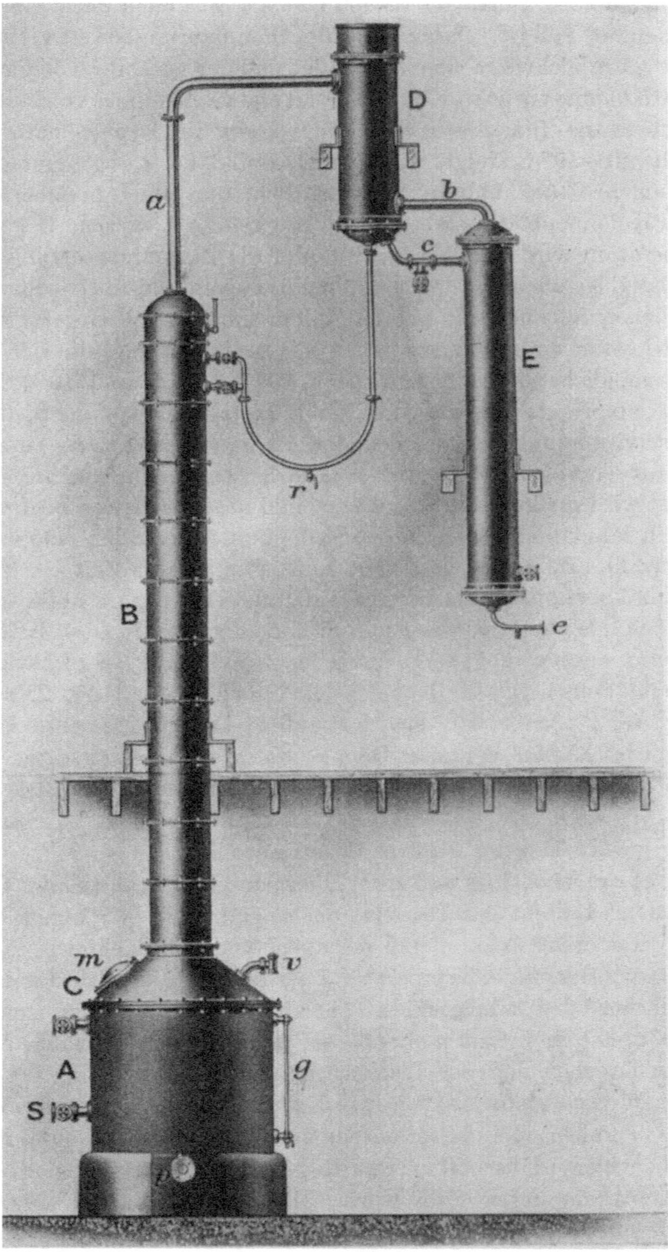

Abb. 88. Kolonnenblase mit Rektifizierkolonne (Blair, Campbell & Mc Lean, Glasgow).

angestellt, bis der Inhalt ins Sieden gelangt, was nach ungefähr $1^1/_2$ bis 2 Stunden der Fall ist. Darauf wird die Dampfzufuhr soweit vermindert, daß nur ganz leichtes Sieden stattfindet und das gesamte Kondensat aus D in die Kolonne zurückfließt. Während eines Zeitraumes von 2 Stunden, in welchem die Temperatur des Kühlwassers im Dephlegmator D auf ungefähr 50—55° C steigt, wird kein Destillat bei e abgenommen. Die vollkommene Rückkühlung ist wesentlich, um eine Anreicherung der auf den Kolonnenböden stehenden Flüssigkeit zu bewirken. Gegen Ende der Operation wird die Temperatur und die Zusammensetzung sowohl der Flüssigkeit als auch des Dampfgemisches in und über jedem Boden ausgeglichen sein und die oberen Kolonnenböden sollten jetzt fast nur Methyl-Aceton enthalten von einer Zusammensetzung, die der theoretischen möglichst nahe kommt, d. h. 90% Aceton und 10% Methylalkohol entspricht. Da, wie wir schon ausgeführt haben, der Siedepunkt des Methyl-Acetons und der des Methylalkohols sehr nahe zusammenliegen, so bleibt die Erreichung dieses Idealzustandes ein frommer Wunsch.

Jetzt wird mehr Dampf zugeführt und die Destillation beginnt. Gewöhnlich fängt man, bestimmten Siedepunktsintervallen entsprechend, eine Anzahl Fraktionen gesondert auf. Für längere Zeit ein Destillat von ganz konstanter Zusammensetzung zu erhalten, ist praktisch ganz unmöglich, gleichgültig, wie langsam und sorgsam die Destillation auch ausgeführt werden mag, denn eine jeder periodischen Rektifikation innewohnende Schwierigkeit liegt in der Tatsache, daß die Zusammensetzung des Blaseninhaltes sich fortlaufend ändert. Das erste Destillat erscheint im Kühler bei einer Dephlegmator-Wassertemperatur von ca. 50—55° C. Dann geht Methyl-Aceton mit allmählich sich steigerndem Gehalt an Methylalkohol über, bis die Temperatur 65° erreicht, bei der der größte Teil des Acetons abgetrieben ist.

Wird jetzt vorsichtig weiterdestilliert und im Dephlegmator 65—66° gehalten, so besteht das Destillat aus ungefähr 90—95%igem Methylalkohol mit etwas Aceton und geringen Mengen Aldehyden, Ketonen, Basen usw. Steigt die Temperatur über 66—67°, so wird das Destillat alkoholärmer bei wachsendem Gehalt an Verunreinigungen. Von 75—95° treten mehr und mehr Öle auf und bei ca. 95° wird die Destillation abgebrochen und der Blasenrückstand entfernt.

Die Methyl-Acetonfraktion wird gewöhnlich als solche verkauft, in einigen Fällen auch der erhaltene gereinigte Methylalkohol, der aber meistens einer wiederholten Rektifikation unter Zusatz von Ätzkalk oder Ätznatron unterworfen wird. Hierdurch gelingt es zwar, einen Alkohol von 99% herzustellen, höchst reiner kann jedoch nur durch Behandlung mit Chemikalien, wie Natriumbisulfit, und nochmalige Rektifikation erhalten werden. Im Großbetriebe wird eine derartige chemische Behandlung selten ausgeführt.

Für die Herstellung von Formaldehyd muß ein sehr reiner Methylalkohol angewendet werden, und einen solchen von 99,9% liefern die kontinuierlich arbeitenden Mehrkolonnenapparate.

Die Fraktionen mit höherem Siedepunktsintervall werden gewöhnlich einer nochmaligen Rektifikation in der Kolonnenblase unterworfen, wobei wieder gewisse Mengen Methyl-Aceton und ein gereinigter Methylalkohol gewonnen werden.

Hawley[1]) beschreibt eine Methode, nach welcher der Rohholzgeist der Reihe nach mit konzentrierten Lösungen von Natriumhydroxyd behandelt wird. In diesen ist der Methylalkohol löslich, während Aceton und die übrigen Ketone als auf der Lösung schwimmende Schicht ausgeschieden werden. In gleicher Weise wie der Rohholzgeist können natürlich auch die aus der Kolonnenblase erhaltenen Fraktionen behandelt werden. Um den Methylalkohol aus der Methyl-Acetonfraktion zu gewinnen, wird die letztere viermal der Einwirkung von 30 %iger Natronlauge unterworfen, zuerst mit dreimal benutzter, dann mit zweimal und einmal benutzter und zum Schluß mit frischer Lösung. Die bei der letzten Behandlung abgeschiedene Acetonschicht ist frei von Methylalkohol. Die Methylalkohol enthaltenden Natronlaugen werden abdestilliert und ergeben einen Alkohol, der nur noch geringe Mengen Aceton enthält.

Tabelle 83a. Ausbeuten an rohen und gereinigten Ölen aus 1 Tonne Sumpfkiefer, *Pinus palustris* (Lightwood).

Produkt	Trockene Verkohlung		Dampfdestillationsprozeß	
	Ausbeute in Gals.[2])	Siede-intervalle °C	Ausbeute in Gals.[2])	Siede-intervalle °C
Rohöle	20—67	80—400	4,5—11	154—250
Gereinigtes Holzterpentinöl	3—11	150—180	3,5—9	150—180
Kienöl	1—3	175—250	1—2	175—250
Harzspiritus leicht	1—6	80—150	—	—
Harzspiritus schwer		180—250	—	—
Harzöl	11—36	250—400	—	—

Die Erzeugung von gereinigtem Holzterpentinöl.

Bereits im IX. Kapitel wurde erwähnt, daß die bei der trockenen Destillation des Nadelholzes erhaltenen Destillate bezüglich ihrer Zusammensetzung bedeutend weniger gleichmäßig sind als die aus Laubholz gewonnenen und daß bei der Aufbereitung der Öle nicht auf die Reindarstellung chemisch gut gekennzeichneter Verbindungen gesehen wird. Der Hauptzweck ist vielmehr, ein dem Balsamterpentinöl in chemischer und physikalischer Beziehung möglichst ähnliches Produkt zu gewinnen.

[1]) U. S. P. Nr. 1106707. [2]) U.S. Gallons; s. S. 69.

Das Rohöl aus dem Destillationsprozeß zeigt bedeutende Schwankungen, sowohl in bezug auf Ausbeute als auch Zusammensetzung, die beide abhängen:

1. von der benutzten Holzart;
2. von der Ausführung der Destillation und der dabei angewandten Temperatur.

Um uns im allgemeinen über die Beschaffenheit des zu reinigenden Rohöls zu unterrichten, wollen wir zuerst einige Daten, die auf die oben angegebenen Faktoren Bezug haben, betrachten. Tabelle 83a gibt die ungefähren Ausbeuten an rohem und gereinigtem Öl aus dem besonders harzreichen Holz der Sumpfkiefer[1]) *(Pinus palustris)* wieder, während aus Tabelle 83b die Unterschiede in den Ausbeuten aus magerem und fettem Pitchpineholz[2]) zu ersehen sind.

Tabelle 83b.
Ausbeuten an gereinigtem Öl aus einer Tonne Pitchpineholz.

Produkt	„Fettes" Holz	„Mageres" Holz
Harzspiritus	2,9 Gallons	1,7 Gallons
Gereinigtes Holzterpentinöl	5,6 „	2,9 „
Kienöl	1,6 „	0,6 „
Harzöl	19,0 „	9,1 „

Die Douglasfichte gibt bei der trockenen Destillation pro Tonne ungefähr 1 Gallone Terpentinöl und $^1/_2$ Gallone Kienöl; bei der Dampfdestillation hingegen $1^1/_2$ Gallonen Terpentinöl und $^1/_4$ Gallone Kienöl. Aus der norwegischen Kiefer *(Pinus resinosa)* dagegen lassen sich ungefähr bis 8 Gallonen Terpentinöl und 2 Gallonen Kienöl gewinnen.

Wie man sieht, besteht bei den in Großbetrieben erhaltenen Resultaten ein großer Unterschied sowohl bezüglich der Ausbeuten als auch des Charakters der erhaltenen Öle.

Die Reinigungsmethode beruht im wesentlichen auf einer Destillation, und zwar werden hauptsächlich folgende Fraktionen abgenommen:

1. von 80—150° sog. Harzspiritus;
2. „ 150—175/180° Holzterpentinöl;
3. „ 175/180—240/250° Kienöl;
4. „ 240/250—400° Harzöl.

Das bei der Dampfdestillation erhaltene Rohöl ist vollkommen oder fast vollkommen frei von Harzspiritus und Harzölen, da die nach dem Abdestillieren der Terpene zurückbleibenden Harze nicht zersetzt werden im Gegensatz zu der trockenen Destillation, bei der dies mehr oder weniger stattfindet.

---

[1]) U. S. Dept. of Agric., Bull. 144.

[2]) Lawrence: J. Soc. Chem. Ind. Bd. 37, S. 5. 1918.

In der bis 150° siedenden Fraktion sind gefunden worden: Acetaldehyd, Furan, Isopren, Sylvan, Aceton, Methylacetat, Benzol, Diacetyl, Methyl-Äthylketon, Dimethylfuran, Acetyl-Propionyl, Cyclopentanon, Toluol, Xylol, Pentan und Penten.

Die meisten dieser Verbindungen finden sich in den leichten, niedrig siedenden Anteilen des schwedischen Terpentinöls.

Die Öle mit einem Siedepunktsintervall von 150—180° bestehen hauptsächlich aus α-Pinen, β-Pinen, Camphen, Dipenten, Cineol und γ-Terpinen, während die Kienölfraktionen außer den beiden letzteren Terpenen Fenchylalkohol, Isofenchylalkohol, Borneol, Methyl-Chavicol, Sylvestren, α-Terpineol und Cadinen enthalten.

Die Harzöle bestehen aus Polyterpenen und Zersetzungsprodukten des Harzes, deren Konstitutionen nicht feststehen.

Die in der Praxis angewandten Reinigungsmethoden sind verschieden und passen sich der Beschaffenheit des zu reinigenden Öles an. So wird das beim Dampfdestillationsprozeß gewonnene und das bei der Verkohlung zuerst übergehende durch Dampfdestillation gereinigt, und zwar dient hierzu entweder eine Blase mit einfacher Kolonne, ähnlich wie sie die Abb. 88 zeigt, oder auch nur eine Blase mit Übersteigleitung, Kühler und Vorlagen. Die Destillation wird unter Zugabe von Schnatterdampf ausgeführt. Anfangs geht eine Mischung von Wasser und Terpentinöl im Verhältnis von 50—55% Öl und 45—50% Wasser über. Später tritt eine Zunahme des Wassers und Abnahme des Öles ein. Das auf diese Weise erhaltene gereinigte Terpentinöl ist von guter Qualität und siedet zu 80—90% unterhalb 170° C.

Bei weiter fortschreitender Destillation enthält das Öl mehr und mehr Kienölbestandsteile. Man zieht daher, wenn der Ölgehalt des Wassers anfängt, weniger als 50% zu betragen, eine Mittelfraktion ab, bis der Ölgehalt auf 30% gesunken ist. Wird diese Fraktion nochmals für sich destilliert, so gibt auch sie noch eine gewisse Menge Terpentinöl.

Die dritte und zwar die Endfraktion besteht aus Kienöl und schweren Ölen. Die bei weitem roheren, aus dem Verkohlungsprozeß erhaltenen Öle, besonders wenn, wie oben erwähnt, die zuerst destillierenden Anteile abgenommen sind, werden vor der Destillation einer Behandlung mit Ätznatron unterworfen, um vorhandene Säuren zu neutralisieren, Ester zu verseifen, Aldehyde und Ketone zu verharzen und Phenole zu lösen.

Die Reinigung kann in der Blase selbst vorgenommen werden. Die Mischung von Ölen und Alkalilösung wird durch indirekten Dampf zum Sieden erhitzt und die sich entwickelnden Dämpfe werden nach der Kondensation im Dephlegmator wieder zurückgeleitet. Dann wird in gewöhnlicher Weise rektifiziert bzw. destilliert und die Fraktionen werden in gleicher Art, wie vorher beschrieben, abgenommen. Man kann auch so vorgehen, daß man die Waschung der Öle mit Natronlauge in einem besonderen Gefäß vornimmt und die gewaschenen Öle für sich destilliert. Gebräuchlich ist es auch, die rohen Öle direkt mittels Dampf durch Vorlagen, welche Natronlauge enthalten, zu destillieren. Einen solchen Apparat zeigt Abb. 89.

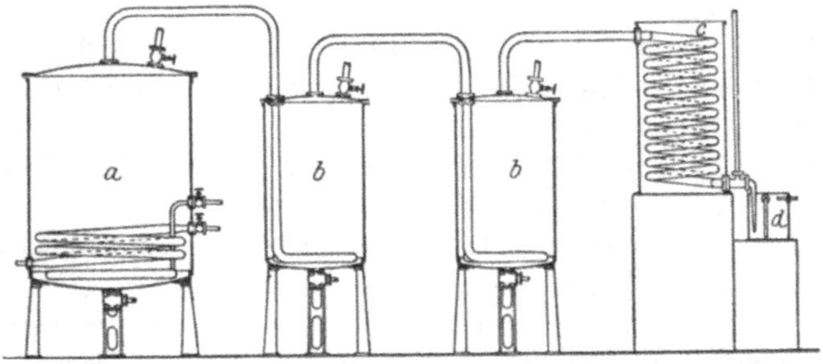

Abb. 89. Blasensystem zur Reinigung von rohem Holzterpentinöl.

Das Rohöl wird in der Blase *a* verdampft und die Dämpfe durch die beiden Vorlagen *b*, welche 10%ige Ätznatronlauge enthalten, geschickt, um in dem Kühler *c* kondensiert zu werden. Das Gemisch von Terpentinöl und Wasser fließt in die als Florentiner Flasche ausgebildete Vor-

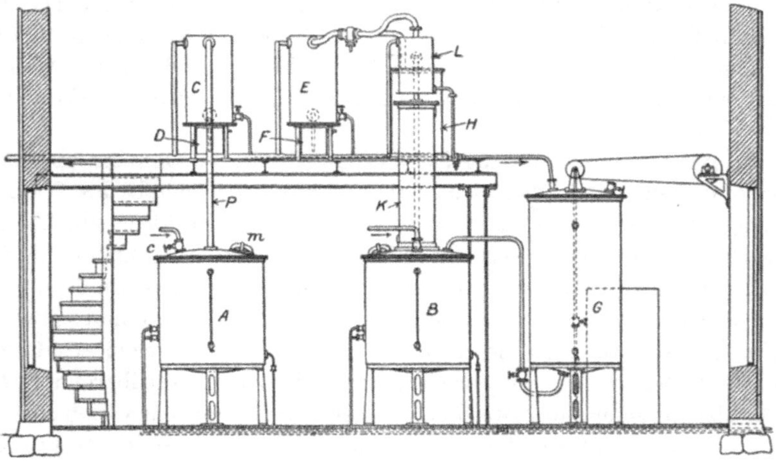

Abb. 90. Reinigungsanlage für rohes Holzterpentinöl (Bergström).

lage *d*, die das Terpentinöl abscheidet, das darauf einer nochmaligen Destillation unterworfen wird.

In Abb. 90 ist eine Reinigungsanlage für die Behandlung des rohen schwedischen Terpentinöls abgebildet.

A ist eine Kupferblase von ungefähr 90 Kubikfuß Fassungsraum mit eingebauter Heiz- und Schnatterschlange. Der Deckel trägt ein Mannloch *m*, eine kupferne Übersteigleitung *P* und einen Füllstutzen *c* mit Hahn oder Ventil. Die Übersteigleitung führt in den Kühler *C*, der mit der Vorlage *D* verbunden ist. Das Destillat besteht aus Rohterpentinöl, Kienöl und Wasser, welches etwas Essigsäure, Methylalkohol usw. enthält. Die Vorlage *D* ist wie eine Florentiner Flasche eingerichtet und läßt die Öle oben und die wässerige Flüssigkeit unten am Boden ausströmen. Die Destillation wird solange fortgesetzt, bis keine Öle mehr übergehen. Der Rückstand in *A* besteht aus entwässertem Teer, dem sog. Kienteer des Handels. Das erhaltene Rohöl wird dann in die Blase *B* eingefüllt, die ganz ähnlich wie *A* konstruiert und nur mit einer kurzen Kolonne *K*, welche 10 Siebböden enthält, und einem Dephlegmator *L* versehen ist, an der sich der Kühler *E* anschließt. Der Dephlegmator besteht aus einem kurzen Schlangenrohr, ähnlich wie der Kühler *E* mit dem Unterschied, daß das Kühlrohr etwas weiter im Durchmesser und kürzer ist.

Die Destillation wird bis zu einer Temperatur von 140° C mit indirektem Dampf und unter Zuhilfenahme der Kolonne *K* ausgeführt und das Kondensat in *F* gesammelt. Es besteht aus sog. Harzspiritus, d. h. einem Gemisch von Holzgeist, Aldehyden, Estern, Ketonen, Terpenen usw. Von 140—185° wird ohne Benutzung der Kolonne destilliert, und zwar unter Einleiten von etwas Schnatterdampf in die Blase. Die Dämpfe durchströmen das Gefäß *H*, welches verdünnte Natronlauge oder Kalkmilch enthält. Das erhaltene Terpentinöl wird darauf in dem kupfernen Wascher *G*, in welchem sich ein Rührwerk befindet, mit starker Natronlauge behandelt. Nach gründlicher Durchmischung läßt man absetzen, entfernt die Natronlauge durch den am Boden befindlichen Ablaßhahn und wäscht das zurückbleibende Öl mit Wasser. Dann folgt noch eine Behandlung mit 60%iger Schwefelsäure, Waschung mit verdünnter Sodalösung und Wasser und eine nochmalige Destillation des behandelten Öles in *B*, bei der die zwischen 150 und 180° C übergehenden Anteile gesondert aufgefangen werden.

Die Zahlen der folgenden Tabelle[1]) zeigen die Unterschiede in den physikalischen Eigenschaften der durch Dampfdestillation und Ver-

Tabelle 84. Eigenschaften der auf verschiedene Weise hergestellten Holzterpentinöle im Vergleich zu echtem Terpentinöl.

Eigenschaften	Durch trockene Destillation gewonnen	Durch Dampfdestillation gewonnen	Echtes Terpentinöl
Spez. Gew. bei 20° C . . .	0,857—0,898	0,859—0,9150	0,8617—0,8889
Drehung bei 20° C	+ 34,4—+ 77,6	+ 16,5—+ 36,14	— 34,8—+ 29,6
Brechungsindex bei 20° C .	1,4666—1,4810	1,4673—1,4755	1,4684—1,4818
Anfangssiedepunkt ° C . .	150—169	153—177	154—159
% Destillat unter 170° C .	0—93	0—95	73—99
% Destillat unter 185° C .	61—97	20—98	88—99

[1]) U. S. Dept. of Agric., Bull. 144.

kohlung gewonnenen Holzterpentinöle nach der Reinigung im Vergleich zu denen des echten Balsamterpentinöles.

Den Einfluß der Temperatur und des angewendeten Verfahrens auf die Zusammensetzung des erzeugten Holzterpentinöls ersieht man aus Tabelle 85.

Tabelle 85. Einfluß der Herstellungsweise auf die Zusammensetzung von Holzterpentinöl.

Prozeß	Maximaltemperatur bei der Herstellung	% Dipenten im gereinigten Öl	% unter 157 °C siedendes Öl unlöslich in NaOH	% Öl löslich in NaOH
Dampfdestillation der Sumpfkiefer: Druck 0,7 Atm. . .	116	Spuren	nichts	nichts
Dampfdestillation: Druck 3,5 Atm. . .	148	ca. 10	nichts	nichts
Verkohlung: 2-Phasenprozeß . .	ca. 200—250	ca. 25	ca. 3	etwas
Verkohlung in einem Gang	ca. 400	ca. 40	ca. 11	etwas mehr

Echtes Terpentinöl enthält nur sehr geringe Anteile schwerer Öle, während sie im Holzterpentinöl in merklicher Menge vorhanden sind. Ebenso fehlt dem echten Dipenten, das einen desto größeren Anteil des Holzterpentinöls ausmacht je höher die Temperatur war, die bei der Destillation des Holzes angewandt wurde. Die Bildung des Dipentens hängt jedoch nicht ausschließlich von der Temperatur ab, denn sonst müßte auch das echte Terpentinöl, das bei der Destillation mindestens einer solchen von 150° C ausgesetzt wird, eine gewisse Menge enthalten. Wahrscheinlich sind an seiner Entstehung bestimmte, im Holz vorhandene Substanzen beteiligt. Das Vorherrschen des Dipentens in dem auf dem Wege der Verkohlung erhaltenen Öl erklärt sich durch die Zersetzung des Pinens bei ungefähr 300° C.

Die Herstellung von trockenem Calciumacetat.

Der Prozeß umfaßt die drei folgenden Operationen:

1. Klärung der entgeisteten Calciumacetatlösung durch Absetzen lassen:
2. Konzentration der blanken Lösung;
3. Fertigtrocknung des Acetates.

1. Klärung.

Sie wird im allgemeinen in eisernen Klärgefäßen ausgeführt, die, falls die nachfolgende Konzentration bei atm. Druck in offenen Pfannen vorgenommen wird, an dem einen Ende des Retortenhauses, und zwar in Höhe der Retorteneinmauerung, aufgestellt sind und die mittels Pumpe oder Dampfdruck befüllt werden (s. Abb. 37). Oder aber die Lösung fließt von der Blase in eine Anzahl Tröge, gewöhnlich 6 von 40 Fuß

Länge, 12 Zoll oberer und 8 Zoll unterer Weite und einer Tiefe von 4—6 Zoll. Sie liegen parallel zueinander, treppenförmig angeordnet, so daß sie nacheinander durchflossen werden. Am Ende befindet sich ein Gefäß von ungefähr 2 Kubikfuß Fassungsraum, in welchem sich der Teer sammelt. Dann erst wird die Lösung den eigentlichen Absatzgefäßen von rechteckigem oder kreisförmigen Querschnitt zugeführt. Für eine tägliche Verarbeitung von 100 Tonnen Holz werden drei dieser Tanks benötigt mit einem Gesamtfassungsvermögen von ungefähr 12—15000 Gallonen. Sie sind durch Siphonrohre miteinander verbunden und die Flüssigkeit durchströmt sie nacheinander. Man rechnet für das Absetzen 12—24 Stunden.

2. Konzentration.

Calciumacetat zeigt in bezug auf seine Lösung im Wasser bei Temperaturen zwischen 0 und 100° insofern ein annormales Verhalten, als es bei niederer Temperatur löslicher als bei hoher ist. Aus seiner wässerigen Lösung kristallisiert, bildet es ein Dihydrat von folgender Formel:

$$(CH_3COO)_2Ca \cdot 2\,H_2O.$$

Durch Verwittern verlieren die Kristalle Wasser und werden in das Monohydrat übergeführt. Der Umwandlungspunkt vom Di- zum Monohydrat liegt bei 84° C. Die untenstehende Tabelle[1]) veranschaulicht die Löslichkeit des Calciumacetates im Wasser.

Tabelle 86. Löslichkeit von Calciumacetat in Wasser.

Temperatur °C	g Acetat in 100 g Wasser[2])	g Acetat in 100 g Lösung[2])	Feste Phase
0	37,40	27,22	$(CH_3COO)_2Ca \cdot 2\,H_2O$
5	36,65	26,82	„
10	35,98	26,46	„
15	35,32	26,10	„
20	34,73	25,78	„
25	34,20	25,48	„
30	33,82	25,27	„
35	33,50	25,09	„
40	33,22	24,94	„
45	33,00	24,81	„
50	32,82	24,71	„
55	32,70	24,64	„
60	32,70	24,64	„
65	32,78	24,69	„
70	32,98	24,80	„
75	33,22	24,94	„
80	33,50	25,09	„
84[3])	33,80	25,26	„
85	32,85	24,73	$(CH_3COO)_2Ca \cdot H_2O$
90	31,05	23,69	„
95	30,20	23,20	„
100	29,65	22,87	„

[1]) Lumsden: J. C. S. Bd. 81, S. 355. 1902.

[2]) Berechnet als wasserfreies Salz. [3]) Umwandlungspunkt.

Die Konzentration der Calciumacetatlösung geschieht in folgenden Apparaten:

a) in offenen, dampfbeheizten Pfannen;
b) in Vakuumverdampfern;
c) in Dünnschichtverdampfern (Kestner-Apparaten).

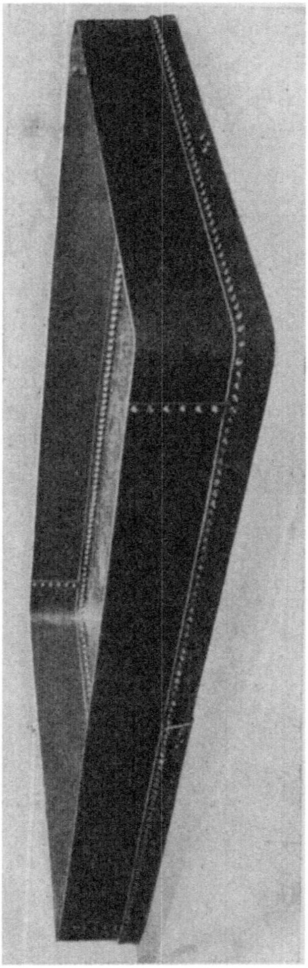

Abb. 91. Offene rechteckige Calciumacetat-Konzentrationspfanne.

a) Konzentration in offenen Pfannen.

Der Zweck des Eindampfens in diesen Apparaten ist nicht nur der, die Flüssigkeit zu konzentrieren, sondern auch, eine teilweise Trocknung zu bewirken. Die Pfannen sind aus Flußeisenblechen zusammengenietet, besitzen einen Dampfboden und liegen direkt auf dem Mauerwerk der Retorten. Gefüllt werden sie durch Pumpen oder Zufließenlassen aus den Absatzgefäßen. Ihre Länge beträgt 16 Fuß bei 8 Fuß Breite und 15—18 Zoll Höhe. Abb. 91 veranschaulicht die Ausführung.

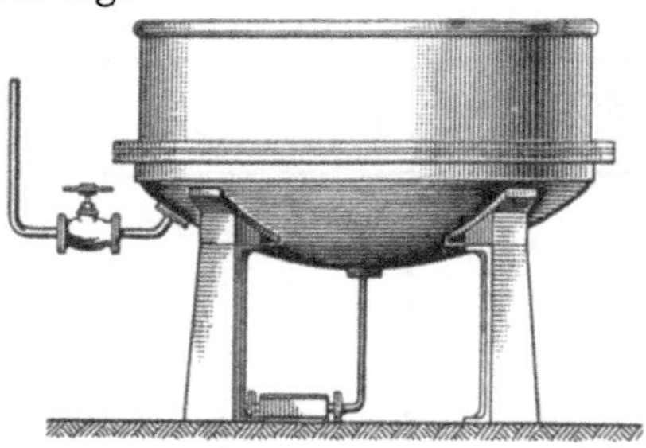

Abb. 92. Runde Calciumacetat-Verdampfpfanne.

Auch Pfannen von kreisförmigem Querschnitt werden benutzt, ähnlich der Abb. 92.

Nach dem Füllen wird Dampf in den Doppelboden geleitet und die Flüssigkeit gerät in heftiges Sieden. Bald darauf erscheinen an den Seiten Kristalle, und schließlich bedeckt sich die ganze Oberfläche mit einer dünnen Kristallhaut. Jetzt wird die Dampfzufuhr vermindert und die Konzentration steigt langsam weiter, wobei sorgfältig vermieden wird, die Kristallschicht zu durchbrechen. Sobald der Inhalt einer Pfanne die Konsistenz von

Mörtel angenommen hat, wird der Dampf vollkommen abgestellt. Der Rückstand bildet eine kristallinische Paste von Graukalk, welcher der Fertigtrocknung zugeführt wird.

b) Konzentration in Vakuumverdampfern.

Mit diesen Apparaten läßt sich eine Konzentration von 20—22% erzielen (vgl. Tabelle 86), bei welcher der Sättigungspunkt noch nicht erreicht ist, so daß keine Salzausscheidung stattfindet. Einkörper- bzw. Dreikörperapparate wurden bereits bei der Destillation des rohen Holzessigs (S. 208, 209) beschrieben, ebenso ein kombiniertes System für die gleichzeitige Eindampfung der Calciumacetatlösung und der Destillation des Rohholzessigs. Auch der Buflovak-Verdampfer (S. 210) wird für die Konzentration der Acetatlösung benutzt und besteht in diesem Falle aus Gußeisen. Tripleeffets finden zwar vereinzelt Verwendung, in der Hauptsache werden aber Doubleeffets vorgezogen, von denen Abb. 93 a ein solches in Ansicht und Abb. 93 b im Schnitt darstellt. Der Apparat besteht aus folgenden Teilen:

2 gußeisernen Verdampfungsgefäßen *A* und *B*,
1 Einspritzkondensator *C*,
1 Naßluftpumpe *D* und
1 Vorlage für konzentrierte Lösung *E*.

Jeder der Einzelkörper *A* und *B* enthält drei Abteilungen; 1. einen unteren Behälter *a* für die einzudampfende Lösung mit konischem Boden, der mit Mannloch *i* und dem Ablaßhahn *r* versehen ist; 2. eine im mittleren Teil angeordnete Heizkammer *b*, bestehend aus zahlreichen Kupferrohren, zwischen zwei Kupfer- oder Yellowmetallböden eingewalzt und mit dem oberen und unteren Teil des Apparates durch Flanschen verbunden; die Rohre haben verschiedene Durchmesser, und die engeren, größer an Zahl, sind in konzentrischen Kreisen um die weiteren gruppiert (s. Abb. 93 b); 3. einen Dampfraum *c*, welcher im oberen Teil einen Schaumfänger *s* enthält. Die Leistung des Apparates hängt von der Größe der Anlage ab; der abgebildete verarbeitet stündlich 250 Gallonen Lösung. Einer Verkohlung von 100 Tonnen Holz in 24 Stunden entsprechen zwei solcher Doubleeffets oder ein Triple- und ein Doubleeffet. Der Durchmesser der Körper *A* und *B* beträgt $3^1/_2$ Fuß und die Gesamthöhe, vom Erdboden abgerechnet, 21 Fuß. Der Dampfraum *c* des Körpers *A* steht mit der Heizkammer des Körpers *B* durch ein 12 zölliges Rohr *e* in Verbindung, der Dampfraum von *B* mit dem Kondensator *C* durch das Rohr *f*. Der untere Teil von *C* führt direkt in die Naßluftpumpe *D*; diese steht außerdem mit dem Dampfraum des Körpers *A* durch das Rohr *e*, die Heizkammer von *B* und das Rohr *w* in Verbindung. Letzteres ist direkt an den Kondensator angeschlossen und leitet das Kondenswasser der Heizkammer von *B* ab. Der Gesamtapparat ist so konstruiert, daß

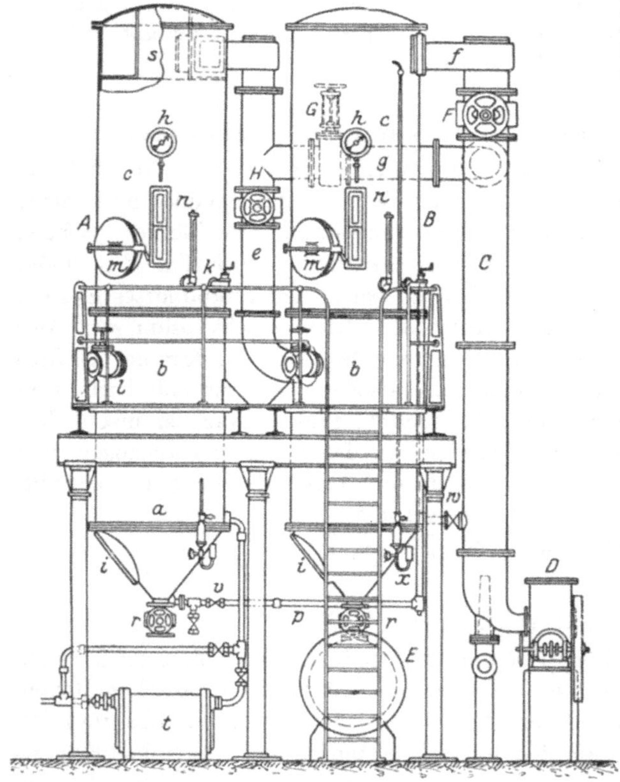

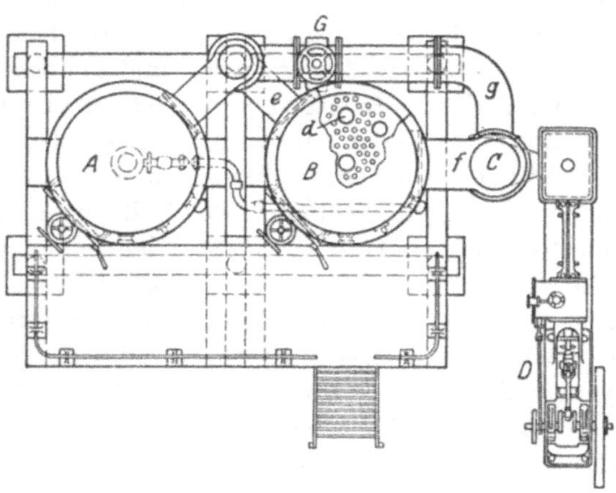

Abb. 93a. Ansicht eines Vakuumverdampfers (Doubleeffet) für Calciumacetatlösung.

Abb. 93b. Schnitt eines Vakuumverdampfers (Doubleeffet) für Calciumacetatlösung.

jeder einzelne Körper auch als Simpleeffet zu arbeiten vermag, so daß einer jederzeit zwecks Reinigung ausgeschaltet werden kann. Für die entsprechenden Schaltungen werden die Absperrventile *F*, *G* und *H* benutzt. Jeder einzelne Körper enthält außerdem an seinem oberen Teil ein Mannloch *m*, Schauglas *n* und ein Vakuummeter *h*.

Die Inbetriebsetzung verläuft wie folgt: Die Vakuumpumpe wird in Gang gesetzt und erzeugt in den beiden Gefäßen ein Teilvakuum, durch das die Calciumacetatlösung in das Unterteil des ersten Körpers durch den Hahn *k* eingesaugt wird. Dann wird das Ventil *v* geöffnet und durch das Rohr *p* die Lösung in das Unterteil von *B* gesaugt, dessen Vakuummeter während des Betriebes ein Vakuum von 64—68 cm Quecksilbersäule zeigt, während das Vakuummeter von *A* ungefähr 38 cm aufweist. Die Flüssigkeit in *B* siedet also bei 45—55° C, die in *A* bei ungefähr 80—83°. Durch das Ventil *l* strömt Frischdampf oder Abdampf in die Heizkammer von *A* und bringt die Flüssigkeit zum Verdampfen, die dabei in den Rohren zirkuliert, d. h. in den engeren aufsteigt und in den weiteren herabfällt. Das Kondenswasser der Heizkammer wird durch ein Ablaßrohr und den Kondenstopf *t* abgeführt. Der aus der Calciumacetatlösung entwickelte Dampf strömt durch das Rohr *e* in die Heizkammer von *B*, die im Kochraum dieses Körpers befindliche Lösung zum Sieden und zum Verdampfen bringend. Der im Dampfraum von *B* entwickelte Dampf wird durch das Rohr *f* in den Kondensator *C* gesaugt, wo er durch herabrieselndes Wasser kondensiert wird. Kondenswasser und Kühlwasser werden von der Pumpe zugleich mit unkondensierbaren Gasen (Luft z. B.) abgeführt. Das Kondensat aus der Heizkammer *B* entfernt das Rohr und das Ventil *w*, die, wie wir gesehen haben, mit dem Kondensator direkt verbunden sind. Von Zeit zu Zeit werden Muster der verdampfenden Flüssigkeit aus dem Probenehmer *x* gezogen und auf ihr spezifisches Gewicht geprüft. Beträgt dies 1,10—1,11, so ist die Operation beendet und die eingedampfte Calciumacetatlösung enthält 19—21% (s. die folgende Tabelle nach Hager):

Tabelle 87.
Spezifisches Gewicht von Calciumacetatlösungen bei 17,5° C.

Spez. Gewicht	% Acetat in 100 Wasser	Spez. Gewicht	% Acetat in 100 Wasser
1,0051	1	1,0843	16
1,0103	2	1,0895	17
1,0155	3	1,0947	18
1,0207	4	1,0999	19
1,0260	5	1,1051	20
1,0313	6	1,1105	21
1,0367	7	1,1159	22
1,0421	8	1,1213	23
1,0475	9	1,1267	24
1,0530	10	1,1321	25
1,0582	11	1,1375	26
1,0634	12	1,1430	27
1,0686	13	1,1484	28
1,0739	14	1,1539	29
1,0792	15	1,1594	30

Die Acetatlösung wird durch den Ablaßhahn *r* in die gußeiserne Vorlage *E*, die als Montejus eingerichtet ist, abgelassen und von hier durch Druckluft in den Stapelbehälter für konzentrierte Lösung geblasen, der seinerseits wieder mit Kristallisationspfannen oder mechanischen Trocknern in Verbindung steht. Von Zeit zu Zeit ist es nötig, das Doubleeffet von abgeschiedenem Teer, der hauptsächlich die Innenseite der Heizrohre bedeckt, zu reinigen. Ist die Inkrustation noch nicht sehr weit fortgeschritten, so genügt es, die Rohre mit Wasser zu füllen und sie mit einer Stahlbürste zu bearbeiten. Eine nochmalige Wiederholung der Operation mit frischem Wasser und nochmaligem Bürsten macht die Reinigung vollständig.

c) Konzentration in Dünnschichtverdampfern (Kestner-Apparaten).

Dieser von Kestner entworfene Apparat ist besonders in französischen Anlagen gebräuchlich. Er arbeitet als Simpleeffet, jedoch meist ohne Anwendung von Vakuum (vgl. Abb. 94).

Die zu verdampfende Calciumacetatlösung wird der Kammer B, in welche ein Bündel vertikaler Rohre G taucht, zugeführt und Dampf von ungefähr $1^1/_2$ Atm. Überdruck in den die Rohre umgebenden Mantel eingelassen. Die Flüssigkeit gerät ins Sieden und die Dämpfe steigen in den Rohren empor. Sie reißen infolge ihrer Geschwindigkeit eine gewisse Menge Acetatlösung mit sich, die als dünne Schicht die Rohre bedeckt. Das Gemisch aus Dampf und Flüssigkeit strömt in den am oberen Teil des Apparates befindlichen Scheider und fällt durch das Rohrbündel D wieder nach unten, um tangential in einen zweiten Scheider S einzuströmen. Die auf dem Wege durch die Rohrbündel konzentrierte Lösung wird vom Boden des Scheiders S durch den Ablaßstutzen P abgenommen, während die Dämpfe den Apparat bei C verlassen und zum Vorwärmen der eintretenden Calciumacetatlösung dienen.

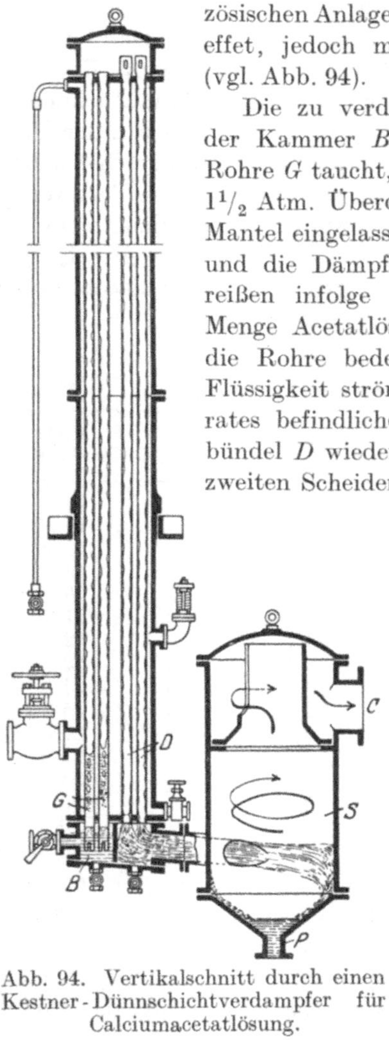

Abb. 94. Vertikalschnitt durch einen Kestner-Dünnschichtverdampfer für Calciumacetatlösung.

3. Trocknung.

Wie aus Tabelle 86 ersichtlich, besteht das bei 100° getrocknete Calciumacetat aus dem Monohydrat $(CH_3COO)_2Ca \cdot H_2O$ mit einem Gehalt von 89,77 % wasserfreiem Salz. Es läßt sich zwecks Austreibung des Hydratwassers, ohne Zersetzung befürchten zu müssen, nicht höher

Abb. 94a. Kestner-Dünnschichtverdampfer für die Konzentration der Calciumacetatlösung. (Der lange Rohrkörper rechts ist der Vorwärmer für die eintretende Calciumacetatlösung.)

als 120—130° erhitzen. 89,77% steilt also das Maximum dar, bis zu welchem das technische Produkt angereichert werden kann. Acetate, die einen Gehalt von 84—85% zeigen, sind jedoch schon Ausnahmen, denn im allgemeinen enthält das Produkt 80—82% und stellt als solches den handelsüblichen Graukalk dar.

Drei verschiedene Trocknungsmethoden werden angewandt:

a) Trocknung des halbfesten Acetates aus den Eindampfpfannen auf einer Darre;

b) Verarbeitung der im Multipleeffet vorkonzentrierten Lösung auf Walzentrocknern mit nachfolgender Fertigtrocknung auf der Darre;

c) Fertigtrocknung der Acetatpaste aus den Eindampfpfannen auf Bandtrocknern.

a) Trocknung des halbfesten Acetates aus den Eindampfpfannen auf einer Darre.

Die dicke Acetatpaste wird aus den Verdampfpfannen herausgeschaufelt und auf einer besonders hergerichteten Trockenfläche, die den größten Teil der Oberfläche des Retortenmauerwerks einnimmt, ausgebreitet (s. Abb. 37 und 52).

Die Darre ist aus Ziegeln, Fliesen oder Beton mit möglichst glatter Oberfläche hergestellt und ruht auf I-Eisen oder Schienen. Bei Anwendung von Ziegelsteinen werden diese auf Eisenplatten, die wieder auf I-Eisen oder Schienen ruhen, gelegt und die Zwischenräume zwischen den einzelnen Steinen mit Zement ausgefüllt. Betondarren legt man entweder ebenfalls auf Eisenplatten oder wölbt sie zwischen den Unterstützungseisen. Zur Beheizung der Darre benutzt man die Rauchgase der Retorten, die in der Längsrichtung auf ihrem Wege zum Schornstein unterhalb der Darre hinstreichen. Die Verteilung des Acetates geschieht möglichst gleichmäßig und in dünner Schicht von ungefähr 1—2 Zoll. Von Zeit zu Zeit wird die zu trocknende Masse umgeschaufelt. Die Heizung hat sehr vorsichtig zu geschehen, damit keine Zersetzung stattfindet, die unter Entwicklung von leicht entzündbaren Acetondämpfen vor sich geht. Den richtigen Trockengrad erkennt man daran, daß eine zwischen den Fingern zerdrückte Probe zu Pulver zerfällt. Die Trocknung dauert ungefähr 24 Stunden und das getrocknete Produkt wird in Mulden geschaufelt, die auf einem sich oberhalb der Retorten hinziehenden Gleise laufen und in den Acetatstapelraum entleert werden. Später findet dann das Einsacken und Wägen statt.

b) Verarbeitung der im Multipleeffet vorkonzentrierten Lösung auf Walzentrocknern mit nachfolgender Fertigtrocknung auf der Darre.

Die aufgespeicherte vorkonzentrierte Lösung schickt man durch ein oder zwei Holzkohlenfilter, um die letzten Reste Teer und Öle zu entfernen, ehe sie dem Walzentrockner zugeführt werden. Dieser ist in einer besonderen Abteilung der Aufbereitungsstation untergebracht und besteht aus folgenden drei Hauptteilen:

1. dem Eintauchkasten, der die zu verdampfende Flüssigkeit aufnimmt;

2. der rotierenden Walze, auf welcher die Verdampfung des Wassers stattfindet;

3. einer Schurre, auf welcher sich das vorgetrocknete Calciumacetat sammelt.

Abb. 95 zeigt einen solchen Trockenapparat mit zwei Walzen.

Abb. 95. Rotierender Walzentrockner (System Meyer) für Calciumacetatlösung, der Sudenburger Maschinenfabrik.

Die Walzen sind im zylindrischen Teile aus 15 und an den Seitenteilen aus 20 mm starkem Flußeisen hergestellt. Sie sind $2^1/_2$—3 m lang bei einem Durchmesser von 1000—1200 mm und tauchen in einen konischen schmiedeeisernen Kasten von 3—$3^1/_2$ m Länge und 400 mm Tiefe, dessen Breite sich dem Durchmesser der Walzen anpaßt. In Achsenhöhe der Walzen und aufmontiert auf ein Unterstützungsgestell liegt eine Abstreichvorrichtung mit 8 Abstreichmessern, deren Schneiden durch verstellbare Gegengewichte gegen die Oberfläche der Walzen gepreßt werden. Da die Messer eine hin- und hergehende Bewegung ausführen, wird eine vollständige Abschabung der Walzen gewährleistet. Letztere machen ungefähr vier Umdrehungen pro Minute und werden durch Riemen mit Zahnradübertragung angetrieben.

Die Beheizung findet durch Dampf von ungefähr 2 Atm. Überdruck statt, der seitlich durch ein durch die hohle Welle geführtes und mittels Stopfbüchse gedichtetes Rohr eintritt und der Oberfläche der Trommel eine Temperatur von ungefähr 115—120° C verleiht.

Das Kondenswasser wird durch ein dem Zuführungsrohr ähnliches aus dem unteren Teil der Trommel in Verbindung mit einem Kondenstopf abgeführt.

Die sich drehende Trommel nimmt einen Teil Flüssigkeit aus dem Eintauchkasten in dünner Schicht mit, verdampft das Wasser und die Messer schaben kontinuierlich die bis zu einem Trockengehalt von ungefähr 70% vorgetrocknete Masse ab. Sie fällt auf die sich unterhalb der Messer bis zu der Darre erstreckende schiefe Ebene und wird mittels Schaufel auf der Darre verteilt und auf schon beschriebene Weise hier fertig getrocknet. Es genügen 10—12 Stunden für die vollständige Trocknung, worauf das Sacken und Wägen stattfindet. Die Beheizung der Darre geschieht durch die von den Retorten kommenden Rauchgase in ähnlicher Weise, wie schon vorher erläutert.

c) Fertigtrocknung der Acetatpaste aus den Verdampfpfannen auf Bandtrocknern.

In verschiedenen Anlagen hat sich folgendes System herausgebildet: Die Calciumacetatlauge wird zuerst in Vakuumverdampfern auf eine Konzentration von 20—22% gebracht und dann in Verdampfpfannen übergeführt, in welchen eine weitere Konzentration bis ungefähr zu 40—45% Trockengehalt vorgenommen wird. Bei diesem Verhältnis bildet die Masse eine dünne Paste, die jetzt den Bandtrocknern zugeführt wird. Man unterscheidet horizontale undvertikale Typen.

Abb. 96 zeigt einen horizontalen Bandtrockner im Schnitt. Die Acetatpaste gelangt durch eine Verteilungsvorrichtung auf ein endloses, über Rollen laufendes Metallband. Unter diesem befindet sich ein anderes, das in entgegengesetzter Richtung läuft, und hierunter wieder ein drittes, das sich in gleicher Richtung wie das erste bewegt. Im ganzen laufen in dem Apparat 11 Bänder.

Das Acetat wird vom ersten Band mitgenommen, bis es das Ende erreicht, fällt auf das nächste darunter befindliche und durchläuft so nacheinander alle Bänder, bis es am Boden anlangt und von dem letzten Band in einen Sammelkasten abgeworfen wird.

Während das Acetat den Trockner passiert, begegnet ihm ein Strom heißer Luft bzw. heißer Abgase, mit welchem das verdampfende Wasser abgeführt wird.

Der Antrieb der Bänder erfolgt durch eine gemeinsame Welle, welche die Bewegung auf die einzelnen Rollen durch konische Räderübertragung bewirkt.

In Abb. 97 ist ein Apparat des vertikalen Typs abgebildet, und zwar der sog. Huillard-Trockner.

Die Acetpaste fließt von einem Trog in den Fülltrichter *A*, der von unten nach oben von einem mattenartig geflochtenen Drahtband durchzogen wird. Die Paste setzt sich in die einzelnen Maschen und wird von dem Band mitgenommen (Abb. 97 b).

Der Vorteil dieses Typs liegt darin, daß beide Oberflächen des Bandes mit Acetat bedeckt sind und demgemäß den heißen Gasen die doppelte Oberfläche bieten. Der Trockner ist aus Ziegelmauerwerk gebaut und durch zickzackförmig angebrachte Zungen in eine Anzahl Kammern zerlegt. Unterhalb und oberhalb einer jeden Kammer sind Rollen angeordnet, so daß das endlose Band und mit ihm das Acetat die gesamten Kammerlängen zickzackförmig durchstreichen muß. Die

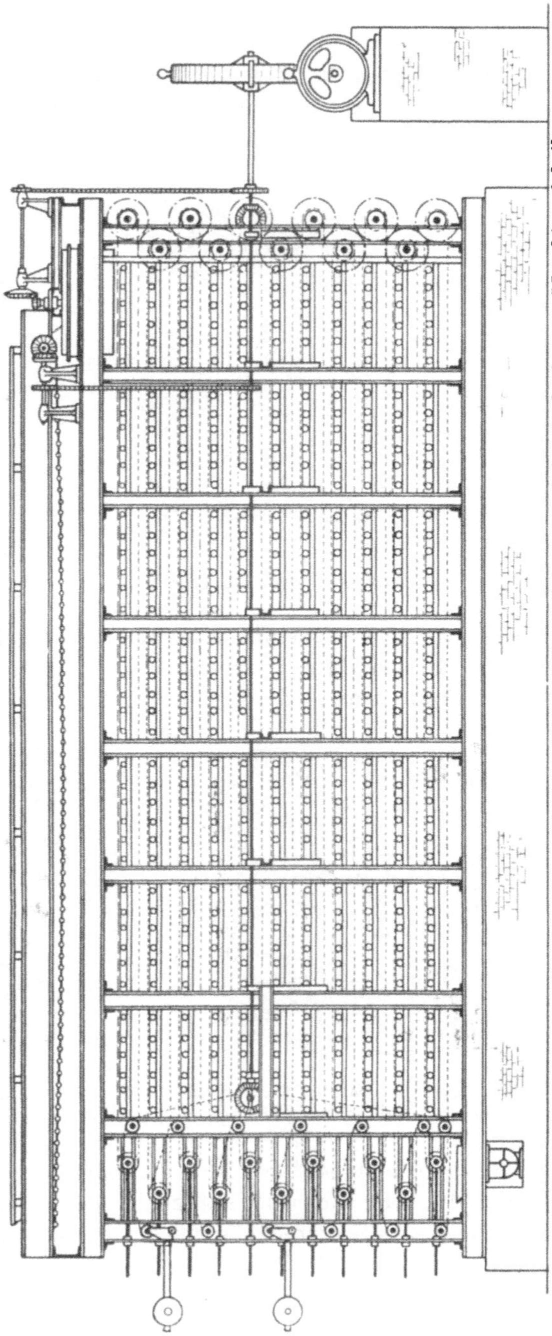

Abb. 96. Horizontaler Bandtrockner (System Meyer) für Calciumacetat der Sudenburger Maschinenfabrik.

beiden Motoren *C* dienen zum Antrieb und zur Regulierung der Geschwindigkeit. Jede Kammer ist außerdem noch an ihrem unteren Teil mit einem Mannloch versehen, durch welches etwa aus den Maschen herausfallendes Acetat entfernt werden kann. In der letzten Kammer liegen eine Anzahl kleiner Rollen *B*, die das Band knicken und dadurch bewirken,

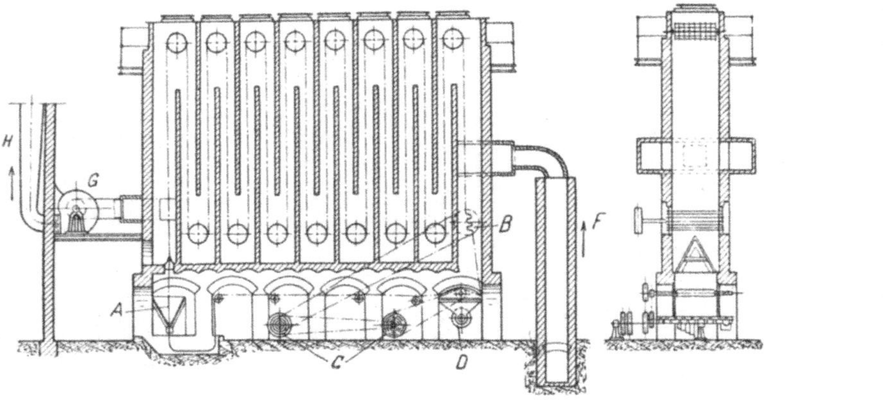

Abb. 97. Huillard-Trockner für Calciumacetat.

daß das getrocknete Calciumacetat aus den Maschen herausfällt. Eine Transportschnecke bringt es zu einem Sammelbehälter oder einem Elevator. Ventilator *G* saugt einen Strom heißer Luft oder heißer Ab-

Abb. 97a. Teil des Bandes eines Huillard-Trockners mit leeren Maschen.

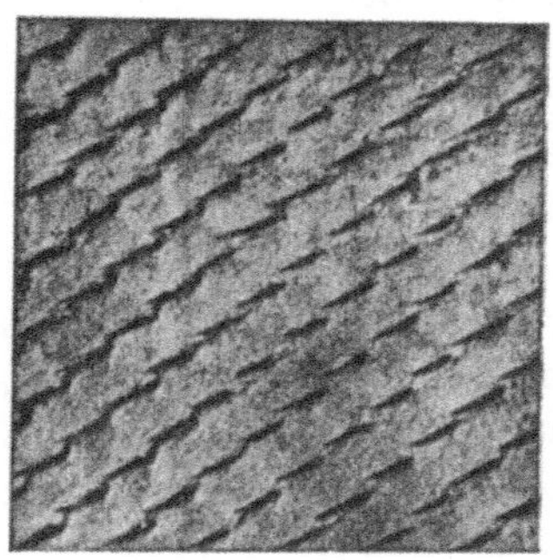

Abb. 97b. Teil des Bandes eines Huillard-Trockners mit gefüllten Maschen.

gase, der bei *F* eintritt, durch den gesamten Apparat und bläst die mit Wasserdampf beladenen Gase außerhalb des Gebäudes in die Luft. Nach dem Verlassen der letzten Kammer zieht sich das Trockenband über Rollen unterhalb des Trockners hin, tritt in den Fülltrichter ein, bedeckt sich wieder mit Acetat und der Prozeß beginnt von neuem. Das Acetat wird in gleichmäßig granulierter Form erhalten.

D. Die Herstellung des Holzteeres, der Holzöle und des Holzpechs.

1. Laubholzteer.

Wie wir bereits gesehen haben, werden bei der Verkohlung des Holzes zwei Arten Teer erzeugt:

a) Absatzteer (s. Abb. 30 und S. 109);

b) gelöster Teer (s. Abb. 30 und S. 109), wozu, wenn Teerscheider angewendet werden, noch eine dritte kommt,

c) die wir Scheideteer nennen wollen (s. Abb. 31 und S. 204).

a) Absatzteer.

Er stellt das Ausgangsmaterial für die Teerdestillation dar zwecks Wiedergewinnung der in ihm noch enthaltenen Essigsäure und des Methylalkohols und dient auch zur Erzeugung von Holzölen, Kreosot und Pech. Ein Arbeitsschema, das natürlich keinen Anspruch auf allgemeine Gültigkeit erheben kann, ist in Abb. 98 wiedergegeben.

So wird in einigen Fällen der Teer überhaupt nicht aufgearbeitet, sondern unter den Retorten verbrannt. Oder man entzieht ihm durch Destillation mit Schnatterdampf seinen Gehalt an Essigsäure und Methylalkohol, um ihn dann als entwässerten und entsäuerten Teer zu verkaufen, wenn man nicht vorzieht, ihn ebenfalls als Brennmaterial zu verwerten. Andere Fabriken stellen aus ihm nur ein rohes Kreosot, das sog. Kreosotöl, her.

Die Destillation wird in gußeisernen oder kupfernen Blasen mit eisernen Böden ausgeführt. Eine typische Teerblase ist in Abb. 99 abgebildet.

Sie besteht aus Gußeisen, hat einen Fassungsraum von 500—1000 Gallonen und trägt am Boden ein weites Ablaßrohr *p* mit entsprechend großem Ablaßhahn *c*, durch welchen der Rückstand (Pech) noch heiß in den unter ihm stehenden Behälter *B* abgelassen werden kann. Der Deckel besteht aus Kupfer, besitzt einen Dom, von dem die Übersteigleitung *e* abzweigt und trägt ein Thermometer *t*, einen Füllstutzen und Füllhahn *d*, an den sich die Teerzuleitung anschließt. Die Blase ist von Ziegelmauerwerk umgeben und wird durch direktes Feuer, das auf dem Rost *F* brennt, beheizt. Durch Umkleidung mit Schamottemauerwerk ist das Ablaßrohr *p* vor der Einwirkung der Feuerungsgase geschützt. Diese umspülen den Boden und zirkulieren um den unteren Teil der Zarge in dem Heizkanal *f*, der mit dem Schornstein in Verbindung steht. Die bei der Destillation sich entwickelnden Dämpfe gelangen durch die Übersteigleitung *e* in den Schlangenkühler *C*. Das Kondensat aus *C* fließt durch die Rohrleitung *k* in die Florentiner Flasche *s*. Rohr *k* enthält ein Dunstrohr *v* zur Ableitung der unkondensierbaren Gase. In der Florentiner Flasche *s* findet eine Trennung der wässerigen und öligen

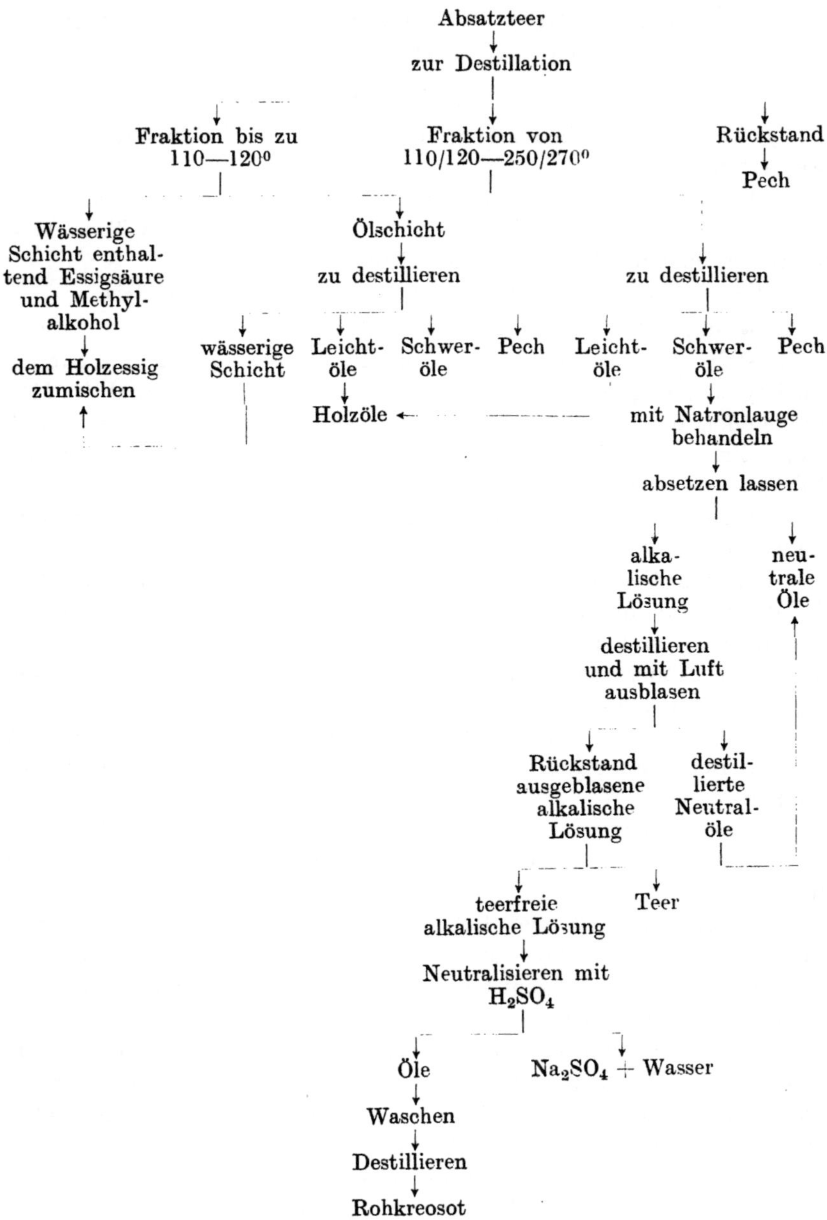

Abb. 98. Schema für die Herstellung von Holzkreosot.

Anteile statt, die in entsprechende Stapelbehälter geleitet werden. Pumpe *E* dient zur Füllung der Blase aus dem Teerreservoir *D*.

Da der Teer die Neigung hat, stark zu schäumen durch Bildung von Dampf- und Ölemulsionen, hat die Heizung mit aller Sorgfalt zu geschehen und bedingt große Erfahrung. Zuerst gehen bei einer Temperatur von ungefähr 110—120°, im Dampf gemessen, Wasser und Leichtöle über, und zwar ist der Teer bei Erreichung dieser Temperatur völlig entwässert. Nach Entfernung des Wassers steigt das Thermometer schneller und es wird bis zu einer Temperatur von 170—180° eine Mittelfraktion abgenommen. Dann folgt von 180—250/270° ein Destillat, das ebenfalls besonders aufgefangen wird. Hiermit ist die Destillation beendet, das Feuer wird entfernt, und nachdem der Blase etwas Zeit zum Abkühlen

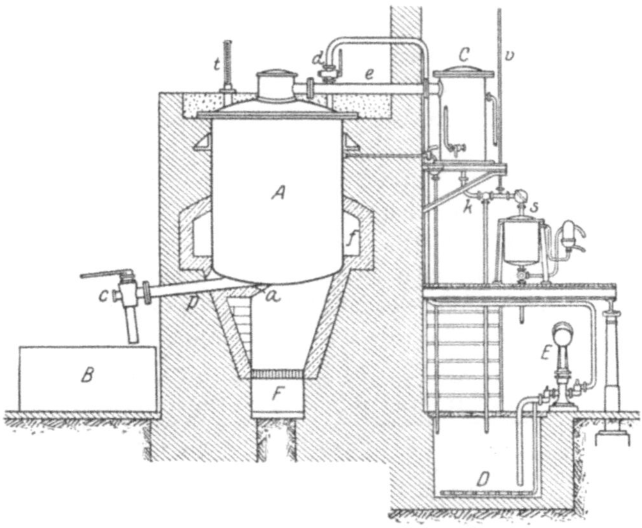

Abb. 99. Holzteerblase (System Meyer) der Sudenburger Maschinenfabrik.

gegeben ist, das heiße Pech abgelassen. Die Ausbeute an Destillaten bewegt sich in weiten Grenzen und hängt von der Holzart, aus welcher der Teer gewonnen wurde, und bis zu einem gewissen Grade auch von der Ausführung der Verkohlung und der Gewinnung des Rohteers ab. Buchenholzteer mit einem spez. Gewicht von 1,05—1,10 bei 15° gibt ungefähr folgende Ausbeuten:

15—20% Wasser mit einem Gehalt von ca. 10% Essigsäure und 3—5% Rohholzgeist,
5—10% Leichtöle (bis 120°) mit einem spez. Gew. von 0,9 —0,98,
10—20% Schweröle (120—270°) „ „ „ „ „ 1,04—1,05,
40—60% Weichpech.

Wird die Destillation des Teeres nur zum Zwecke der Wiedergewinnung der in ihm enthaltenen Essigsäure unternommen, so kann man von der Beheizung mit Feuer absehen und Dampf anwenden. Die hierzu benutzte Blase ist ganz ähnlich der vorher beschriebenen konstruiert, nur enthält sie am Boden eine Heiz- und eine Schnatterschlange. Selten wird die Destillation bis zum Pech nur mit Dampf ausgeführt, der in diesem Falle unter einem Überdruck von $7-8^1/_2$ Atm. stehen muß, entsprechend einer Temperatur von 160—170° C. Die Destillate trennen sich in zwei Schichten, einer oberen, aus Leichtöl bestehenden und einer unteren, wässerigen Lösung von Essigsäure. Man zieht die Öle ab, wäscht sie mit Wasser, vereinigt Waschwasser und ölfreies Destillat und läßt beide den Holzessigbottichen zufließen. Eine andere Arbeitsweise besteht in der Heizung mit indirektem Dampf bis zu einer Temperatur von 110° und nachfolgendem Einblasen von Schnatterdampf. Dieses Einblasen wird solange fortgesetzt, bis eine Titration des Destillates nur noch Essigsäuremengen anzeigt, deren Aufbereitung nicht mehr lohnend ist. Hawley und Calderwood[1]) wiesen den Einfluß der Destillationsmethode auf die Ausbeute an Essigsäure nach; ihre Befunde sind ni Tabelle 88 zusammengestellt: 510 Gallonen Teer wurden destilliert, die Höhe der Teerschicht in der Blase betrug 40 Zoll, und zwar wurden zwei Versuche unter denselben Bedingungen angestellt mit der Ausnahme, daß die Geschwindigkeit des eingeblasenen Schnatterdampfes, gemessen an der stündlich erhaltenen Menge Destillat, verschieden war, derart, daß sie beim zweiten Versuche das Doppelte von der des ersten Versuches betrug. Bei langsamer Destillation wurden als Gesamtdestillat 231 Gal-

Tabelle 88. Destillation einer Charge von 510 Gallonen Laubholzteer zwecks Wiedergewinnung der in ihm enthaltenen Essigsäure.

Zeit	Stundenleistung Destillat in Gallonen	Gesamtdestillat in Gallonen	Essigsäure in der Fraktion des Destillats %	Essigsäure lbs.	Gesamtessigsäure lbs.	Druck in kg pro qcm
Geringe Geschwindigkeit des Schnatterdampfes. Essigsäure im Rückstandteer = 0,28%.						
12 50	—	—	—	—	—	—
1 05	40	10	20,60	17,1	17,1	3,2
2 05	30	40	19,35	48,1	65,2	3
3 05	25	65	13,31	27,6	92,8	3,2
4 05	24	89	9,68	19,2	112,0	2,9
5 05	23	112	6,25	12,0	124,0	3,0
6 05	26	138	4,62	10,0	134,0	3,0
7 05	24	162	3,00	5,9	139,9	2,5
8 05	23	185	2,12	4,1	144,0	2,9
8 35	22	196	2,08	1,8	145,8	2,8
9 05	22	207	1,87	1,6	147,4	2,8
9 35	24	219	1,69	1,6	149,0	2,9
10 05	12	225	1,61	0,8	149,8	3,2
10 35	12	231	1,52	0,8	150,6	3,2

[1]) Jour. Ind. Eng. Ch. 12, 684 (1920).

Tabelle 88 (Fortsetzung).

Zeit	Stundenleistung Destillat in Gallonen	Gesamtdestillat in Gallonen	Essigsäure in der Fraktion des Destillats %	Essigsäure lbs.	Gesamtessigsäure lbs.	Druck in kg pro qcm
Erhöhte Geschwindigkeit des Schnatterdampfes. Essigsäure im Rückstandteer = 0,82%.						
2 25	75	—	—	—	—	3,2
2 40	50	20	23,1	35,8	35,8	3,1
3 20	51	54	15,0	42,3	78,1	3,3
3 40	60	70	9,4	12,5	90,6	3,3
4 10	50	95	6,5	13,4	104,0	3,4
4 40	46	118	4,7	9,0	113,0	3,0
5 10	44	140	3,1	5,6	118,6	2,8
5 40	46	163	2,6	5,0	123,6	3,0
6 10	44	185	2,0	3,6	127,2	2,7
6 40	50	210	1,8	3,6	130,8	3,2
7 10	50	235	1,6	3,3	134,1	3,1
7 40	48	259	1,5	3,0	137,1	3,3
8 10	48	273	1,8	2,1	139,2	3,2
8 40	24	285	1,9	1,8	141,0	3,2
9 10	24	297	1,7	1,6	142,6	3,2

lonen erhalten mit zusammen 150,6 lbs. Essigsäure, und zwar in $9^3/_4$ Stunden. Der zweite in $6^3/_4$ Stunden beendete Versuch ergab 297 Gallonen Destillat mit 142,6 lbs. Essigsäure.

Bei langsam ausgeführter Destillation wird also eine höhere Säurekonzentration im Destillat und eine geringere im zurückbleibenden Teer erreicht. Wann man die Säurewiedergewinnung abzubrechen hat, ist eine reine Kalkulationsfrage und ergibt sich aus dem Vergleich der Kosten für die Aufarbeitung und dem Wert des erhaltenen Endproduktes, in diesem Falle also Calciumacetat.

Aus den Daten der Tabelle 88 lassen sich für die dem Versuch zugrunde liegenden Bedingungen folgende Richtlinien ableiten[1]):

1. Es ist zweckmäßig, zuerst mit indirektem Dampf von ungefähr 0,7 Atm. Überdruck den Blaseninhalt ins Sieden zu bringen, um sodann schnell auf ungefähr 3,5 Atm. zu steigen unter Vermeiden des Überschäumens, bis nur noch sehr wenig Destillat läuft.

2. Beim Dampfdruck von $3^1/_2$ Atm. in der Schlange ist Schnatterdampf einzublasen, so daß pro Stunde 30—35 Gallonen Destillat abgenommen werden, und zwar solange, bis 9,1 cm³ Destillat 10 cm³ einer halb normalen Alkalilösung neutralisieren.

3. Der Schnatterdampf ist bis auf die Hälfte der Stundenleistung zu reduzieren, und es wird abgebrochen, wenn nicht mehr als 9,4 cm³

[1]) Siehe ebenso Judd und Acree, Jour. Ind. Eng. Ch. 9, 276 (1917).

Destillat für die Neutralisation der oben angegebenen Menge halbnormalem Alkali benötigt wird.

Bei dieser Art der Teerdestillation, bei welcher die Schweröle nicht abdestilliert werden, bleibt der Rückstand in der Blase auch nach dem Erkalten weich und wird unter dem Namen „gekochter Teer" gehandelt.

Die Holzöle (Leichtöle) bestehen aus Cyclopentanon, Isoamylalkohol, Pyridin, Methylpyridin, Isobutylalkohol, Cyclohexanon, Allylalkohol, Methyläthylketon, Valeraldehyd, Methylpropylketon, Methylbutylketon, geringen Mengen der Methylester der vorhandenen Säuren, Furan und Methyfuranen, Toluol, Xylol und Phenolen.

Die schweren Öle, besonders die zwischen 180 und 250° übergegangenen, bestehen größtenteils aus Phenolen und deren Derivaten (vgl. b, S. 110), und aus ihnen wird das Reinkreosot gewonnen.

Die Herstellung von Reinkreosot.

In großen Zügen angedeutet, zeigt das Schema Abb. 98 die einzelnen Prozesse, die zur Herstellung des Kreosotes führen. Soll eine besonders gute Qualität hergestellt werden, so werden entweder nur die zwischen 190 und 240° übergehenden Schweröle aufgefangen oder die Rohfraktion zwischen 120 und 270° wird nochmals der Destillation unterworfen, um zu dem gewünschten engeren Siedeintervall zu gelangen.

Das so erhaltene Ausgangsmaterial wird zuerst mit einer verdünnten Lösung von Natronlauge in einem Rührwerksapparat kräftig gemischt, um die Phenole aus den Ölen zu lösen. Dann folgt ein Absetzenlassen, bei dem sich die neutralen Öle von der alkalischen Phenollösung trennen. Jene werden abgezogen und die gelösten Phenole einer Dampfdestillation unterworfen, um gleichzeitig in Lösung gegangene Neutralöle zu entfernen. Zum Schluß wird Luft in die heiße Flüssigkeit geblasen zwecks Oxydation der Verunreinigungen. Dann wird abgekühlt und mit verdünnter Schwefelsäure neutralisiert. Die gelösten Phenole scheiden sich aus, werden mit Wasser gewaschen und destilliert. In der Blase bleibt ein teeriger Rückstand. Das Destillat wird nochmals in gleicher Weise mit Natronlauge behandelt, mit Dampf destilliert, oxydiert, neutralisiert und das ausgeschiedene Öl nochmals destilliert. Die gesamte Operation findet ein drittes Mal statt. Dann folgt die Rektifikation in einer kupfernen Blase mit niedriger kupfernen Kolonne, wobei 3 Fraktionen abgenommen werden, die erste bis 200°, die zweite von 200—220°, die dritte von 220° an aufwärts.

Die bei 200—220° erhaltene Fraktion stellt ein gereinigtes Kreosot dar. Aus den anderen Fraktionen lassen sich nach Ansammlung einer Charge durch nochmalige Fraktionierung gewisse Mengen gereinigten Kreosots gewinnen. Auch hat man es in der Hand, durch Verengung des Siedeintervalles, durch schärfere Trennung Kreosote besserer Qualität zu erzeugen. Um ein den höchsten Anforderungen entsprechendes Kreosot zu gewinnen, schlägt Hawley[1]) vor, nur einen Teil der in den Schwerölen enthaltenen Phenole mit Ätznatron herauszulösen, indem man z. B. 400 Volumteile Schweröle (Kreosotöle, von 195—235° siedend) mit 500 Teilen Natronlauge von 1,06 spez. Gewicht (= 5% NaOH) behandelt, eine Menge, welche zur vollständigen Lösung der Phenole nicht ausreicht, sondern nur $^2/_5$ bindet. Ungefähr 270 Teile des Öles bleiben ungelöst. Die alkalische Flüssigkeit wird dann der Destillation und der Luftbehandlung unterworfen und diese solange fortgesetzt, bis ungefähr 250 Teile Destillat mit einem Gehalt von etwa 10 Teilen Neutralöl übergegangen sind. Die Neutralisation des Rückstandes ergibt ungefähr 90 Teile Öl, das mit dem gleichen Volumen Wasser gewaschen und darauf destilliert wird. Das Destillat wird nochmals mit Natronlauge behandelt, dieses Mal jedoch mit einer zur vollkommenen Lösung ausreichenden Menge, d. h. mit ungefähr 280 Teilen Natronlauge derselben Stärke wie vorher. Dieselbe Operation wird noch zweimal ausgeführt.

Bei der ersten Behandlung gewinnt man ein Kreosot, das bis 235° siedet, bei der zweiten ein solches bis 230 und bei der dritten bis 220° siedend.

Die Zusammensetzung des Kreosotes ist nicht konstant. Béhal und Choay[2]) geben für Buchenteerkreosot, das zwischen 200 und 220° siedet, die folgende Zusammensetzung an:

Phenol	5,2%
o-Kresol	10,4%
m- und p-Kresole	11,6%
o-Äthylphenol	3,6%
1 : 3 : 4 Xylenol	2,0%
1 : 3 : 5 Xylenol	1,0%
Guajakol	25,0%
Kreosol und seine Homologen	35,0%
Verschiedene Phenole	6,2%

Von den genannten Forschern stammen auch die Zahlen der nachfolgenden Tabelle 89: Zusammensetzung von Buchen- und Eichenteerkreosot.

Tabelle 89. Zusammensetzung von Buchen- und Eichenteerkreosot.

	Eiche	Buche	Buche
Siedeintervalle °C	200—210°	200—210°	200—220°
Spez. Gewicht	1,068	1,085	1,085
Monophenole	55,0	39,0	39,0
Guajacol	14,0	26,5	19,7
Kreosol und seine Homologen	31,0	32,1	40,0

[1]) U. S. P. Nr. 1199271. [2]) Comptes Rendus Bd. 119, S. 166. 1894.

Pieper, Humphrey und Acree[1]) geben die Zusammensetzung für Kreosotöl aus Ahornholz wie folgt an:

Fraktion °C	% des Gesamtdestillats	
93—195	13,63	hauptsächlich Säurewasser
195—230	31,21	Mono- und Diphenole
230—280	55,16	Triphenole.

Das Originalöl gab bei der Destillation 25% Pech und 75% Destillat. Nochmals destilliert und die Fraktion über 195° siedend, mit 15%iger Natronlauge behandelt, wurden 24% Neutralöl und 68% Phenolöl erhalten. — Bei der fraktionierten Destillation eines Musters handelsüblichen Buchenteerkreosots erhielten Smith und Acree[2]) die in Tabelle 90 aufgezählten Fraktionen.

Tabelle 90. Fraktionierte Destillation eines handelsüblichen Buchenholzkreosotes.

Fraktion	Temperatur °C	Fraktion %	Gesamt %	Spez. Gewicht 15,5° C	Brechungsindex 15,5° C	Charakter der Fraktion
1	205	3,7	3,7	—	—	Gelbe Flüssigkeit
2	215	10,1	13,8	—	—	Goldgelbe Flüssigkeit
3	225	20,8	34,6	1,003	1,5074	„ „
4	235	8,1	42,7	1,009	1,5083	„ „
5	245	5,5	48,2	1,012	1,5111	„ „
6	255	8,4	56,6	1,019	1,5117	„ „
7	265	13,4	70,0	1,021	1,5123	„ „
8	275	2,7	72,7	1,002	1,5138	Goldbraune Flüssigkeit
9	285	4,8	77,5	—	1,5138	Rotbraune Paste
10	—	21,6	99,1	—	—	Rückstand: schwarz, fest

b) Gelöster Teer.

Der bei der Destillation des Rohessigs erhaltene teerige Rückstand wird in den meisten Fällen als Brennmaterial behandelt und unter den Retorten verfeuert. Gelöster Teer unterscheidet sich besonders dadurch vom Absatzteer, daß er die aus der Kondensation der Phenole und Aldehyde gebildeten harzartigen Körper enthält. Er gibt bei der Destillation eine etwas größere Ausbeute an Pech und dieses Pech ist bedeutend härter, auch viel bröckeliger, als das aus dem Absatzteer dargestellte. Selten wird gelöster und Absatzteer im Gemisch zwecks Wiedergewinnung der Essigsäure zusammen behandelt; ersterer für sich destilliert, gibt nur sehr wenig Holzöle, da diese ihm schon bei der Destillation des Rohholzessigs entzogen sind.

c) Scheideteer.

Die Zusammensetzung des Scheideteeres liegt zwischen der des Absatz- und des gelösten Teeres. Sein Säuregehalt ist im allgemeinen höher

[1]) J. Ind. Engg. Chem. Bd. 9, S. 462. 1917.
[2]) J. Ind. Engg. Chem. Bd. 9, S. 275. 1917.

als der der beiden vorgenannten Arten und beträgt 5—10%. Die Wiedergewinnung findet in der gleichen Weise wie vorher beschrieben statt. Destilliert ergibt er 20—30% Schweröle, jedoch nur geringe Mengen Leichtöle. Die niedrige Ausbeute an letzteren beruht darauf, daß der Teerscheider die Reaktionen zwischen Aldehyden, Phenolen und anderen wirksamen Verbindungen in jeder Weise begünstigt, also den größten Teil der Leichtöle als Harze zurückhält. Dieses ist auch der Grund, weshalb Scheideteer bei der Destillation ein härteres Pech zurückläßt.

2. Nadelholzteer.

Der Nadelholzteer ist gekennzeichnet durch seinen Gehalt an Zersetzungsprodukten der sich in den Nadelhölzern vorfindenden Harze. Einige seiner Bestandteile sind jedoch mit denen des Laubholzteeres identisch; seine Beschaffenheit hängt davon ab, ob die Destillation des Holzes in einer Operation oder nach dem Zweiphasenprozeß ausgeführt wurde.

Die Aufbereitung des bei der direkten Verkohlung gewonnenen Teeres wurde schon auf Seite 245 bei der Reinigung des rohen schwedischen Terpentinöls beschrieben. Der Rohteer stellt ein Gemisch von Holzterpentinöl, Kienöl, Harzöl und Teer dar.

Nadelholzteere werden in weit größerem Maßstabe als Laubholzteere gehandelt, dienen in erster Linie den Bedürfnissen der Schiffsbauindustrie und werden in sehr verschiedenen Qualitäten auf den Markt gebracht. So finden sich Rohteere, die noch Terpentin- und Kienöl enthalten, andere, besonders die bei der Reinigung des Rohkienöls anfallenden, sind frei von leicht siedenden Terpenen. Ferner erhält man Kienteer bei der Retortenverkohlung, bei der der Teer vom Boden der Retorte abgenommen wird. Ganz bedeutende Mengen werden in Skandinavien und Rußland in Meiler- oder Grubenverkohlung gewonnen.

Wenn auch alle diese Teere in ihrer Zusammensetzung stark variieren, so enthalten sie doch alle mehr oder minder große Mengen Reinteer, gemischt mit Terpenen und Zersetzungsprodukten der Harze. Selten werden sie nach dem Abdestillieren des Terpentin- bzw. Kienöls weiter aufgearbeitet, nur wenige Produzenten destillieren sie weiter zwecks Gewinnung von Ölen, wenn für diese gerade ein Markt vorhanden ist. Noch seltener werden die erhaltenen Schweröle auf sog. Kiefernteerkreosot aufgearbeitet.

Der bei dem Zweiphasenprozeß erhaltene Teer ist mehr oder weniger frei von Terpentin- und Kienöl.

Holzpech.

Bei der Destillation des Teeres zwecks Gewinnung der flüchtigen und öligen Bestandteile bleibt in der Destillationsblase das Pech zurück, dessen Beschaffenheit von der verwandten Teerart und der Temperatur, bis zu welcher die Destillation getrieben wird, abhängt.

Es besteht in der Hauptsache aus Kohlenwasserstoffen von hohem Molekulargewicht, von denen einige ungesättigt sind, und freiem Kohlenstoff. Einen ungefähren Anhalt für die Menge des freien Kohlenstoffes geben die Untersuchungen von Benson und Davis[1]), die Teer mit Schwefelkohlenstoff und Aceton extrahierten, und zwar wurde der in dem zuerst angewandten Extraktionsmittel nicht lösliche Anteil nochmals mit dem zweiten behandelt. Die Resultate (zum Vergleich ist Steinkohlenteer, Petroleumasphalt und Trinidadasphalt herangezogen) finden sich zusammengestellt in der folgenden Tabelle 91.

Tabelle 91. Löslichkeit von Holzpech und ähnlichen Körpern in Schwefelkohlenstoff und Aceton.

Ausgangsmaterial	Unlöslich in CS_2 %	Unlöslich in CS_2 Unlöslicher Rückstand in Aceton %	Unlöslich in Aceton %	Unlöslich in Aceton Unlöslicher Rückstand in CS_2 %	Schmelzpunkt °C	Asche %
Douglasfichte . .	67,7	59,7	57,8	57,7	93	2,9
„ . .	62,5	30,1	31,6	31,1	85	1,0
„ . .	93,1	35,3	34,6	34,4	65,5	0,8
„ . .	60,2	22,0	21,5	21,3	54,5	0,1
Laubholz . . .	18,7	3,1	2,9	2,7	32	0,1
„ . . .	59,9	18,0	17,5	17,4	82	0,9
Holzpech . . .	27,4	27,4	57,5	27,1	98	1,7
„ . . .	22,7	22,6	37,1	22,3	76	0,6
„ . . .	18,4	18,0	35,3	18,5	60	0,1
„ . . .	17,4	17,1	33,0	16,9	46,7	0,0
Petroleum-Asphalt	4,1	4,0	27,1	3,9	35	0,0
Trinidad-Asphalt	42,6	42,1	69,0	41,8	65,5	31,2

Die angegebenen Prozentzahlen beziehen sich auf das verwendete Pech und zeigen ganz außerordentliche Schwankungen nicht nur bezüglich des Verhaltens des Pechs gegenüber den Lösungsmitteln, sondern auch im Schmelzpunkt und Aschengehalt. Im Extrakt finden sich Kohlenwasserstoffe wie Reten, ein Spaltungsprodukt der Abietinsäure, Chrysen, Picen und aliphatische Kohlenwasserstoffe von hohem Molekulargewicht.

Holzpech ist sehr empfindlich gegenüber Temperaturwechsel und verändert sich, der Luft ausgesetzt, im ungünstigen Sinne. Es ist fast vollkommen unlöslich in Petroleumdestillation und Terpentinöl und nur wenig löslich in Benzol.

---

[1]) J. Ind. Engg. Chem. Bd. 9, S. 141. 1917.

Teer aus Kokosnußschalen.

Auf Seite 65 sind bereits die Resultate der trockenen Destillation von Kokosnußschalen zusammengestellt. Der dabei gewonnene Teer, für sich destilliert, ergab einen hohen Gehalt an flüchtigen Bestandteilen. So destillierten 69% unter 260°, davon 24% wässeriges Destillat, mit 8% Essigsäure und 44% öliges mit 30% Phenolen. Diese enthielten 6,2% Phenol und 5,86% Kreosot, das zwischen 200 und 230° siedete und nur 0,43% Guajakol enthielt. Letztere Angaben beziehen sich auf den angewandten Teer.

Andere Aufbereitungsweisen des Teeres.

Es sind des öfteren Versuche unternommen, marktfähige Produkte aus Teer zu gewinnen oder den Teer in solche umzuwandeln. So wird im D. R. P. 286650 ein Verfahren zur Herstellung von Körpern beschrieben, die zur Bereitung von schwarzen Firnissen und Lacken dienen sollen, säure- und alkalibeständig und unlöslich im Benzol sind. Der Teer wird zuerst mit konzentrierter Schwefelsäure behandelt, die wasserlöslichen Bestandteile ausgewaschen und die Öle vom Rückstand mittels Dampfdestillation oder Lösungsmittel entfernt. Das Endprodukt soll die oben angegebenen Eigenschaften besitzen.

Nach D. R. P. 324876 läßt sich Kunstharz erzeugen durch die Erhitzung des Teeres mit Zinkoxyd bei 110° und für eine kurze Zeit auf höhere Temperaturen. 10—12% Zinkoxyd sollen von dem Teer aufgenommen werden, ohne daß die harzartigen Eigenschaften eine Verschlechterung erfahren.

Ein schellackähnliches und in Alkohol lösliches Produkt herzustellen, bezweckt das D. R. P. 320620, nach welchem Holzteer mit Halogenen mit oder ohne Hinzufügung von Katalysatoren, wie z. B. $AlCl_3$, in der Wärme gemischt wird, bis ein Muster des gekühlten Produktes eine bröckelige, harzartige Masse darstellt.

Wird roher Kienteer unter vermindertem Druck (15 mm) destilliert, so sollen nach D. R. P. 314358 aus 1 kg 28 g Olein, 48 g Palmitinsäure und geringe Mengen Abietin und Arachinsäure entstehen.

E. Die Verkohlung von kleinstückigem Holz und Holzabfall.

Nach den Angaben von Fachleuten werden ungefähr nur 40% des Baumes als Nutzholz verwertet. Die restierenden 60% stellen Abfall dar, wie Stubben, Äste, Zweige, Schwarten, Säumlinge, Hauspäne, Hobelspäne und Sägespäne von den Sägewerken[1]). Mit Ausnahme der

[1]) Schätzungsweise beträgt die Menge Abfallholz allein in den Vereinigten Staaten ca. 112000000 Tonnen pro Jahr.

Hobel- und Sägespäne läßt sich alles andere Abfallholz, wie wir schon früher gesehen haben, in den Anlagen, welche Scheitholz verarbeiten, ebenfalls verkohlen; durch Hackmaschinen zerkleinertes Nadelholz wird bei der Dampfdestillation angewandt.

Für die Verarbeitung von Hobel- und Sägespänen sind jedoch die üblichen Scheitholzretorten vollkommen ungeeignet, selbst wenn Vorkehrungen getroffen werden, ein Durchfallen des Holzes bzw. der Kohle durch die Zwischenräume der Retortenwagen zu verhindern. Abgesehen von der bedeutenden Menge Wasser, die Sägemehl im allgemeinen enthält, würden dickere Schichten beim Eintritt der eigentlichen Verkohlungsperiode sich mit einer Kruste von Holzkohle bedecken, die als Isolator für den restlichen Anteil des Holzes wirkt und die vollständige Verkohlung verhindern würde. Eine weitere Schwierigkeit liegt in der Behandlung der großen Mengen fein verteilter heißer Holzkohle.

Groß ist die Anzahl der Verfahren, die vorgeschlagen und beschrieben werden, um kleinstückiges Holz nutzbringend aufzuarbeiten, aber bis in die neueste Zeit haben nur recht wenige irgendwelche Bedeutung in der Praxis erlangt. Es kann natürlich nicht der Zweck des Buches sein, alle diese Anlagen und Verfahren zu beschreiben, sondern wir wollen uns auf die beschränken, welche die neuesten Entwicklungsformen darstellen[1]):

1. zwecks Gewinnung von Nebenprodukten;
2. zur Herstellung von Gas.

Da der letzteren ein besonderes Kapitel gewidmet werden soll, wollen wir uns in diesem nur mit dem Verkohlungsprozeß befassen, und zwar nur soweit, als Holzkohle gewonnen wird, da die Aufarbeitung der übrigen Produkte, wie Holzessig, Teer usw., in gleicher Weise, wie im vorigen Kapitel beschrieben, vor sich geht.

Das größte Interesse dürfte die Verarbeitung von kleinstückigem Holz haben schon aus dem Grunde, als besondere Apparate hierfür benötigt werden. Läßt sich großstückiger Abfall auch ohne weiteres in Retorten der beschriebenen Systeme verkohlen, so sollen doch in diesem Kapitel einige Spezialfälle, wie z. B. die Verkohlung von Nadelholzstubben, besprochen werden.

Besondere Verkohlungsverfahren für kleinstückiges Abfallholz

1. Das Seaman-Verfahren[2]).

Es eignet sich für die Verarbeitung von Getreidehülsen (Kleie, Reishülsen), Nußschalen, Samenkaspeln der Baumwolle, Sägespänen usw. —

[1]) Für eingehende Informationen sei Hubbards „Utilisation of Wood Waste" empfohlen.

[2]) U. S. P. Nr. 1108403. 1914; Nr. 1115590. 1914; Nr. 1236884. 1917; Nr. 1236885. 1917.

Um Krustenbildung und damit unvollständige Verkohlung zu verhindern, waren die älteren Retortenkonstruktionen mit mechanischen Vorrichtungen, die das zu verkohlende Material in Bewegung hielten, ausgerüstet. So wandte Halliday z. B. eine Transportschnecke im Innern der Retorte an, die den Inhalt gleichmäßig von der Beschickungs- nach der Entleerungsseite bewegt, während bei der Bower-Retorte die Holzteile einem im Innern der Retorte sich bewegenden endlosen Band zugeführt werden, ähnlich wie bei dem Bandtrockner für Kalkacetat (Abb. 96) beschrieben. Die Vorteile der beiden Retortentypen liegen in der kontinuierlichen Arbeitsweise; ihre Nachteile in der gleichzeitigen Einführung von Luft durch die Zwischenräume des zerteilten Materials, besonders wenn es sich um Nußschalen und Sägespäne handelt. Die ständige Luftzufuhr in die Retorte bewirkt eine Oxydation der Produkte und damit eine Verminderung der Ausbeuten, ganz abgesehen von der Gefahr, die damit verbunden ist.

Im Gegensatz zu diesem und ähnlichen Verfahren stellt die Arbeitsweise nach Seaman eine bedeutende Verbesserung dar. Einen Schnitt der gesamten Anlage zeigt Abb. 100.

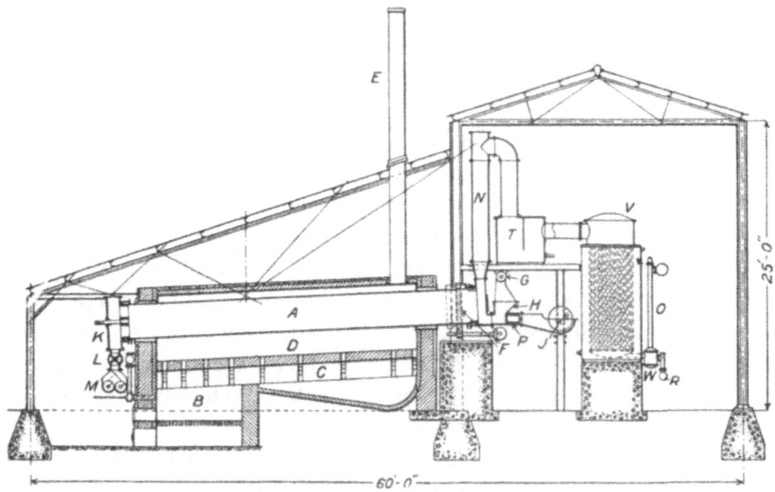

Abb. 100. Seaman-Anlage für die Destillation von kleinstückigen Holz (Seaman Waste Wood Chemical Co., New York U. S. A.).

Die Retorte A besteht aus einem 25 Fuß langen und 3 Fuß weiten Zylinder, der, gegen die Horizontale geneigt, in Mauerwerk eingebaut ist. Unterhalb der, Retorte liegen der Rost B, der Feuerzug C und die Heizkammer D, welche mit dem Feuerzug durch Verteilungsöffnungen in Verbindung steht. Die Heizung geschieht also in ähnlicher Weise wie bei den Großraumretorten. Die Heizgase entweichen durch den Schornstein E. Die Retorte wird mittels Rädervorgelege F in Umdrehung versetzt. Am oberen Ende befinden sich Spurplatten, um den Schub der Retorte aufzunehmen. Die äußeren Enden der letzteren laufen in feststehenden Stopfbüchsen mit Asbest-Graphitpackungen. Das obere Ende trägt die Beschickungsöffnung. Eine Transportvorrichtung *G* bringt das zu verkohlende Material in den Beschickungstrichter *H*, der in der Längsrichtung der Retorte in ein Rohr ausläuft, in welchem sich ein durch den Exzenter *J* angetriebener Kolben bewegt. In dem Maße wie das Material aus dem Schüttrichter in das Beschickungsrohr fällt, wird es durch den Kolben komprimiert, dessen Hub so eingestellt ist, daß er am Ende seiner Vorwärtsbewegung einen Zwischenraum zwischen dem Boden des Schüttrichters und dem Ende des vorderen Rohrteiles läßt. Dadurch wird der Luft, die während der Kompression aus dem Material entfernt wird, Gelegenheit zum Entweichen gegeben. Beim Zurückgehen des Kolbens liegt seine Stirnweite in gleicher Ebene mit der Hinterwand des Schüttrichters, wodurch der Kolben von Staub frei gehalten wird. Die Kompression verhindert nicht nur das Eindringen von Luft in die Retorte, sondern bewirkt auch einen dichten Abschluß gegenüber den Schwelgasen. In der Retorte selbst sind Schneiden oder Flügel angeordnet, die für die Auflockerung und Verteilung des Materials auf seinem Wege durch die Retorte sorgen. Am Beschickungsende ist letztere an einer zentralen Welle aufgehängt, die durch eine Stopfbüchse geht und von einem einstellbaren Lager getragen wird. Die Holzkohle fällt aus der Kammer *K* in ein Rohr *L*, das eine Transportschnecke besitzt, die die Holzkohle in einen Schüttrichter fördert. Von hier aus gelangt die Kohle in das Rohr *M*, wo ein Kolben, ähnlich dem vorigen, sie komprimiert und dadurch den unteren Teil der Retorte gegen das Ausströmen der Schwelgase sichert. Von *M* fällt die Kohle in Kühlkästen. Die Schwelgase steigen in dem Rohr *N*, das sich an dem oberen, feststehenden Verschlußkopf der Retorte befindet, empor, durchstreichen den Teersammler *T* und treten in den Kühler *V* ein, der mit Wasserverschluß *W*, Dunstrohr *O* und Ablaufrohr *R* versehen ist. Die unkondensierbaren Gase werden direkt verbrannt.

Falls das zur Verwendung kommende Holz nicht schon den nötigen Feinheitsgrad aufweist, wird es in ungefähr $^1/_2$zöllige Stücke zerkleinert und in einem Trockenapparat bis auf einen Wassergehalt von ungefähr 10% vorgetrocknet, was etwa 5 Minuten erfordert. In der Retorte verweilt es nur ungefähr 9 Minuten, um vollständig verkohlt zu werden. Die Leistung einer solchen beträgt pro Stunde 1800—2500 lbs. zerkleinertes Holz, entsprechend einer 24stündigen Verarbeitung von 20—25 Tonnen. Die Ausbeuten an Essigsäure und Methylalkohol sind beträchtlich höher als die in gewöhnlichen Retorten erzielten; die Holzkohle ist von vorzüglicher Beschaffenheit und enthält weniger flüchtige Bestandteile, als die aus Scheitholz gewonnene.

2. Das Poore-Verfahren.

Das Hauptmerkmal dieses Verfahrens liegt in der Anwendung von überhitztem Dampf. Die Retorte ist zylindrisch und ruht auf Rollen, die im Mauerwerk eingebaut sind, durch einen Antrieb bewegt werden und die feuerbeheizte Retorte in Drehung versetzen. Die Vorderseite besitzt eine Beschickungstür, die Hinterseite einen zentralen Gasabzugsstutzen, der mit der Hauptleitung durch Stopfbüchse verbunden ist. Zwei oder vier Retorten sind zusammen in einen Ofen eingebaut und werden durch eine gemeinsame Feuerung beheizt. Die Verkohlung dauert ca. 6 Stunden, die Beschickung findet alternierend statt, so daß eine Retorte eines Vierersatzes alle $1^1/_2$ Stunden für eine Neubeschickung bereit ist. Die Schwelgase und Dämpfe sämtlicher Retorten strömen in eine Sammelleitung und von dieser zu dem Kühler. Dank der wechselseitigen Beschickung ist der Dampf- und Gasstrom und damit die Beanspruchung des Kühlers ziemlich gleichmäßig. Alle Arten kleinstückiges Holz sowie Nußschalen, Kerne usw. lassen sich in der Retorte verarbeiten. Soll sehr feines Material zur Verwendung kommen, so wird ein zentrales, in der Längsrichtung verlaufendes Rohr[1]) eingebaut, das das Mitreißen von festen Teilchen oder Flugstaub in die Schwelgasleitung verhindert. Die Rauchgase werden durch eine besondere Anordnung der Feuerzüge[2]) um die Retorte geleitet und passieren sodann nacheinander einen Wärmeaustauschapparat, in welchem der für die weiteren Operationen benötigte Dampf überhitzt wird, einen Ruß- und Funkenfänger, einen Kanal, der die Zuführung von Luft und damit die Abkühlung der Rauchgase auf 120° gestattet, um schließlich in eine Trockenkammer einzutreten, in welcher das für die Beschickung nötige Holz getrocknet wird. Ein Ventilator saugt die Gase aus der Trockenkammer und befördert sie ins Freie.

Der Trockner besteht aus einem endlosen Band, wirkt nach demselben Prinzip wie der früher beschriebene Acetattrockner und reduziert den Feuchtigkeitsgehalt des Holzes auf 5—10%.

Die Entleerung der Retorte geschieht mittels Dampf, der durch Düsen in die Retorte strömt und die Holzkohle in ein weites Teleskoprohr bläst, das im Augenblick der Entleerung mit der Retorte verbunden wird. Das Rohr führt zu einem Cyklon, aus welchem die Kohle nach der Abkühlung entfernt wird.

Zwecks Neubeschickung wird eine Art Schüttrumpf mit ca. 2 Tonnen Holz durch einen Transporteur gefüllt und der Inhalt in die Retorte entleert, die Öffnungen derselben verschlossen und die Verkohlung von neuem in Angriff genommen unter Zuführung von überhitztem Dampf, dessen Temperatur sorgfältig kontrolliert wird. Schieber sorgen für die

---

1) E. P. Nr. 162769. 2) E. P. Nr. 131006.

gute Verteilung der Feuergase und richtige Beheizung der Retorten und gestatten, nach Bedarf eine jede Retorte ganz oder teilweise auszuschalten. Die Temperatur der Heizgase und des in die Retorte eingeführten Dampfes, die von besonderer Wichtigkeit ist, wird durch Pyrometer gemessen. Die entwickelten Schwelgase passieren einen Barbet-Teerscheider und darauf zwei in Serien geschaltete Sättiger, in denen die Dämpfe der Essigsäure durch Kalkmilch neutralisiert werden (vgl. S. 234). Wasserdampf und mit ihm die flüchtigeren Bestandtele (Methylalkohol, Aceton usw.), sowie die unkondensierbaren Gase gelangen in den Kühler, wo die Dämpfe als Holzgeistwasser niedergeschlagen werden. Die Abgase werden unter der Retorte verbrannt. In der folgenden Tabelle 92 (nach Rule) sind die Resultate einiger Versuchsverkohlungen aufgeführt.

Tabelle 92. Ausbeuten an Verkohlungsprodukten bei Anwendung des Poore-Verfahrens.

Holzart	% Durchschnittsfeuchtigkeit des Holzes	Prozentuale Ausbeute, bezogen auf trockenes Holz							
		Holzkohle		Essigsäure		Holzgeist 100 %		Absatzteer	
		Max.	Min.	Max.	Min.	Max.	Min.	Max.	Min.
Birke . .	6—12	38,62	30,9	8,62	7,86	2,12	1,62	8,81	5,89
Kiefer[1]) .	10—11	—	34,31	—	4,00	—	1,55	—	6,24

Ein Vergleich dieser Zahlen mit den im gewöhnlichen Retortenbetriebe und im Laboratoriumsversuch erhaltenen, läßt eine ganz beträchtliche Erhöhung der Ausbeuten, besonders an Essigsäure, erkennen, und zwar bis zu 30—50% (vgl. die Tabellen 29, 30, 46, 48 und 50). Es ist nicht ausgeschlossen, daß durch die Zuführung von überhitztem Dampf eine Abspaltung von Acetylgruppen aus dem Lignin in größerem Ausmaße stattfindet als bei der gewöhnlichen Verkohlung; außerdem gestattet der Dampf eine bessere Regelung des Operationsverlaufes. Sein Verbrauch beträgt ungefähr 20—25% des im Destillat enthaltenen Wassers.

3. Das Stafford-Verfahren[2]).

Charakteristisch an diesem Verfahren ist die Ausnutzung der bei der exothermischen Periode entwickelten Wärme, die dazu dient, die Zersetzung einer neuen Charge einzuleiten. Als Verkohlungsmaterial können Sägemehl, Hobelspäne, Hackspäne, Nußschalen usw. dienen, die zuerst in einem besonderen Trockner möglichst von ihrem Wassergehalt befreit und auf eine erhöhte Temperatur, die jedoch 250° nicht überschreiten soll, gebracht werden. In Abb. 101 ist der Schnitt eines derartigen Verkohlungsapparates wiedergegeben.

---

[1]) Einzelversuch. [2]) U. S. P. Nr. 1380262. 1921.

Aus der Trockenkammer gelangt das getrocknete und erhitzte Material in den Trichter 13, wo es von der Transportschnecke 3 erfaßt und der Beschickungsöffnung 2 der Retorte zugeführt wird. Diese ist bei Betriebsbeginn durch ein im Innern unterhaltenes Feuer gleichmäßig auf eine Temperatur von ca. 400° gebracht. Man kann auch so verfahren, daß man eine Schicht Holzkohlen am Boden durch eingeführte Elektroden in Glut bringt. Strahlungsverluste werden durch dicke, isolierende Ummauerung auf ein Minimum reduziert. Eine Öffnung am Boden mit einer Verschlußvorrichtung 5, die durch den Hebel 12 betätigt wird, versehen, dient zum Herausschaffen der Holzkohle. Gase und Dämpfe entweichen durch das Rohr 6. Eine Anzahl Pyrometer 7, 8, 9, 10 und 11 gestatten die Messung der Innentemperatur bzw. des eingetragenen Holzes.

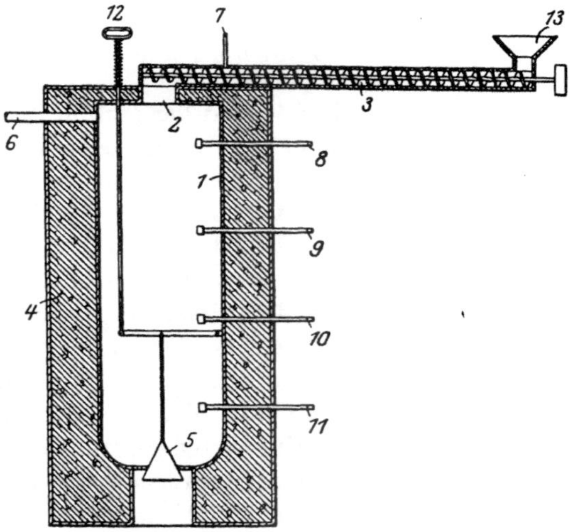

Abb. 101. Stafford-Retorte für die Destillation von Sägemehl, Hobelspänen, Hackspänen, Nußschalen usw.

Bei einem Versuchsabtrieb wurde die von dem Pyrometer 7 angezeigte Temperatur auf ca. 160° gehalten, bei der das Holz noch nicht gebräunt wurde. Die Retorte war vorher durch Innenfeuerung auf die entsprechende Temperatur gebracht. Während des Versuches, der um 9.40 Uhr vormittags begann, zeigten die Pyrometer folgende Temperaturen an:

Zeit	Pyrometer 8 °C	Pyrometer 9 °C	Pyrometer 10 °C	Pyrometer 11 °C
10 00 vorm.	460	480	500	500
11 00 „	390	390	400	360
12 20 nachm.	340	340	340	420
1 05 „	325	325	325	430
2 00 „	300	300	300	445
3 00 „	290	280	265	445
4 20 „	265	260	235	445
4 40 „	250	245	460	445
6 25 „	230	200	455	445
7 35 „	240	260	455	430
9 00 „	220	220	430	425
9 30 „	220	335	425	425

(Fortsetzung der Tabelle auf S. 275.)

Zeit	Pyrometer 8 °C	Pyrometer 9 °C	Pyrometer 10 °C	Pyrometer 11 °C
10 15 nachm.	220	430	420	420
11 00 „	215	440	410	410
12 00 „	**215**	445	400	400
1 00 vorm.	230	445	400	400
1 15 „	265	450	395	395
1 30 „	330	450	390	390
1 45 „	385	450	390	390
2 00 „	430	455	390	390
2 10 „	425	455	390	390

Abtrieb um 2.10 Uhr beendet.

Die Retorte wurde während der ganzen Zeit nicht entleert und allmählich vollkommen angefüllt. Durch zeitweise Feststellung der Schichthöhe wurde erwiesen, daß der von irgendeinem Pyrometer angezeigte Temperatursprung (die fettgedruckten Zahlen der Tabelle) der Zeit entsprach, zu welcher die Reaktionsschicht die gemessene Höhe erreichte. Die Retorte kann selbstverständlich auch kontinuierlich betrieben werden, indem man die gebildete Holzkohle von Zeit zu Zeit abzieht. Soweit der Verfasser informiert ist, ist dies die einzige Verkohlungsapparatur, mit der sich eine fortlaufende Verkohlung ohne Anwendung äußerer Wärmequellen ausführen läßt. Voraussetzung ist natürlich, daß die Beschickung ständig eine Mindesttemperatur von 280° in der Retorte aufweist. Wie die oben stehende Tabelle zeigt, betrug die Temperatur des Bodenpyrometers anfänglich 500° und fiel bei Zugabe der ersten Holzladung auf 360°. Die bei der exothermischen Periode entwickelte Wärme ließ die Temperatur auf 420 und schließlich 445° steigen. Mit dem Ansteigen der Reaktionszone war ein gleichmäßiges Fallen der Bodentemperatur bis auf 390° verbunden. Die Temperaturen der übrigen Pyrometer verhielten sich ähnlich.

Die aus dem Stutzen 6 entweichenden Schwelgase und Dämpfe werden in bekannter Weise gekühlt bzw. kondensiert.

4. Andere Verfahren.

Im Jahre 1921 erhielt Mc Leod ein Patent auf eine Apparatur zur Verkohlung von Sägemehl[1]), gekennzeichnet durch vier übereinander liegende horizontale Zylinder, von denen jeder mit einer Transportschnecke ausgerüstet war. Schnecke sowie die Spindel waren hohl. Die beiden unteren Zylinder bilden das primäre, die beiden oberen das sekundäre System; alle vier Schnecken sind durch Triebwerke miteinander verbunden. Das Sägemehl fällt kontinuierlich in den obersten Zylinder

[1]) U. S. P. Nr. 1375714.

und wird durch die Schnecke nach dem anderen Ende bewegt, fällt durch ein Verbindungsrohr in den zweiten, durchwandert diesen, um in gleicher Weise in den dritten und vierten zu gelangen. Das Material bewegt sich also im Zickzack durch die Gesamtlänge der Zylinder. Die Beheizung findet durch heiße Luft, Dampf oder Heizgase statt, die in die hohle Schnecke des untersten Zylinders strömen, sie durchstreichen und durch eine verbindende Rohrleitung in die Schnecke des nächsten eintreten, um aus dieser zurück in den Überhitzer geführt zu werden. Die Temperatur ist natürlich am höchsten in dem untersten Zylinder, und hier findet die eigentliche Verkohlung statt. Die heißen Schwelprodukte gelangen in einen Luftkühler, wo Holzessig und Teer kondensiert werden. Die sich beim Kühlen der Schwelprodukte erwärmende Luft wird in die hohlen Schnecken der beiden oberen Zylinder geleitet und dient dazu, das frisch eingeführte Holz vorzutrocknen. Der unterste Zylinder besitzt eine größere Länge als die übrigen und seine Transportschnecke schafft die gebildete Holzkohle durch ein Entleerungsrohr in ein mit diesem verbundenes Auffanggefäß.

Roß und Corner, in Verbindung mit der Blair, Campbell & Mc Lean Ltd., ließen sich eine Retorte zur Verarbeitung von Sägemehl patentieren[1]). Sie besteht aus einer vertikalen, zylindrischen, oben mit einem Deckel verschlossenen Kammer und ist in ihrem Unterteil gegen die Horizontale geneigt. Die Kammer enthält im gleichen Abstande voneinander eine Anzahl flacher, kreisrunder Böden, die sie in mehrere horizontale Abteilungen zerlegen. Im Zentrum der Retorte und sämtliche Böden durchziehend, befindet sich eine rotierende Welle, an der eine Anzahl Rechen oder Abstreichvorrichtungen angebracht sind. Jeder Boden trägt außerdem einen radialen Schlitz. Die Beheizung der Retorten findet durch Feuer- oder Generatorgase statt. Eine Transportschnecke bringt das zu verkohlende Material auf den ersten Boden; die langsam rotierenden Arme bewegen es dem Schlitz zu, durch den es auf die nächste Platte fällt usw. Auf seinem Wege nach unten wird also das Sägemehl zuerst getrocknet und dann verkohlt, die Kohle an dem geneigten unteren Ende durch eine Transportschnecke entfernt. Gase und Dämpfe strömen nach oben, und zwar durch den ringförmigen Zwischenraum zwischen Welle und Böden und entweichen durch einen am Deckel befindlichen Stutzen. Einen ähnlichen Apparat beschreibt Sykes in dem E. P. Nr. 12257 (1912).

Verschiedene Methoden für die Bearbeitung von kleinstückigem Holzabfall sind beschrieben, die auf einer Brikettierung desselben vor der Verkohlung beruhen, so z. B. das von Heidenstam-Verfahren, das eine Zeitlang auf den großen Holzschneidereien in Schweden Anwendung

[1]) E. P. Nr. 118960.

fand. Die Holzabfälle werden zuerst in einem Kollergang zu einem groben Pulver zermahlen, eine Operation, mit der gleichzeitig eine Verminderung des Wassergehaltes auf ca. 20% verbunden ist. Dann folgt eine vollkommene Trocknung in Trockenkammern, die mit den Rauchgasen der Retortenfeuerung beheizt werden, und schließlich eine Brikettierung in zylindrische Blöcke. Diese werden in einer vertikalen, zylindrischen eisernen, mit Mauerwerk umgebenen und direkt befeuerten Retorte verkohlt. Der Retortendeckel besteht aus einer schweren gußeisernen Platte, die während der Verkohlung einen beständigen Druck auf die Blöcke ausübt. Die Destillation erfordert 14 Stunden, und die Holzkohle, welche die Blockform bewahrt hat, bleibt 12—18 Stunden zur Kühlung in der Retorte. Die Dämpfe entweichen durch ein Abzugsrohr, der Dickteer wird vom Boden der Retorte abgezogen und dient als Bindemittel bei der Herstellung der Briketts.

Hawley hat zwei Patente[1]) auf die Herstellung von Holzkohlenbriketts genommen, nach denen Sägemehl unter einem Druck von ungefähr 2000 kg pro cm^2 in Blöcke mit einem spez. Gewicht von 1,1 gepreßt wird. Bei der Verkohlung werden die Blöcke einem mechanischen Druck von mindestens 7 kg pro cm^2 unterworfen. Die erhaltene Holzkohle besitzt eine Dichte von 0,95 und stellt ein gutes Absorbens dar.

Joseph und Whitfield[2]) beschreiben die Herstellung von Holzkohlenbriketts aus einer sudanischen Holzart „Sudd" genannt, die als Nutzholz nicht in Frage kommt. Als Bindemittel dient Holzteer. Die erhaltenen Briketts konnten sehr wohl in Wettbewerb mit Steinkohle treten, denn ein Demonstrationsversuch mit einem kleinen Dampfkessel ergab, daß 1 kg der Briketts 4,7 kg Wasser verdampfte.

Die indische Regierung hat während der letzten Jahre verschiedentlich Versuche anstellen lassen, Holzkohlenbriketts aus indischen Hölzern herzustellen unter Verwendung von Gummiarten als Bindemittel. Im allgemeinen hat sich jedoch die Verwertung von Sägemehl in Form von Holzkohlenbriketts in größerem Maße nicht eingeführt.

Die trockene Destillation von großstückigem Abfallholz[3]).

Wenn auch im allgemeinen, wie schon früher ausgeführt, die Verarbeitungsmethoden von großstückigem Abfallholz sich in nichts von den bei der Scheitholzverkohlung angewandten unterscheiden, so gibt es doch Spezialfälle, wie z. B. die Destillation von Kiefernstockholz, die einer besonderen Betrachtung wert sind.

---

[1]) U. S. P. Nr. 1369428 und Nr. 1385826.

[2]) J. Soc. Chem. Ind. Bd. 50, S. 190.

[3]) Benson: Eighth International Congress of Applied Chemistry.

Die Destillation von Douglas-Fichtenstubben.

a) Dampfdestillation.

4000 lbs. Hackspäne der Stubben wurden mit Dampf von $3^1/_2$ Atm. Überdruck destilliert. Die Operation dauerte 4 Stunden und ergab $5^1/_4$ Gallonen Öl, aus denen sich durch nochmalige Dampfdestillation 80% wasserhelles Destillat gewinnen ließen. Als Rückstand blieb ein schweres, gelbes Öl. Das Destillat zeigte folgende Eigenschaften:

spezifisches Gewicht bei 15,5° C	0,8676
Beginn des Siedens	bei 156°
95% destillierten über zwischen	156 u. 165°
Verdampfungsrückstand	1,115%
Brechungsindex bei 15,5°	1,4718
Entflammungspunkt	46°
Drehung bei 20°	— 25°

Das Produkt erwies sich also als ein dem französischen Terpentinöl recht ähnliches.

Das gelbe Rückstandsöl besaß kienölartigen Charakter, begann bei 175° zu sieden und ließ 57,4% zwischen 214 und 226° übergehen; wenigstens $^1/_3$ des Öles bestand aus Terpineol.

Benadelte Douglas-Fichtenzweige, mit Dampf destilliert, ergaben eine Ausbeute von 0,45% Öl, dessen Siedeintervall von 162—230° reichte und bei der letzteren Temperatur 10% eines braunen, flüssigen Rückstandes hinterließ. Bei der Extraktion der dampfdestillierten Stubbenspäne mittels Alkohol wurde ein Harzgehalt von ungefähr 7% gefunden.

b) Verkohlung.

Bei der Verkohlung von 29160 lbs. Stubben wurden erhalten:

rohes Terpentinöl	12,5	Gallonen
Leichtöl	25,0	„
Schwerteer	93,9	„
Holzessig	1314,0	„
Holzkohle	5547,0	„

Der Teer zeigte folgende Eigenschaften:

spez. Gewicht bei 18°	1,068
Entflammungspunkt	105°
freier Kohlenstoff	1,18%
unlöslich in Petroleumäther	24,27%

und gab bei der Destillation folgende Fraktionen:

Wasser	4%
Leichtöl (unter 170° siedend)	8%
Schweröl (von 170—215° siedend)	61%
Hartpech	22%

Tabelle 93. Ausbeute pro Cord an rohen und

Produkt		„Fettes" Stubbenholz (8 Muster)		
		Maximum	Minimum	Durchschnitt
Rohterpentinöl I (A)	Gallonen	17,1	13,3	14,9
Rohterpentinöl II (B)	„	17,8	7,6	11,1
Gesamtterpentinöl:	„	34,9	21,0	26,0
Rohes Leichtöl	„	8,3	2,7	4,6
Rohes Schweröl	„	70,5	29,5	46,0
Sauerwasser	„	74,4	55,9	64,4
Gereinigtes Terpentinöl I von A	„	13,3	10,0	11,8
Gereinigtes Terpentinöl II von B	„	7,9	3,1	5,0
Gesamtterpentinöl:	„	21,2	13,4	16,8
Gereinigtes Terpentinöl II von A	„	1,3	0,6	0,8
Gereinigtes Terpentinöl II von B	„	2,3	0,9	1,5
Gesamtterpentinöl:	„	3,0	1,7	2,3
Kienölfraktion von A	„	1,7	0,9	1,2
Kienölfraktion von B	„	2,6	1,1	1,5
Gesamtkienöl:	„	4,3	2,2	2,7
Handelsübliches Terpentinöl	„	25,7	16,2	19,8
Handelsübliches Kienöl	„	3,1	1,6	2,0
Pech	lbs.	237	110	188
Holzkohle	„	988	670	789
Cord Gewicht	„	3500	2500	2812

Das Pech besaß einen Schmelzpunkt von 154°, enthielt 18,23% freien Kohlenstoff, 68,28% flüchtige Stoffe und 0,18% Asche. Die Ausbeuten an Holzgeist wurden zu 1,5% und die an Graukalk zu 2—3%, berechnet auf das Gewicht des angewandten Holzes, gefunden.

Die trockene Destillation des Stubbenholzes der Sumpfkiefer[1]).

In letzter Zeit sind verschiedene Versuchsdestillationen mit Stubbenholz der Sumpfkiefer vorgenommen worden, um eine nutzbringende Verwertung der bei dem Fällen zurückbleibenden Wurzelstöcke zu finden und dadurch die Kosten der Urbachmachung der Kahlschläge zu verringern.

Die Stubben wurden auf 2—4 Zoll Durchmesser zerkleinert und in Chargen von 150—200 lbs. in Retorten verkohlt, die durch Heizschlangen, in welchen erhitztes Öl zirkulierte, beheizt wurden[2]). Die Schlangen sind

---

[1]) U. S. Dept. of Agric., Bull. 1003.

[2]) Betreffend Einzelheiten des Merrill-Systems „über die Beheizung durch Ölzirkulation" sei auf „The Kestner Evaporator and Engineering Co., Grosvenor Gardens, London", verwiesen.

gereinigten Produkten aus Sumpfkiefernstubben.

Mittleres Stubbenholz (6 Muster)			Grünes Stubbenholz (2 Muster)			abgestorbene Stubben (4 Muster)			„Mageres" Stubbenholz (1 Muster)	Grüne Wipfel und Äste (1 Muster)
Maximum	Minimum	Durchschnitt	Maximum	Minimum	Durchschnitt	Maximum	Minimum	Durchschnitt		
12,1	6,8	9,0	9,9	8,7	9,3	17,8	4,5	8,6	6,9	3,1
10,5	6,4	8,1	7,4	5,0	6,2	13,5	2,8	6,3	6,8	2,8
22,6	13,5	17,1	16,1	14,9	15,5	31,3	7,3	14,9	13,7	5,9
4,9	2,8	3,6	3,2	2,5	2,9	4,9	2,8	3,6	2,9	3,3
31,7	24,4	26,5	32,1	30,1	31,1	47,0	19,5	28,6	23,6	16,1
74,4	54,3	64,1	69,2	63,6	66,4	75,8	53,4	63,6	59,4	80,8
9,7	5,1	7,1	8,1	7,2	7,6	13,6	2,6	6,4	5,7	2,0
6,1	1,5	3,6	3,8	2,5	3,2	2,9	0,8	1,8	2,8	1,1
15,8	6,6	10,7	11,0	10,6	10,8	16,5	3,4	8,2	8,5	3,1
0,8	0,4	0,6	0,7	0,4	0,5	1,3	0,3	0,7	0,4	0,3
1,5	0,9	1,1	1,0	0,5	0,8	1,9	0,3	0,8	0,7	0,3
1,9	1,3	1,7	1,4	1,2	1,3	3,2	0,6	1,5	1,1	0,6
1,1	0,3	0,7	0,5	0,3	0,4	1,6	0,3	0,7	0,3	0,2
1,2	0,9	1,0	0,5	0,4	0,5	2,8	0,3	1,1	0,6	0,3
2,1	1,2	1,7	0,9	0,8	0,9	4,4	0,6	1,8	0,9	0,5
18,0	8,9	12,7	12,5	11,8	12,2	21,0	4,6	10,2	9,7	3,8
1,6	1,0	1,3	0,8	0,8	0,8	3,1	0,4	1,3	0,8	0,4
188	102	131	144	143	143	104	42	84	83	22
800	651	711	823	768	795	863	671	790	714	764
3000	2200	2417	2500	2400	2450	3000	2000	2400	2100	2400

abteilungsweise eingebaut derart, daß in der Hauptabteilung eine Temperatur von 260° gehalten wird, bis das gesamte Rohterpentinöl abdestilliert ist und das geschmolzene Harz sich am Boden der Retorte gesammelt hat. Jetzt tritt die am Boden in der geschmolzenen Harzschicht liegende Schlange in Wirksamkeit und die Temperatur wird auf 343° gesteigert, bis die Verkohlung beendet ist.

Bei der eigentlichen Verkohlung werden außer Holzessig noch Leichtöl von 280—320° und Schweröl, über 320° siedend, erhalten, während Weichpech vom Boden der Retorte abgezogen wird. Das Rohterpentinöl wird ebenfalls in zwei Fraktionen aufgefangen, von denen die erste ein sehr reines Produkt, die zweite ein durch Kienöl und Zersetzungsprodukte verunreinigtes ergibt.

Tabelle 93 gibt eine Übersicht der Ausbeuten, berechnet auf 1 Cord Holz, dessen Gewicht ebenfalls am Fuße der Tabelle angegeben ist. Bei der Reinigung des Rohterpentinöls wurde als erste Fraktion diejenige bezeichnet, welche im Verhältnis 4 Öl : 6 Wasser überging; bei der zweiten betrug das Verhältnis zwischen Öl und Wasser 4 : 6 bzw. 3 : 7. Kienöl wurde solange aufgefangen, bis das übergehende Wasser nur noch 5%

Öl enthielt. Die Ausbeuten für die übrigen Produkte, auf 1 Cord berechnet, waren folgende:

Holzessig	55—65	Gallonen
Calciumacetat von 80%	50—55	lbs.
Methylalkohol	1,7 —2,2	Gallonen
Aceton	0,16—0,18	„
gelöster Teer und Öle	60—70	lbs.

XII. Die Erzeugung von Leucht- und Kraftgas aus Holz.

Gegen Ende des 18. Jahrhunderts zeigte Lebon, daß bei der Verkohlung des Holzes ein Gas entsteht, welches zur Beleuchtung Verwendung finden kann. Das Verfahren wurde dann einige Jahre später durch Pettenkofer in die Praxis übertragen, der aus 100 kg Holz zwischen 31 und 37,5 m^3 Gas erhielt. Eine weitere Entwicklung der Holzgasindustrie wurde jedoch durch die gleichzeitig einsetzende Steinkohlendestillation und die Darstellung von Leuchtgas zurückgedrängt, und nur für einige in waldreichen Gegenden, abseits vom Verkehr, belegene Orte, denen das Rohmaterial in großen Mengen und zu genügend billigem Preise zur Verfügung stand, fand Holzgas beschränkte Anwendung.

Es sind eine Menge Versuche unternommen worden, um Holzgas herzustellen, die aber meistens ganz oder teilweise versagten, mit Ausnahme von einigen, welche wenigstens unter den derzeitigen Verhältnissen ihren Zweck erfüllten.

Der ausbrechende Weltkrieg schuf für alle die Länder, welche normalerweise auf die Einfuhr von Steinkohle angewiesen waren, ganz außerordentliche Schwierigkeiten, die Leuchtgasindustrie aufrecht zu erhalten. Die allgemeine wirtschaftliche Lage und die auch nach dem Kriege noch immer herrschenden Unruhen in der Arbeiterwelt waren nicht dazu angetan, die Schwierigkeiten zu vermindern. Die ständige Knappheit und der hohe Preis der Steinkohlen hat die Frage der Verwertung des Holzes als Ausgangsmaterial für die Leuchtgaserzeugung wieder in den Vordergrund gerückt und Veranlassung gegeben, auf großzügiger und mehr wissenschaftlicher Basis dem Projekte beizukommen. Man kann sagen, daß im Grunde genommen alle früheren Fehlschläge auf einen Mangel an Erfahrung und auf Unkenntnis des Rohmaterials und seines Verhaltens unter gegebenen Umständen zurückzuführen sind.

Die neuzeitlichen Entwicklungen bewegen sich auf zwei Linien:

1. die Herstellung von Holzgas in Retorten;
2. die Herstellung von Holzgas in Generatoren.

Besonders die letztere hat eine sehr hohe Entwicklungsstufe erklommen.

Die Herstellung von Holzgas in Retorten.

Im Jahre 1880 beschreibt Wilkinson die Gaserzeugung aus Scheitholz[1]). Nach seinem Verfahren wurde die Holzkohle in den hinteren Teil der Retorte geschoben und die sich bei der Zersetzung des Holzes entwickelnden Schwelgase gezwungen, die heiße Holzkohlenschicht zu durchströmen, wodurch die Gasausbeuten sich erhöhten und die Bildung von Kohlenmonoxyd, gasförmigen Kohlenwasserstoffen und Wasserstoff begünstigt wurde. Irminger[2]) stellte Versuche mit verschiedenen Holzarten an und erhielt aus einer Tonne Tannenholz 481 m^3 Gas mit einem Heizwert von 4095 Calorien. Die Temperatur in der Retorte betrug über 1000° C.

Die Verkohlung von Holz und Kohle im Gemisch wurde in verschiedenen Ländern eine ganze Zeitlang ausgeführt. In einem vor der Victorian Gas Association im Jahre 1913[3]) gehaltenen Vortrage wurde ausgeführt, daß in zahlreichen Fällen mit Mischungen gearbeitet wurde, die bis zu 25% Holz enthielten und daß besonders einige Eucalyptusarten Australiens, wie *Eucalyptus hemiphloia* und *Eucalyptus rostrata*, sich besonders für den gedachten Zweck eigneten. Die Durchschnittsausbeute an Gas betrug 340 m^3 pro Tonne Holz. Die Hauptvorteile des so erzeugten Mischgases lagen in dem Fehlen der Naphthalinabscheidungen und in der Verminderung der sich an den Retortenwänden ansetzenden Graphitschicht. Kondensationen in den Hauptleitungen und an den Bedienungsvorrichtungen waren selten. Aus dem Retortenrückstand wurde die Holzkohle und der geringwertige Koks herausgesucht und zur Befeuerung der Retorte benutzt.

Im Jahre 1916 wurde vom französischen Gassyndikat eine Umfrage gehalten zwecks Information über die Zweckmäßigkeit der Anwendung von harzhaltigem Holz zur Herstellung von Gas[4]). Als Resultat ergab sich, daß solche Hölzer mit Erfolg in der Schweiz und in Bayern benutzt waren und daß z. B. 50 kg trockenes Tannenholz 20 m^3 Gas gewinnen ließen bei einer Destillationsdauer von $1^1/_2$ Stunden. Das Gas enthielt 25% Kohlendioxyd und nach der Entfernung desselben und Reinigung:

18,5% Wasserstoff,
62,0% Kohlenmonoxyd,
9,5% Methan,
7,7% andere Kohlenwasserstoffe.

Wegen seiner vom Steinkohlengas abweichenden Dichte erforderte es Brenner mit weiterer Öffnung.

Ein großes russisches Gaswerk benutzte ein Gemisch von 35% Steinkohle und 64% Holz unter Zusatz von 1% Masut, um die Leuchtkraft

---

[1]) Amer. Chem. Journ. S. 449. 1880. [2]) Proc. Inst. Civ. Eng. S. 49. 1900.
[3]) The Times Eng. Supp. Oct. 29. 1913. [4]) J. Gas Light S. 69. 1916.

zu verstärken, und erhielt als Ausbeute 31,82 % Gas. Bei Anwendung von 21 % Steinkohle und 78 % Holz sowie 1 % Masut stieg die Ausbeute sogar auf 33,2 %.

Während des Krieges wurde eine kleine Gasanstalt in Steyning (Sussex) mit Eichenholz betrieben[1]), wobei die Destillation in ähnlicher Weise wie bei Anwendung von Steinkohlen ausgeführt wurde. Die Retorte faßte ungefähr $^1/_2$ Cord Holz, wurde in 4 Stunden abgetrieben und gab als Ausbeute pro Cord 6000 Kubikfuß = 170 m^3 Gas[2]).

Weder in der Leuchtkraft noch im Heizwert des Gases traten irgendwelche Unterschiede gegenüber dem früher benutzten Steinkohlengas auf. Die größte Schwierigkeit im Betriebe lag in einem Kühlhalten der Exhaustoren. Das Rohgas wurde durch Skrubber und Oxydreiniger geschickt mit dem Erfolg, daß die letzteren bei weitem nicht so oft gereinigt werden mußten als bei Steinkohlengasbetrieb.

Um die Krisis, welche das Stocken der Kohleneinfuhr nach Argentinien im Jahre 1916 hervorgerufen hatte, zu überwinden, fand A. M. Hunter von der Bahia Blanca Gas Co. ein Verfahren, bei welchem einheimische Laubhölzer zur Verwendung kamen[3]), und zwar unter Zugabe von Rohpetroleum aus den patagonischen Ölfeldern. Gewöhnliche ⌓-Retorten wurden benutzt und das Holz in passende Längen zerlegt, eingetragen und bei hoher Temperatur innerhalb 4 Stunden vergast. Während der ersten Stunde fand eine heftige Gasentwicklung statt, die sich dann schnell verminderte. Das während dieser Zeit erzeugte Gas hatte einen Heizwert von 3533 Calorien. Am Ende der ersten Stunde wurde das Öl unter einem Druck von $5^1/_2$ Atm. mittels Zerstäuber eingespritzt. Der Heizwert des während des Gesamtabtriebes erhaltenen Gases stieg oftmals bis auf 5120 Calorien, während die Durchschnittsausbeute aus 8 Tonnen Holz und 1,2 Tonnen Öl ungefähr 3900 m^3 Gas mit einem Heizwert von 4800 Calorien betrug.

Nach Molin[4]) soll während der Jahre 1917/18 die Hälfte des in Stockholm erzeugten Leuchtgases aus Holz hergestellt sein, und nur eine geringe Menge Steinkohle, die sich auf etwa $^1/_{10}$ des Gewichtes der Charge bezifferte, wurde zugesetzt. Ungefähr die Hälfte der Holzkohle blieb in der Retorte, um den Gehalt an Kohlendioxyd des Gases durch Bildung von Kohlenmonoxyd zu reduzieren. Als Ausbeute erhielt man pro Tonne Holz ungefähr 566 m^3 Gas, dem mittels Kalk das Kohlendioxyd entzogen wurde, ein Verfahren, das sich jedoch als sehr kostspielig erwies.

---

[1]) Gas Journ. S. 743. 1921.

[2]) Anmerkung des Übersetzers: Wenn man diese Angaben mit den vorhergehenden vergleicht, so kann es sich bei der erwähnten Anlage nur um kleinstückiges trockenes Holz gehandelt haben, dessen Cordgewicht äußerst niedrig gewesen sein muß, und um von Kohlensäure befreites und gereinigtes Gas.

[3]) J. Gas Light S. 555. 1916. [4]) J. Gasbel. S. 55. 1918.

1917 verarbeitete ein Gaswerk in Genf in Bueb-Retorten Sägemehl, dem ungefähr 10% Steinkohle zugefügt war; zeitweise wurden auch 3 m lange Scheite benutzt. Holz und Kohle wurden auch abwechselnd in 2 Retortensätzen verarbeitet mit dem Erfolg, daß der erhaltene Teer nicht sauer reagierte[1]). Die Öfen erforderten ungefähr 25% mehr Brennmaterial als bei gewöhnlichem Betriebe und die Ausbeute an Gas betrug 242—250 m^3 pro Tonne.

Ein anderes Schweizer Gaswerk in Neuchâtel vergaste Sägemehl in liegenden Retorten von $4^1/_2$ m Länge, die mit 170 kg und 30 kg Kohlen gefüllt wurden, während die normale Steinkohlencharge 450 kg betrug. Ein Abtrieb dauerte 6 Stunden.

In einem anderen Falle wurden 28% der Kohle durch Holz ersetzt und der Abtrieb in 4 Stunden durchgeführt. Die Ausbeute an Gas betrug 300 m^3, allerdings bewirkten die saueren Bestandteile des Gases eine Zerfressung der Rohrleitung. Zur Reinigung des Gases wurde Kalk benutzt.

Um wenigstens einen Teil des Kohlendioxyds vor der Reinigung zu entfernen, ließ M. Demolis das Rohgas über glühende Holzkohlen streichen und reduzierte eine gewisse Menge CO_2 zu CO. Außerdem zersetzten sich die Dämpfe der Essigsäure und des Methylalkohols unter Bildung von Methan, Wasserstoff usw. Besonderen Erfolg hatte dieses Verfahren in den Gasanstalten, die mit stehenden Retorten arbeiteten. In einigen Fällen wurde Holzgas auch mit Acetylen angereichert.

Versuche im Stockholmer Gaswerk unter Benutzung von schräg liegenden Retorten gaben ebenfalls sehr zufriedenstellende Resultate[2]). Die Retorten waren 4,9 m lang. Das Holz der Weißföhre *(Pinus sylvestris)* wurde in Längen von 90 cm geschnitten. Es wurde nach jedem Abtrieb soviel der zurückbleibenden Holzkohle entfernt, daß nur die untere Hälfte der Retorte gefüllt blieb. Das im Oberteil der letzteren entwickelte Gas war so gezwungen, die glühenden Holzkohlenschichten zu durchstreichen und reicherte sich mit Kohlenmonoxyd und Kohlenwasserstoffen an. Jede Charge enthielt 50 kg Holz, auf das 5 kg Steinkohle gebracht wurden. Die Vergasung benötigte bei einer Temperatur von 1200° 2 Stunden. Eine Tonne trockenes Holz ergab 846—928 m^3 Gas mit einem spez. Gewicht von 0,58—0,65, einem Heizwert von 3053—3355 Calorien und einer Durchschnitts-Zusammensetzung von:

11,4—16,0%	CO_2
1,2— 1,9%	schweren Kohlenwasserstoffen
1,3— 2,1%	O_2
21,8—26,1%	CO
9,1—14,9%	CH^4
44,5—47,1%	H_2
1,6— 3,7%	N_2.

[1]) Gas Journ. Bd. 140, S. 115. 1917. [2]) Gas Journ. Bd. 148, S. 134. 1919.

Die Holzkohlenausbeute betrug 19%, berechnet auf trockenes Holz. Das Destillat zeigte eine alkalische Reaktion, herrührend von dem Ammoniak der Steinkohle.

In dem Gaswerk der Stadt Helsingfors benutzte man die Abfälle der Garnrollenfabriken, um sie im Dessau-Ofen mit stehenden Retorten zu vergasen.

Nach Henke[1]) wird der CO_2-Gehalt im Holzgas, aus frisch geschlagenen Kiefernstämmen hergestellt, vermindert, wenn man das Gas der Retorten der untersten und mittleren Etage durch die der oberen Etage strömen läßt. Diese Retorten enthalten glühende Holzkohlen, die aus den unteren Retorten, wenn nötig, ergänzt werden. Man erzielt so eine Abnahme des CO_2-Gehaltes von 16,4—18,6 auf 5,4—9,8% unter gleichzeitiger Vermehrung der CO-Menge von 22—27 auf 34,4—41,8%.

Die Gaserzeugung in Generatoren.

Holz und besonders Abfallholz in Form von Sägemehl, Holzspänen usw. läßt sich mit größerem wirtschaftlichen Erfolg sowohl zur Herstellung von Kraft- und Heizgas in Generatoren als zur Erzeugung von Leuchtgas in Retorten verwenden. Die ersten Generatoren waren von recht einfacher Bauart und bestanden aus einer vertikalen Kammer mit einem Rost am Boden und einem Fülltrichter am Deckel. Die für die Verbrennung nötige Luft wurde entweder durch natürlichen Zug eingesaugt oder mittels Ventilator unterhalb des Rostes eingeblasen. Sollte das Gas für Heizzwecke dienen, so erübrigte sich eine Reinigung; Teer, Säuren und andere Unreinigkeiten wurden mitgerissen und erhöhten bei der Verbrennung den Heizwert. Zum Betriebe von Gasmaschinen war es jedoch nötig, das Gas vollständig von kondensierbaren Unreinigkeiten zu befreien, und Kühler, Teerscheider und andere Reinigungsapparaturen mußten eingeschaltet werden.

Bei einigen Apparaten, und zwar besonders bei den von Amerika und Frankreich bevorzugten Typen, war die Richtung des Zuges umgekehrt, um die teerigen Verunreinigungen durch die heißeste Bodenzone zu saugen und sie dadurch zu zersetzen. Dieses Verfahren ließ sich jedoch nicht bei der Vergasung von Sägemehl anwenden, da die Temperatur der Vergasungszone wegen der größeren zu verdampfenden Wassermenge zu niedrig war. Die französische Firma Riché brachte deshalb einen Doppelschachtgenerator auf den Markt, der speziell für diese Art von Abfallholz konstruiert war. In dem ersten wurde das Abfallholz vergast, die Dämpfe mit Luft gemischt und in den zweiten, der Koks von hoher Temperatur enthielt, eingeleitet. Der Erfolg war jedoch wenig zufriedenstellend.

---

[1]) J. Gasbel. Bd. 63, S. 422. 1920.

Auf ähnlicher Basis ist der Loomis-Pettibone-Prozeß aufgebaut. Eine Schicht Koks liegt auf dem Rost des Generators, dessen unterer Teil ein Ablaßventil besitzt[1]). Auf den Koks wird Holz geschichtet, angezündet und Luft von oben durch die Schicht gesaugt und der Koks dadurch zum Glühen erhitzt. Ein Teil des Kohlendioxyds und des Wasserdampfes wird durch die heiße Koksschicht zersetzt. In praxi verbindet man zwei Generatoren durch eine entsprechende Rohrleitung. Um ein Festsetzen des Kokses durch die gebildete Schlacke und Asche zu verhindern, bläst man nach Abstellen der Luftzufuhr kurze Zeit einen Dampfstrahl von unten her durch den Koks. Die Gase von dem ersten Generator werden von oben nach unten durch den zweiten Koksgenerator gesaugt. Beide Generatoren können sowohl jeder für sich als auch hintereinander geschaltet betrieben werden; der eine erzeugt Generatorgas, der andere Wassergas und beide Gase können für sich in besonderen Behältern aufgefangen werden, aus denen durch Mischung Gas von verschiedenem Heizwert zu erhalten ist.

Eine modifizierte Form des Loomis-Pettibone-Generators wurde auf den Werken der Moctezuma Copper Co., Nacozari, Mexiko[2]), angewandt. Die Anlage bestand aus zwei Satz Zwillingsgeneratoren, jeder mit einem zwischengeschalteten Dampfentwickler. Das zur Anwendung kommende Holz war Eiche geringer Qualität und wurde ohne vorhergehende Trocknung auf eine sich im unteren Teile des Generatorschachtes befindende Schicht glühenden Kokses oder Holzkohle aufgeschichtet. Es sollte ein Gas erzeugt werden, dessen Heizwert größer war als der des gewöhnlichen Generatorgases, aber kleiner als der des Wassergases. Zu diesem Zweck wurde eine geringe Menge Wasserdampf der Verbrennungsluft zugemischt und das Gemisch fast kontinuierlich von oben nach unten durch das Brennmaterial gesaugt. Alle halbe Stunden war die Brennzone soweit erhitzt, daß die Luft ausgeschaltet werden konnte. Durch die alleinige Zuführung von Wasserdampf sank natürlich die Temperatur der Brennzone und mußte nach gewisser Zeit durch eine neue Luftzufuhr wieder auf die anfängliche Höhe gebracht werden. Bei Anwendung von nassem Holz erübrigte sich die Zuführung von Dampf. Das erzeugte Mischgas hatte folgende Zusammensetzung:

Wasserstoff	13,5 —22,5 %;	im Durchschnitt	19,90
Kohlenmonoxyd	11,0 —15,5 %;	„ „	13,04
Methan	1,67— 3,10%;	„ „	2,57
Olefine	0,20— 0,60%;	„ „	0,33
Kohlendioxyd	14,40—17,90%;	„ „	16,00
Sauerstoff	0,00— 0,40%;	„ „	0,10
Stickstoff	45,19—55,20%;	„ „	48,00

[1]) E. P. Nr. 6302, 6303 und 5911. 1904.

[2]) Douglas: Iron and Steel Inst., May 1902.

Der Heizwert schwankte zwischen 1000 und 1300 Calorien pro m^3 und betrug im Durchschnitt 1213.

Auf den Konzentrationswerken der Moctezuma Co. in Sonora, Mexiko, wurden die oben beschriebenen Generatoren des Loomis-Pettibone-Typs zur Kraftgasherstellung benutzt[1]). Die Zentralkraftstation enthielt 10 Gasmaschinen des Crossley „Otto"-Typs, von denen 8 Einzylinder- und 2 Zweizylindermaschinen waren. Sämtliche Maschinen waren durch Riemenübertragung mit Dynamos von 65 Kilowatt für die einzylindrige und 150 Kilowatt für die Zweizylindermaschine gekuppelt. Die Dynamos erzeugten Gleichstrom von 260 Volt. Zwei Satz Generatoren, wie vorhin erwähnt, waren vorhanden, außerdem ein Berieselungsskrubber und ein Rootsgebläse. Zu Betriebsbeginn wurden die Roste der Generatoren mit einer Koksschicht von $3-3^1/_2$ Fuß Höhe bedeckt, auf diese eine Kleinholzschicht von ebenfalls 3 Fuß Höhe aufgebracht, das Gebläse in Tätigkeit gesetzt und das Holz angezündet. War der Koks in Glut, so erfolgte eine beschleunigte Zugabe von stärkerem Holz, bis eine Glühzone von Holz und Holzkohle von ungefähr 2 Fuß Höhe über dem Koks erzeugt war und das Gas den Maschinen zugeleitet werden konnte. In bestimmten Zwischenräumen wurde Dampf zugeführt, um durch das entstehende Wassergas die Brennschicht zu lockern. Das erzeugte Gas besaß einen Heizwert von 1200 Calorien pro m^3 bei einem Gehalt von:

19,50%	Wasserstoff,
13,45%	Kohlenmonoxyd,
2,48%	Methan,
0,34%	Olefinen,
15,45%	Kohlendioxyd,
0,25%	Sauerstoff,
48,5 %	Stickstoff.

Das Gas gab bessere Resultate in den Maschinen, als das aus Steinkohlen hergestellte von gleichem Heizwert, bei dem jedoch das Verhältnis zwischen Wasserstoff und Kohlenmonoxyd das umgekehrte war. Eine Betriebsperiode von 4 Tagen und 23 Stunden gab folgende Daten:

eingelegt an Koks in die Generatoren . . .	8590 lbs.
Holz für die Feuerung	7400 lbs.
Dauer der Operation	119 Stunden
Gesamtasche aus den Generatoren	14124 lbs.
zurückgewonnener Koks	2572 lbs.
gesamter Holzverbrauch	138840 lbs.
gesamter Koksverkrauch	6018 lbs.
Gesamtverbrauch an Brennmaterial	144758 lbs.
Prozent Feuchtigkeit im Holz	19,8

[1]) Douglas, G. M.: Inst. of Min. and Met., Apr. 13, 1905.

Insgesamt erzeugte Kraft	. . . .	39700 Kw-Stunden = 53217 PS-Stunden
Im Durchschnitt pro Stunde	. . . .	447,2 PS
Verbrauch pro PS-Stunde	. . . .	2,6 lbs. Holz 0,11 lbs. Koks.

Einige Jahre vor dem Kriege erzeugte Lorin ein Kraftgas in einem stehenden Generator, der unter Druck arbeitete, und zwar wurde die Luft in diesem Falle nicht durch die Gesamtmenge des Holzes, sondern nur in die Glühzone eingeführt.

In Deutschland sind die bekanntesten Generatortypen die der Firma Julius Pintsch, Berlin, und die der Gasmotorenfabrik Deutz in Köln-Deutz. Bei den Apparaten der letzteren werden die Rohgase in einer engen vertikalen Kammer, die direkt mit dem Ventilatorschacht verbunden ist, der Wirkung von zerstäubtem Wasser ausgesetzt und dadurch entstaubt. Sie gehen dann weiter zur Entteerung durch einen Teerscheider, um darauf nochmals in einem Waschturm einer letzten Reinigung unterworfen zu werden.

Sollen Späne oder Sägemehl zur Verwendung kommen, so müssen diese mit größeren Holzstücken gemischt werden. Für kleine Generatoren wählt man die Abmessung des Holzes $2 \times 1^1/_2 \times 1^1/_2$ Zoll, für größere bis zu $4 \times 1^1/_2 \times 1^1/_2$ Zoll.

Das Hauptmerkmal des Pintsch-Generators ist der Drehrost. Das in diesen Apparaten vergaste Holz soll nicht mehr als 25% Feuchtigkeit enthalten, anderenfalls es bis auf diesen Gehalt vorgetrocknet werden muß. Seine Abmessungen können bis zu $5 \times 2 \times 2$ Zoll betragen. Holz unter 1 Zoll Durchmesser soll jedoch nicht verwendet werden.

In Amerika sind verschiedene Konstruktionen in Benutzung[1]), die sich aber nur wenig voneinander unterscheiden, ja man kann sagen, daß im allgemeinen alle Generatoren auf ähnlicher Grundlage beruhen und in wenig voneinander abweichender Weise betrieben werden.

Wir haben im vorstehenden einen kurzen Umriß gegeben über die Erfahrungen, die mit Generatoren bei der Vergasung von Holzabfällen gemacht wurden, und gesehen, daß der Erfolg in den meisten Fällen recht zweifelhaft war. — Im folgenden wollen wir bestimmte Methoden zur Herstellung von Holzgas, und zwar mehr ins einzelne gehend, beschreiben, und wir werden dann sehen, warum so mancher frühere Versuch mit einem Fehlschlag geendet hat. — Bezüglich der Darstellung und der Eigenschaften des bei der normalen Holzverkohlung enthaltenen Gases verweisen wir auf Kapitel VII.

[1]) Siehe The Public Ledger, Philadelphia, Dec. 28, 1918.

Anlagen und Verfahren zur Erzeugung von Holzgas.

Bevor wir zu einer ausführlichen Beschreibung einzelner Herstellungsverfahren für Holzgas übergehen, möchten wir einige wichtige Punkte hervorheben, die nicht außer acht gelassen werden dürfen, wenn es sich darum handelt, Gas unter Benutzung von Holz als Ausgangsmaterial herzustellen.

Einerseits enthält Holz, wie es gewöhnlich zur Verfügung steht, beträchtliche Mengen Feuchtigkeit, die, falls die Herstellung von Wassergas nicht besonders gewünscht wird, verdampft werden müssen, was Zusatzbrennmaterial erfordert, ganz abgesehen davon, daß in den Skrubbern und Kühlern die latente Verdampfungswärme dieses Wassers vollkommen verloren geht. Ferner verlangt die Verdampfung von Wasser aus großstückigem Holz eine merkliche Zeit, so daß die Leistung des Apparates herabgeht, ohne Berücksichtigung der Mehrarbeit der Kühler. Die Nachteile der Anwendung von nassem Holz liegen also auf der Hand.

Andererseits bietet die Verwendung von absolut trockenem Holz insofern Schwierigkeiten, als die Zersetzung mit außergewöhnlicher Heftigkeit eintritt, wenn die Temperatur der Glühzone zu hoch wird. Es ist deshalb ein Wassergehalt von 10% am erwünschtesten.

Wichtig ist ferner die Tatsache, daß Menge und Beschaffenheit der Produkte zu einem großen Teil von der Temperatur, bei welchem der Prozeß ausgeführt wird, abhängen. Wie wir bei der eigentlichen Verkohlung schon gesehen haben, besteht fast die Hälfte der unkondensierbaren Gase aus Kohlendioxyd, und diese Hälfte ist somit als Heiz- oder Leuchtstoff vollkommen wertlos. Nun entsteht aber Kohlendioxyd stets, ganz gleich ob Holz entgast oder vergast wird, und seine Anwesenheit im Gas bildet eine der Hauptschwierigkeiten. — Ein weiterer Übelstand liegt in dem Säuregehalt der Gase, der Korrosionen der Rohrleitungen, der Kühler und Reiniger verursachen würde, wollte man die Konstruktion eines Steinkohlengaswerkes ohne weiteres auf die Herstellung von Holzgas übertragen. Die Gasleitungen, Kühler und Skrubber usw. müssen deshalb aus Kupfer hergestellt werden, wenn man nicht vorzieht, die heißen Gase sofort mit Alkali (Kalk) zu behandeln, um die Säuren zu neutralisieren, mit welchem Verfahren auch zugleich die Entfernung eines größeren Teiles des Kohlendioxydes verbunden ist. Leider ist jedoch dieser Prozeß recht kostspielig und die Nebenprodukte sind so verunreinigt, daß sie fast wertlos werden, es sei denn, daß ein besonderer Teerscheider angewendet wird.

Die Wirkung der Temperaturen auf die Zusammensetzung der bei der Verkohlung erhaltenen Gase zeigt die folgende Tabelle[1]):

[1]) Juon: Stahl und Eisen S. 733, 771. 1917.

Tabelle 94. Einfluß der Temperatur auf die Zusammensetzung der bei der Destillation von Nadelholz erhaltenen Gase.

Temperatur °C	Durchschnittliche Zusammensetzung des Gases				Heizwert in Cal. pro m^3
	CO_2	CO	Kohlenwasserstoff	H	
150—200	68,0	30,0	2,0	0,0	1113
200—280	66,5	30,0	3,3	0,2	1211
280—380	37,5	20,5	36,5	5,5	3918
380—500	31,5	12,3	48,7	7,5	4782
500—700	12,2	24,5	20,4	42,7	3634
700—900	0,4	9,6	8,7	80,7	3160

Die Zahlen zeigen die Zusammensetzung des Gases in verschiedenen Stadien der Destillation bis zu einer Endtemperatur von 900°. Natürlich folgt aus ihnen nicht, daß die hinter den Temperaturzahlen stehende Zusammensetzung auch dann dieselbe bleibt, wenn die Gesamtverkohlung bei den angegebenen Temperaturen ausgeführt wird.

Das Verfahren der Gaserzeugung hängt selbstverständlich davon ab, ob entweder

a) Gas das allein herzustellende Produkt ist oder ob

b) auch Nebenprodukte gewonnen werden sollen.

Nebenprodukte werden übrigens sowohl im Retorten- als auch im Generatorenbetriebe erzeugt und sind natürlich dieselben wie die in der Holzverkohlungsindustrie erhaltenen, d. h. Teer, Holzkohle und Holzessig.

In Generatoren wird die Holzkohle verbrannt und ein mehr oder minder großer Anteil der übrigen Produkte in permanentes Gas übergeführt; bei der Entgasung in Retorten wird Holzkohle erhalten neben denselben Rohprodukten, wie sie die gewöhnliche Holzverkohlung liefert.

Wir wenden uns nun zu der Schilderung der einzelnen Verfahren der beiden Abteilungen:

a) Retortenprozeß;

b) Generatorenprozeß.

Retortenprozeß.

Die meisten der Verfahren zur Erzeugung von Holzgas halten sich eng an die für Steinkohlengaswerke maßgebenden Betriebsweisen und unterscheiden sich von ihnen nur durch die Nachbehandlung der Gase und Nebenprodukte. Daß das Konstruktionsmaterial der Anlagen, soweit Leitungen, Kondensatoren usw. in Frage kommen, ein anderes sein muß, wurde schon erwähnt.

Das nachstehend beschriebene Verfahren wurde auf einem Gaswerk in Auburn, Washington, U.S.A.[1]), ausgearbeitet. Die Konstruktion der Anlage schmiegt sich eng an die einer gewöhnlichen Gasanstalt an. Öfen mit je 4 Stück Tonretorten von 9 Fuß Länge werden angewandt. Die einzelnen Retorten sind durch eine Hauptleitung und Hydraulik unter sich verbunden und die letztere führt zu dem Kühler, Exhaustor und den Trockenwaschern und von da durch die Meßstation nach dem Gasbehälter. — Eine der Hauptschwierigkeiten, die bei der Verwendung von Leuchtgasanlagen zur Herstellung von Holzgas eintrat, nämlich die Verstopfung der Rohrleitungen durch Teer, wurde dadurch überwunden, daß sämtliche Steigleitungen vom Retortenmundstück bis zum Tauchrohr mit einem Wassermantel umgeben wurden. Besondere Ausführung des Mundstückes gestattet, die sich bildenden Kondensate abzulassen, wodurch außerdem Teer und Pech von den Innenwandungen der Steigrohre abgewaschen werden. Das zur Verwendung kommende Holz wird in Scheiten von 4 Fuß Länge eingeführt, und zwar in Bündeln, von denen je zwei aneinander liegen und demnach jede Retorte 4 Bündel enthält. Die Vergasungstemperatur beträgt 750—950° C. Der Exhaustor wird so reguliert, daß atmosphärischer Druck in den Retorten unterhalten wird. Für jede Destillation ist 1 Stunde 40 Minuten bis 1 Stunde 50 Minuten nötig. Menge und Beschaffenhaeit des Gases variieren mit der Holzqualität. Es wurde fast ausschließlich Douglasfichte verwendet, doch versuchsweise auch rote Ceder und Schirlingstanne.

Frisch gefälltes und 3 Monate an der Luft getrocknetes Holz, das pro Cord 1678 kg wog, ergab 707 m^3 Gas pro Cord oder 424 m^3 pro Tonne. 538 m^3 des Gases zeigten einen durchschnittlichen Heizwert von 4790 Calorien, in einem Junkerschen Calorimeter ermittelt. Der Durchschnitt der gesamten Gasausbeute hatte einen Heizwert von 4293 Calorien und im Max. 4988. Die Rinde, für sich verarbeitet, lieferte 492 m^3 pro Cord mit einem Durchschnittsheizwert von 4400 Calorien, der bis maximal 5050 Calorien anstieg. Aus unsortiertem, lufttrockenem Sägereiabfall mit einem Cordgewicht von 1497 kg wurden als Durchschnittsausbeute pro Cord während zweier Monate 511 m^3 Gas erhalten. Der Durchschnittsheizwert betrug 4183—4272 Calorien. Den höchsten Heizwert zeigte das Gas jedes mal nach Ablauf des ersten Drittels der Destillationszeit. Aus sehr nassem und pro Cord 1815 kg wägendem Sägereiabfall der Schirlingstanne wurden 424—492 m^3 Gas mit einem Durchschnittsheizwert von 3685 Calorien erhalten. Ceder gab dieselbe Ausbeute, doch mit etwas höherem Heizwert von 4095 Calorien.

Eine Analyse des Gases im Morehead-Apparat ergab folgende Zusammensetzung:

[1]) Tremper: J. Ind. Engg. Chem. Bd. 7, S. 926. 1915.

Kohlendioxyd	17,4%
Kohlenmonoxyd	31,5%
Wasserstoff	18,3%
Methan	21,7%
Andere Kohlenwasserstoffe	6,0%
Stickstoff	5,1%
Sauerstoff	0,0%.

Der aus diesen Zahlen sich berechnende Heizwert ist 4450 Calorien. Die calorimetrische Bestimmung ergab 4530. Die Zusammensetzung ähnelt der eines carburierten Wassergases.

Gleich nach dem Einbringen der Holzcharge in die Retorte verwandeln sich die an den heißen Retortenwandungen liegenden Teile in Holzkohle und das in dem zentralen Teile noch vorhandene Wasser wird in Dampfform unter Druck ausgetrieben. Kommt dann dieser Dampf in Kontakt mit der heißen Holzkohleschicht, so tritt die sog. Wassergasreaktion ein:

$$C + H_2O = CO + H_2.$$

Die harzartigen Bestandteile des Holzes werden ebenfalls verdampft und erleiden im Kontakt mit der heißen Holzkohle und den Retortenwandungen eine Zersetzung unter Bildung von Kohlenwasserstoffen der Methan- und Äthylenreihe.

Zuerst findet durch die stürmische Verdampfung des im Holz enthaltenen Wassers ein Zurückgehen der Temperatur statt, die aber beim Einsetzen der exothermischen Periode wieder ausgeglichen wird. Temperaturen unter 700° geben keine guten Resultate, während bei solchen von über 980° einige wertvolle Bestandteile augenscheinlich zersetzt werden. Für Rinde allein wirken jedoch höhere Temperaturen günstig, weil bei mittleren große Mengen Kohlendioxyd gebildet werden.

Durchströmenlassen des Gases durch eine Schicht heißer Holzkohle an der Stirnseite der Retorte mit der Absicht, Kohlendioxyd zu Kohlenmonoxyd zu reduzieren, hatte keinen Erfolg, denn es erwies sich, daß zugleich Wasserdampf und Holzkohle unter Bildung von CO_2 reagierten[1]). Die Retorten setzten bei weitem nicht so schnell Teerkoks an, als wenn in ihnen Steinkohle destilliert wurde.

Ein Satz von 4 Neunfußretorten faßt $^1/_4$ Cord Holz. Bei einem Durchsatz von 12 Chargen in 24 Stunden ergibt dieses eine Gaserzeugung von 1698 m^3 insgesamt oder 424,5 m^3 pro Retorte. Die Nebenprodukte sind Teer und Holzkohle. Alle anderen werden bei der hohen Temperatur weitgehend zersetzt. So zeigte die Analyse der wässerigen Destillate

[1]) Die Temperatur der Holzkohlenschicht war wahrscheinlich nicht hoch genug. Bunte fand, daß bei 674° Dampf und Holzkohle 65,2% Wasserstoff, 4,9% Kohlenmonoxyd und 29,8% Kohlendioxyd gaben. Bei 1000° waren die entsprechenden Zahlen: 48,8% Wasserstoff, 49,7% Kohlenmonoxyd, 1,5% Kohlendioxyd.

nur 1—2,5% Essigsäure und 0,2% Holzgeist neben 1% gelöstem Teer. An Absatzteer, der in 8 Stunden sich abscheidet und weniger als 5% Wasser enthält, wurden 14—22 Gallonen pro Cord gewonnen. Er gab bei der Destillation 1,5% Rohholzgeist, unter 100° siedend, und 2,5% Leichtöle, von 100—150° siedend, und konnte bei 150° vollständig entwässert werden.

Wird die Gaserzeugung bei niederen Temperaturen vorgenommen, so steigert sich die Ausbeute an Nebenprodukten, aber der Wert des Gases ist vermindert, wenn es auch noch für industrielle Zwecke ganz gut Verwendung finden kann.

Die Ausbeute an Holzkohle betrug 317—363 kg pro Cord = ca. 92 kg pro Tonne. Ihre Qualität wurde durch die Gegenwart von Rindenkohle zwar vermindert, aber da die Rinde, wie schon erwähnt, ein recht gutes Gas gibt, ist es nicht zweckmäßig, sie zu entfernen.

Die Menge der Holzkohle genügt für die Beheizung der Retorten. Findet diese jedoch durch einen Generator statt, so bleibt noch Holzkohle übrig, die wieder für die Herstellung von Wassergas benutzt werden kann, wie Versuchsabtriebe mit einem „Lowe"-Wassergaserzeuger auf einer Anlage der Tacoma-Gas Co. zeigten. Die Holzkohle hielt ihre Glut, so daß Dreiminutenperioden von Gaserzeugung und Heißblasen eingehalten werden konnten. Die Menge zugeführten Öls war die gleiche wie bei der Anwendung von Koks. Es zeigte sich, daß aus je 25 lbs. = 11,34 kg Holzkohle 28 m³ Wassergas erhalten wurden gegenüber 40 lbs. = 18 kg Koks. Die Klinkerbildung war ganz unbedeutend und der erzeugte Klinker zeigte keine Neigung, mit der Generatorauskleidung zu verschmelzen.

Eine künstliche Trocknung des Holzes vor der Verkohlung würde wahrscheinlich seinen Wert für die Holzgaserzeugung noch erhöhen. Die Ausbeute an Teer ist groß genug, um die Kosten des Holzes zu decken (?).

Zahlreich sind die Vorschläge und Versuche, die gemacht wurden, um den beträchtlichen Gehalt des Holzgases an Kohlendioxyd zu entfernen. So wurde vorgeschlagen, das Rohgas, mit Wasser und Kohlenwasserstoffdämpfen gemischt, durch Retorten zu schicken, die glühende Holzkohle oder Koks enthalten, zu dem Zweck, die Gase der reduzierenden Wirkung hoch erhitzten Kohlenstoffes auszusetzen, um so eine Bildung von Kohlenmonoxyd und Wasserstoff aus Kohlendioxyd und Wasserdampf hervorzurufen.

1913 erfand Poole ein Verfahren, bei welchem ein Gas erzeugt wurde[1]), das, mittels Auerbrennern verbrannt, ein Licht lieferte, bei dem selbst Portraitphotographie möglich war und das außerdem die Unterscheidung von Farbnuancen wie im Tageslicht gestattete. Es konnte unter niederem Druck als für Steinkohlengas erforderlich gebrannt werden

[1]) E. P. Nr. 13929.

und gab bei einem Druck von weniger als 50 mm im Auerbrenner ein ausgezeichnetes Licht, brannte mit fahler, blauer, fast unsichtbarer Flamme, hatte einen sehr großen Heizwert und konnte mit bestem Erfolg in Gasmaschinen benutzt werden.

Die Beschickung der Retorten geschieht in der üblichen Weise und die Schwelprodukte werden der Kondensation zugeführt. Hier scheiden sich Rohholzessig und Teer aus, während die unkondensierbaren Gase Kühl- und Waschtürme durchstreichen und zuletzt einen Reiniger passieren, wo sie mit Kalkmilch behandelt werden. Auf diese Weise von teerigen Substanzen und Kohlendioxyd befreit, besteht das Reingas hauptsächlich aus Kohlenmonoxyd, etwas Methan, Äthylen und Wasserstoff. Es wird in Gasometern aufgefangen. Der von dem Kühler abfließende Rohholzessig fließt in dünnem Strahl einem Kessel zu, der im Rauchgaskanal oberhalb der Retorten eingemauert ist. Wasser, Essigsäure, Methylalkohol, Aceton und alle anderen flüchtigen Bestandteile verdampfen und lassen den Teer zurück, der von Zeit zu Zeit abgezogen wird. Die aus dem Kessel entweichenden Dämpfe werden kondensiert und stellen einen mehr oder weniger konzentrierten Hellessig dar, der einer thermischen Zersetzung unterworfen wird. Hierzu dienen zwei eingemauerte, direkt befeuerte Retorten oder Kessel. Die Flüssigkeit fließt in den ersten, der sich über dem anderen befindet, wird verdampft und zum Teil in gasförmige Produkte zersetzt. Das Gasdampfgemisch tritt dann in den zweiten, der auf hohe Temperatur erhitzt ist. Hier wird die Zersetzung der organischen Bestandteile vervollständigt unter Bildung von gesättigten und olefinischen Kohlenwasserstoffen, sowie Wasserstoff. Nach der Kühlung werden die Gase in einem zweiten Gasbehälter aufgefangen.

In die Gasleitung eingebaute Gebläse sorgen für die Gleichmäßigkeit des Gasstromes. Beide Gase können in jedem gewünschten Mischungsverhältnis einem dritten Behälter zugeführt werden.

Die ersten Phasen des beschriebenen Prozesses unterscheiden sich kaum von der gewöhnlichen Retortenverkohlung mit Ausnahme der Anwendung von Kalk für die Entfernung des Kohlendioxyds. Die Nebenprodukte außer Teer, der sich an verschiedenen Stellen der Anlage sammelt, werden nicht auf Acetat, Holzgeist usw. aufgearbeitet, sondern ebenfalls vergast.

Generatorenprozesse.

Das Sawtelle-Verfahren.

Obwohl dieses Verfahren anfänglich auf die Herstellung von normalen Holzdestillationsprodukten, selbstverständlich mit Ausnahme von Holzkohlen, zugeschnitten war, soll es doch hier besprochen werden, da es die Anwendung eines Generators vorsieht. Es wird so ausgeführt, daß die größtmöglichste Menge wertvoller Nebenprodukte neben einer guten Gasausbeute erzielt wird. Das zur Verarbeitung kommende Holz wird zerkleinert und chargenweise in den Generator gefüllt, ohne daß Dampf eingeleitet wird. Gase und Dämpfe entweichen aus dem Oberteil des Generators und werden einem Kondensationssystem zugeleitet. Wenn auch die Arbeit im allgemeinen kontinuierlich vor sich geht, so hindert nichts, die Generatoren auch periodisch zu betreiben, da das Holz erst verkohlt wird, bevor die Kohle in Kontakt mit dem Feuer gerät. Diese

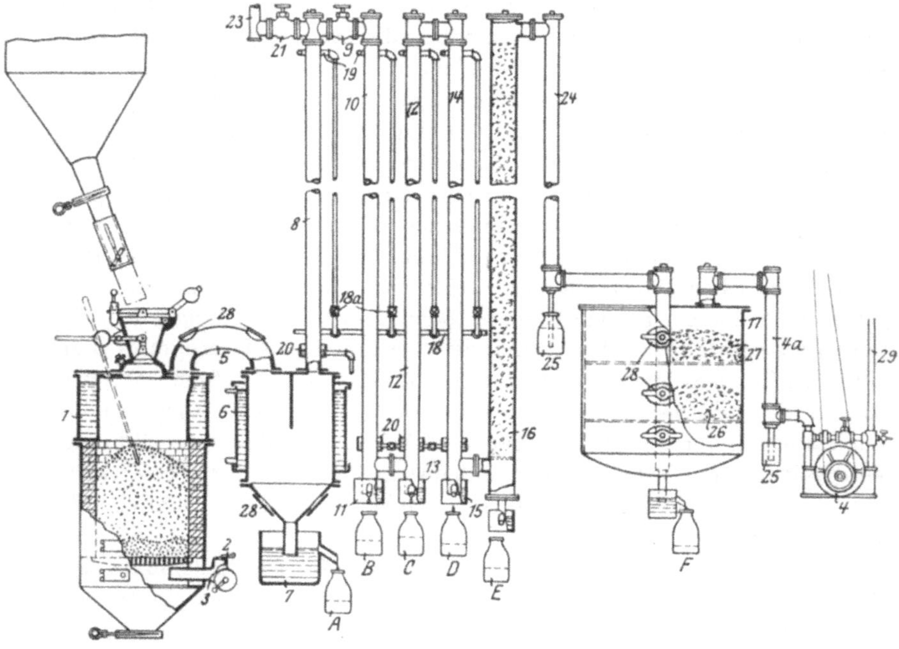

Abb. 102. Schnitt der Sawtelle-Apparatur.

wird dann erst restlos vergast unter Erzeugung von Kohlenmonoxyd. Abb. 102 zeigt einen Schnitt der Anlage.

Der Generator ist ein solcher, wie er für die Verwendung von Perlanthrazit konstruiert und unter dem Namen 50 B. H. P.-Generator bekannt ist. Sein Unterteil besteht aus einem mit Schamottesteinen ausgekleideten Eisenmantel, während der obere von einem Wassermantel umgeben ist und eine Doppelverschlußbegichtung trägt. Es können jedoch auch andere Typen benutzt werden. Die Innenkammer hat eine Länge, über dem Rost gemessen, von 6 Fuß und einen Durchmesser von 33 Zoll. Luft kann nur unterhalb des Rostes durch eine regulierbare Öffnung 2 eintreten und wird zu Beginn der Inbetriebsetzung oder nach einer längeren Stillstandsperiode von einem mittels Hand- oder Maschinenkraft bewegten kleinen Gebläse zugeführt. Das Holz soll im allgemeinen nicht dicker als $^1/_4$ Zoll sein bei einer Oberfläche von ungefähr 1 Quadratzoll. Die Abmessungen hängen jedoch von der Größe des Generators ab. Großstückiges Holz wird in Hackmaschinen entsprechend zerkleinert. Ein Zusatz von Feinholz, wie z. B. Sägespäne, ist statthaft, falls diese gut mit dem übrigen Holz gemischt werden.

Bei Inbetriebsetzung wird eine Lage Klinker auf den Rost gebracht und auf dieser ein Holzfeuer entzündet, während das Gebläse für die nötige Luftzufuhr sorgt. Dann beginnt man mit der Förderung des Holzes in den Schüttrumpf und der Beschickung des Generators bis zu der im Schnitt angegebenen Höhe und setzt den Ventilator 4, der sich am Ende des Kondensationssystems befindet, in Betrieb. Ein Stocheisen am Deckel des Generators dient zur Ebnung des Schüttkegels und zur Zerstörung etwa sich bildender Kanäle. Die Drosselklappe 2 gestattet, den Zug zu regulieren; Gase und Dämpfe verlassen den Apparat durch die Übersteigleitung 5 und treten zuerst in eine mit einer Prellplatte versehene Scheidekammer 6, die unten mit einem Flüssigkeitsverschluß 7 versehen ist, der zugleich als Sicherheitsventil dient, falls irgendwo sich in dem System plötzlich Druck entwickeln sollte. In einigen Fällen trägt die Kammer 6 einen Wassermantel und wirkt dann wie eine Art Teerscheider, hält auch mitgerissenen Flugstaub zurück. Das Gemisch, bestehend aus Staub, Teer und kondensiertem Holzessig, sammelt sich in 7, der flüssige Anteil wird in A aufgefangen. Aus Kammer 6 treten die Gase und Dämpfe in das erste Kondensationsrohr 8 und von dort nacheinander durch das Ventil 9 in die Rohre 10, 12 und 14, in den ersten Skrubber 16 und schließlich in den Schlußwascher 17 ein. Die Kühlung der Kondensationsrohre erfolgt durch Rohr 18 und die Kühlwassermenge wird durch entsprechende Ventile 18a reguliert. 19 sind Spritzkränze, die an der Außenseite der Kühlrohre einen Wasserregen erzeugen, der na den Rohren herunterrieselt und in den Behältern 20 aufgefangen wird. Das Kondensat aus Rohr 8 fließt in das Gefäß A, das in den übrigen Rohren erzeugte in die Gefäße B, C und D. Die Kondensatorrohre sind aus Kupfer, 6 Zoll im Durchmesser und 20 Fuß lang, bis auf Rohr 8, das kürzer ist. Abmessungen und Anzahl der Rohre sind jedoch bei den einzelnen Generatoren verschieden und richten sich nach der jeweiligen Leistung. Durch das Kühlsystem werden die Endgase auf ungefähr Lufttemperatur abgekühlt, bevor sie in den ersten Skrubber 16 eintreten. Dieser enthält als Füllmaterial Glasscherben, Koks oder ähnliche Stoffe, sowie einen Wasserverschluß, der mit dem Auffanggefäß E verbunden ist, seine Länge beträgt ungefähr 20 Fuß bei einer lichten Weite von 10—16 Zoll und er wird weder besonders gekühlt, noch im Innern mit Wasser berieselt.

Der Schlußskrubber 17 hat einen Durchmesser von ungefähr 6 Fuß und enthält Hürden, von denen die untere 26 mit Koks oder ähnlichem Material und die obere 27 mit Holzwolle bedeckt ist.

Das Gas aus dem ersten Skrubber tritt am Boden des zweiten ein und streicht durch den Koks und die Holzwolle auf seinem Wege nach oben. Etwa sich noch abscheidende Flüssigkeitsteilchen fließen nach dem Gefäß *F* ab. Das Oberteil des Kondensationsrohres 8 trägt ein Entlüftungsrohr 23, durch welches die Gase mittels des Ventils 21, falls gewünscht, in die Luft gelassen werden können. Flüssigkeitsmanometer 25, an verschiedenen Stellen verteilt, zeigen den in der Apparatur herrschenden Druck an. Ebenso sind entsprechende Reinigungsöffnungen 28 angebracht. Der Exhaustor schafft bei 73 Umdrehungen pro Minute ungefähr 6,5 Kubikfuß Luft und wird, wie auch Drosselklappe 2, so eingestellt, daß ein Unterdruck von nicht mehr als 1 Zoll Wassersäule im Generator herrscht. Auch die Zuführung von Holz geschieht in der Weise, daß ein konstantes Niveau im Vergaser aufrechterhalten wird.

Die in den verschiedenen Kondensationsrohren, in welchen sich eine Art fraktionierter Kondensation abspielt, erhaltenen Flüssigkeiten variieren in ihrer Zusammensetzung je nach der Art des verarbeiteten Holzes und zeigen wechselnde Gehalte an Essigsäure. Als Durchschnittszahlen mögen die folgenden dienen:

Essigsäuregehalt	des	Gefäßes	*A*	10 %
„	„	„	*B*	8,5%
„	„	„	*C*	9 %
„	„	„	*D*	10 %
„	„	„	*E*	12 %
„	„	„	*F*	11 %.

Die Gesamtausbeute an Essigsäure ist mindestens der bei der normalen Holzverkohlung erhaltenen gleich. Die Holzkohle ist, wie im üblichen Generatorbetrieb, in Kohlenmonoxyd übergeführt und so die Gasmenge, deren Heizwert sehr hoch ist, vermehrt.

Der Crossley-Holzgas-Generator.

In diesem Generatortyp lassen sich die verschiedensten Holzabfälle, wie Sägemehl, Hackspäne, Hobelspäne, Rinde, sowie auch anderes Abfallmaterial, z. B. Nußschalen, Hülsen, Maiskolben, vergasen.

Das Holz kann bis zu 50% Feuchtigkeit enthalten und der Verbrauch für 1 PS-Stunde beträgt 2—4 lbs., je nach dem Wassergehalt des Holzes und der Größe der Anlage. Die durch Betriebsstillstand während der Nacht und am Wochenende eintretenden Wärmeverluste sind gering im Verhältnis zu denen, die ein Dampfkessel mit aufgebänkten Feuern erleidet; sie betragen nur ungefähr $^1/_{12}$ von diesen.

In Abb. 103 ist ein Crossley-Generator abgebildet, dessen Schnitt Abb. 104 zeigt.

Die Anlage gliedert sich in drei Hauptteile, den Vergaser *A*, den Skrubber *B* und den Teerscheider *C*. Der Vergaser *A* besteht aus einem mit

Abb. 103. Crossley-Holzgenerator.

Schamottesteinen ausgekleideten Mantel, in dessen Deckel ein zweiteiliger Fülltrichter *D* eingebaut ist. Der obere Teil *a* enthält das zu vergasende Material, der untere Teil *b* ist als Trichterglocke ausgebildet. Der Behälter *A* ist am Boden durch einen Klappenverschluß abgeschlossen, der von außen mit Hilfe des Hebels *c* bedient werden kann.

Das Holz wird bei geschlossenem Bodenventil in *A* eingefüllt, der Deckel aufgesetzt und durch Herunterdrücken des Hebels *c* die Füllung durch die Glocke *b* in die Vergasungskammer befördert.

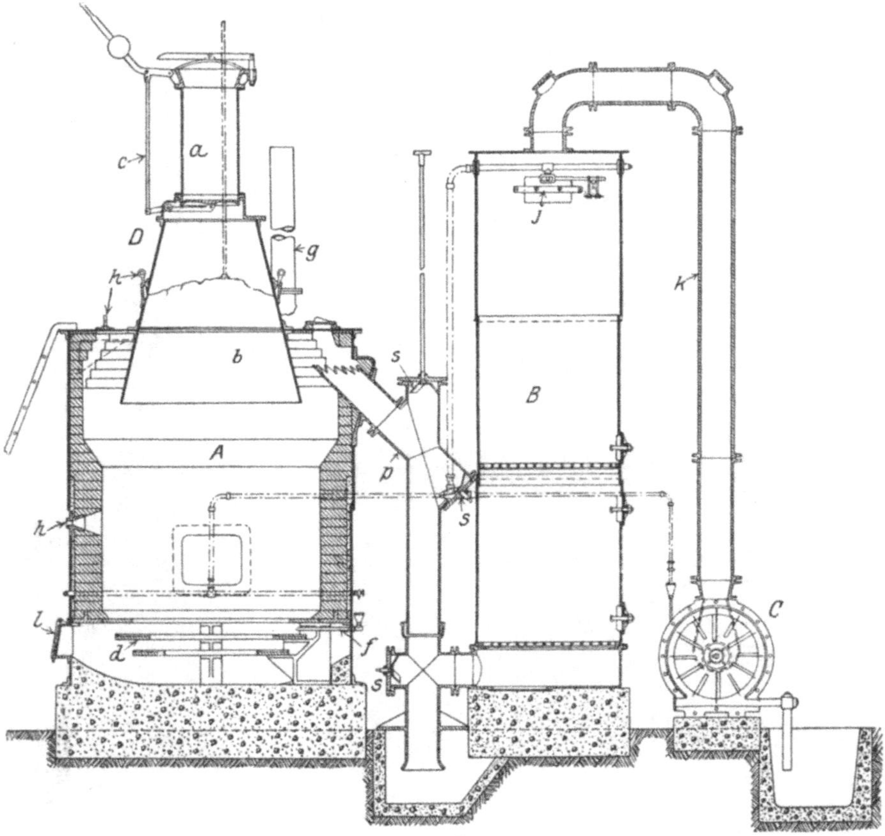

Abb. 104. Schnitt eines Crossley-Holzgenerators.

Im unteren Teil der Kammer liegt der Treppenrost *d*, dessen Konstruktion einerseits verhindert, daß sich ein Teil des Beschickungsmaterials der Vergasung entzieht, andererseits die Entfernung der Asche aus irgendeinem Abschnitt der Feuerzone gestattet, und zwar durch seiltich angebrachte Klapptüren *l* (siehe Abb. 103).

Falls die Einführung von Dampf in die Vergasungskammer zweckmäßig erscheint, wird er in der Kammer selbst erzeugt, und zwar durch Einfließenlassen von Wasser auf den Treppenrost *d* durch die Tropfrohre *f*. Das Oberteil des Generators trägt ferner ein Luftrohr *g* und enthält Öffnungen *h*, durch welche Stocheisen eingeführt werden können.

Die erzeugten Gase verlassen den Apparat durch das Zweigrohr *p*, das so konstruiert ist, daß es mit Hilfe des Kratzers *s*, auch wenn die Anlage in Betrieb ist, gereinigt werden kann. Skrubber *B* enthält als Füllmaterial Hochofenkoks, über den ein in *j* erzeugter Wasserregen rieselt.

Nach Passage des Skrubbers gelangen die Gase durch das Rohr *k* in den Teerscheider *C*. Dieser besteht aus einem gußeisernen Mantel, in welchem sich ein Ventilator dreht, dessen Flügel so angeordnet sind, daß die der einen Seite zugeführte Energie auf der anderen wiedergewonnen wird, so daß die benötigte Kraft nur die Reibung zu überwinden hat und die Gase beim Ein- und Austritt die gleiche Geschwindigkeit und den gleichen Druck besitzen. Die Ventilatorwelle läuft auf an der Außenseite des Gehäuses sich befindenden Kugellagern und ist durch Stopfbüchsen gasdicht abgedichtet. In den Scheider fließt in ganz dünnem Strahl Wasser, welches mit dem Teer eine Emulsion bildet, die abgeschleudert wird und durch ein am Boden befindliches Tauchrohr abläuft.

Die Generatoren arbeiten nach dem Sauggasprinzip, d. h. die Menge des erzeugten Gases richtet sich ganz nach dem Kraftbedarf der Maschine, mit der sie gekuppelt sind. Bei Inbetriebsetzung der Anlage wird die Luft anfangs mittels Blasebalg oder Ventilator zugeführt und der sich entwickelnde Rauch sowie die ersten Gase strömen durch das Luftrohr ins Freie. Sobald sich zeigt, daß die Gase an einem der Stochlöcher entzündet werden können, schließt man das Ventil des Luftrohres und schickt sie durch den Skrubber in die Maschine, die dann automatisch die weitere Luftzufuhr übernimmt.

Abb. 105. Crossleys Holzgasgenerator, 350 PS (in der Zündholzfabrik der Firma Bryant & May, Liverpool, in Betrieb).

Bei der Verarbeitung von kleinstückigem Holz hält man die Schichthöhe ungefähr in der Mitte der Glocke, geht jedoch bei Anwendung von Sägemehl wegen der dichteren Packung und des dadurch vergrößerten

Widerstandes mit ihr etwas herunter. Das erzeugte Gas hat durchschnittlich folgende Zusammensetzung:

25,3% Kohlenmonoxyd,
10,0% Wasserstoff,
2,7% Methan,
8,6% Kohlendioxyd,
0,4% Sauerstoff,
53,0% Stickstoff.

Sein Heizwert beträgt 1273 Calorien pro m^3.

Als Beispiel für die Leistungsfähigkeit dieser Anlagen, wenn es sich um die Verwertung von Abfallholz zum Zwecke der Kraftgasherstellung handelt, möchten wir erwähnen, daß in der Zündholzfabrik der Herren Bryant & May in Liverpool seit 1913 eine solche Anlage mit einer

Abb. 106. Inneres des Maschinenraumes der Bristol Aeroplane Works mit 6 Zwillingsgasmaschinen. (Das Holzgas wird in 6 Crossley-Generatoren von 190 PS hergestellt.)

Leistung von 350 PS[1]) in Betrieb ist und täglich ungefähr 11 Tonnen Kohle erspart. Abb. 105 zeigt die Gaserzeugungsstation, Abb. 106 die durch Holzgas angetriebenen Maschinen.

Gewinnnng der Nebenprodukte.

In den meisten Fällen werden die sich in den Skrubbern oder Teerscheidern bildenden Kondensate nicht weiter auf handelsübliche Pro-

[1]) Anmerkung des Übersetzers: Es handelt sich bei diesen Angaben um sog. britische Horse-Power (B. H. P.), 1 HP = 560 engl. Fußpfund = 77,42 Meterkilogramm.

dukte aufgearbeitet, da die Ausbeuten, verglichen mit denen der Retorten- oder der nach dem Sawtelle-Verfahren arbeitenden Anlagen nur gering sind. Trotzdem ist es möglich, die Aufarbeitung mit wirtschaftlichem Erfolg durchzuführen. Die nachstehend beschriebene Methode mag ein Bild von der Art und Weise geben, wie die Wiedergewinnung durchführbar ist[1]).

Das von den Skrubbern kommende Waschwasser wird im Tank *A* (Abb. 107), der mit Kreide- oder Kalksteinbrocken gefüllt ist, gesammelt und von hier aus in ein geschlossenes Gefäß *B*, in dessen mit einem Küh-

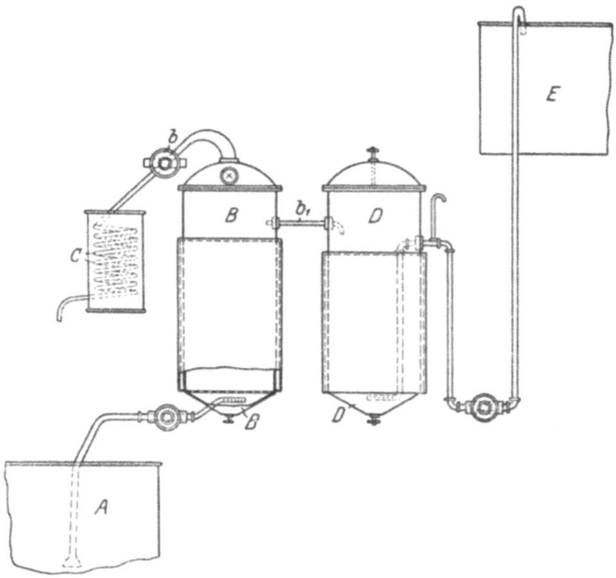

Abb. 107. Schnitt einer Apparatur zur Aufarbeitung von Skrubberwasser aus Generatoren auf Holzgeist und Calciumacetat.

ler verbundener Übersteigleitung die Pumpe *b* eingeschaltet ist, gepumpt. An das Gefäß *B* ist ein gleiches *D* durch die Rohrleitung b^1 angeschlossen. *B* wie auch *D* besitzen einen Mantel und eine Schlange zum Heizen bzw. Kühlen, sowie im unteren Teil je einen Siebboden und sind mit Kreide- oder Kalksteinstücken gefüllt.

Die Flüssigkeit aus Tank *A* tritt in den Boden von *B* ein und wird hier durch Dampf oder die Auspuffgase des Gasmotors erhitzt. Unter Bildung von Calciumacetatlösung findet eine Neutralisation der Essigsäure statt, während die flüchtigen Produkte (Holzgeist) durch die Pumpe *b* abgesaugt und in *C* kondensiert werden. Die Flüssigkeit aus

[1]) Roberts: E. P. Nr. 152420.

B rieselt über die Kalksteinschicht, wird durch den Wassermantel gekühlt und sammelt sich am Boden, von wo aus sie nach dem Hochreservoir *E* gepumpt wird. Von hier aus fließt sie den Skrubbern wieder zu, und das Spiel wiederholt sich solange, bis sie genügend mit Calciumacetat angereichert ist, um mit Erfolg aufbereitet werden zu können.

XIII. Analytische Methoden.

Im folgenden soll eine kurze Übersicht über die bei der Analyse der rohen und gereinigten Holzdestillationsprodukte angewendeten Methoden gegeben werden.

Rohholzessig.

1. Bestimmung der Gesamtsäure, berechnet als Essigsäure.

a) Durch direkte Titration mit Normalnatronlauge unter Benutzung von Phenolphthalein als Indicator.

Diese Methode gibt nur annähernde Resultate, da der Farbenumschlag infolge der dunkleren Farbe der Flüssigkeit und des Gehaltes an Phenolen und Aldehyden den Endpunkt nur schlecht erkennen läßt.

b) 25 cm^3 Rohholzessig werden mit destilliertem Wasser auf 250 cm^3 aufgefüllt und zu 25 cm^3 der Mischung ein Überschuß von Calciumcarbonat gegeben. Dann wird langsam bis zum Sieden erhitzt und 5 Minuten geschüttelt, der Rückstand abfiltriert und mit warmem Wasser ausgewaschen. Das Filtrat und Waschwasser wird mit Ammoniumoxalatlösung versetzt, der sich bildende Niederschlag von Calciumoxalat gut ausgewaschen, verascht und als Calciumcarbonat gewogen. 1 g Calciumcarbonat = 1,2 g Essigsäure.

c) 20 cm^3 Rohholzessig werden in einem 300 cm^3-Kolben mit einer Lösung von 3,5 g NaOH in 10—15 cm^3 Wasser gemischt und 1 Stunde mit aufgesetztem Rückflußkühler im Sieden erhalten, darauf 50 cm^3 Wasser zugegeben und ohne Kühler weitergekocht, bis der gesamte Holzgeist verdampft, d. h. bis ungefähr 60% der Mischung abgetrieben sind. Nachdem dann der Kolben mit einem Kühler verbunden ist, wird Phosphorsäure (spez. Gew. 1,75) in Menge von 30 cm^3 durch einen Tropftrichter zugegeben und darauf die Mischung entweder über offener Flamme oder besser in einem Ölbade solange der Destillation unterworfen, bis das Destillat auf Phenolphthalein nicht mehr sauer reagiert. Durch Zutropfenlassen von Wasser aus dem Tropftrichter wird das Volumen der Flüssigkeit konstant auf etwa 50 cm^3 während der Destillation gehalten. Die Bestimmung von Essigsäure geschieht durch Titration des Destillates mittels Normalnatronlauge unter Verwendung von Phenolphthalein als Indicator.

d) 100 cm^3 Rohholzessig werden destilliert, bis die Temperatur des teerigen Rückstandes 140° beträgt, 50 cm^3 Wasser zugefügt und wieder destilliert bis zu einer Temperatur von 150° im Rückstand, wenn man nicht vorzieht, die Destillation durch Einblasen von Wasserdampf zu Ende zu führen. Das Destillat wird, wie unter c angegeben, behandelt.

e) Methode nach Grotlisch[1]). Holzessig, aus der Nadelholzdestillation herrührend, kann nicht direkt titriert werden, da die Flüssigkeit bei Zusatz von Alkali schwarz wird. Dasselbe findet auch statt, wenn der Holzessig vorher destilliert ist, und wird bewirkt durch die Gegenwart von Phenolen und Zersetzungsprodukten der Harze, Terpene, Öle usw., die sich wegen ihrer Flüchtigkeit auch dem Destillat zumischen. Die Methode ermöglicht schnell eine annähernde Bestimmung der Essigsäure in der ersten Phase und eine genaue im Verlauf der weiteren Operationen. Sie wird wie folgt ausgeführt:

120 cm^3 frisch über festes Natriumhydroxyd destilliertes Xylol, das sich in einem 700-cm^3-Rundkolben befindet, werden mit 10 cm^3 filtriertem Rohholzessig versetzt und einige Stückchen Bimsstein zugefügt. Dann wird der Kolben mit einem 10 Zoll langen gläsernen Schlangenkühler, dessen Auslaufrohr eine Länge von 8 Zoll besitzt, durch eine Übersteigleitung von nebenstehender Form (Abb. 108) verbunden, die das Mitreißen von Verunreinigungen mit dem Xylol verhütet. Zur Verbindung der einzelnen Rohre können gewöhnliche Korkstopfen Verwendung finden. Die Destillation geschieht zuerst bei kleiner Flamme und recht langsam. Das Destillat wird in einem 100 cm^3 graduierten Zylinder aufgefangen, der einige cm^3 Wasser enthält, in welches das Ablaufrohr des Kühlers taucht. Nachdem das gesamte im Holzessig enthaltene Wasser überdestilliert ist, wird die Heizung verstärkt und solange destilliert, bis die Gesamtmenge des Destillates 75 cm^3 beträgt, d. h. 10 cm^3 wässerige und 65 cm^3 Xylolschicht. Alle im Rohholzessig enthaltenen Säuren, wie Ameisensäure, Essigsäure, Propionsäure usw., finden sich im Destillat, das jetzt unter Nachspülen des Zylinders in einen 500-cm^3-Kolben übergeführt und mit $^1/_2$ Normalnatronlauge titriert wird. Gegen Ende der Titration muß stark geschüttelt werden, um die im Xylol enthaltene Essigsäure mit Natronlauge in Berührung zu bringen. Der Endpunkt ist ziemlich scharf, doch färbt sich die wässerige Lösung dunkel. Die letztere wird von dem Xylol getrennt, dieses zweimal mit Wasser gewaschen und

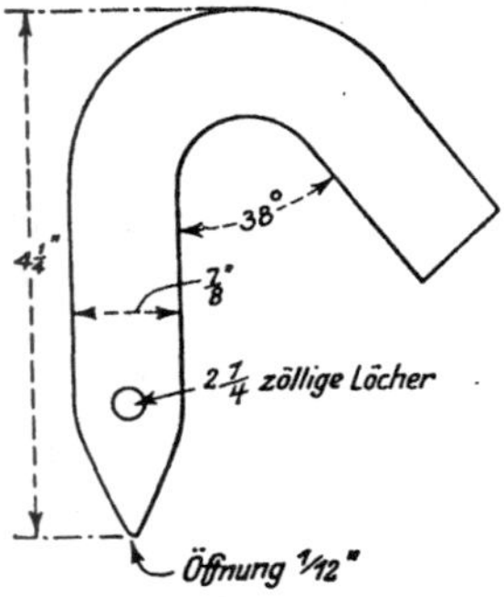

Abb. 108.

[1]) J. Ind. Engg. Chem. Bd. 12, S. 1183. 1920.

Waschwasser wie wässerige Schicht werden auf 70 cm³ eingedampft, dann 100 cm³ destilliertes Wasser zugefügt und wieder auf 70 cm³ eingedampft. Die letztere Operation wird ein zweites Mal ausgeführt. Auf diese Weise entfernt man Aceton, Ester, Methylalkohol usw. Nach dem Abkühlen gibt man einige Tropfen Natronlauge bis zur schwach alkalischen Reaktion zu und darauf 15 cm³ einer starken Lösung von Kaliumpermanganat und läßt die Mischung, mit einem Uhrglas bedeckt, einige Stunden auf dem Dampfbade stehen unter Zusatz des verdampfenden Wassers. Es bildet sich ein Niederschlag von MnO_2, jedoch soll soviel Kaliumpermanganat vorhanden sein, daß die Rotfärbung bestehen bleibt. Flüssigkeit und Niederschlag werden darauf in einen 300-cm³-Meßkolben gegeben und unter gutem Umschütteln bis zur Marke aufgefüllt, sodann durch ein Asbestfilter filtriert, die ersten 50 cm³ des Filtrates beiseite gestellt und 200 cm³ des letzteren in ein Becherglas pipettiert und auf ungefähr 75 cm³ eingedampft. Nach dem Abkühlen und Ansäuern mit einigen Tropfen Schwefelsäure fügt man Wasserstoffsuperoxyd hinzu, um das Kaliumpermanganat zu zersetzen. Die Lösung soll jetzt klar und farblos sein. Zur Abscheidung von Schwefelsäure, Mangan und Kohlendioxyd gibt man Barytwasser in geringem Überschuß zu, dampft wieder auf ein kleines Volumen ein, filtriert und wäscht den Rückstand mit warmem Wasser aus.

Das Filtrat muß der Einwirkung der Luftkohlensäure entzogen werden. Man filtriert daher in einen Kolben, der mit einem doppelt durchbohrten Kork verschlossen ist, durch dessen eine Bohrung das Trichterrohr führt und dessen andere ein Natronkalkröhrchen aufnimmt. Das Auswaschen des Rückstandes hat solange zu erfolgen, bis das Waschwasser kein Acetat mehr enthält. Man prüft es mit einem Reagens, das man durch Auflösen von 70 g $CuCl_2$ und 50 g NaCl in einem Liter destilliertem Wasser und Absetzenlassen herstellt. Diese Lösung gibt mit den Salzen der Fettsäurereihe, jedoch nicht mit den freien Säuren, einen hellgrünen Niederschlag, und zwar kann 1 g Natriumacetat in 5 Litern Wasser noch nachgewiesen werden[1]). Erscheint der Niederschlag nicht sofort, so erhitzt man die Probe zum Sieden und läßt 10 Minuten stehen.

Das Filtrat bringt man in einen 500-cm³-Rundkolben, der mit 10 cm³ 85%iger Phosphorsäure beschickt ist, fügt etwas Bimsstein hinzu und destilliert die Essigsäure in bekannter Weise ab, bis das Volumen des Kolbenrückstandes nur noch ca. 45 cm³ beträgt. Man entfernt die Flamme, läßt abkühlen, fügt 25 cm³ warmes Wasser zu, destilliert von neuem und wiederholt die letztere Operation noch zweimal. Dann wird der Kühler ausgewaschen, Waschwasser und Destillat vereinigt und titriert. Die folgende Tabelle gibt einige Zahlen, die bei Anwendung der oben be-

[1]) J. C. S. S. 577. 1873.

schriebenen Methode für je 10 cm^3 Rohholzessig verschiedener Konzentration erhalten wurden:

cm^3 1/2 nNaCH-Lösung verbraucht für das erste Xyloldestillat	Essigsäure Gramm pro Liter	cm^3 1/2 nNaOH-Lösung verbraucht für das zweite (H_3PO_4)-Destillat	Wirklicher Gehalt an freier Essigsäure, Gramm pro Liter
22,30	70,02	20,60	64,79
23,05	72,38	20,84	65,44
26,96	84,65	24,70	77,56
18,96	59,53	16,60	52,12
17,10	53,70	13,36	41,95

Ameisensäure ist im zweiten Destillat nicht enthalten, da sie durch die Behandlung mit Kaliumpermanganat zu CO_2 und H_2O oxydiert ist, wohl aber Propionsäure, denn ihr Natriumsalz sowie das der Essigsäure sind beständig gegenüber der Einwirkung der $KMnO_4$. Buttersäure und höhere Fettsäuren sollen mit dem Xylol bei der ersten Destillation im Kolben zurückbleiben.

2. Bestimmung der Ameisensäure.

a) Der Rohholzessig wird destilliert, wie unter 1d beschrieben, und 20 cm^3 des Destillates in ein Kölbchen übergeführt, das einen Fraktionieraufsatz trägt, durch den ein Zuleitungsrohr für CO_2-freie Luft bis auf den Boden des Kölbchens führt. Der Aufsatz ist mit einem Kühler verbunden und dieser wieder mit einer Waschflasche, einem Chlorcalciumröhrchen und einem gewogenen Kaliapparat, wie er bei der Elementaranalyse benutzt wird. Zu der Flüssigkeit im Kölbchen gibt man 3 g gelbes Quecksilberoxyd und erhitzt zum schwachen Sieden, solange noch Gasblasen durch die Waschflasche perlen, dann saugt man einen Strom kohlensäurefreier Luft durch den Apparat und wägt das Kaliröhrchen. Die Zunahme ergibt die Menge der gebildeten CO_2 und diese wieder die der Ameisensäure, indem 1 g CO_2 = 1,045 g $H \cdot COOH$ entspricht. Formaldehyd wird nicht durch HgO oxydiert.

b) Der Rohholzessig wird destilliert wie oben. 25 cm^3 Destillat werden mit Wasser auf 125 cm^3 verdünnt und nach Zugabe von HgO im Überschuß unter gelegentlichem Umschütteln 2 Stunden auf dem Wasserbade erhitzt, dann destilliert man die Flüssigkeit mit Phosphorsäure, wie unter 1c beschrieben, und titriert das Destillat mit Normal-NaOH-Lauge. Die Differenz zwischen dieser Titration und der des destillierten Holzessigs (1d) ergibt den Gehalt an Ameisensäure.

3. Bestimmung der Phenole[1]).

20 cm^3 destillierten Holzessigs werden in einem Scheidetrichter mit 5 cm^3 Chloroform ausgeschüttelt und nach dem Abziehen des Chloro-

[1]) Klason: J. pr. Chem. Bd. 90, S. 413. 1914.

forms noch 2mal mit je 2 cm³ Chloroform in gleicher Weise behandelt. Die vereinigten Auszüge werden sodann mit 5, 3 und 3 cm³ Wasser nacheinander ausgeschüttelt und die Waschwässer dem extrahierten und filtrierten Holzessig zugegeben. Man läßt die Chloroform-Phenollösung bei Zimmertemperatur in einem Schälchen verdampfen und wägt den Rückstand, dessen Gewicht angenähert den Gehalt an Phenolen ergibt. Die Phenolbestimmung muß sofort nach der Destillation des Holzessigs erfolgen, da beim längeren Stehen sich Produkte bilden, die vom Chloroform nicht extrahiert werden. Durch Titration des behandelten Holzessigs lassen sich die vorhandenen Säuren genau bestimmen.

4. Bestimmung von Methylalkohol.

a) Durch das spez. Gewicht.

Diese Methode gibt nur ungefähre Resultate, wenn nicht zugleich der Acetongehalt im Holzgeist bestimmt wird. Sie ist die in der Praxis meist angewandte, da es hier nur auf die ungefähre Bestimmung des Holzgeistgehaltes ankommt. Die Ausführung ist folgende:

500 cm³ Rohholzessig werden destilliert, bis 300 cm³ übergegangen sind. Man macht das Destillat mit Ätznatron alkalisch, destilliert zum zweiten Mal und fängt 180 cm³ auf. Das erhaltene Destillat wird zum dritten Mal, nachdem es schwach alkalisch gemacht ist, destilliert und 100 cm³ aufgefangen (in einigen Fällen wird sogar eine vierte Destillation ausgeführt unter Zusatz von 2 cm³ Schwefelsäure, wobei man 64% der Flüssigkeit abdestilliert). In dem zuletzt erhaltenen Destillat wird das spez. Gewicht mittels Pyknometer festgestellt und der Methylalkohol aus einer Tabelle abgelesen. In Gebrauch sind Tabellen von Klason und Norlin[1]), Doroschewski und Roschdestwenski[2]) und von Dittmar und Fawsitt[3]). Die folgenden Tabellen Nr. 95 und 96 sind die von Klason und Norlin bzw. Doroschewski und Roschdestwenski.

Tabelle 95.
Spez. Gewicht wässeriger Methylalkohollösungen (Klason u. Norlin).

Spez. Gew. 15°/15° C	Methylalkohol		Spez. Gew. 15°/15° C	Methylalkohol	
	Gew.-%	Vol.-%		Gew.-%	Vol.-%
0,7964	100,00	100,00	0,8125	94,28	96,18
0,7975	99,64	99,77	0,8150	93,39	95,55
0,8000	98,75	99,18	0,8175	92,50	94,92
0,8025	97,85	99,59	0,8200	91,60	94,28
0,8050	96,96	98,01	0,8225	90,70	93,63
0,8075	96,07	97,41	0,8250	89,80	92,98
0,8100	95,18	96,80	0,8275	88,88	92,31

[1]) Arkiv för Kemi. Min. och Geol. 2, Nr. 27.
[2]) J. Russian Phys. Chem. Soc. Bd. 41, S. 977. 1909.
[3]) Trans. Roy. Soc. Edinburgh 33.

Tabelle 95 (Fortsetzung).

Spez. Gew. 15°/15° C	Methylalkohol Gew.-%	Methylalkohol Vol.-%	Spez. Gew. 15°/15° C	Methylalkohol Gew.-%	Methylalkohol Vol.-%
0,8300	87,97	91,64	0,9175	51,10	58,80
0,8325	87,06	90,97	0,9200	49,84	57,54
0,8350	86,16	90,29	0,9225	48,54	56,20
0,8375	85,23	89,60	0,9250	47,20	54,79
0,8400	84,29	88,88	0,9275	45,84	53,36
0,8425	83,34	88,13	0,9300	44,49	51,92
0,8450	82,39	87,40	0,9325	43,15	50,48
0,8475	81,44	86,64	0,9350	41,79	49,01
0,8500	80,47	85,88	0,9375	40,40	47,53
0,8525	79,50	85,09	0,9400	39,00	45,94
0,8550	78,51	84,27	0,9425	37,54	44,29
0,8575	77,50	83,44	0,9450	36,03	42,66
0,8600	76,50	82,61	0,9475	34,51	41,03
0.8625	75,50	81,76	0,9500	32,95	39,35
0,8650	74,49	80,89	0,9525	31,38	37,61
0,8675	73,49	80,02	0,9550	29,79	35,81
0,8700	72,48	79,13	0,9575	28,14	33,89
0,8725	71,44	78,23	0,9600	26,44	31,82
0,8750	70,38	77,31	0,9625	24,66	29,83
0,8775	69,31	76,39	0,9650	22,89	27,83
0,8800	68,25	75,43	0,9675	21,14	25,76
0,8825	67,18	74,43	0,9700	19,38	23,67
0,8850	66,09	73,41	0,9725	17,63	21,54
0,8875	64,98	72,39	0,9750	15,85	19,40
0,8900	63,86	71,34	0,9775	14,03	17,25
0,8925	62,76	70,28	0,9800	12,27	15,12
0,8950	61,65	69,23	0,9825	10,60	13,04
0,8975	60,52	68,17	0,9850	8,94	11,03
0,9000	59,36	67,09	0,9875	7,32	9,06
0,9025	58,20	65,97	0,9900	5,72	7,13
0,9050	57,01	64,82	0,9925	4,18	5,30
0,9075	55,82	63,65	0,9950	3,01	3,84
0,9100	54,64	62,46	0,9975	1,39	1,69
0,9125	53,49	61,27	1,0000	0,00	0,00
0,9150	52,31	60,04			

Tabelle 96. Spez. Gewicht wässeriger Methylalkohollösungen. (Doroschewski und Roschdestwenski).

Methylalkohol % Gew.	Spez. Gew. 15°/4° C	Differenz	Methylalkohol % Gew.	Spez. Gew. 15°/4° C	Differenz	Methylalkohol % Gew.	Spez. Gew. 15°/4° C	Differenz
0	0,99913		7	0,98701	0,00163	14	0,97660	0,00142
1	0,99727	0,00186	8	0,98547	0,00154	15	0,97518	0,00142
2	0,99543	0,00184	9	0,98394	0,00153	16	0,97377	0,00141
3	0,99370	0,00173	10	0,98241	0,00153	17	0,97237	0,00140
4	0,99198	0,00172	11	0,98093	0,00148	18	0,97096	0,00141
5	0,99029	0,00169	12	0,97945	0,00148	19	0,96955	0,00141
6	0,98864	0,00165	13	0,97802	0,00143	20	0,96814	0,00141

Tabelle 96 (Fortsetzung).

Methylalkohol % Gew.	Spez. Gew. 15°/4° C	Differenz	Methylalkohol % Gew.	Spez. Gew. 15°/4° C	Differenz	Methylalkohol % Gew.	Spez. Gew. 15°/4° C	Differenz
21	0,96673	0,00141	48	0,92242	0,00194	75	0,86300	0,00246
22	0,96533	0,00140	49	0,92048	0,00194	76	0,86051	0,00249
23	0,96392	0,00141	50	0,91852	0,00196	77	0,85801	0,00250
24	0,96251	0,00141	51	0,91653	0,00199	78	0,85551	0,00250
25	0,96108	0,00143	52	0,91451	0,00202	79	0,85300	0,00251
26	0,95963	0,00145	53	0,91248	0,00203	80	0,85048	0,00252
27	0,95817	0,00146	54	0,91044	0,00204	81	0,84794	0,00254
28	0,95668	0,00149	55	0,90839	0,00205	82	0,84536	0,00258
29	0,95518	0,00150	56	0,90631	0,00208	83	0,84274	0,00262
30	0,95366	0,00152	57	0,90421	0,00210	84	0,84009	0,00265
31	0,95213	0,00153	58	0,90210	0,00211	85	0,83742	0,00267
32	0,95056	0,00157	59	0,89996	0,00214	86	0,83475	0,00267
33	0,94896	0,00160	60	0,89781	0,00215	87	0,83207	0,00268
34	0,94734	0,00160	61	0,89563	0,00218	88	0,82937	0,00270
35	0,94570	0,00164	62	0,89341	0,00222	89	0,82667	0,00270
36	0,94404	0,00166	63	0,89117	0,00224	90	0,82396	0,00271
37	0,94237	0,00167	64	0,88890	0,00227	91	0,82124	0,00272
38	0,94067	0,00170	65	0,88662	0,00228	92	0,81849	0,00275
39	0,93894	0,00173	66	0,88433	0,00229	93	0,81568	0,00281
40	0,93720	0,00174	67	0,88203	0,00230	94	0,81285	0,00283
41	0,93543	0,00177	68	0,87971	0,00232	95	0,80999	0,00286
42	0,93365	0,00178	69	0,87739	0,00232	96	0,80713	0,00286
43	0,93185	0,00180	70	0,87507	0,00232	97	0,80428	0,00285
44	0,93001	0,00184	71	0,87271	0,00236	98	0,80143	0,00285
45	0,92815	0,00186	72	0,87033	0,00238	99	0,79859	0,00284
46	0,92627	0,00188	73	0,86792	0,00241	100	0,79577	0,00282
47	0,92436	0,00191	74	0,86546	0,00246			

b) Methode nach Hewitt und Jones[1]).

Diese Methode ist eine Modifikation der Zeiselschen Methoxyl-Bestimmung und unterscheidet sich von ihr durch die Art der Bestimmung des Methyljodids, das durch Pyridin absorbiert und nach Volhard titrimetrisch ermittelt wird.

Die benötigte Jodwasserstoffsäure erhält man durch Einwirkung von Schwefelwasserstoff auf in Wasser fein verteiltes Jod, Abfiltrieren des ausgeschiedenen Schwefels und nachfolgende Destillation. Die zwischen 123 und 127 übergehende Fraktion wird besonders aufgefangen und zeigt ein spez. Gewicht von 1,7. Rückstände aus vorhergehenden Bestimmungen können umdestilliert und wieder benutzt werden.

---

[1]) J. C. S. S. 115, 193. 1919; ebenso siehe Kirpal und Bühn: Ber. Bd. 47, S. 1084. 1914.

Die Methode ist allgemein anwendbar für alle Produkte, sowohl rohe wie gereinigte, die Methylalkohol enthalten, und die einzelnen Bestimmungen unterscheiden sich nur durch die Anwendung verschiedener Mengen Ausgangsmaterial. So nimmt man z. B. von Rohholzessig 5 cm^3, von rohem und gereinigtem Holzgeist, Methylaceton usw. 10 cm^3 einer Verdünnung von 10:100.

Ausführung: Ein Kugelfraktionieraufsatz ist mittels Gummistopfen mit einem 100-cm^3-Rundkolben verbunden. Durch den Aufsatz führt ein langes Glasrohr bis ziemlich auf den Boden des Kolbens, welches zum Einleiten eines Kohlensäurestromes, der in einem Kippschen Apparat entwickelt wird, dient. Die Kohlensäure wird vorher durch eine Wulffsche Waschflasche geschickt, die eine starke Lösung von Silbernitrat enthält. Das Übersteigrohr des Aufsatzes steht mit zwei hintereinander geschalteten Röhrchen in Verbindung, deren jedes 10 g frisch destilliertes Pyridin enthält. Man gibt 20 cm^3 Jodwasserstoffsäure und eine entsprechende Menge der zu untersuchenden Flüssigkeit in das Rundkölbchen, verbindet den Kolben schnell mit dem Siedeaufsatz, befestigt beide in schräger Lage an einem Stativ und verbindet sie mit den Pyridinröhrchen. Jetzt wird langsam ein Strom Kohlendioxyd (ungefähr eine Blase alle 3 Sekunden) durch den Apparat geschickt und zugleich der Kolben in einem Glycerinbade schwach erwärmt. Sobald der Inhalt ins Sieden gerät, verstärkt man den Kohlensäurestrom auf ungefähr 2 Blasen pro Sekunde. Es ist darauf zu sehen, daß die obere Kugel des Aufsatzes keine Tröpfchen von Jodwasserstoffsäure zeigt. Das gebildete Methyljodid wird durch den Kohlensäurestrom mitgerissen und von dem Pyridin absorbiert. Die Reaktion ist in $1^1/_2$ Stunden beendet. Den Inhalt der Pyridinröhrchen bringt man darauf unter Nachspülen in einen 100-m^3-Maßkolben und füllt mit Wasser bis zur Marke auf. Sollte das Pyridin gelb gefärbt sein und beim Verdünnen mit Wasser nicht farblos werden, so kann eine Entfärbung durch etwas Natriumthiosulfatlösung erreicht werden. Eine gewisse Menge der verdünnten Pyridin-Methyl-Jodidlösung (und zwar bei Anwendung von Rohholzessig und Rohholzgeist 40 cm^3, bei gereinigtem Holzgeist und Methylaceton 20 cm^3) pipettiert man in eine 250-cm^3-Glasstöpselflasche, gibt 70 cm^3 Wasser, sodann 25 cm^3 einer $^1/_{10}$-Normal-Silbernitratlösung und 30 cm^3 Salpetersäure vom spez. Gewicht 1,3 zu. Dann schüttelt man die Flasche 5 Minuten lang kräftig, fügt 5 cm^3 Eisenalaunlösung als Indicator zu und titriert mit $^1/_{10}$-Normal-Rhodanammoniumlösung, bis eine dauernde Orangefärbung entsteht. Bei Anwendung der oben angegebenen Menge Ausgangsmaterial berechnen sich die Resultate in Grammen Methylalkohol für 100 cm^3 analysierter Flüssigkeit nach folgender Formel, in welcher $t = cm^3$ $^1/_{10}$-Normal-Rhodanammoniumlösung bedeutet:

für Rohholzessig (5 cm^3 Ausgangsmaterial = 40 cm^3 verdünnte Pyridinlösung) . . . . 0,16 (25 — *t*)
für Rohholzgeist (10 cm^3 auf 100 cm^3 verdünnt und 5 cm^3 angewandt = 40 cm^3 Pyridinlösung) . . . . 1,60 (25 — *t*)
für gereinigten Holzgeist und Methylaceton (10 cm^3 auf 100 cm^3 verdünnt und 5 cm^3 angewandt = 20 cm^3 Pyridinlösung . . . . 3,20 (25 — *t*)

Nach der oben beschriebenen Methode werden die gesamten vorhandenen Methoxylgruppen bestimmt, also auch Körper wie Methylal, Dimethylacetat, Methylester, Allylalkohol (der sekundäres Propyljodid ergibt) und die Methyläther des Phenols. Letztere können jedoch durch eine Behandlung mit Tierkohle entfernt werden. Die Resultate sind ungefähr auf 2% genau.

5. Bestimmung des gelösten Teeres

siehe unter 1d.

6. Bestimmung der Ester.

Man titriert den rohen oder destillierten Holzessig in der Kälte mit Normalnatronlauge, fügt sodann einen Überschuß hinzu und kocht einige Stunden unter Rückflußkühlung. Nach dem Abkühlen wird mit Normalsäure der Überschuß an Alkali zurücktitriert. Die Methode gibt nur annähernde Werte. Nach Klason entsteht durch die Einwirkung des Alkali auf den immer vorhandenen Formaldehyd Ameisensäure:

$$2\,CH_2O + H_2O \rightarrow CH_3OH + H\cdot COOH$$

Hellessig.

Für seine Untersuchungen werden die unter „Rohholzessig" beschriebenen Methoden angewandt.

Calciumacetatlösung.

a) Bestimmung des Holzgeistes siehe unter 4a.

b) Bestimmung des Gehaltes an Calciumacetat. 25 cm^3 werden auf dem Wasserbade bis zum konstanten Gewicht getrocknet.

Calciumacetat (Graukalk).

1. Bestimmung des wasserfreien Calciumacetates.

a) Methode nach Stilwell und Gladding[1]).

Das Durchschnittsmuster wird zerkleinert, gemischt, durch ein 14-Maschensieb getrieben und eine Wasserbestimmung ausgeführt durch Trocknen von einigen Grammen bei 100° bis zur Gewichtskonstanz. Dann werden ungefähr 2 Gramm genau gewogen und in einen 200-cm^3-Rundkolben gebracht, der durch Tropfenfänger und Übersteigleitung

[1]) J. Soc. Chem. Ind. Bd. 23, S. 205. 1904.

mit einem vertikalen Schlangenkühler verbunden ist. Unter dem Ablaufrohr des Kühlers steht eine Vorlage, die 30 cm^3 Normalnatronlauge enthält. Auf das im Kolben befindliche Acetat gibt man 15 cm^3 sirupartiger Phosphorsäure (spez. Gew. 1,75) und wäscht den Hals des Kolbens mit 25 cm^3 Wasser aus. Man destilliert $1^1/_4$ Stunde und hält das Volumen der Flüssigkeit durch Eintropfenlassen von Wasser konstant auf 40 cm^3. Nach Verlauf dieser Zeit entfernt man die Vorlage und ersetzt sie durch eine andere, neutralisiert das Destillat mit Normalnatronlauge und setzt die Destillation 15 Minuten lang fort. Dann fügt man das in der zweiten Vorlage erhaltene Destillat dem in der ersten neutralisierten hinzu und beobachtet, ob die Farbe des Indicators (Phenolphthalein) verschwindet. Ist dieses der Fall, so wird eine bestimmte Menge Natronlauge wieder zugefügt und die Destillation weiter fortgesetzt, bis keine Säure mehr destilliert. Das so erhaltene dritte Destillat wird mit den beiden ersteren vereinigt und der Überschuß von Normalnatronlauge mit Normalschwefelsäure zurücktitriert. Im allgemeinen ist die Destillation in $1^1/_2$ Stunden beendet.

b) Methode nach Pickett[1]).

2,5 g Graukalk werden in einen 500-cm^3-Stehkolben eingewogen, 30—40 cm^3 destilliertes Wasser, 20 cm^3 85%ige Phosphorsäure und 350 cm^3 Xylol zugegeben. Alsdann verbindet man den Kolben durch Tropfenfänger und Übersteigleitung mit einem Kühler und destilliert mittels elektrischer Heizplatte oder aus einem Ölbade in einen Literkolben solange, bis nur noch eine dünne Schicht Xylol über der Oberfläche der Phosphorsäure steht. Die gesamte Essigsäure und, falls Chlorid im Acetat enthalten war, auch die Salzsäure ist jetzt vollständig übergetrieben. Das Destillat scheidet sich in zwei Schichten und wird unter Umschütteln mit 0,33 Normalnatronlauge unter Benutzung von Phenolphthalein als Indicator titriert, wobei Sorge zu tragen ist, daß die in der Xylolschicht enthaltene Essigsäure mit neutralisiert wird. Die Berechnung erfolgt nach folgender Formel:

$$\frac{\text{cm}^3\ \text{Natronlauge} \times \text{Faktor} \times 6{,}0}{\text{Einwage}} = A = \text{Gesamtsäure, berechnet als Essigsäure.}$$

Sind Chloride vorhanden, so fügt man der neutralisierten Flüssigkeit Kaliumchromat als Indicator zu und titriert mit $^1/_{10}$-Normalsilbernitrat. Die Berechnung geschieht wie folgt:

$$\frac{\text{cm}^3\ \text{Silbernitratlösung} \times \text{Faktor} \times 6{,}0}{\text{Einwage}} = B = \text{Essigsäure, äquivalent dem vorhandenen HCl}.$$

$A - B$ = gesamte organische Säure, berechnet als Essigsäure.

Für die vollständige Analyse sind über $^3/_4$ Stunden erforderlich.

---

[1]) J. Ind. Engg. Chem. Bd. 12, S. 570. 1920.

c) Methode nach Munn[1]).

Sie eignet sich besonders für die Bestimmung des Acetatgehaltes von Fabrikationsrückständen und wird wie folgt ausgeführt:

5 g des Ausgangsmaterials werden mit 20 cm^3 Wasser und 40 cm^3 85%iger Phosphorsäure unter Durchsaugen eines kohlensäurefreien Luftstromes durch den Apparat in bekannter Weise destilliert. Als Vorlage benutzt man eine Filterflasche, deren seitlicher Ansatz mit einer Luftpumpe in Verbindung steht, die einen geringen Unterdruck im Apparat erzeugt. Während der Destillation läßt man verdünnte Phosphorsäure (25 cm^3 85%iger Phosphorsäure und 50 cm^3 Wasser) in gleichem Maße zufließen, wie die Flüssigkeit abdestilliert. Die Vorlage enthält einen Überschuß von titrierter Bariumhydroxydlösung. Nach Beendigung der Destillation, die im allgemeinen $1^1/_2$ Stunden dauert, wird der Inhalt der Vorlage mit $^1/_{10}$-Normalsalzsäure titriert und so der Überschuß an Bariumhydroxyd gefunden. Sind im Acetat Carbonate enthalten, so entsteht bei der Destillation Kohlendioxyd, das in der Vorlage als Bariumcarbonat in Erscheinung tritt. Dieses wird durch Zugabe eines Überschusses von Normalsalzsäure gelöst und die Salzsäure mit Normalnatronlauge unter Benutzung von Methylorange als Indicator zurücktitriert.

2. Bestimmung der homologen Salze.

Handelsüblicher Graukalk enthält neben Calciumacetat die Calciumsalze der Ameisen-, Propion-, Buttersäure usw. Zwecks Bestimmung der Homologen wird das Muster in der vorher beschriebenen Weise mittels Phosphorsäure destilliert und das Destillat unter Zusatz von Bleioxyd eingedampft; den Rückstand löst man in kaltem Wasser und erhitzt die Lösung zum Sieden. Da basisches Bleipropionat in kochendem Wasser unlöslich ist, bleibt es zurück, während die anderen Salze gelöst und durch Filtration vom Rückstand getrennt werden. Man fügt zum Filtrat Schwefelsäure und verdampft es mit einem Überschuß von Zinkoxyd bis zur Trockene, behandelt den Trockenrückstand mit großen Mengen Äthylalkohol und filtriert. Zinkformiat und das entstandene Bleisulfat bleiben auf dem Filter zurück. Das alkalische Filtrat wird wieder zur Trockene verdampft und mit Phosphorsäure destilliert. Im Destillat finden sich Essigsäure und Buttersäure, die man nach einer der folgenden beiden Methoden trennt:

1. Man setzt dem Filtrat Silbercarbonat zu und dampft die Flüssigkeit auf dem Wasserbade ein. Silberbutyrat kristallisiert fast quantitativ aus.

2. Man verwandelt die Säuren in ihre Amylester, indem man sie mit Amylchlorid und ein wenig 96%igem Äthylalkohol behandelt, destilliert

[1]) J. Ind. Engg. Chem. Bd. 10, S. 550. 1918.

den Überschuß von Amylchlorid und Alkohol bei 100 ° C ab und trennt die Ester durch fraktionierte Destillation[1]). (Amylacetat siedet bei 148, Amylbutyrat bei 178°).

3. Bestimmung von Teer und Unlöslichem.

5 g Calciumacetat werden in ein Becherglas mit Ausguß eingewogen 50 cm³ destilliertes Wasser zugesetzt und nach Lösung des Acetates noch 50 cm³ konzentrierte Salzsäure. Man bringt die Flüssigkeit zum Kochen und filtriert durch einen kleinen tarierten Gooch-Tiegel, wäscht den Rückstand im Tiegel mit warmem Wasser solange aus, bis Säuren und Calciumsalze entfernt sind. Nach dem Trocknen des Tiegels nebst Inhalt im Dampftrockenschrank bis zur Gewichtskonstanz wägt man und findet so den Gesamtgehalt an Unlöslichem. Darauf wäscht man mit heißem Aceton solange, bis das Filtrat farblos abläuft, trocknet wiederum im Dampftrockenschrank bis zum konstanten Gewicht und findet aus der Differenz der Wägungen die Menge des gelösten Teeres. Zur Bestimmung der anorganischen Verunreinigungen, wie Sand usw., verascht man den Inhalt bis zum konstanten Gewicht.

Holzgeist (roh und rein).

1. Bestimmung des Holzgeistes.

Diese geschieht durch Feststellung des spezifischen Gewichtes, wie unter Holzessig (4a) beschrieben.

Die Bestimmung findet direkt ohne vorhergehende Destillation statt.

2. Bestimmung von Methylalkohol.

a) Siehe unter Rohholzessig (4b).

b) 22 g grob gepulvertes Jod und 5 cm³ destilliertes Wasser werden in einem kleinen, mit Eis gekühlten Kolben gemischt und 5 cm³ des zu untersuchenden Alkohols (für eine Konzentration bis 60%; entsprechend mehr, wenn dieses geringer ist) zugefügt. Man verkorkt darauf den Kolben und beläßt ihn unter vorsichtigem Schütteln 10—15 Minuten im Eisbade, fügt sodann 2 g roten Phosphor hinzu und verbindet den Kolben mit einem Rückflußkühler. Die kurze Zeit darauf einsetzende Reaktion mäßigt man durch gelegentliches Eintauchen des Kolbens in das Eisbad und ersetzt dieses nach 15—20 Minuten, wenn die Wirkung nachläßt, durch ein Wasserbad, das man langsam auf 75° bringt. Man schüttelt dann 15—20 Minuten, läßt 1 Stunde abkühlen, benutzt den Kühler als Niederschlagkühler und destilliert das Methyljodid ab. Das zu einer

---

[1]) Z. anal. Chem. Bd. 38, S. 217. 1899; siehe auch Crowell: J. Amer. Chem. Soc. Bd. 40, S. 453. 1918.

Spitze ausgezogene Ende des Kühlers taucht in Wasser, welches sich in einem graduierten Zylinder befindet. Das Methyljodid sammelt sich unter dem Wasser an und man liest das Volumen bei 15,5° ab.

Den Gehalt des untersuchten Holzgeistes an Methylalkohol findet man nach folgender Formel:

$$\frac{\text{cm}^3\text{CH}_3\text{J} \cdot 0{,}647 \cdot 1000}{\text{cm}^3 \text{ Holzgeist angewandt}} = \text{Volum-\%\ Methylalkohol.}$$

Alle Substanzen, die fähig sind, Methyljodid zu bilden, wie Methylacetat, Acetale usw., sind in dem Resultat enthalten[1]).

3. Bestimmung der Ester.

5 cm³ Holzgeist werden in einer Druckflasche von 150 cm³ Inhalt mit 20 cm³ frisch ausgekochtem, destilliertem Wasser verdünnt und dann 10 cm³ Normallauge NaOH zugefügt, die Flasche sorgfältig verschlossen und mindestens 2 Stunden auf 100° C erwärmt. Der Inhalt wird dann in ein Becherglas gespült und der Überschuß mit Normal-H_2SO_4 unter Verwendung von Phenolphthalein zurücktitriert. Den Estergehalt, berechnet als Methylacetat, findet man nach folgender Formel:

$$\frac{\text{cm}^3\text{n-Natronlauge} \cdot 0{,}074 \cdot 100}{\text{angewandte cm}^3 \text{ Holzgeist}} = \text{g Methylacetat in 100 cm}^3 \text{ Ausgangsmaterial.}$$

4. Bestimmung von Aceton.

a) Methode nach Messinger[2]).

Diese Methode beruht auf der quantitativen Bildung von Jodoform. In eine mit Glasstopfen versehene Flasche von 200 cm³ Fassungsraum werden 25 cm³ Normalnatronlauge gebracht und hierauf 0,5 cm³ des zu untersuchenden Holzgeistes zugefügt. Nach kräftigem Durchschütteln stellt man 5—10 Minuten beiseite und läßt darauf unter dauerndem Umschütteln aus einer Bürette $^1/_5$-Normaljodlösung langsam zufließen,

---

[1]) Anmerkung des Übersetzers: Auf S. 360 seines Werkes „Technologie der Holzverkohlung" gibt Klar an, daß der zur Berechnung dienende Faktor 0,647 nicht richtig sein kann, da man danach viel zu wenig Methylalkohol finden würde, und fährt dann fort: „Wie schon Grodzki und Krämer nachgewiesen haben und wie ich aus eigener Erfahrung bestätigen kann, resultieren aus 5 cm³ reinstem Methylalkohol des Handels bei sorgfältigem Arbeiten 7,40—7,45 cm³ Methyljodid bei 15° C, unter Wasser gemessen. Daraus berechnet sich der oben eingesetzte Faktor, welcher die 1 cm³ Methyljodid entsprechende Menge Methylalkohol ausdrückt, nicht zu 0,647, sondern zu

$$7{,}42 : 5 = 1 : x$$
$$x = \frac{5 \cdot 1}{7{,}4} = 0{,}675.$$

Es scheint also nur ein Druckfehler in der englischen Prüfungsvorschrift vorzuliegen, worauf bei Berechnung der Analysen zu achten ist."

[2]) Ber. Bd. 21, S. 3366. 1888.

bis der obere Teil der Flüssigkeit nach minutenlangem Stehen vollkommen klar ist. Tritt keine Vermehrung des Niederschlages ein, so fügt man zur Erreichung gleichmäßiger Resultate noch mindestens einen Überschuß von 25% Jodlösung hinzu, schüttelt wieder um und stellt die Mischung 15—20 Minuten beiseite, fügt darauf 25 cm^3 Normalschwefelsäure hinzu und titriert das in Freiheit gesetzte Jod mit $^1/_{10}$-Normal-Natriumthiosulfatlösung unter Verwendung von Stärkelösung als Indicator. Die Differenz zwischen den gesamten verbrauchten cm^3 Jodlösung und den zurücktitrierten gibt die Menge Jod an, die zur Bildung des Jodoforms benötigt wurde.

b) Methode nach Krämer[1]).

Zur Ausführung der Bestimmung muß der zu prüfende Holzgeist soweit verdünnt werden, daß er nur noch 1 $^0/_0$ Aceton enthält, wovon man sich durch einen Vorversuch zu überzeugen hat. 1 cm^3 des verdünnten Alkohols und 10 cm^3 doppelt Normalnatronlauge werden in einer mit Glasstopfen verschlossenen Flasche geschüttelt. Dann fügt man 5 cm^3 doppelt Normaljodlösung zu, setzt das Schütteln fort und extrahiert die Lösung mit 10 cm^3 Äther, läßt die Ätherlösung in einen Meßzylinder laufen, stellt das Volumen fest und verdampft 5 cm^3 der Lösung auf einem Uhrglas in einem Exsiccator über Schwefelsäure und wägt den Rückstand als Jodoform.

c) Methode nach Denigés[2]).

Sie beruht auf der Bildung einer unlöslichen Quecksilberverbindung von der Zusammensetzung

$$3\,Hg_5\,S_2\,O_{11} \cdot 4\,C_3\,H_6\,O,$$

ist jedoch wenig mehr in Gebrauch[3]).

d) Methode nach Jolles[4]).

Nach ihr führt man das Aceton in die Bisulfitverbindung über durch Zusatz eines großen Überschusses von gesättigter Natriumbisulfitlösung, läßt einige Zeit stehen und titriert den Überschuß mit einer Jodlösung von bekanntem Gehalt zurück.

---

[1]) Ber. Bd. 13, S. 1000. 1880.

[2]) Bull. Soc. Chem. (v) Bd. 19, S. 754. 1899.

[3]) Anmerkung des Übersetzers: Siehe auch Klar, „Technologie der Holzverkohlung", S. 366, sowie Büttner und Wislicenus, „Mitteilungen aus dem Chemischen Institut der Forstakademie Tharandt, Versuche zur trockenen Destillation des Holzes mit überhitztem Dampf", S. 188 bzw. Compt. rend. 127, 963.

[4]) Ber. Bd. 39, S. 1306. 1906.

5. Bestimmung von ungesättigten Verbindungen (im gereinigten Holzgeist, berechnet als Allylalkohol).

Man stellt sich eine Bromlösung her durch Auflösen von 12,406 g Kaliumbromid (KBr) und 3,481 g Kaliumbromat ($KBrO_3$) in 1 Liter frisch gekochtem, destilliertem Wasser. 50 cm³ dieser Lösung = 0,5 g Brom werden in eine mit Glasstopfen versehene Flasche von 200 cm³ Fassungsraum gebracht, 10 cm³ verdünnter Schwefelsäure (1 + 3) zugefügt und vorsichtig geschüttelt. Dann läßt man aus einer Bürette den zu prüfenden Alkohol zufließen, bis die braune Färbung der Flüssigkeit verschwunden ist.

6. Alkalität (gereinigter Holzgeist).

Je 25 cm³ Holzgeist werden in 2 Bechergläser pipettiert und einmal mit $^1/_{10}$-Normalsäure unter Benutzung von Lackmuspapier und einmal mit Methylorange titriert. — Bei Anwendung von Lackmus verbraucht man gewöhnlich 0,1—0,2 cm³ $^1/_{10}$-Normalsäure, während die Gesamtalkalität bei Verwendung von Methylorange höher gefunden wird. Die Alkalität wird ausgedrückt in cm³ $^1/_{10}$-Normalsäure für 25 cm³ angewandten Alkohol, und zwar durch Abziehen der für die Lackmustitration gebrauchten cm³ von denen der Methylorangetitration.

Methylaceton.

Wie schon früher angegeben, bezeichnet man als Methylaceton das Gemisch von Methylalkohol, Aceton und Estern, das als Vorlauf bei der Herstellung von Reinmethylalkohol gewonnen wird. Pringsheim gibt zur Bestimmung des Methylalkohols folgende Methode an. An Lösungen sind nötig:

1. Normal-Kaliumdichromatlösung (49,083 g Kaliumdichromat pro Liter enthaltend) oder eine Lösung mit 45,968 g pro Liter. 20 cm³ der letzteren sind äquivalent 0,1 g Methylalkohol;

2. eine Ferro-Ammoniumsulfatlösung, im Liter 150 g des kristallisierten Salzes enthaltend, die gegen die Dichromatlösung unter Benutzung von Kaliumferricyanid (0,1 g in 100 cm³) als Indicator eingestellt wird.

Man pipettiert 10—25 cm³ des verdünnten Methylacetons, das nicht mehr als 0,2 g Methylalkohol enthalten soll, in eine 250-cm³-Flasche, fügt 50 cm³ der Dichromatlösung und dann 50 cm³ verdünnter Schwefelsäure 1 : 1 zu. Die Flasche wird mit einem Kork verschlossen, der ein mit Wasser gefülltes U-Rohr trägt, und bleibt über Nacht stehen. Dann wäscht man die Flüssigkeit in ein Becherglas aus Porzellan, verdünnt auf 500 cm³ und titriert den Überschuß an Dichromat mit der Ferro-ammoniumsulfatlösung. Der Endpunkt wird durch Tüpfeln festgestellt. Das verbrauchte Dichromat entspricht der für die Oxydation des Methylalkohols zu CO_2 und Wasser verwendeten Menge.

Methylalkohol.

Der Gehalt an Reinmethyl wird nach den Methoden 4a und 4b, wie unter Rohholzessig beschrieben, bestimmt, Aceton nach Methode 4a unter Holzgeist. Spuren Aceton können nach folgender Methode (Vorländer und Hobom) entdeckt werden:

30 cm^3 Methylalkohol, mit dem gleichen Volumen Wasser verdünnt, werden mit 1—3 Tropfen Benzaldehyd und 3 cm^3 10%iger Natriumhydroxydlösung versetzt und 24 Stunden beiseite gestellt. Bei Vorhandensein von Aceton bildet sich ein Niederschlag von Dibenzalaceton (Schmelzpunkt 112°).

Holzteer.

Für diesen kommt nur die Bestimmung der Essigsäure in Betracht. Man wägt in einen Rundkolben 100 g Teer ein, verbindet den Kolben mit einem Kühler und einer Dampfzuführung und destilliert drei Fraktionen von je 100 cm^3 ab. Das Destillat wird titriert mit Normalnatronlauge.

Schlamm.

Wichtig ist die Bestimmung des in ihm enthaltenen Calciumacetates. 25 cm^3 Schlamm werden abgemessen und im Becherglase nach dem Verdünnen mit Wasser zum Sieden erhitzt. Man läßt absetzen, filtriert und wäscht den Rückstand einige Male mit Wasser aus. Dann verdampft man das Filtrat zur Trockene und bestimmt im Trockenrückstand die Essigsäure, wie unter Calciumacetat 1a, 1b oder 1c beschrieben.

Holzöle.

Auch diese werden nur auf ihren Gehalt an Essigsäure geprüft. Man schüttelt 50 cm^3 Öl drei mal mit im ganzen 50 cm^3 einer konzentrierten Kochsalzlösung aus und titriert die Lösung mit Normalnatronlauge.

Terpentin bzw. Kienöl.

Allgemein anerkannte Methoden für die Analysen dieser Produkte gibt es nicht. Die Untersuchung beschränkt sich gewöhnlich auf die Bestimmung der physikalischen Eigenschaften, wie Drehungsvermögen, spez. Gewicht, Siedekurve sowie auf eine fraktionierte Destillation. Ein Analysenschema beruht auf der Bestimmung der physikalischen Eigenschaften der bei der Destillation erhaltenen Fraktionen und ist von Hawley in dem U. S. Forest Service Bulletin No. 105 ausgearbeitet.

Da die Arbeit ziemlich umfangreich ist, kann sie hier nicht wiedergegeben werden, und es wird daher auf das U. S. Dept. of Agriculture, Bulletin 898, verwiesen.

Chemische Reaktionen zum Nachweis verschiedener Körper.

1. Nachweis von Aceton[1]).

Man fügt zu 10 cm^3 der zu prüfenden Flüssigkeit 1,5—2 cm^3 10%iger Natronlauge, 0,15 g Kaliumjodid und 0,2 g Kalium- oder Ammoniumpersulfat hinzu und erhitzt auf 50—60° C. Wendet man das Ammoniumsalz an, so findet intermediär die Ausscheidung von schwarzem Jodstickstoff statt, die beim Erhitzen verschwindet. Das bei Anwesenheit von Aceton sich ausscheidende Jodoform hat eine rötliche bis Orangefarbe, die erst bei tagelangem Stehen in die bekannte zitronengelbe übergeht. Noch in einer Verdünnung von 1:200000 wird die Flüssigkeit durch ausgeschiedenes Jodoform getrübt.

2. Nachweis von Formaldehyd und Acetaldehyd[2]).

a) Acetaldehyd.

Zu 25—30 cm^3 der neutralen Flüssigkeit werden nach und nach 5—6 Tropfen einer gesättigten Phenylhydrazin-Hydrochloridlösung zugefügt und dann gesättigte Diazobenzol-Sulfonsäure, 25%ige Natronlauge und 50%ige Magnesiumsulfatlösung zugesetzt. Tritt eine Farbreaktion schon nach Zusatz der Natronlauge ein, so kann Magnesiumsulfat fehlen. Es entsteht eine carminrote Färbung, die mit Magnesiumhydroxyd einen violetten Lack gibt. Ein Teil Acetaldehyd in 350000 Teilen Lösung kann so noch nachgewiesen werden.

b) Formaldehyd.

Es wird dieselbe Methode angewendet unter Ersatz des Phenylhydrazins durch 1%Metollösung (Para-Methyl-Aminophenol-Sulfat). Die entstehende Färbung ist blaurot und gibt mit Magnesiumhydroxyd einen blauen Lack. Die Empfindlichkeitsgrenze beträgt 1 Teil Formaldehyd auf 1000000 Teile Lösung.

3. Nachweis von Furfurol[3]).

Ein Tropfen einer Lösung von 5 g β-Naphthylamin in 20 cm^3 Eisessig wird auf Filtrierpapier gebracht. Ein Tropfen der zu untersuchenden Flüssigkeit zugefügt, erzeugt eine bläulichrote Farbe, wenn Furfurol vorhanden ist. Ein Teil Furfurol in 100000 Teilen Lösung kann noch nachgewiesen werden.

---

[1]) Schoorl: Pharm. Week. Bd. 58, S. 209. 1921.

[2]) Pittarelli: C. A. S. 2804. 1921.

[3]) Erdmann: J. pr. Chem. Bd. 56, S. 155. 1897.

4. Nachweis von Aldehyden.

Der Nachweis mit Phenylhydrazin gibt im allgemeinen bei Rohholzessig unbefriedigende Resultate. Wird der Essig jedoch destilliert oder mit Äther extrahiert, so entsteht auf Zusatz von Phenylhydrazin-Chlorhydrat ein Niederschlag von verschiedenen Phenylhydrazonen. Unter günstigen Umständen erhält man aus dem mit Äther extrahierten Holzessig Sesqui-Methylen-Phenylhydrazon $(C_6H_5N_2)_2(CH_2)_3$, das, aus absolutem Alkohol umkristallisiert, einen Schmelzpunkt von 183—184° zeigt.

XIV. Statistik.

Im nachstehenden sind einige statistische Angaben über Produktion, Einfuhr und Ausfuhr von Holzdestillationsprodukten, in Tabellenform und nach den Ursprungsländern geordnet, aufgeführt.

Vereinigte Staaten.

Tabelle 97. Statistik der Anlagen.

	Holzverkohlung				Prozent Zunahme[1])		
	1914	1909	1904	1899	1909 bis 1914	1904 bis 1909	1899 bis 1904
Zahl der Anlagen	95	120	141	102	–20,8	–14,9	38,2
Beschäftigte Personen	3142	3095	2655	[2])	1,5	16,6	—
Besitzer und Firmenmitglieder	36	56	82	[2])	–35,7	– 31,7	—
Gehaltsempfänger	324	318	301	235	1,9	5,6	28,1
Lohnempfänger (Durchschnittszahl)	2782	2721	2272	1556	2,2	19,8	46,0
Pferdekräfte	10045	9854	4620	[2])	1,9	113,3	—
	Dollar	Dollar	Dollar	Dollar			
Kapital	17562849	13017192	10506979	6729127	34,9	23,9	56,1
Gehälter und Löhne	1968011	1818059	1364314	913509	8,2	33,3	49,3
Gehälter	403189	355211	297528	213025	13,5	19,4	39,7
Löhne	1564822	1462848	1066786	700484	7,0	37,1	52,3
Zahlungen für Akkordarbeit	72260	15536	21970	[2])	365,1	–29,3	—
Mieten und Steuern (einschl. Einkommensteuer)	146533	69442	50869[3])	[2])	111,0	—	—
Materialunkosten	6495570	5875851	4847770	3455015	10,5	21,2	40,3
Wert der Produkte	9882537	9736998	7813483	6001023	1,5	24,6	30,2
Wert der Produkte (abzüglich Materialunkosten)	3386967	3861147	2965713	2546008	–12,3	–30,2	16,5

[1]) Ein Minuszeichen bedeutet Abnahme.
[2]) Zahlen waren nicht zu erhalten.
[3]) Ausschließlich Einkommensteuer.

Tabelle 98. Gesamt-Heizmaterialverbrauch der Industrie.

Staat	Kohle		Öl (Barrels)	Gas (1000 Kubikfuß)
	Anthrazitkohle (t. 2240 lbs.)	Braunkohle (t. 2000 lbs.)		
Vereinigte Staaten	38994	196594	18	1521666
Michigan	4600	47103	3	3235
New York	29599	28206	12	—
Pennsylvanien	4795	107150	—	1431016
Alle anderen Staaten	—	14135	3	87415

Tabelle 99. Anlagen und Materialien.

	1914	1909	1904	1899
Zahl der Anlagen	101	136	150	111
Holzverkohlungsindustrie	95	120	141	102
Anlagen, die Holzverkohlungserzeugnisse als Hilfsprodukte herstellen	6	16	9	9
Anzahl der Anlagen, die Rohholzgeist herstellen	79	98	129	93
Anzahl der Anlagen, die gereinigten Holzgeist herstellen	16	17	15	18
Anzahl der Anlagen, die Kiefernholz verkohlen	15	33	31	4
Materialien:				
Holz in Cords	1042517	1265157	1049503	490939
Laubholz	970308	1149847	1018072	487805
Kiefernholz	72209	115310	31431	3134
Rohholzgeist:				
umgesetzt . . . Gallonen	8070902	9670497	—	—
gekauft . . . „	5665446	7135614	[1])	[1])
Kosten . . . Dollar	1408124	1784029	[1])	[1])
Hergestellt und umgesetzt . Gallonen	2405456	2534883	1468028	[1])

Tabelle 100. Produktionsdaten.

	1914	1909	1904	1899
Gesamtwert der Prod. Doll.	10529829	10312657	9037313	—
Holzdestillationsindustrie Doll.	9882537	9736998	7813483	6001023
Hilfsstoffe aus anderen Industrien . . . . Doll.	647292	575659	1223830	[2])
Holzgeist:				
Roh, Gallonen Gesamtumsatz	9602431	9307583	8282286	—
Zum Verkauf:				
Gallonen	7196975	6772700	6814258	4945963
Wert . . . . . Doll.	1605880	1774459	2201961	1976986

[1]) Zahlen waren nicht zu erhalten.

[2]) Die Daten waren nicht zu erhalten.

Tabelle 100 (Fortsetzung).

	1914	1909	1904	1899
Hergestellt und umgesetzt Gallonen	2405456	2534883	1468028	[1])
Gereinigt, Gallonen . . .	6464955	—	—	—
Zum Verkauf:				
Gallonen	6235113	6732877	5917153	3038140
Wert . . . . . Doll.	2709369	3096808	3455625	2296898
Hergestellt und umgesetzt, Gallonen	229842	[1])	[1])	[1])
Essigsaurer Kalk. . . lbs.	166084523	—	—	—
Zum Verkauf				
lbs.	163521577	141478296	110383997	86826000
Wert . . . . . Doll.	2138909	2118443	1527733	981286
Hergestellt und umgesetzt lbs.	2562946	[1])	[1])	[1])
Terpentin:				
Gallonen	575557	706868	442185	[1])
Wert . . . . . . Doll.	194183	249526	176521	[1])
Teer . . . . . . Gallonen	2965354	—	—	—
Zum Verkauf:				
Gallonen	1476797	1570257	[1])	[1])
Wert . . . . . Doll.	145984	113225	[1])	[1])
Hergestellt und umgesetzt, Gallonen	1488557	[1])	[1])	[1])
Holzkreosot:				
lbs.	2073057	2549190	[1])	[1])
Wert . . . . . . Doll.	38872	34645	[1])	[1])
Holzkohle:				
Bushels	44827836	39952235	29917212	17154302
Wert . . . . . . Doll.	2829571	2426648	1487165	726672
Harz:				
Barrels	51825	[1])	[1])	[1])
Wert . . . . . . Doll.	198165	[1])	[1])	[1])
Andere Holzdestillationsprodukte . . . . Doll.	441399	231192	138481	19181 (zusammen mit der folgenden Zeile)
Alle anderen Produkte Doll.	227497	267711	49827	

Tabelle 101. Fabrikausrüstungen (1914).

Ausrüstungen	Vereinigte Staaten	Michigan	New York	Pennsylvanien	Alle anderen Staaten
Gesamtleistung in Cords .	26707	24027	505	1747	428
Retorten:					
Anzahl	794	82	216	342	154
Leistung in Cords . . .	1850	595	287	558	410
Großraumretorten:					
Anzahl	228	36	26	164	2
Leistung in Cords . . .	1717	292	218	1189	18
Kilns (Meileröfen):					
Anzahl	326	326	—	—	—
Leistung in Cords . . .	23140	23140	—	—	—

[1]) Die Daten waren nicht zu erhalten.

Tabelle 102. Einfuhr.

Jahr	Aceton		Essigsäure		Holzgeist		Holzkohle		Essigsaure Salze	
	lbs.	Doll.	lbs.	Doll.	Gall.	Dollar	lbs.	Doll.	lbs.	Dollar
1913	—	—	39648	3036	362	387	—	25557	—	—
1914	2760	307	27750	1952	109022	42598	—	60266	—	—
1915	235917	21105	312850	16419	39485	11880	—	39978	—	—
1916	179497	14424	504858	53969	46829	9496	—	45174	—	—
1917	—	—	201604	28492	11267	4502	—	73583	—	—
1918	148082	26910	264997	47673	205276	202994	—	10915	46840225	1830494

Tabelle 103. Ausfuhr.

Jahr	Holzgeist		Essigsaurer Kalk		Holzkohle	
	Proof Gals.	Dollar	lbs.	Dollar	lbs.	Dollar
1913	1837173	788143	80579838	2221427	—	73030
1914	1598776	652486	68160224	1560933	—	81997
1915	944374	438846	24673247	486405	—	105009
1916	1472258	857161	18804972	961645	—	94096
1917	825394	646939	12959222	607847	—	155470
1918	2538001	2070026	15090032	797996	—	186221

Tabelle 104. Monatlicher Verbrauch an Flotationsölen 1916 (zusammengestellt nach einem amtlichen Bericht des Büro of Mines).

Erzart	Erz pro Monat		Holzprodukte				
	Beginn 1916	Ende 1916 geschätzt	Kiefernöl[1])	Kiefernteeröl[2])	Eucalyptusöl	Kreosotöl[3])	Rohes Terpentinöl
	Tonnen	Tonnen	Gals.	Gals.	Gals.	Gals.	Gals.
Kupfer	1248000	1942000	7800	95	—	47600	205
Zink u. Begleitmetalle	248000	350000	8000	85	—	30000	450
Blei	115000	136000	515	—	28	13800	—
Gold und Silber . .	45700	123000	1300	95	—	4600	—
Gesamtsumme .	1656700	2551000	17615	275	28	96000	655

Schweden.

Tabelle 105. Produktionsdaten (Wert in schwed. Kronen).
Holzkohle.

1909	9709176	**1913**	7664105	**1917**	19610774
1910	13510088	**1914**	7402878	**1918**	19881751
1911	13671327	**1915**	7294968		
1912	12761917	**1916**	14967063		

[1]) Wahrscheinlich einschließlich einer bedeutenden Menge des leichten Kiefernteeröls.

[2]) Wahrscheinlich gehört das rohe Leichtöl ebenfalls hierher.

[3]) Vielleicht einschließlich des rohen Schweröles.

Tabelle 105 (Fortsetzung).

Essigsaurer Kalk.

1913	150302	**1915**	222054	**1917**	491243
1914	107207	**1916**	413238	**1918**	1159762

Essigsäure.

1913	584080	**1915**	647368	**1917**	2114054
1914	410763	**1916**	1320190	**1918**	2194541

Methylalkohol.

1913	311369	**1915**	461217	**1917**	796741
1914	303921	**1916**	545591	**1918**	1637136

Aceton.

1914	10300	**1916**	180793	**1918**	1353583
1915	123821	**1917**	468666		

Tabelle 106. In Betrieb befindliche Werke.

1913	22	**1915**	23	**1917**	45
1914	25	**1916**	30		

Tabelle 107. Einfuhr (Wert in schwed. Kronen).

Holzkohle.

1913	56936	**1915**	583149	**1917**	118694
1914	839177	**1916**	28241	**1918**	43736

Im Jahre 1919 betrug die Einfuhr 5963 Hektoliter.

Essigsaurer Kalk.

1913	69236	**1916**	145	**1917**	7597
1914	13483	**1917**	185		

Für 1919 betrug die Einfuhr 251 kg.

Methylalkohol.

1912	178769	**1915**	3104	**1918**	23
1913	435	**1916**	1712		

Essigsäure.

1912	42	**1915**	355	**1918**	34229
1913	154	**1917**	1637		

Aceton.

1912	106661	**1915**	114079	**1917**	31050
1913	86759	**1916**	228246	**1918**	100

Für 1919 betrug die Einfuhr 51966 kg.

Tabelle 108. Ausfuhr (Wert in schwed. Kronen).

Holzkohle.

1912	56935	**1915**	66092	**1917**	130541
1913	38889	**1916**	67436	**1918**	147635

Für 1919 betrug die Ausfuhr 30109 Hektoliter.

Essigsaurer Kalk.

1912	69236	**1915**	99395	**1917**	23000
1913	120789	**1916**	123222	**1918**	—

Für 1919 betrug die Ausfuhr 180130 kg.

Methylalkohol.

1912	198769	**1915**	68673	**1917**	189269
1913	204627	**1916**	243660	**1918**	30093

Für 1919 betrug die Ausfuhr 245883 kg (gereinigt).

Essigsäure.

1912	105992	**1915**	156726	**1917**	654920
1913	95386	**1916**	572284	**1918**	748643

Für 1919 betrug die Ausfuhr 106561 kg.

Aceton.

1912	2518	**1915**	75301	**1917**	106759
1913	14839	**1916**	167014	**1918**	134357

Für 1919 betrug die Ausfuhr 46524 kg.

Großbritannien.

Tabelle 109. Einfuhr.

Jahr	Essigsäure (einschließlich Essigsäure-Anhydrid)		Essigsaurer Kalk		Aceton		Teer		Methylalkohol	
	Menge Cwts.	Wert £	Menge Cwts.	Wert £	Menge Cwts.	Wert £	Menge Cwts.	Wert £	Menge Gallons	Wert £
1910	89493	87919	86305	42470	21916	57012	279619	87532	448515	47289
1911	89411	90906	84078	40657	32444	83916	264911	80679	584356	61365
1912	81687	83741	74918	38187	50911	169162	284296	87437	470869	54839
1913	75128	85790	99582	49342	46407	162633	286664	90932	618043	70175
1914	77917	93646	84311	38919	47204	138813	253768	90524	497243	53264
1915	103267	213681	101267	84238	115554	524877	249319	117672	652348	76050
1916	58881	370149	68134	146873	51324	293219	115641	99854	627292	103456
1917	104347	667894	43181	107793	125444	770570	146709	263919	339757	86675
1918	89753	573878	21759	62438	173982	1350900	64972	154000	316891	173182
1919	74879	282865	60620	70002	74590	535230	186765	310994	574314	290957
1920	99000	392845	102051	117607	878	4611	114860	131938	146902	94110

Tabelle 110. Ausfuhr (Erzeugnisse und Waren von Großbritannien).

Jahr	Essigsäure einschl. Essigsäure-Anhydrid		Essig-saurer Kalk		Aceton		Teer		Methylalkohol	
	Menge Cwts.	Wert £	Menge Ctws.	Wert £	Menge Ctws.	Wert £	Menge Ctws.	Wert £	Menge Gallons	Wert £
1910	—	—	—	—	—	—	—	—	173496	20573
1911	—	—	—	—	—	—	—	—	285189	33490
1912	—	—	—	—	—	—	—	—	122141	14595
1913	—	—	—	—	—	—	—	—	249231	30329
1914	—	—	—	—	—	—	—	—	182477	22453
1915	(a)	(a)	(a)	(a)	(a)	(a)	(a)	(a)	155008	21984
1916	—	—	—	—	—	—	—	—	118232	22873
1917	—	—	—	—	—	—	—	—	17336	4345
1918	—	—	—	—	—	—	—	—	5804	4804
1919	—	—	—	—	—	—	—	—	23556	11114
1920	7880	46336	442	774	27675	134540	26140	28325	82224	45243

(a) Die Zahlen von 1910—1919 waren nicht zu ermitteln.

Tabelle 111 (Fortsetzung von Tabelle 109).
Wiederausfuhr (fremdländische Waren und solche aus den Kolonien).

Jahr	Essigsäure (einschließl. Essigsäure-Anhydrid)		Essigsaurer Kalk		Aceton		Teer		Methylalkohol	
	Menge Cwts.	Wert £	Menge Cwts.	Wert £	Menge Cwts.	Wert £	Menge Cwts.	Wert £	Menge Gallons	Wert £
1910	56	93	2799	1363	311	935	26852	10663	—	—
1911	48	55	—	—	609	1733	24463	9935	—	—
1912	182	266	270	148	211	658	25929	10364	2555	264
1913	—	—	400	150	1094	4007	17382	7797	—	—
1914	—	—	2299	1049	1163	3679	20024	9194	190	25
1915	884	2210	—	—	577	3009	23402	13966	—	—
1916	2724	15374	—	—	—	—	32874	26159	20907	5289
1917	1438	9538	—	—	20	180	16124	27657	1322	424
1918	745	5100	49	121	1980	15212	12655	30835	6175	4396
1919	2804	10787	—	—	501	2445	10378	21022	7348	5724
1920	1200	5536	1640	2460	2272	11430	13380	24712	120037	70638

Holland.

Tabelle 112. Einfuhr und Ausfuhr (Gewicht in Kilogramm, Wert in holl. Gulden).

Produkt	1917		1918		1919		1920	
	Gewicht	Wert	Gewicht	Wert	Gewicht	Wert	Gewicht	Wert
Aceton:								
Einfuhr . .	4151	7030	—	—	35603	36318	55040	56548
Ausfuhr . .	57	302	—	—	319	1168	2033	2856
Holzgeist:								
Einfuhr . .	1026	1429	380	636	31523	34762	28545	42305
Ausfuhr . .	—	—	—	—	537	938	102	286

Tabelle 112 (Fortsetzung).

Produkt	1917		1918		1919		1920	
	Gewicht	Wert	Gewicht	Wert	Gewicht	Wert	Gewicht	Wert
Holzkohle:								
Einfuhr . .	345422	42390	3735391	593598	3444517	562518	3194549	415280
Ausfuhr . .	19518	12015	—	—	1409	513	6359	788
Essigsäure:								
Einfuhr . .	86134	65676	14228	15507	358368	341873	1822494	1015005
Ausfuhr . .	147243	172231	20556	13593	563452	383152	2912986	2151033

Tabelle 113.
Ein- und Ausfuhr von Holzkohle (kg).

Jahr	Einfuhr	Ausfuhr	Jahr	Einfuhr	Ausfuhr
1900	5439899	304920	1909	5253497	772997
1901	6026578	244848	1910	5258992	1117369
1902	5333271	398446	1911	5604082	2513849
1903	7307851	889587	1912	5186262	1010012
1904	6338995	299347	1913	5496851	859853
1905	6608107	1593352	1914	4683841	661214
1906	7711705	931130	1915	4675128	227630
1907	5487863	465380	1916	3059896	229721
1908	6037164	727421			

Frankreich.

Tabelle 114. Ein- und Ausfuhr von Holzdestillationsprodukten.

Jahr	Einfuhr (Tonnen)				Ausfuhr (Tonnen)			
	Essigsäure	Methylalkohol	Aceton	Holzkohle	Essigsäure	Methylalkohol	Aceton	Holzkohle
1900	477,483	101,223	—	6124	567,153	570,442	—	3688
1901	765,783	67,996	—	12299	559,608	127,915	—	4385
1902	524,069	630,117	—	9879	598,108	70,645	—	5472
1903	370,524	1118,181	—	8082	563,232	46,793	—	3546
1904	472,347	1731,849	—	9471	700,368	62,056	—	2929
1905	351,656	1834,804	—	8480	728,397	181,970	—	3407
1906	496,816	2212,416	—	5783	806,400	147,760	—	8040
1907	556,218	2959,638	—	5707	717,245	198,055	—	11961
1908	493,007	2878,947	—	5204	627,200	156,200	—	10174
1909	676,400	3653,100	—	—	764,500	276,700	—	12910
1910	601,200	2249,000	372,100	4626	736,200	220,400	68,100	19875
1911	471,700	2120,800	1651,100	3918	601,500	62,700	14,300	20630
1912	626,700	1257,600	1492,500	4345	910,200	146,600	30,900	23776
1913	653,400	2267,400	2012,000	3924	827,800	140,100	6,600	32566
1914	365,200	1307,300	1312,100	2429	539,900	48,600	61,000	20176
1915	431,300	1896,000	317,300	22858	417,800	224,900	22,300	20378
1916	883,300	2410,500	361,800	21917	1092,400	746,300	22,200	20392
1917	1178,200	2055,700	367,700	5430	1023,000	171,100	31,100	20150
1918	647,600	3340,100	1326,400	3034	314,400	334,200	2,900	20370

1 Tonne = 1000 kg.

Italien.

Tabelle 115. Einfuhr und Ausfuhr.

		1918	1919	1920
Essigsäure . .	Einfuhr . . Qtx.	676	4875	5353
	Ausfuhr . . „	2	2	17
Aceton	Einfuhr . . Htl.	26584	8924	321
	Ausfuhr . . „	—	34	677
Methylalkohol .	Einfuhr . . „	1	—	1
	Ausfuhr . . „	1	1	131
Holzkohle . . .	Einfuhr . . Tons	374	700	1952
	Ausfuhr . . „	29	133	315

Qtx. = 100 Kilogramm; Htl. = 100 Liter; Tons = 1000 Kilogramm.

Canada.

Die jährliche Produktion war schätzungsweise für 1913 folgende:

Holzkohle, bushels (20 lbs.)	8000000	Wert Dollar	560000
Graukalk (Tonnen)	14000	„ „	465000
Holzgeist (Gallonen)	1019000	„ „	489000
Aceton (Tonnen)	400	„ „	110000

Deutschland und Österreich.

Jährliche Produktion für 1913 schätzungsweise:

Graukalk (Tonnen)	Holzgeist (Gallonen)	Verkohltes Holz (Cords)
25000	2800000	300000

Rußland.

Jährliche Produktion für 1913 schätzungsweise:

124000000 lbs.	Pech	einschließlich der aus Gruben- und Meilerbetrieb erhaltenen.
62000000 „	Teer	
2160000 „	Holzterpentinöl	

Autorenverzeichnis.

Sachverzeichnis.

Lunge-Berl, Chemisch-technische Untersuchungsmethoden, unter Mitwirkung zahlreicher Fachleute herausgegeben von Ing.-Chem. Dr. **E. Berl,** Professor der Technischen Chemie und Elektrochemie an der Technischen Hochschule zu Darmstadt. Siebente, vollständig umgearbeitete und vermehrte Auflage. In vier Bänden.

Inhalt:

I. Band. Mit 291 Textfiguren und einem Bildnis. (1132 S. und 85 Tafeln.) 1921. Gebunden 36 Goldmark

Allgemeiner Teil — Technische Gasanalyse — Mikrochemische Arbeitsmethoden — Elektroanalyse — Feste und flüssige Brennstoffe — Die Prüfung des Wassers für Kesselspeisung und andere technische Zwecke — Trink- und Brauchwasser — Abwässer — Die Luft — Fabrikation der schwefligen Säure, Salpetersäure und Schwefelsäure — Sulfat- und Salzsäurefabrikation — Fabrikation der Soda — Industrie des Chlors — Verflüssigte und komprimierte Gase — Kalisalze

II. Band. Mit 313 in den Text gedruckten Figuren. (1456 S. und 19 Tafeln.) 1922. Gebunden 48 Goldmark

Metallographische Untersuchungsverfahren — Elektroanalytische Bestimmungsmethoden — Technische Spektralanalyse — Eisen — Metalle außer Eisen, Metallsalze — Tonerdepräparate — Untersuchung der Tone — Untersuchung von Tonwaren und Porzellan — Die Mörtelindustrie — Glas — Methoden der quantitativen Analyse des Emails und der Emailrohmaterialien. Nach R. D. Landrums „Methods of Analysis for Enamel and Enamel raw Materials“ — Calciumcarbid und Acetylen — Cyanverbindungen — Boden — Künstliche Düngemittel — Futterstoffe — Sprengstoffe und Zündwaren.

III. Band. Mit 235 Textfiguren. (1393 S. und 23 Tafeln). 1923. Gebunden 44 Goldmark

Gasfabrikation, Ammoniak — Die Industrie des Steinkohlenteers — Braunkohlenteerindustrie — Mineralöle: (Erdöl, Benzin, Leuchtöl, Gas-, Heiz-, Treiböle usw., Paraffin, Asphalt u. dgl.) — Fette und Wachse — Erzeugnisse der Fettindustrie — Die Untersuchung der Balsame, Harze und Gummiharze — Drogen und galenische Präparate — Ätherische Öle — Chemische Präparate — Die Weinsäure-Industrie — Die Citronensäurefabrikation — Die Milchsäure-Industrie — Kautschuk- und Kautschukwaren — Mechanisch-technologische Prüfung von vulkanisierten Gummiwaren — Kolloidchemische Untersuchungsmethoden.

IV. Band. Mit 125 Textfiguren. (1164 S. und 56 Tafeln). 1924. Gebunden 40 Goldmark

Rohstoffe, Erzeugnisse und Hilfsprodukte der Zuckerfabrikation — Stärke, Dextrin, Mehl — Spiritus — Branntweine und Liköre — Essig und Essigessenz — Die Untersuchung des Weines — Bier — Untersuchung pflanzlicher Gerbemittel und Gerbstoffauszüge — Leder — Leim und Gelatine — Tinte — Prüfung der Gespinstfasern — Zellstoff- und Zellstoffindustrie — Papier — Kunstseide — Celluloid, organische Celluloseester, plastische Massen, photographische Films, photographische Platten und Papiere — Die anorganischen Farbstoffe — Organische Farbstoffe — Appreturmittel.

GPSR Compliance

The European Union's (EU) General Product Safety Regulation (GPSR) is a set of rules that requires consumer products to be safe and our obligations to ensure this.

If you have any concerns about our products, you can contact us on ProductSafety@springernature.com

In case Publisher is established outside the EU, the EU authorized representative is:

Springer Nature Customer Service Center GmbH
Europaplatz 3
69115 Heidelberg, Germany

Batch number: 10682323

Printed by Printforce, the Netherlands